Was steht in diesem Buch?

In diesem Buch sind alle Themen zu finden, die im Biologieunterricht der Klassenstufe 12 behandelt werden. Biologie ist ein Fach, das sich mit der Vielfalt der Erscheinungen des Lebendigen in der Natur beschäftigt. Entsprechend vielfältig sind die Themen und Beispiele, die hier dargestellt sind.

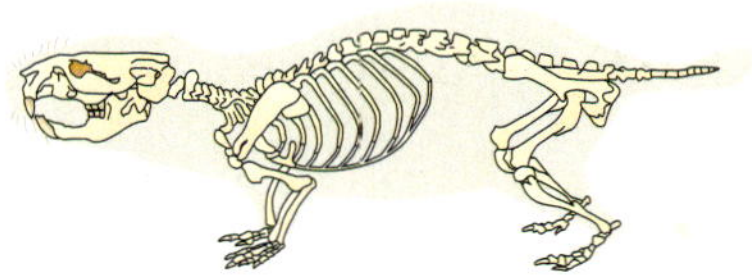

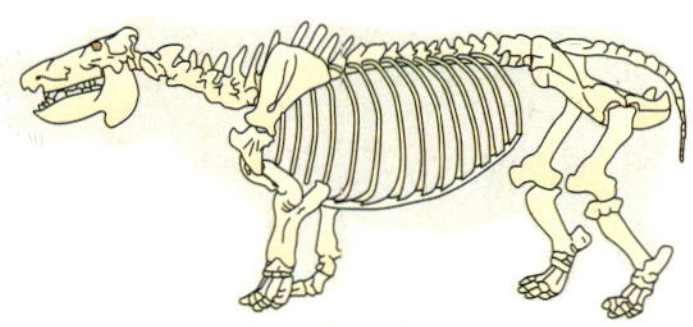

Die wissenschaftliche Lehre der Evolution und der Ethologie ist auch heute noch in fortwährendem Umbruch, weil auch in diesen Bereichen wissenschaftliche Forschung immer wieder neue Gesichtspunkte zu Tage fördert. Dieser aktuelle Wissensstand wurde in dem vorliegenden Lehrwerk anschaulich für die gymnasiale Oberstufe aufbereitet. Wenn dadurch in der eigenen Gedankenwelt Modelle entstehen, die benutzt, übertragen, überprüft und korrigiert werden, so ist das Eintauchen in die Welt der Naturwissenschaft gelungen.

Um diesen Prozess zu erleichtern, enthält dieses Buch viele Seiten, die nicht nur der Vermittlung von Wissen dienen, sondern zur vielfältigen Auseinandersetzung mit den biologischen Themen anregen.

Informationsseiten: Hier wird die grundlegende Information zu einem Thema geliefert. Durch zahlreiche Abbildungen werden schwierige Sachverhalte durchschaubar. Mit kurzen Aufgaben zum Text können Sie Ihr Wissen und Ihr Verständnis überprüfen.

Zettelkasten

Zettelkästen enthalten interessante Beispiele, Methoden, Ausnahmen und Erweiterungen zu Themen des Lehrplans.

Praktikumseiten: Sie finden hier Anleitungen zu Versuchen, die Sie selbst durchführen können. Für gute Auswertungen sind sauberes Arbeiten und sorgfältig erstellte Protokolle unerlässlich.

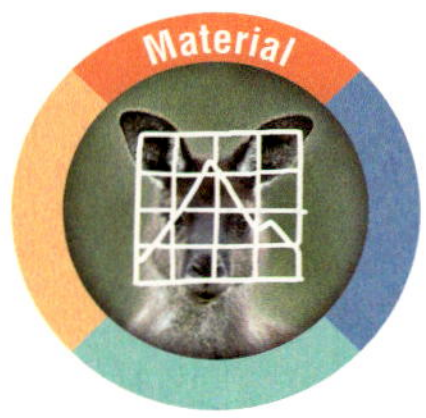

Materialseiten: Auf ihnen befinden sich umfangreiche Informationen zu einem Thema und dazugehörige Aufgaben. Sie sind an den Anforderungen der gymnasialen Oberstufe orientiert und deshalb umfangreicher als die Aufgaben der Informationsseiten. Weiterhin erfordern sie eine intensive Auseinandersetzung mit dem dargebotenen Material und den dazugehörigen Informationsseiten.

Lexikonseiten: Diese Seiten bieten eine Fülle zusätzlicher Informationen, die das bisher Gelernte in einen größeren Zusammenhang stellen und damit überschaubarer machen. Es werden auch Bereiche angeschnitten, die nicht direkt im Lehrplan vorgesehen sind. Diese Seiten regen zum Weiterlesen an.

Impulseseiten: Biologische Fragestellungen gehen häufig über das Fach Biologie hinaus. Auf diesen Seiten finden Sie fächerübergreifende Materialien und Impulse zur Bearbeitung von Themen. Auch Bezüge zur Alltagswelt sind Thema dieser Seiten.

Basiskonzepte: Biologie ist eine komplexe Wissenschaft, bei der zwischen den verschiedenen Teildisziplinen viele — teils abstrakte — Beziehungen bestehen. Dieser neue Seitentyp zeigt Querbeziehungen zwischen unterschiedlichsten Themen auf. Basiskonzept-Seiten verdeutlichen Prinzipien und ermöglichen es, Faktenwissen zu ordnen und zu strukturieren. Aufgaben fordern zur Auseinandersetzung mit den Beispielen auf.

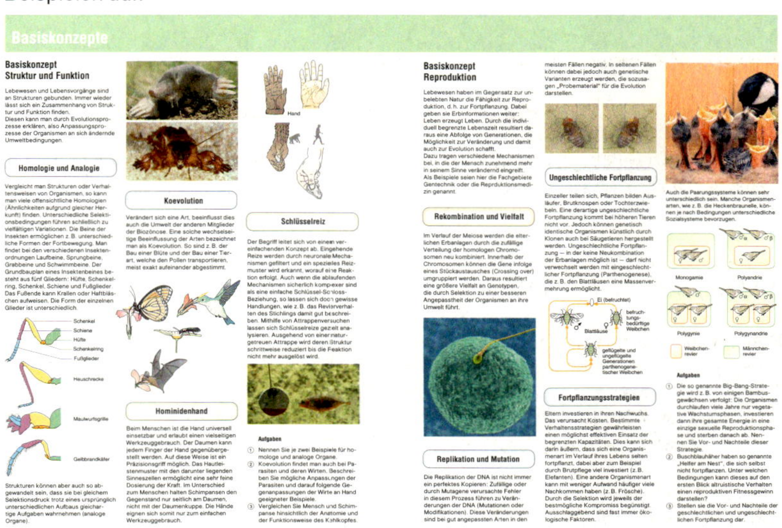

Evolution

Ökologie

Ethologie

Basiskonzepte

Dieses Symbol kennzeichnet fakultative Inhalte

Lernen mit Strategie

12. Klasse – es wird ernst. Das Abitur ist nicht mehr weit weg. Bis dorthin den gesamten Stoff der Oberstufe vorzubereiten erscheint wie ein riesiger Berg, den man besteigen soll. Wie soll man das alles schaffen?
Keine Angst, es ist keine Erstbesteigung. Viele andere vor Ihnen haben das ja auch geschafft. Aber es ist ein Unterschied, ob Sie sich irgendwie durchwursteln wie viele andere, oder ob Sie sich Lernstrategien erarbeiten, die motivieren, Arbeit ersparen und das Lernen effektiver gestalten.
Immer mehr Literatur und Seminare werden angeboten, um „zu lernen, wie man lernt“. Zu Recht, denn lernen werden Sie Ihr ganzes Leben lang, in der Schule und im Beruf. Umso besser, wenn Sie es jetzt schon gut organisieren. Dazu sollen Ihnen diese Lerntipps eine Hilfe sein.

Selbstmotivation

„Ich fang jetzt gleich an, nur ...“. Jeder Weg beginnt mit dem ersten Schritt. Wenn der nur nicht so schwer wäre ...

- Schauen Sie nie auf den großen Berg. Immer nur auf den nächsten Schritt. Dann merkt man gar nicht, wie schnell man schon auf halber Höhe ist. Oder ganz oben.
- Fangen Sie mit leichtem Stoff an. Wenn Sie sich einmal eingearbeitet haben, kommen Sie auch mit Schwierigerem besser zurecht.
- Feste Lernzeiten helfen. Stellen Sie sich einen eigenen Lernstundenplan auf.
- Eine Checkliste, z. B. der Lehrplan, macht deutlich, wie weit Sie schon sind. Ein Kapitel abzuschließen, motiviert auch für das nächste Kapitel.
- Naschen Sie gerne? Dann gönnen Sie sich doch eine Kleinigkeit nach einer Lerneinheit, oder gehen Sie ruhig einmal aus. Belohnungen für geleistete Arbeiten sind wichtig, weil sie motivierend wirken.
- Absprachen mit Freunden oder Eltern, wie viel Stoff Sie in welcher Zeit gelernt haben wollen, helfen. Vor allem wenn Freunde und Eltern auch nicht mit Lob sparen.

Dinge richtig tun — die richtigen Dinge tun

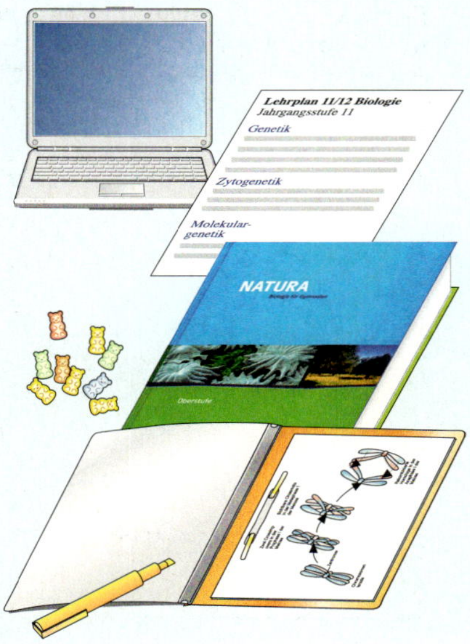

- Das Lernen fürs Abitur beginnt im ganz normalen Unterricht. Wenn Sie da gut mitarbeiten, brauchen Sie zu Hause nicht mehr viel nachlernen. Unaufmerksamkeit und Ablenkung im Unterricht bedeutet zusätzliche Lernzeit zu Hause.
- Hausaufgaben sind sinnvoll, weil dann der Stoff fester ins Gedächtnis wandert. Sie werden überrascht sein, wie viel Sie dann beim Lernen für das Abitur noch wissen.
- Den fürs Abi verbindlichen Lehrplan gibt es im Internet. Darin sehen Sie im Überblick die Dinge, die Sie wirklich lernen müssen.
- Der Lehrplan zeigt auch am besten die Gliederung des Faches und kann Grundlage sein für einen Zeitplan, nach dem man sich den Lernstoff einteilen kann.

Der Arbeitsplatz

Wo lernen Sie am besten? Da gibt es kein Patentrezept. Manche brauchen einen Schreibtisch, manche eine bequeme Couch oder einen Sessel, manche lernen am besten in Bewegung und laufen dabei kilometerweit. Da hilft nur Ausprobieren. Aber einige Dinge haben sich doch bewährt.

- Arbeiten Sie am besten nur an Ihrem Arbeitsplatz. Dort stellen Sie sich automatisch auf die richtige Arbeitsatmosphäre ein. Vermischen Sie nicht Arbeit und Freizeit.
- Licht ist wichtig zum Lesen, weil sonst die Augen zu schnell ermüden. Das kostet Energie und Konzentration. Am besten ist Tageslicht.
- Ruhe ist die erste Lernpflicht. Lieber draußen an der frischen Luft lernen, wenn es das Wetter zulässt, als in einem Zimmer mit zu viel Ablenkungen und Störungen. Musik motiviert zwar, aber die Konzentration teilt sich dann auf in Lernen und Hören. Und was dann besser aufgenommen wird, ist oft das Gehörte.
- Ablenkungen mögen willkommen sein, kosten aber Zeit. Lassen Sie möglichst nichts herumstehen, was Ihre Aufmerksamkeit fordert.
- Platz für das Lernmaterial sollte ausreichend zur Verfügung stehen. Aufräumen schafft eine Atmosphäre, in der Sie auch gerne arbeiten.
- Etwas trinken zwischendurch lenkt nicht ab, sondern hält Sie fit. Es sollte nichts Süßes sein, um Schwankungen im Blutzuckerspiegel zu vermeiden. Mineralwasser oder ein anregender Tee haben sich auch beim Lernen bewährt.

Zeitmanagement

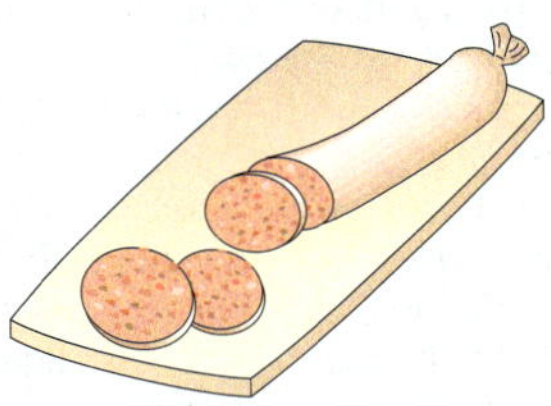

Wir können Zeit nicht vermehren, aber gut einteilen, so, dass neben der Arbeitszeit auch genug Zeit zur Erholung bleibt. Bei großen Aufgaben (wie dem Abitur) hilft dabei ein *Zeit-* oder *Lernplan*. Ein paar Tipps dazu:

- Planen Sie früh genug. Wieso nicht schon am Anfang der 12. Klasse? Je länger Ihr Planungszeitraum ist, desto großzügiger können Sie planen.
- Teilen Sie sich den Stoff in Lernportionen ein, und die großen davon in kleine. Von der Salami eine Scheibe nach der anderen zu verarbeiten ist besser als sofort die ganze Wurst vertilgen (zu müssen).
- Planen Sie großzügig. Es kommt Ihnen sicher immer wieder etwas dazwischen.
- Ein Plan in Form einer Mindmap verschafft Übersicht. Hängen Sie ihn gut sichtbar auf und streichen Sie erreichte Lernziele. Auch das sorgt für Motivation.
- Feste Lernzeiten schleifen sich als gute Gewohnheit ein. Man muss sich dann nicht jedesmal neu überwinden …
- Am besten arbeiten die meisten vormittags und nachmittags. Allerdings können sich die Biorhythmen von „Lerchen“ und „Eulen“ stark unterscheiden. Probieren Sie es aus.

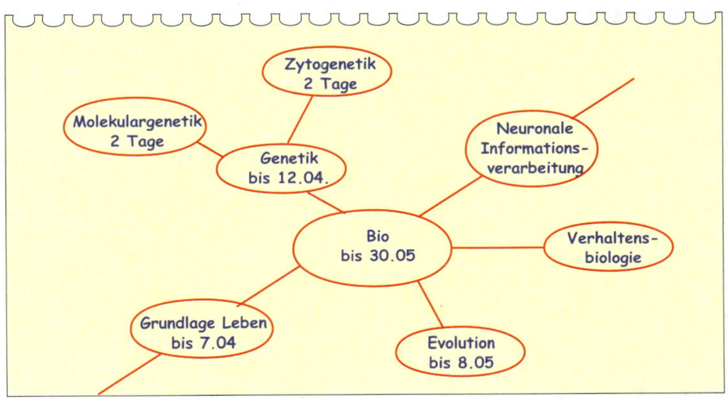

Lernen mit allen Sinnen

Nur Lesen bringt die Information nur auf einem Kanal ins Gehirn. Mehr Eingangskanäle sorgen für eine leichtere und effektivere Aufnahme des Lernstoffs. Auf welchen Kanälen Sie am besten ansprechbar sind, müssen Sie allerdings ausprobieren.

- Lesen Sie Wichtiges ruhig laut. Dann sind auch noch die Kanäle Sprechen und Hören beteiligt.
- Schreiben Sie die wichtigsten Zusammenhänge und Fachausdrücke auf.
- Eine Mindmap erleichtert den Überblick auch später, wenn Sie kurz vor der Prüfung noch einmal schnell wiederholen wollen.
  Man kann eine Mindmap auch als Lernposter gestalten und aufhängen. Wenn Sie sie anschauen, lernen Sie unbewusst ganz nebenbei.

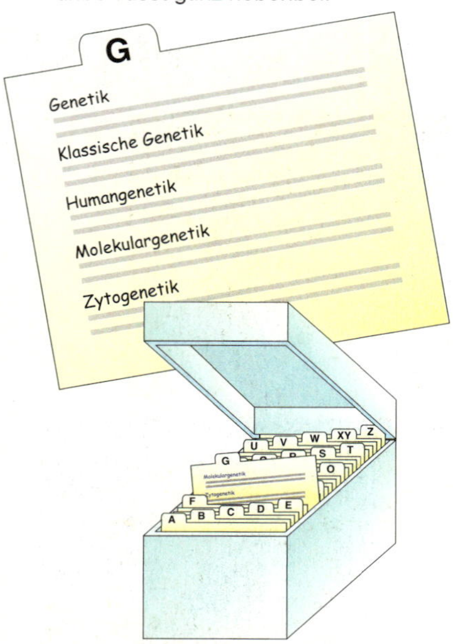

Der Karteikasten ermöglicht jederzeit den schnellen Zugriff auf Themen und Begriffe!

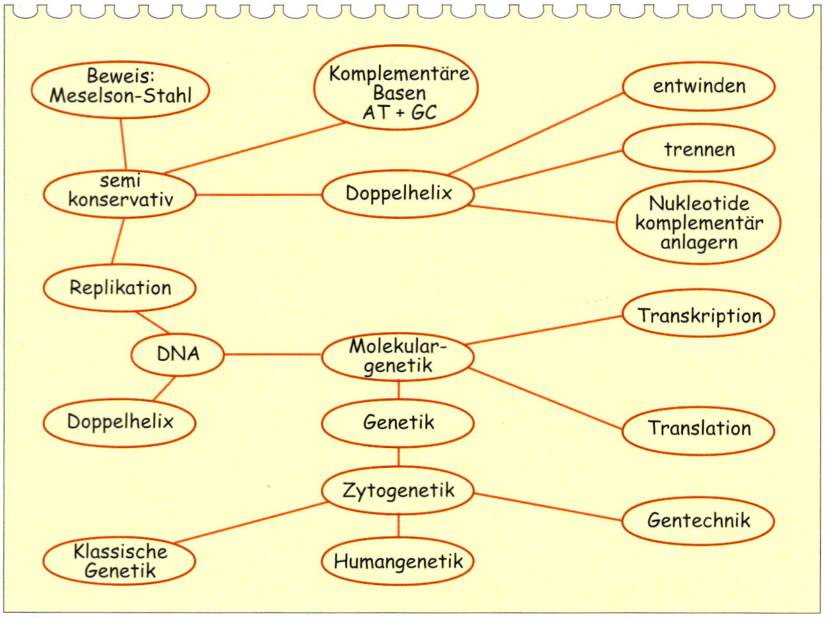

Erholung — das Leben ist mehr als Lernen

Länger als 45 Minuten konzentriert hintereinander lernen schafft kaum jemand. Außerdem haben Sie sich nach einer halben Stunde intensiver Arbeit auch wirklich eine Erholungspause verdient. Deshalb:

- Planen Sie genug Pausen in Ihrer Lernzeit ein.
- Vorsicht: strengen Sie Ihr Gehirn nicht auch während der Pausen an. Computer, Lesen oder Fernsehen bringen neue Eindrücke und löschen womöglich das Gelernte im Gedächtnis. Außerdem bedeuten sie Stress, der das Gehirn eher blockiert.
- Bewegung zwischendurch kann Wunder bei der Konzentration wirken. Der Kreislauf kommt wieder in Schwung, Ihr Gehirn profitiert von der gesteigerten Durchblutung und freut sich schon auf die nächste Lerneinheit.
- Schlaf ist keine unproduktive Zeit, sondern eine Zeit, um das Gelernte zu festigen. Wir lernen tatsächlich im Schlaf, weil das Gehirn die Eindrücke wiederholt und ordnet.
- Einen Ruhetag in der Woche haben die Menschen schon seit Jahrtausenden, obwohl es früher sicher geruhsamer zuging. Planen Sie ihn bewusst ein. Selbst Gott hat nach der Erschaffung der Welt erst mal ausgeruht.

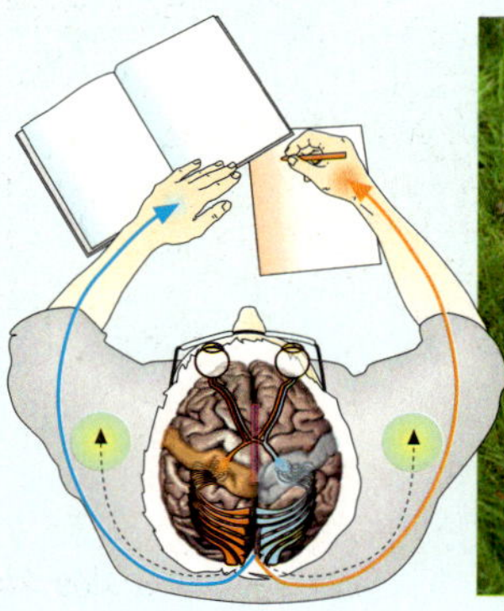

Lernen — allein oder in der Gruppe

„Getrennt marschieren, vereint schlagen“, das war mal eine alte Feldherrenregel. Es gibt Dinge, die macht man effektiver allein. Aber ein Austausch in einer Lerngruppe hilft bei offenen Fragen oft schneller. Und wenn Sie anderen etwas erklären, hilft das auch Ihnen zum besseren Verständnis.
Außerdem kann eine Gruppe auch gut motivieren.

So kann's gehen:

- Die optimale Gruppengröße liegt bei etwa 4 Personen.
- Den Stoff zu lernen geht am besten allein. Dazu muss man ungestört arbeiten können. Dabei können Sie offene Fragen schon mal notieren. Die werden dann in der Gruppe reihum durchgesprochen.
- Besorgen Sie sich Prüfungsfragen und sprechen Sie sie reihum durch: einer löst sie, die anderen ergänzen danach, was sie noch wichtig finden. Dann ist der Nächste dran.
- Sagen Sie einander ruhig auch mal, wie toll Sie sind. Die Anerkennung von anderen Personen ist sicher eine der stärksten Motivationen.

Lernen ohne Last(en)

Ablenkungen kosten Zeit und Konzentration. Besser eine halbe Stunde mit Power lernen und dann bewusst Freizeit einplanen.

- Mit vollem Magen lernt sich schlecht. Nach einer ausgiebigen Mahlzeit haben Sie Ihr „postprandiales Aktivitätstief“, die Durchblutung stellt sich auf Nährstoffaufnahme um. Das ist als Lernzeit denkbar ungeeignet.
- Stress setzt das Hormon Adrenalin frei. Das lässt im Gehirn nur noch einfache schnelle Denkvorgänge zu, komplexes Denken wird behindert. Atmen Sie erst einmal tief durch. Das ist die einfachste Methode zum Stressabbau und hilft auch in der Prüfung. Informieren Sie sich genauer darüber. Stressabbaustrategien brauchen Sie immer wieder.
- Private Sorgen blockieren bei der Arbeit. Sprechen sie sich mit einer Vertrauensperson aus, entlasten Sie sich und werden Sie offen für Ihre Aufgaben.

Also dann …
Alles Gute für das Abitur!

Abituraufgaben richtig erfassen und lösen

Begründen, skizzieren, erläutern, ... bei der Erfassung einer Prüfungsaufgabe begegnen Ihnen oft diese Wörter, aber wissen Sie eigentlich genau, was bei der Bearbeitung von Ihnen erwartet wird? Diese Seiten sollen Ihnen helfen, Aufgabenstellungen richtig zu erfassen und diese den Anforderungen entsprechend zu lösen.

Anforderungsbereiche

Grundsätzlich können bei einer Prüfungsaufgabe drei Anforderungsbereiche unterschieden werden:
- Wissen:
  gelernte Sachverhalte werden wiedergegeben
- Verständnis und Anwendung:
  Wissen wird auf unbekannte Sachverhalte angewendet
- Problemlösung:
  Auf eigenem Wissen basierend werden neue Lösungswege entwickelt.

Erfassen der Aufgabenstellung

1. Nehmen Sie sich Zeit, die Frage gründlich zu lesen.
2. Ordnen Sie die Frage einem bzw. mehreren Themenkreis(en) zu.
3. Gliedern Sie die Frage und das Aufgabenmaterial – dazu können Sie wichtige Wörter markieren, Textabschnitte mit verschiedenen Farben kennzeichnen oder Fachbegriffe als Randnotizen ergänzen. Auch die Visualisierung von Texten kann zum Verständnis beitragen.
4. Analysieren Sie das Aufgabenmaterial sorgfältig. Welche Materialien stehen Ihnen zur Verfügung? Worin besteht das Problem? Erkennen Sie die formulierten Arbeitsanweisungen (s. Operatoren)?
5. Vermeiden Sie eine zu frühe Fixierung! Gewichten Sie Ihre Antworten sinnvoll und geben Sie diese anschließend strukturiert wieder. Beachten Sie dabei die genaue Einhaltung der vorgegebenen Arbeitsaufträge.
6. Überprüfen Sie Ihre Lösung durch einen erneuten Vergleich mit der Aufgabenstellung. So können Sie erkennen, ob wesentliche Aspekte der Fragestellung ganz oder nur teilweise übersehen wurden.

Operatoren

Prüfungsfragen werden häufig mit speziellen Verben (Operatoren) versehen, die Ihnen zeigen sollen, welche Anforderungsstufe eine Aufgabe in sich trägt. Derartige Arbeitsanweisungen können Ihnen helfen, die Art und die Ausführlichkeit der erwarteten Antwort zu erkennen.

Die Bedeutung verschiedener Operatoren soll Ihnen am Beispiel eines Neurons verdeutlicht werden:

a) Skizzieren und beschriften Sie eine markhaltige Nervenzelle des Menschen.

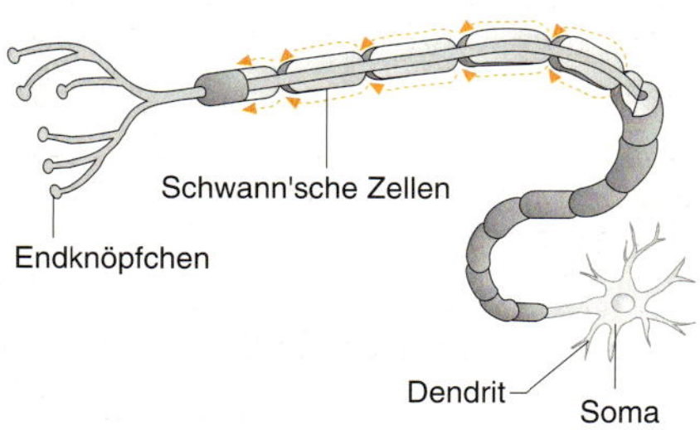

→ Markhaltige Nervenzelle wird gezeichnet und beschriftet.

b) Erläutern Sie die Erregungsleitung an einem markhaltigen Neuron.

→ Umfassende Darstellung der saltatorischen Erregungsleitung eventuell unter Einbeziehung einfacher Skizzen und Tabellen.

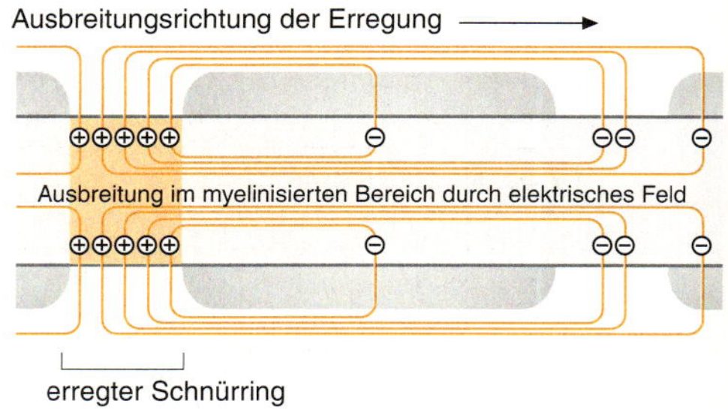

c) Vergleichen Sie die Erregungsleitung an einem markhaltigen und einem marklosen Neuron.

→ Auswahl signifikanter Unterschiede zwischen beiden Nervenzelltypen, z. B. Geschwindigkeit der Erregungsleitung

→ und evtl. tabellarische Darstellung.

d) Stellen Sie die molekularbiologischen Vorgänge der Erregungsleitung an einer markhaltigen Nervenzelle umfassend dar.

→ Entstehung eines Aktionspotenzials wird strukturiert, d. h. in Phasen untergliedert, wiedergegeben.

e) Das Gift des Kugelfisches entfaltet seine Wirkung am Axon eines Neurons. Interpretieren Sie das folgende Diagramm und erörtern Sie die Giftwirkung.

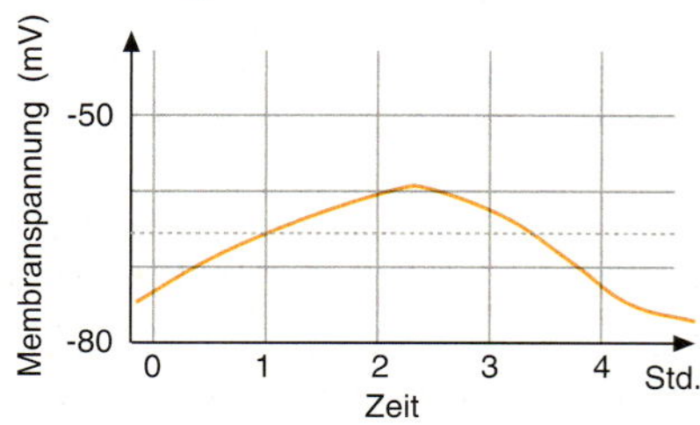

→ Das Diagramm stellt den Schlüssel zur Problemlösung dar. Erkenntnisse des Diagramms werden formuliert und eine mögliche Lösung wird aufgezeigt.
In der folgenden Tabelle finden Sie eine ganze Reihe weiterer Operatoren und ihre Bedeutung.

Operator	Beispiel	Beschreibung
Skizzieren, zeichnen, grafisch darstellen	Zeichnen Sie einen Querschnitt durch ein Laubblatt.	Eine übersichtliche Zeichnung anfertigen. Dabei Wesentliches (z. B. Größenverhältnisse, ...) beachten.
Nennen, benennen, beschriften	Nennen Sie zwei Säugetiere.	Kurze Informationen unkommentiert wiedergeben.
Definieren	Definieren Sie den Begriff Hominiden.	Einen Fachausdruck kurz aber exakt formulieren.
Aufzeigen, darstellen, wiedergeben	Stellen Sie den Ablauf der Reizübertragung an einer neuromuskulären Synapse dar.	Komplexe Informationen in logischer Reihenfolge sinnvoll wiedergeben.
Beschreiben	Beschreiben Sie ausführlich die Entstehung des Ruhepotenzials an einer Nervenfaser.	Ein Ergebnis wird detailliert und sinnvoll gegliedert wiedergegeben.
Zusammenfassen	Fassen Sie Darwins Selektionstheorie knapp zusammen.	Nur die Kernaussagen eines Sachverhaltes werden kurz und strukturiert dargelegt.
Einordnen, zuordnen	Ordnen Sie das australische Schnabeltier aufgrund anatomischer Merkmale bekannten Wirbeltierklassen zu.	Einen bekannten oder erarbeiteten Sachverhalt in einen neuen Kontext stellen.
Anwenden	Wenden Sie die Mendelschen Regeln auf folgenden Stammbaum an.	Ein bekannter Sachverhalt oder eine Methode wird auf etwas Neues bezogen.
Erläutern, erklären	Erläutern Sie die Wirkungsweise eines dichteunabhängigen Faktors auf die bestehende Fuchspopulation.	Ein bekannter Sachverhalt wird umfassend und mit zusätzlichen Hintergrundinformationen und Beispielen anschaulich dargestellt.
Belegen, nachweisen	Weisen Sie anhand des vorliegenden Stammbaumes den Erbgangstyp nach.	Aussagen werden anhand von Beispielen, Experimenten oder Textaussagen bewiesen.
Begründen	Begründen Sie die Zuordnung des Fundes zur Gruppe der Hominiden.	Ein Sachverhalt wird durch Argumente gestützt.
Herausarbeiten	Arbeiten Sie die wesentlichen Schritte der adaptiven Radiation der Galapagosfinken aus dem Text heraus.	Anhand geeigneter Arbeitsmaterialien einen Sachverhalt erkennen und darstellen.
Vergleichen	Vergleichen Sie die Stoffwechselprozesse Zellatmung und Gärung bezüglich ihrer Energiebilanz.	Nach gegebenen oder von Ihnen festgelegten Kriterien werden Gemeinsamkeiten und Unterschiede ermittelt und dargestellt.
Analysieren, untersuchen	Analysieren Sie das experimentelle Vorgehen.	An vorgegebenes Arbeitsmaterial gezielte Fragen stellen und diese klären.
Charakterisieren	Charakterisieren Sie das Verhalten des Mäusebussards unter ethologischen Gesichtspunkten.	Sachverhalte beschreiben und dann unter bestimmten Gesichtspunkten zusammenfassen.
Erörtern, diskutieren	Erörten Sie die Auswirkungen von Freilandversuchen gentechnisch veränderter Pflanzen auf die Umwelt.	Darstellung eigener Gedanken zu einem vorgegebenen Problem und abschließende Urteilsfindung.
Beurteilen, bewerten, Stellung nehmen	Nehmen Sie zur Aussage: „Reifung ist eine Lernform" Stellung.	Aussagen werden auf Grundlage eigenen Wissens auf Richtigkeit oder Anwendbarkeit überprüft.
Überprüfen, prüfen	Prüfen Sie die Gültigkeit des Homologiekriteriums der Lage an folgendem Beispiel.	Eine Hypothese oder ein Modell wird anhand von Beobachtungen, Ergebnissen oder eigener Logik bewertet.
Interpretieren, deuten	Deuten Sie die Ergebnisse des Meselson-Stahl-Experiments.	Eine Aussage wird in einem bestimmten Zusammenhang betrachtet.

Evolution

Keine Teildisziplin der Biologie ist so eng mit einer bestimmten Person verbunden und führt in der Gesellschaft zu kontroverseren Diskussionen, wie die **Evolutionstheorie** von CHARLES DARWIN.

Titelseite „Die Zeit“ 02/2009

„Superstar der Biologie“

Im Jahr 2009 — 200 Jahre nach DARWINS Geburt und 150 Jahre nach dem Erscheinen seines Hauptwerkes „On the Origin of Species“ — wurde der zu Lebzeiten eher scheue und zurückgezogene Engländer in vielen Medien als „Superstar der Biologie“ bewundert und gefeiert.

Titelseite „Spektrum der Wissenschaft“ 01/2009

„Intelligent Design“

Überschwänglicher Zustimmung auf der einen Seite stehen Ablehnung und Kritik auf der anderen Seite gegenüber. Menschen, die den biblischen Schöpfungsbericht als fundamentale Wahrheit ansehen, lehnen DARWINS Lehre als grundsätzlich falsch ab. Ihre Haltung wird als **„Kreationismus“** bezeichnet.

Die Idee des **„Intelligent Design“** geht davon aus, dass die außerordentlich komplexen biologischen Systeme keinesfalls ein Produkt des Zufalls sein können, sondern auf einen intelligent ausgearbeiteten Plan zurückgehen müssen.

Selektionstheorie

CHARLES DARWIN formulierte die **Selektionstheorie**, in der er davon ausging, dass die individuelle Variabilität der Organismen und ihre unterschiedliche Anpassung an die Umwelt die wesentlichen Ursachen für die Entwicklung des Lebens selbst und der vielen verschiedenen Lebewesen seien.

Titelseite „idea-Spektrum“ 07/2009

Archaeopteryx lithographica

Diese Gegenpositionen zeigen, in welchem gesellschaftlichen Spannungsfeld sich die Diskussionen um die Evolutionstheorie bis heute bewegen.

Fossilien wie der weltberühmte „Urvogel“ **Archaeopteryx lithographica** aus dem Plattenkalk von Solnhofen bei Eichstädt belegen, dass es in früheren Zeiten auf der Erde andere Lebewesen als heute gegeben hat. Solche Fossilfunde werden von der Evolutionstheorie als einer von vielen Belegen dafür angesehen, dass sich das Leben auf der Erde ständig weiter entwickelt.

Variabilität

Darwin erkannte zwar die Bedeutung der Variabilität der Lebewesen, ohne allerdings etwas über ihre Ursachen zu wissen. Erst die Erkenntnisse der molekularen Genetik und der Populationsgenetik führten zur Fortentwicklung seiner Theorie. Die **Synthetische Evolutionstheorie** erweiterte Darwins Konzept und geht davon aus, dass unter den Individuen einer Art durch Mutation und Rekombination langsam immer größere Unterschiede entstehen. Ökologische, genetische oder verhaltensbiologische Effekte sorgen schließlich dafür, dass sich unterschiedliche Individuen nicht mehr miteinander paaren. Dies wird als Ursache für die Bildung neuer Arten durch Aufspaltung aus vorhandenen angesehen. Die verschiedenen heute vorkommenden Lebewesen sind demnach das Ergebnis einer langen, sehr langsamen Entwicklung. Da sich diese stammesgeschichtliche Entwicklung nicht mehr direkt beobachten lässt, muss die Rekonstruktion des Stammbaums der Lebewesen immer hypothetisch bleiben.

„Darwin“-Finken

Variabilität bei Birkenspannern

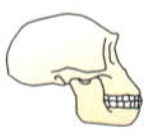

Homo habilis

Stammesgeschichtliche Entwicklung

Fossilfunde von Lebewesen, die anatomisch gesehen Vorfahren des Menschen gewesen sein könnten, belegen, dass sich die stammesgeschichtliche Entwicklung des Menschen vermutlich in Afrika abgespielt hat. Es werden kontroverse Theorien diskutiert, welche Mechanismen im Laufe von Jahrmillionen schließlich für die Ausbildung kognitiver Fähigkeiten und eines moralischen Bewusstseins des Menschen geführt haben.

Origin of Species

"Die Verwandtschaft aller Wesen einer Classe zu einander sind manchmal in Form eines grossen Baumes dargestellt worden. Ich glaube. dieses Bild entspricht sehr der Wahrheit. Die grünen und knospenden Zweige stellen die jetzigen Arten, und die in jedem vorangegangenen Jahre entstandenen die lange Reihe erloschener Arten vor. In jeder Wachstumsperiode haben alle wachsenden Zweige nach allen Seiten hinaus zu treiben und die umgebenden Zweige und Äste zu überwachsen und zu unterdrücken gestrebt, ganz so wie Arten und Artengruppen andere Arten im grossen Kampf um's Dasein überwältigt haben."

Charles Darwin (1859)

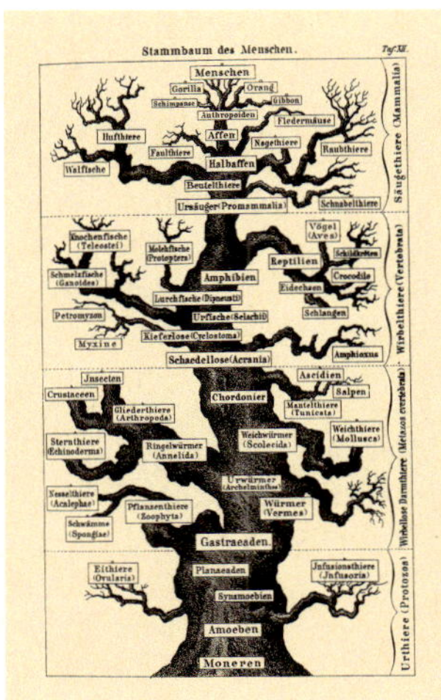

Ernst Haeckel (1874)

London Sketchbook (1874)

Ursache für heftigste öffentliche Diskussionen nach dem Erscheinen von Darwins „Origin of Species“ war die Konsequenz, dass auch der Mensch aufgrund seiner körperlichen Merkmale in den Stammbaum der Lebewesen und in die Verwandtschaft der Affen gehört. Biochemische Untersuchungen zeigen, dass auch auf der Ebene der Proteine und der DNA außerordentlich große Übereinstimmungen zwischen Mensch und Menschenaffen bestehen.

Vielfalt des Lebens

rezent
(lat.) = in der heutigen Zeit lebend oder vor Kurzem ausgestorben

fossil
(lat.) = Funde vergangenen Lebens aus der Erdgeschichte

Ammonit
(aufgesägt und geschliffen)

Nautilus
(Perlboot)

Nautilusgehäuse
(Querschnitt)

Röhrenwürmer
(in der Tiefsee)

Auf der Erde gibt es eine sehr große lebendige Vielfalt verschiedenster Organismen, die man *Biodiversität* nennt (Abb. 1). Bis heute sind schätzungsweise 300 000 Pflanzenarten und über 1,5 Millionen Tierarten wissenschaftlich beschrieben. Dies ist allerdings nur ein kleiner Bruchteil der tatsächlich existierenden Arten. So wurden 1982 in den unzugänglichen Wipfeln einer einzigen tropischen Baumart 160 spezifische Käferarten gefunden. Hochgerechnet auf schätzungsweise 50 000 Baumarten in den Tropen könnte es also bis zu 8 Millionen tropische Baumwipfel-Käferarten geben.

Neben den heute auf der Erde vorkommenden *rezenten* Arten sind wissenschaftlich etwa 150 000 *fossile* Arten erfasst – ebenfalls nur ein winziger Teil der Lebewesen, die im Laufe der Erdgeschichte bereits wieder ausgestorben sind. Manche Fossilien haben auffallende Ähnlichkeiten mit lebenden Tieren. So sind die im Juragestein der Fränkischen Schweiz häufig vorkommenden Ammoniten die versteinerten Gehäuse von Tintenfischen, was durch den Vergleich mit dem Gehäuse des rezenten Nautilus belegbar ist (s. Randspalte). Manche Fossilien, wie z. B. der Archaeopteryx (s. Seite 70), werden als Brückentiere bezeichnet, weil sie die Verbindung zwischen zwei Tiergruppen herstellen. Das Skelett von Archaeopteryx vereinigt so Reptil- und Vogelmerkmale.

Alle Lebewesen sind in Körperbau, Stoffwechsel und Verhalten an ihre Umwelt angepasst. Das gilt oft auch für extremste Umweltbedingungen. Als 1979 das Tauchboot Alvin 2500 m tief am mittelozeanischen Rücken Heißwasserquellen *(Black smokers)* fand, war es für die Forscher überraschend, dass es dort in völliger Dunkelheit von Röhrenwürmern (s. Randspalte), Krebsen, Muscheln und Seesternen nur so wimmelte.

Für die Vielfalt der Arten, ihre Ähnlichkeiten und ihre Anpassung an die Umwelt bieten sich zwei *Hypothesen* an:
- *Konstanz der Arten:* Jede Art ist unveränderlich. Die fossilen und rezenten Formen hat es immer so gegeben.
- *Evolution der Arten:* Die rezenten Formen sind das Ergebnis eines langen Entwicklungsprozesses.

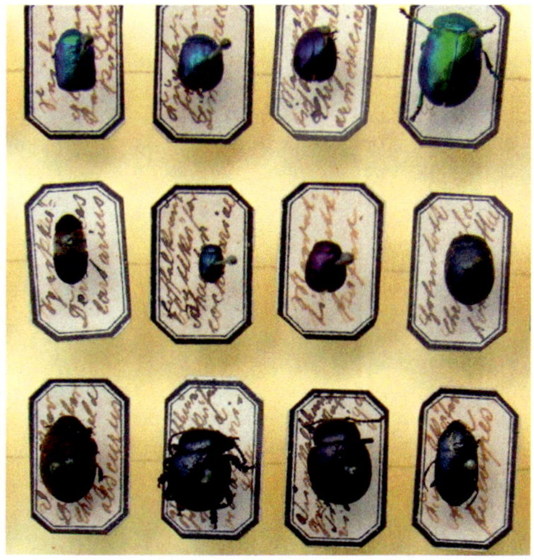

1 Biodiversität von Käfern

Um die Evolutionshypothese zu stützen, müssen naturwissenschaftliche Beobachtungen mit ihr vereinbar sein. So findet man beispielsweise auf dem Galapagosarchipel, einer Inselgruppe im Pazifik, 13 Arten von Finkenvögeln, die sonst an keiner anderen Stelle der Welt vorkommen. Sie gleichen sich weitgehend in ihren Körperproportionen und ihrer Befiederung, variieren aber stark in ihren Schnabelformen (s. S. 42).

Ein Vergleich der Ernährungsgewohnheiten zeigt, dass sich die dickschnäbligen Finken überwiegend von harten Samen und Körnern ernähren, die anderen von Früchten oder Insekten. Möglich wäre, dass sich die unterschiedlichen Schnabelformen aus einer gemeinsamen Stammform heraus entwickelt haben. Ein Indiz allein reicht für eine beweiskräftige Aussage jedoch nicht aus. Der Vorgang könnte trotz plausibler Erklärung auch anders abgelaufen sein. Je mehr Belege allerdings aus verschiedenen Teilgebieten der Biologie (Genetik, Verhalten etc.) gefunden werden, desto besser ist die Hypothese abgesichert.

Heute ist die Vorstellung von der Veränderlichkeit der Arten durch viele solcher Belege als naturwissenschaftliche *Theorie* anerkannt, obwohl – wie in den Naturwissenschaften üblich – sie experimentell nicht wiederholt und damit auch nicht überprüft werden kann.

Lebendige Vielfalt

Vielfalt erkennen und nutzen

Nur auf den ersten Blick scheinen die Individuen einer Art gleich auszusehen. Alle Falter des Braunen Bären (s. Abb. unten) haben sich aus einem einzigen Gelege des gleichen Muttertieres entwickelt, kein Individuum gleicht dem anderen vollkommen. Die äußerlichen Farbvarianten lassen vergleichbare Varianten im Stoffwechsel, Verhalten und im Genotyp vermuten.

Machen Sie entsprechende Studien an den Nachkommen von Haustieren, indem Sie z. B. eine Guppy-Zucht im Aquarium anlegen oder die Geschwister eines Katzenwurfes miteinander vergleichen.

Vielfalt schützen und erhalten

Biodiversität ist das Schlagwort, unter dem der Artenreichtum, die Variabilität innerhalb einer Art und die Vielfalt der Lebensräume in den Mittelpunkt der Naturschutzbestrebungen gerückt sind. Internationale Abkommen wie das „Übereinkommen über die biologische Vielfalt" (Rio-Convention), aber auch das Washingtoner Artenschutzabkommen (CITES = Convention on International Trade in Endangered Species of Wild Fauna and Flora) sollen für den Erhalt der lebendigen Vielfalt sorgen. CITES legt Schutzbestimmungen für selten gewordene Tiere und Pflanzen sowie Beschränkungen für deren Ein- und Ausfuhr fest. Der Handel mit gefährdeten Arten freilebender Tiere und Pflanzen ist weitgehend verboten.

Entwerfen Sie eine Broschüre mit Informationen über den Artenschutz im Urlaub. Gehen Sie dabei von einer beliebten Urlaubsregion (Ägypten, Indonesien, Karibik) aus oder von bestimmten Lebewesen (Reptilien, Elefanten, Orchideen, Kakteen). Informationen finden Sie z. B. im Internet.

Die Feige ist mit 11 000 Jahren die älteste Kulturpflanze des Menschen.

Beteiligen Sie sich an einer Naturschutz-Aktion, z. B. „Leben braucht Vielfalt", „Stunde der Gartenvögel" oder „Abenteuer Faltertage".

Varianten sind das Material der Evolution, denn nicht jede Variante ist gleich gut geeignet für die jeweilige Umwelt. Nur die gut angepassten Formen überleben und pflanzen sich erfolgreich fort. Dadurch können sich Arten über Generationen hinweg allmählich verändern. In der Züchtung von Pflanzen und Tieren sucht der Züchter die gewünschten Varianten für eine gezielte Vermehrung aus. Aus Wildformen sind so Nutzpflanzen und Haustiere entstanden, die sich oft stark von der Wildform unterscheiden.

Entwerfen Sie ein Plakat, auf dem Sie die Kulturgeschichte einer Nutzart darstellen (z. B. Taube, Huhn, Hund oder Weizen, Wein, Baumwolle) und die Eigenschaften von Wildart und Kulturformen gegenüberstellen.

Die Felsentaube ist die Stammart aller Haus- und Stadttauben.

Die Evolution der Evolutionstheorie

Einen Entwicklungsprozess, wie ihn die Evolution für Lebewesen postuliert, macht sie als Theorie bis heute selbst auch durch. An der Entwicklung des Evolutionsgedankens mit immer differenzierteren Ansichten über die Entstehung der Arten waren im Verlauf des 19. Jahrhunderts verschiedene Naturforscher beteiligt.

1 JEAN BAPTISTE DE LAMARCK

GEORGES DE CUVIER (1769 — 1832)

GEORGES DE CUVIER

GEORGES DE CUVIER (s. Randspalte) gilt als einflussreichster Wissenschaftler im Frankreich des beginnenden 19. Jahrhunderts. Er erforschte die geologischen Schichten im Pariser Becken und fand zahlreiche Fossilien, die er wissenschaftlich beschrieb. Er erkannte, dass es sich dabei um die Reste von Lebewesen handelte und stellte fest, dass verschiedene Schichten unterschiedliche Fossilien aufwiesen. Als Erklärung dafür entwickelte er die *Katastrophentheorie*, nach der Naturkatastrophen in größeren Zeitabständen immer wieder Tiere und Pflanzen in einem bestimmten Gebiet vernichteten. Es starben dabei Arten vollständig aus oder sie wanderten nach der Katastrophe aus benachbarten Gebieten, die nicht zerstört wurden, wieder ein. CUVIER war Vertreter der *Artkonstanz* und sprach sich gegen die Hypothese einer langsam ablaufenden Entwicklung der Lebewesen aus. Seine Theorie der in der Erdgeschichte wiederkehrenden Katastrophen hat sich allerdings bestätigt. So wird beispielsweise das Aussterben der Saurier vor 65 Millionen Jahren auf den gewaltigen Einschlag eines Meteoriten auf die Erde zurückgeführt.

JEAN BAPTISTE DE LAMARCK (1744 — 1829)

LAMARCKS Giraffen

JEAN BAPTISTE DE LAMARCK (Abb. 1) war als „Professor für wirbellose Tiere" in Paris Spezialist für Muscheln und Schnecken. Durch den Vergleich der Gehäuse dieser Weichtiere erkannte er, dass aufgrund der abgestuften Ähnlichkeiten mit fließenden Übergängen eine klare Abgrenzung zwischen den Arten schwierig war. Er fand Übergangsformen zwischen fossilen und rezenten Arten und schloss daraus, dass Arten nur eine zeitweilige Beständigkeit aufwiesen und entwickelte 1809 eine erste begründete Hypothese zur Evolution. Danach sind zunächst durch Urzeugung pflanzliche und tierische Urwesen entstanden, aus denen sich in langen Zeiträumen die ganze Vielfalt der heutigen Lebewesen entwickelt hat.

Bei dieser Entwicklung spielten nach LAMARCK die Umweltbedingungen eine wichtige Rolle. Er führte als Beispiel die Giraffe an, die „in Gegenden lebt, wo der beinahe trockene und kräuterlose Boden sie zwingt, das Laub der Bäume abzufressen und sich beständig anzustrengen, dasselbe zu erreichen. Infolge dieser seit langer Zeit angenommenen Gewohnheit sind (...) die Vorderbeine länger als die Hinterbeine geworden und ihr Hals hat sich (...) verlängert" (s. Randspalte). Durch *Notwendigkeit* und den *Willen*, immer höhere Blätter zu erreichen, streckten die Vorfahren der Giraffe ihren Hals und er wurde deshalb von Generation zu Generation immer länger (▶ s. S. 180).

LAMARCK fasste seine Hypothese in kurzen „Gesetzen" zusammen:

- Der häufige und dauernde Gebrauch eines Organs entwickelt, vergrößert und kräftigt dasselbe allmählich proportional der Dauer dieses Gebrauchs; der konstante *Nichtgebrauch* macht es unmerklich schwächer, verschlechtert es und lässt es endlich verschwinden.
- Alles was Individuen durch den Gebrauch oder Nichtgebrauch erwerben oder verlieren, wird durch die Fortpflanzung auf die Nachkommen vererbt.

Der *„Lamarckismus"* mit seiner Hypothese der Vererbung individuell erworbener Eigenschaften ist nach den Erkenntnissen der modernen Genetik nicht haltbar, obwohl neue Untersuchungen durchaus zeigen, dass die individuelle Lebensweise Gene beeinflussen und beispielsweise in ihrer Aktivität verändern kann *(„Epigenetik")*.

CHARLES DARWIN (1809 — 1882)

CHARLES DARWIN (Abb. 1) hatte als junger Mann die einmalige Chance, an Bord des britischen Vermessungsschiffes „Beagle“ eine fast fünfjährige Forschungsreise rund um die Erde zu unternehmen. Dabei gelangte er zu Erkenntnissen, die nicht nur die Biologie, sondern unser gesamtes Weltbild verändern sollten. 1859 veröffentlichte er sein bahnbrechendes Werk „On the Origin of Species by Means of Natural Selection or the Preservation of Favoured Races in the Struggle for Life“.

1 CHARLES DARWIN (31- und 69-jährig)

Ausgangspunkt seiner Argumentationen war eine Beobachtung, die er an dem Belegmaterial seiner Forschungsreise machte: die einzelnen Exemplare einer Art waren niemals genau identisch. Populationen zeigten also *Variationen.* Dies bestätigten ihm auch Tier- und Pflanzenzüchter und er sah in der Veränderung der Lebewesen durch Züchtung ein Modell für die Veränderlichkeit der Arten in der Natur. Während dort die Artumwandlung sehr lange Zeiträume erfordert und nicht direkt beobachtbar ist, ist die Wirkung der künstlichen Zuchtwahl auf die Organismen durch wissenschaftliche Experimente erforschbar. Als Ergebnis seiner Überlegungen formulierte er mit der Selektionstheorie einen naturwissenschaftlichen Mechanismus für die Entstehung der Arten (▶ s. S. 180). In seiner Theorie geht DARWIN von folgenden **Beobachtungen** aus:

— Jede Art erzeugt immer so viele Nachkommen, dass ihre Individuenzahl im Verlauf der Generationen eigentlich exponentiell ansteigen müsste (Überproduktion).
— Die Individuenzahl einer Art bleibt aber über längere Zeiträume mit Ausnahme saisonaler Schwankungen stabil (s. Randspalte). Diese Stabilität ist nur durch eine entsprechend hohe Sterblichkeitsrate zu erklären.
— Innerhalb einer Art gibt es sehr viele Variationen, d. h. Individuen einer bestimmten Art zeigen Unterschiede in Körperbau, Lebensweise und Verhalten.
— Diese Variationen treten dann auch bei den Nachkommen auf. Es handelt sich also um vererbbare Variationen.

Diese Beobachtungen führten DARWIN zu folgenden **Schlussfolgerungen**:
— Die Überproduktion von Nachkommen führt zur Konkurrenz zwischen Artgenossen. Dadurch kommt es zum Wettbewerb um Nahrungsmittel, Lebensraum und Geschlechtspartner innerhalb der Art *(„struggle for life“).*
— Die Überlebenschance in diesem Wettbewerb hängt von den variierenden Merkmalen ab. Die zufällig besser an die Umweltbedingungen angepassten Individuen überleben mit größerer Wahrscheinlichkeit *(„survival of the fittest“).* Ihre *„Fitness“* zeigt sich am größeren Fortpflanzungserfolg, mit dem sie ihre Erbanlagen verstärkt an die nächste Generation weitergeben *(reproduktive Fitness).*

Dieser Auswahlprozess der *natürlichen Selektion* wird heute als „Darwinismus“ bezeichnet, obwohl er zeitgleich von ALFRED RUSSEL WALLACE (s. Randspalte) formuliert wurde. Dieser kaum bekannte Forschungsreisende hatte 1858 dem damals schon berühmten CHARLES DARWIN ein Manuskript zur Ansicht geschickt, in dem er das Selektionsprinzip beschrieb. DARWIN veröffentlichte die Arbeit RUSSELS zusammen mit einem eigenen Aufsatz von 1844. A. R. WALLACE darf aus diesem Grund als Mitbegründer der Selektionstheorie gelten.

Aufgaben

① Stellen Sie die Gemeinsamkeiten und Unterschiede in den Theorien von LAMARCK und DARWIN tabellarisch am Beispiel der Entstehung des Giraffenhalses dar.
② „Die Grabbeine des Maulwurfs haben sich entwickelt, damit er besser graben kann“. Zeigen Sie, dass in dieser Aussage lamarckistisches Denken steckt.
③ Diskutieren Sie die Aussage der NS-Propaganda in der Randspalte und informieren Sie sich im Internet darüber, was man unter *„Sozialdarwinismus“* versteht. Zeigen Sie, dass hier DARWINS „struggle for life“ völlig missverstanden wurde.

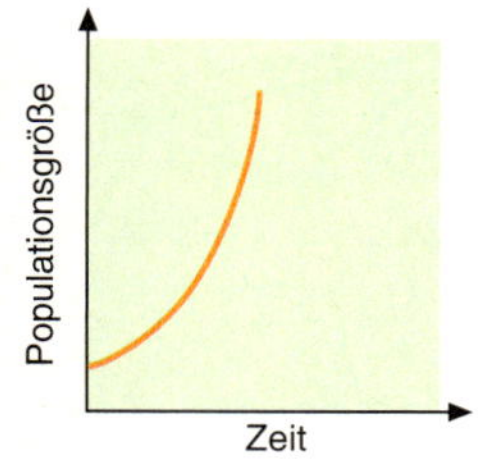

Wachstum einer Population bei unbegrenztem Angebot an Raum und Nahrung.

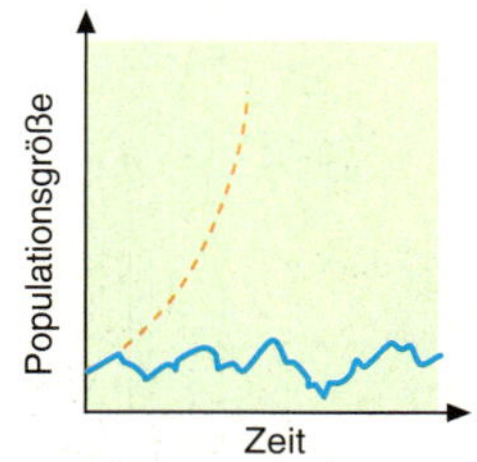

Die Größe einer Population mit begrenzten Ressourcen pendelt um einen Mittelwert.

A. R. WALLACE (1823 — 1913)

„Man müsste ein Gesetz schaffen, das der Natur zu ihrem Recht verhilft. Die Natur würde dieses lebensunfähige Geschöpf verhungern lassen. Wir dürfen humaner sein und ihm einen schmerzlosen Gnadentod bereiten.“ (NS-Propaganda)

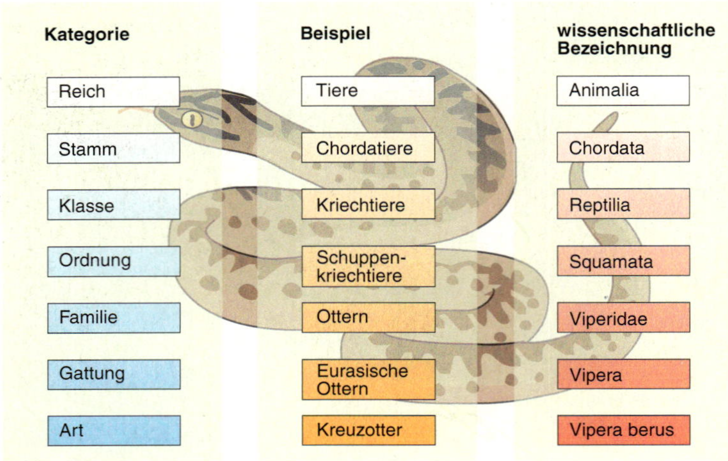

1 Taxonomie am Beispiel der Kreuzotter

Ordnung in der Vielfalt

Für das Überleben war es zu allen Zeiten wichtig, dass der Mensch die Arten verschiedener Organismen in seiner Umwelt erkennen und benennen konnte. Auf diese Weise unterschied er heilkräftige von giftigen Pflanzen oder gefährliche Tiere von solchen, auf die er Jagd machen konnte.

Carl von Linné (1707 – 1778)

morphe (gr.) = Gestalt

taxis (gr.) = Ordnung

Morphologischer Artbegriff

Das erste wissenschaftliche Ordnungssystem geht auf den griechischen Philosophen Aristoteles (384 – 322 v. Chr.) zurück. Er unterteilte die ihm bekannten Tiere in „Bluttiere" (Fische, Amphibien, Reptilien, Vögel und Säuger) und „Blutlose" (z. B. Muscheln, Schnecken, Krebse, Seesterne) oder nach dem Typ ihrer Atmungsorgane (Lungen bzw. Kiemen). Diese typologische Systematik ging von der Struktur und Form der Lebewesen, also von ihrer Morphologie aus.

Der schwedische Naturforscher Carl von Linné, der 1735 mit seinem Werk *„Systema naturae"* (s. Randspalte) die wissenschaftliche Systematik begründete, ging davon aus, dass es konstante Arten gibt, die sich nach typologischen Merkmalen klar unterscheiden lassen. Er prägte den *morphologischen Artbegriff*:

> Alle Lebewesen, die in ihren wesentlichen Körpermerkmalen untereinander und mit ihren Nachkommen übereinstimmen, gehören zu einer Art (Spezies).

Der morphologische Artbegriff spielt in der Praxis bei der Artbestimmung eine zentrale Rolle und man kann mit Bestimmungsbüchern einzelne Organismen bereits beschriebenen Arten zuordnen. Dabei bekommt jede Art in der von Linné entwickelten *binären Nomenklatur* einen zweiteiligen wissenschaftlichen Namen. So heißt die Kreuzotter *Vipera berus*, der erste Name bezeichnet die Gattung, der zweite unterscheidet die Art von anderen Arten innerhalb der gleichen Gattung (z. B. *Vipera ammodytes* = Hornotter). Diese Nomenklatur wird von Wissenschaftlern auf der ganzen Welt benutzt und verstanden. Eine einheitliche Sprache ist im internationalen Wissenschaftsbereich unbedingt notwendig.

Künstliches System

Jedes Lebewesen wird nach Linné in systematische Kategorien eingeordnet. Diese Taxonomie ist hierarchisch aufgebaut:
Reich – Stamm (bei Pflanzen Abteilung) – Klasse – Ordnung – Familie – Gattung – Art (s. Abb. 1).

Das Ordnungssystem nach Linné hat sich über die Jahrhunderte in vielen Bereichen bewährt, stellt aber ein *künstliches System* dar, da die taxonomischen Merkmale willkürlich gewählt wurden. So sagt beispielsweise die Bestimmung von Pflanzenarten nach Blüten- oder Blattform noch nicht viel über die verwandtschaftlichen Beziehungen aus.

Biologischer Artbegriff

Meerschweinchen sind beliebte Haustiere, die auch für Verhaltensstudien geeignet sind. Um Inzuchtprobleme unter den im Labor gehaltenen *Wieselmeerschweinchen (Galea musteloides)* zu vermeiden, holten Biologen der Universität Münster wilde Meerschweinchen aus Bolivien. Obwohl Meerschweinchen für ihre Vermehrungsfreudigkeit bekannt sind, zeigten die Wilden aus Bolivien keinerlei Interesse an ihren Laborkollegen und gemeinsamer Nachwuchs blieb aus.

Weil sich Individuen nur kreuzen lassen, wenn sie derselben Art angehören, lag der Verdacht nahe, dass es sich bei den bolivianischen Meerschweinchen um eine andere Art handelte. Genauere Untersuchungen zeigten, dass unterschiedliche geformte Geschlechtsorgane und abweichendes Verhalten die Paarung verhinderten. Bei DNA-Analysen und Zahnvergleichen ergaben sich weitere Unterschiede.

Die Forscher hatten also eine bisher unbekannte Meerschweinchenart entdeckt. Für sie gilt – wie auch für alle rezenten Arten, der *biologische Artbegriff*:

> Alle Lebewesen, die sich miteinander kreuzen, fruchtbare Nachkommen hervorbringen und von anderen sexuell isoliert sind, bilden eine Art.

Der Entdecker einer neuen Art darf ihr einen wissenschaftlichen Namen geben. Der Gattungsname *Galea* war durch die enge Verwandtschaft der neu entdeckten Art zum Wieselmeerschweinchen vorgegeben. Als Artnamen wählten die Forscher in Münster *Galea monasteriensis*, zu deutsch *Münstersches Meerschweinchen* (Abb. 1).

Ordnung:	Nagetiere (Rodenta)
Unterordnung:	Stachelschweinverwandte (Hystricognatha)
Überfamilie:	Meerschweinchenartige (Cavioidea)
Familie:	Meerschweinchen (Caviidae)
Unterfamilie:	Eigentliche Meerschweinchen (Caviinae)
Gattung:	Gelbzahnmeerschweinchen (Galea)
Art:	Münstersches Meerschweinchen (Galea monasteriensis)

1 Neue Meerschweinchenart aus Bolivien

Natürliches System

Die vielen genetischen und biochemischen Übereinstimmungen zwischen allen lebenden Arten sind der Grund für die Annahme, dass alle Lebewesen aus einem einzigen Ursprung hervorgegangen sind. Ein *natürliches System* versucht die Verwandtschaft der Arten in einem Stammbaum darzustellen, dessen Verzweigungen möglichst die *stammesgeschichtliche Entwicklung* widerspiegeln sollen. Die heute lebenden Arten bilden dabei das Ende von Zweigen, die auf gemeinsame, schon ausgestorbene Stammformen zurückgehen. Da Fossilfunde lückenhaft sind und auf sie nur der recht unzuverlässige morphologische Artbegriff anzuwenden ist, bleiben auch solche „natürlichen" Stammbäume immer hypothetisch. 1969 entwickelte ROBERT H. WHITTAKER das heute wissenschaftlich anerkannte System, in dem Prokaryoten, Protisten (eukaryotische Einzeller und einfache Mehrzeller), Pilze, Pflanzen und Tiere insgesamt *fünf Reiche* bilden (Abb. 2).

Zettelkasten

Die etwas andere Hypothese

Im 19. Jahrhundert sahen Naturtheologen in der abgestuften Ähnlichkeit der Lebewesen und ihrer offenkundig guten Anpassung an die Umwelt einen deutlichen Beweis für das Wirken eines Schöpfers und für dessen Weisheit.

Diese Ansicht wird heute in der Hypothese des „Intelligent design" fortgeführt, die davon ausgeht, dass hoch geordnete Systeme wie Lebewesen, niemals zufällig entstanden sein können.

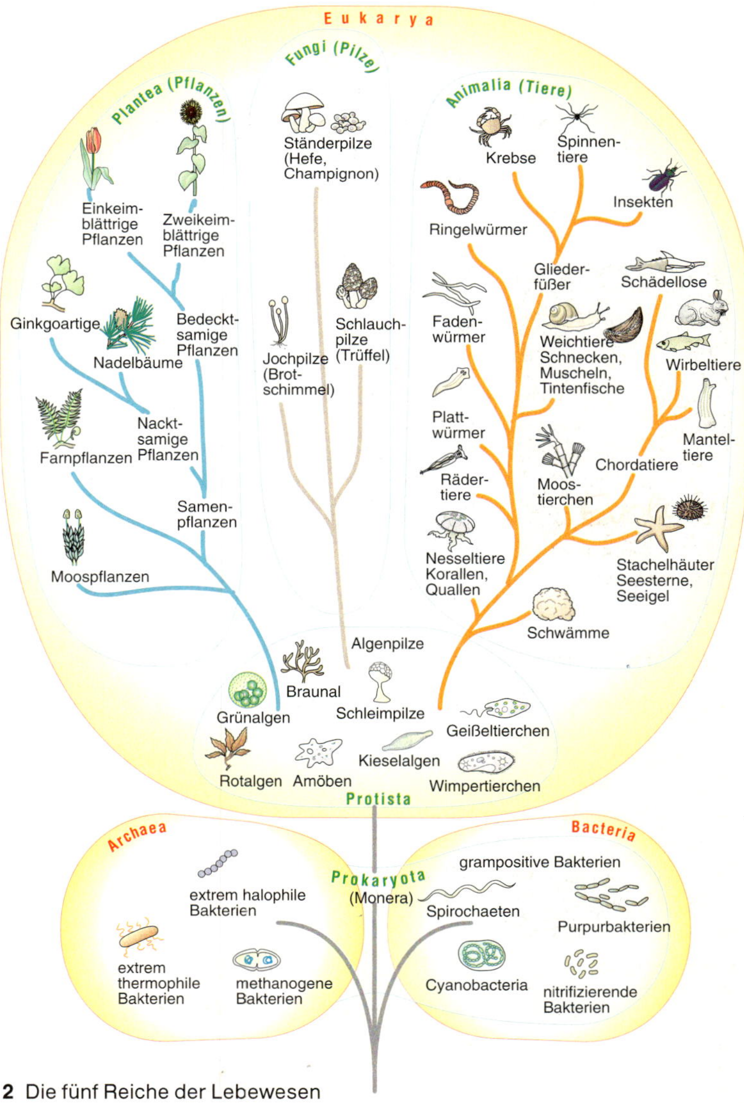

2 Die fünf Reiche der Lebewesen

Ähnlichkeit und Verwandtschaft

Walhai bis 13 m

1 Weißer Hai

Finnwal bis 20 m

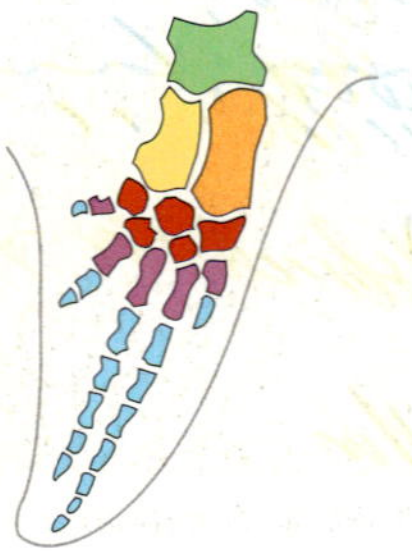

Vorderextremität eines Wals

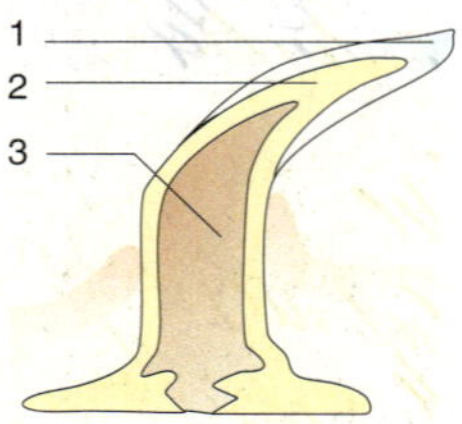

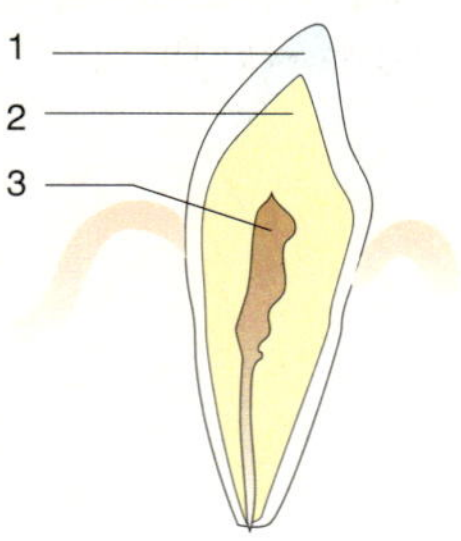

Haischuppe und Wirbeltierzahn

1 Schmelz
2 Zahnbein (Dentin)
3 Schuppen- bzw. Zahnhöhle

Walhai und *Weißer Hai* (s. Abb. 1) sind auf den ersten Blick recht unterschiedliche Tierarten. Der eine ist ein ungefährlicher Riese, der planktonsuchend die Weltmeere durchzieht, der andere ein gefährlicher Räuber, der mit mehreren Reihen messerscharfer Zähne auf Beutejagd geht. Wenn man allerdings weitere Körpermerkmale betrachtet, fallen viele Übereinstimmungen auf. Beide besitzen ein Skelett aus Knorpel, seitliche Kiemenspalten und eine Haut, die mit vielen kleinen Schuppen und Rillen den sogenannten Haihauteffekt bewirkt, der beim Schwimmen den Wasserwiderstand stark herabsetzt. Solche Ähnlichkeiten, die auf eine gemeinsame Herkunft hindeuten, nennt die Evolutionstheorie *homolog* bzw. bezeichnet sie als *Homologien*. Die Unterschiede im Körperbau und Verhalten beider Haiarten sind stammesgeschichtlich gesehen in Anpassung an unterschiedliche Ernährungsweisen entstanden.

Auffallende Übereinstimmungen in Aussehen und Ernährungsweise zeigen *Walhai* und *Finnwal* (s. Randspalte). Beide besitzen eine Filterapparatur, mit der sie sehr effektiv kleine Wassertiere (Krill, Fische etc.) aus dem Wasser abfischen. Sie gehören jedoch völlig unterschiedlichen Tiergruppen an. Der Walhai als Knorpelfisch stellt seine Ernährung mit einer *Kiemenreuse*, einer gitterartigen Knorpelstruktur an seinen Kiemenspalten sicher. Der Finnwal besitzt als Säugetier keine Kiemen und holt das Plankton durch eng aneinanderstehende Hornplatten im Oberkiefer *(Barten)* aus dem Wasser. In diesem Fall erklärt die Evolutionstheorie die Ähnlichkeiten durch Selektionsprozesse, die beide Tierarten getrennt durchlaufen haben. Es haben sich dabei jene Individuen behauptet, die immer besser an die Ernährung durch Plankton angepasst waren. Dies führte dazu, dass sich Walhai und Blauwal in ihrer Körpergestalt aufeinander zu bzw. konvergent entwickelt haben (▶ s. S. 180). Kiemenreuse und Barten sind Übereinstimmungen, die man als *Analogien* bezeichnet. Sie weisen nicht auf einen gemeinsamen Ursprung hin.

Homologie und Homologiekriterien

Für die Entscheidung, wie Ähnlichkeiten bei verschiedenen Arten zu beurteilen sind, braucht man geeignete Methoden, mit denen man zwischen Homologie und Analogie unterscheiden kann (▶ s. S. 162). Um eine vermutete stammesgeschichtliche Verwandtschaft bestätigen zu können, werden drei Homologiekriterien herangezogen.

Nach dem *„Kriterium der Lage"* sind Strukturen homolog, wenn sie in einem vergleichbaren Gefügesystem die gleiche Lage einnehmen. Dies gilt z. B. für die Vorderflossen eines Wals, die ebenso wie die Vorderextremitäten eines Landwirbeltiers am Schulterblatt befestigt sind. Außerdem nehmen die einzelnen Knochen in der Flosse eines Wals die typische Lage der Knochen in der fünffingrigen Extremität der Landwirbeltiere ein: Oberarm, Unterarm mit Elle und Speiche, Handwurzel-, Mittelhand- und Fingerknochen (s. Randspalte). Diese Homologie wird als ein Hinweis dafür angesehen, dass sich Wale im Laufe der Evolution aus Landsäugetieren entwickelt haben (▶ s. S. 180).

Die Hautschuppen der Haie *(Placoidschuppen)*, die für den Haihauteffekt verantwortlich sind, zeigen denselben Grundaufbau wie die Zähne der Wirbeltiere. Trotz unterschiedlicher Lage im Organismus sind Struktur und Schichtung der Einzelelemente dieser Organe identisch (s. Randspalte). Hier kommt das *„Kriterium der spezifischen Qualität"* zur Anwendung. Es besagt, dass komplex aufgebaute Organe unabhängig von ihrer Lage im Organismus homolog sind, wenn sie in mehreren besonderen Merkmalen (z. B. ihrer chemischen Zusammensetzung oder ihrem ganz spezifischen Aufbau) übereinstimmen. Hautschuppen und Zähne des Haies sind demnach zueinander homolog und auch homolog zu den Zähnen aller Wirbeltiere.

Online-Link
045570-0021

Herz und herznahe Blutgefäße sind bei Haien und Walen sehr unterschiedlich aufgebaut. Das Haiherz besitzt nur einen Vorhof und eine Herzkammer, die sauerstoffarmes Blut über bogenförmige Arterien in die Kiemen transportiert. Beim Wal besteht das Herz wie bei allen Säugetieren aus zwei Vorhöfen und zwei getrennten Herzkammern. Sauerstoffreiches und sauerstoffarmes Blut werden getrennt in den Körper- bzw. Lungenkreislauf gepumpt. Trotz dieser erheblichen Unterschiede werden beide Kreislaufsysteme als homolog angesehen, weil bei Amphibien und Reptilien Strukturen auftreten, die als Zwischenformen gedeutet werden können. So hat das Herz ausgewachsener Amphibien zwei Vorhöfe und eine Herzkammer, in der sich sauerstoffarmes und sauerstoffreiches Blut vermischen. Beim vierteiligen Reptilienherz sind die beiden Herzkammern unvollständig voneinander getrennt (s. Abb. 1). Das *„Kriterium* der *Stetigkeit"* besagt, dass verschieden gestaltete Organe dann homolog sind, wenn sie sich entsprechend der stammesgeschichtlich angenommenen Entwicklung durch Zwischenformen miteinander verbinden lassen. Solche Zwischenformen können bei verschiedenen Arten, im Verlauf der Embryonalentwicklung oder bei Fossilien auftreten (▶ s. S. 180).

So fehlen bei erwachsenen Walen die Hintergliedmaßen, bei manchen Walarten aber finden sich zwei nicht mit dem Skelett verbundene Knochen, die als Muskelansatzstelle für Enddarm und Geschlechtsorgane dienen. Nach dem Kriterium der Lage könnten diese Knochen mit den Oberschenkelknochen homolog sein. Auch das Kriterium der Stetigkeit könnte erfüllt sein, da Fossilien, die den Vorläufern der Wale zugeordnet werden, gefunden wurden, die noch den voll entwickelten Beckengürtel mit äußeren Gliedmaßen besaßen. Sie stellen einen denkbaren Beleg für den stammesgeschichtlichen Verlust der Hintergliedmaßen der Wale dar. Die kleinen Knochen„reste" bezeichnet man als *Rudimente*.

Analogie

Vergleicht man die Schwanzflossen von Haien und Walen (*Fluke* genannt), so fällt sofort die ähnliche Form auf. Im Gegensatz zu der Schwanzflosse der Haie ist die Fluke aber horizontal angeordnet. Sie wird auch nur durch Bindegewebe und nicht wie bei den Haien durch die Wirbelsäule gestützt. Die ähnliche Form ist aus physikalischen Gründen im Wasser als Antriebsorgan besonders gut geeignet und entsprechend gebaute Tiere besaßen Selektionsvorteile gegenüber anderen. Die beiden Flossenformen sind also unabhängig voneinander durch konvergente Entwicklung entstanden (▶ s. S. 181). (Weitere Beispiele s. auf Seite 162).

Aufgaben

① Erläutern Sie die Entstehung der ähnlichen Körpergestalt von Walhai und Finnwal aus evolutionärer Sicht.

② Vergleichen Sie die Knochen in der Vorderextremität eines Wals (s. Randspalte S. 20) und eines Menschen, benennen Sie die einzelnen Knochen und wenden Sie die Homologiekriterien an.

③ Informieren Sie sich im Internet, was man unter „Bionik" und dem *„Fastskin-* bzw. *Riblet-Effekt"* versteht.

④ Kakteen und Wolfsmilchgewächse (Euphorbien) haben sich in den heißen Trockengebieten Amerikas und Afrikas konvergent in Anpassung an die Lebensbedingungen zu sogenannten *sukkulenten Pflanzen* entwickelt. Sie besitzen einen verdickten, grünen Spross und die Blätter sind zu Stacheln umgewandelt (s. Randspalte). Erklären Sie ihren Bau mit DARWINS Prinzip des „survival of the fittest".

Homologie
Ähnlichkeit infolge gemeinsamer Abstammung

Analogie
Ähnlichkeit durch gleichen Selektionsdruck ohne gemeinsame Abstammung

Kaktus (Amerika)

Euphorbia (Afrika)

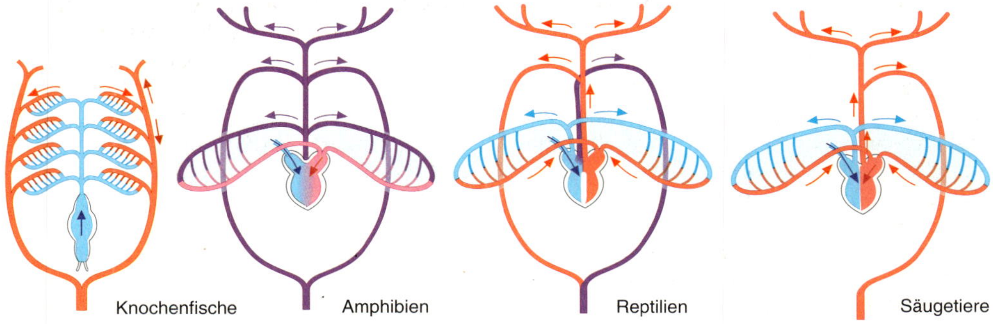

1 Kreislaufsysteme von Wirbeltieren (schematisch vereinfacht)

Embryonale Homologie

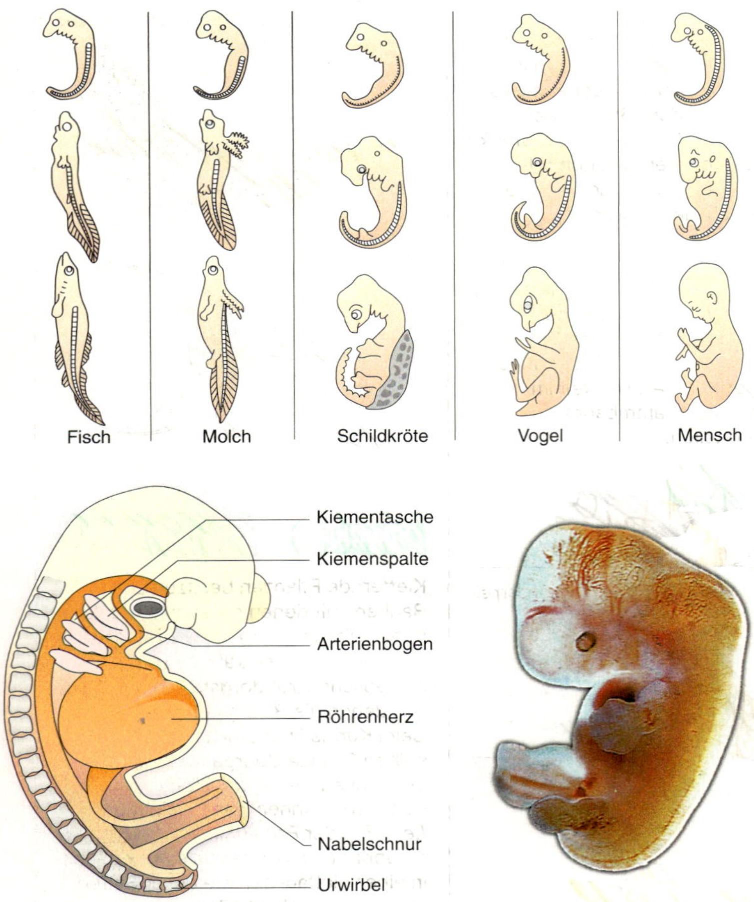

1 Embryonen nach Haeckel und menschlicher Embryo

Ernst Haeckel
(1834–1919)

„Ernst Haeckel hat gefälscht. Viele seiner Bilder von Organismen sind schlicht erfunden, um seine Theorie zu bestätigen."
(aus: DIE ZEIT 22/2003)

Der Jenaer Zoologe Ernst Haeckel war der führende Verfechter der Abstammungslehre Darwins in Deutschland. Bekannt wurde er durch eine Hypothese, die als *„Biogenetisches Grundgesetz"* bezeichnet wurde.

Dieses „Gesetz" leitete Haeckel aus dem Vergleich der Embryonen junger Wirbeltiere ab, die sich sehr ähnlich sehen (Abb. 1). So haben alle frühen Wirbeltierembryonen ein Vorderende mit Gehirn- und Augenanlage sowie eine segmentierte Körperachse, aus der die Wirbelsäule hervorgeht. Im Brustbereich fallen Öffnungen zwischen dem Vorderdarm und der Außenwelt auf, die Haeckel *„Kiemenspalten"* nannte. Das Gewebe dazwischen bezeichnete er als „Kiemenbögen". Schon mit dieser Begriffsbildung unterstellte Haeckel, dass die Landwirbeltierembryonen in einer frühen Entwicklungsphase noch einmal Stadien ihrer hypothetischen Vorfahren, der Fische, wiederholen. Er formulierte 1866 mit dem *Biogenetischen Grundgesetz* die Hypothese: „Die Keimesentwicklung *(Ontogenese)* ist eine kurze, unvollständige und schnelle Rekapitulation der Stammesgeschichte *(Phylogenese)."*

Neben den Vorstufen späterer Merkmale weisen nach Haeckels Hypothese die Embryonen auch Kennzeichen auf, die keine stammesgeschichtliche Bedeutung haben, sondern nur in der Embryonalentwicklung wichtig sind, wie Nabelschnur oder Dottersack. Für die Entscheidung, ob ein embryonales Merkmal stammesgeschichtlich von Bedeutung ist, gibt es keinen objektiven Maßstab. Haeckel orientierte sich dabei am hypothetischen Stammbaum.

Während für Haeckel die Ontogenese aus der Phylogenese erklärbar erschien, verfolgt die Evolutionsforschung heute eher den umgekehrten Weg. Sie sucht im Verständnis der Embryonalentwicklung nach den Ursachen für den stammesgeschichtlichen Wandel. Für die *Entwicklungsbiologie* spielen besondere Kontrollgen-Gruppen *(Homeobox-Gene)* eine entscheidende Rolle. Sie sind für die geregelte Entwicklung des Grundbauplanes eines Lebewesens zuständig. Bei den Landwirbeltieren sorgen diese Gene dafür, dass sich das Gewebe zwischen den „Kiemenspalten" nicht wie bei den Fischen zu Kiemen entwickelt, sondern es entstehen daraus lebenswichtige Strukturen im Kiefer- und Halsbereich. Die embryonalen „Kiemenbögen" sind aus dieser Sicht kein stammesgeschichtlich bedingter „Umweg", sondern eine funktionelle Notwendigkeit einer normalen Embryonalentwicklung. Die Mutationen der Homeobox-Gene könnten für evolutives Geschehen von sehr großer Bedeutung sein. Dies ist aktueller Gegenstand der Forschung.

Ernst Haeckels Hypothese der embryonalen Homologie findet heute als „biogenetische Grundregel" nur noch sehr eingeschränkt Anwendung. So wird das Auftreten von Zahnanlagen bei Bartenwalen, die als erwachsene Tiere keine Zähne besitzen, als Beleg dafür angesehen, dass sie von Vorfahren mit Zähnen abstammen. Aus der Sicht der Entwicklungsbiologie können diese Zahnanlagen aber auch als unverzichtbar für eine formgerechte Kieferentwicklung gedeutet werden.

Homologien, Analogien

Verschiedene Arten von Lebewesen zeigen oft auffällige Ähnlichkeiten in Aussehen oder Verhalten. Diese Ähnlichkeiten werden als *homolog* angesehen, wenn ein gemeinsamer stammesgeschichtlicher Ursprung vermutet wird.

Analog ist die unabhängige Ausbildung ähnlicher Merkmale bei verschiedenen Arten aufgrund des gleichen Selektionsdruckes.

Insektenbeine

Verschiedene Insektenarten, wie Käfer oder Maulwurfsgrillen, gehen aus evolutionsbiologischer Sicht auf einen gemeinsamen Ursprung zurück. Ihre Beine haben sich in Anpassung an unterschiedliche Fortbewegungsweisen verschieden entwickelt, weisen aber den gleichen Grundbauplan auf. Hüfte (grün), Schenkelring (orange), Schenkel (gelb), Schiene (lila) und Fußglieder (blau). Es trifft das Kriterium der Lage und spezifischen Qualität für *homologe* Organe zu.

Käfer (Laufbein)

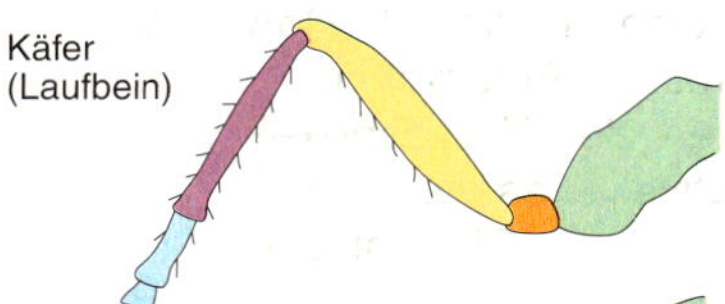

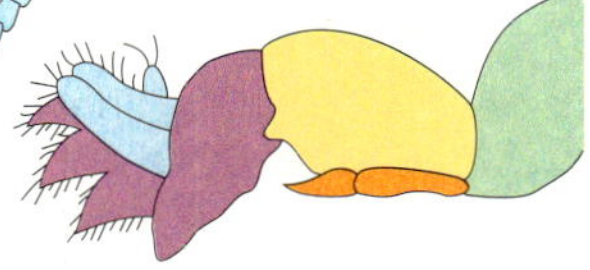

Maulwurfsgrille (Grabbein)

Verhaltenshomologien

Einige Verhaltensweisen sind angeboren, sie besitzen zum Teil eine genetische Grundlage. Solche Verhaltensweisen stellen erbliche Merkmale dar, die ebenso wie andere Erbanlagen der Evolution unterliegen. Vergleicht man das Verhalten verschiedener Entenarten, so stellt man erstaunliche Übereinstimmungen fest, selbst bei Arten, die sich in ihrem Vorkommen und in ihrer Lebensweise stark unterscheiden: Branderpel, Knäckerpel, Mandarinerpel und Stockerpel putzen bei der Einleitung der Balz scheinbar ihr Gefieder (s. Abb. unten). Durch die Auswertung zahlreicher verhaltensbiologischer Merkmale konnten Verwandtschaftsbeziehungen zwischen verschiedenen Arten erforscht werden. Bei den besonders gut untersuchten Entenvögeln war es sogar möglich, auf der Basis abgestufter Ähnlichkeit im Verhalten einen Stammbaum der Arten zu erstellen.

Branderpel

Knäckerpel

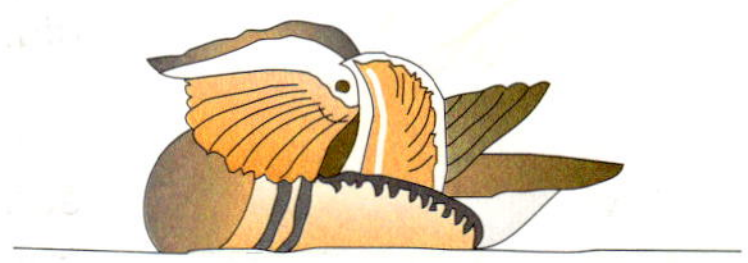

Mandarinerpel

Stockerpel

Flügelformen

Einige Saurier der Kreidezeit hatten vordere Gliedmaßen, die einen Flügel darstellten, ähnlich wie bei heutigen Fledermäusen. Die Flügelhaut eines Flugsauriers wurde jedoch von nur einem Finger aufgespannt, während dazu bei Fledermäusen vier Finger dienen. Die einzelnen Knochen der Flügelkonstruktion liegen deswegen anders zueinander und sind nicht homolog. Die Flügel sind also bei Flugsauriern und Fledermäusen unabhängig voneinander entstanden und haben aufgrund der physikalischen Bedingungen des Fliegens konvergent Ähnlichkeiten entwickelt. Sie sind also analog zueinander.

Pflanzliche Ranken

Kletternde Pflanzen besitzen zum Teil Ranken, mit denen sie sich festhalten. Vergleicht man die Ranken verschiedener Pflanzen, so kann man unterschiedliche Grundorgane nachweisen, aus denen die Ranken abgeleitet sind. Beim Kürbis findet man z. B. an derselben Pflanze Übergangsformen, die die Ranken als Abwandlungen von Blättern erkennen lassen *(Blattranken)*. Bei der Passionsblume dagegen entspringt die Ranke aus einer Knospe in einer Blattachsel, wie es für Seitensprosse typisch ist *(Sprossranke)*. Blattranken und Sprossranken sind demnach analoge Bildungen, deren Ähnlichkeit durch die gleiche Funktion bedingt ist.

Blattranke – Kürbis

Sprossranke – Passionsblume

Online-Link
045570-0024

Mensch	1 Met AUG	Lys AAG	Trp UGG	Val GUA	5 Thr ACC	Phe UUU	Ile AUU	Ser UCC	Leu CUU	10 Leu CUU	Phe UUU	Leu CUC	Phe UUU	Ser AGC	15 Ser UCG	Ala GCU	Tyr UAU	Ser UCC	Arg AGG	20 Gly GGU	Val GUG	Phe UUU	Arg CGU	Arg CGA	25 Asp GAU
Schaf	AUG Met	AAG Lys	UGG Trp	GUG Val	ACU Thr	UUU Phe	AUU Ile	UCC Ser	CUU Leu	CUC Leu	CUU Leu	CUC Leu	UUC Phe	AGC Ser	UCU Ser	GCU Ala	UAU Tyr	UCC Ser	AGG Arg	GGU Gly	GUG Val	UUU Phe	CGU Arg	CGA Arg	GAU Asp

Mensch CACGCCUUUGGCACA; Schaf CAAACCUUUGGCACA

				30					35					40					45			
Ala	His	Lys	Ser	Glu	Val	Ala	His	Arg	Phe	Lys	Asp	Leu	Gly	Glu	Glu	Asn	Phe	Lys	Ala	Leu	Val	Leu
GCA	CAC	AAG	AGU	GAG	GUU	GCU	CAU	CGG	UUU	AAA	GAU	UUG	GGA	GAA	GAA	AAU	UUC	AAA	GCC	UUG	GUG	UUC
ACA	CAC	AAG	AGU	GAG	AUU	GCU	CAU	CGG	UUU	AAU	GAU	UUG	GGA	GAA	GAA	AAU	UUU	CAA	GGC	CUG	GUG	CUC
Thr	His	Lys	Ser	Glu	Ile	Ala	His	Arg	Phe	Asn	Asp	Leu	Gly	Glu	Glu	Asn	Phe	Gln	Gly	Leu	Val	Leu

Biochemische Homologie

Zum Nachweis stammesgeschichtlicher Verwandtschaften dienten ursprünglich makroskopisch und mikroskopisch erfassbare Merkmale. Heute werden vermehrt biochemische und genetische Untersuchungen herangezogen, weil sie genauer sind.

Protein-Vergleiche

Eine indirekte Methode, Proteine verschiedener Lebewesen zu vergleichen, bot erstmals der *Serum-Präzipitin-Test*, bei dem Antikörper, die vom Immunsystem eines Testtieres gegen die Blutserumproteine einer bestimmten Art gebildet wurden, auch unterschiedlich stark mit den Serumproteinen anderer Lebewesen reagieren (Abb. 1).

Heute ermöglicht die *Aminosäuresequenzanalyse* den direkten Vergleich der genetisch festgelegten Primärstruktur von Proteinen. Um mit dieser Methode die *biochemische Homologie* zwischen möglichst vielen unterschiedlichen Organismen untersuchen zu können, wurde das Cytochrom ausgewählt, weil dieses elektronenübertragende Enzym der Atmungskette bei allen aeroben Lebewesen vorkommt. Es ist ein Protein mit 104 bis 112 Aminosäuren und einer Hämgruppe. Es zeigte sich, dass für die lebenswichtige. Funktion des Enzyms nur ca. 30 Aminosäuren bei allen Lebewesen gleich sein müssen.

Der Vergleich der Aminosäuresequenzen in den veränderlichen Bereichen des Cytochrom c zeigt, dass auf molekularer Ebene abgestufte Ähnlichkeiten zwischen verschiedenen Lebewesen bestehen. Es lässt sich ein hypothetischer Cytochrom c-Stammbaum konstruieren, in dem die Zahlen auf den Linien jeweils die Anzahl der veränderten Aminosäuren bis zur nächsten Verzweigung bzw. bis zum Ende des Astes angeben (Abb. 2). Dieser Stammbaum zeigt deutliche Übereinstimmungen mit älteren Stammbäumen, die „nur" auf morphologischen Merkmalen gründen.

Proteine erfüllen im Körper eine *spezielle Funktion*, die nur durch eine *spezielle Form* (Tertiärstruktur) ermöglicht wird. Die Aminosäuresequenzen sind dafür durch Selektion optimiert und könnten auch durch eine konvergente Entwicklung ähnlich geworden sein. Die Proteine wären dann lediglich als Analogien anzusehen und nicht als Nachweis für Verwandtschaftsbeziehungen zwischen den Organismen geeignet.

Aufgabe

① Erläutern Sie die in Abb. 1 dargestellte Vorgehensweise, um die Serumproteinähnlichkeiten zwischen Mensch und verschiedenen Wirbeltieren aufzuklären.

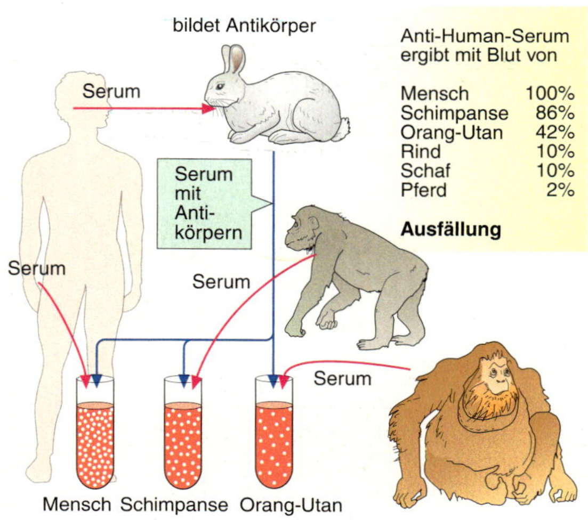

1 Serum-Präzipitin-Test

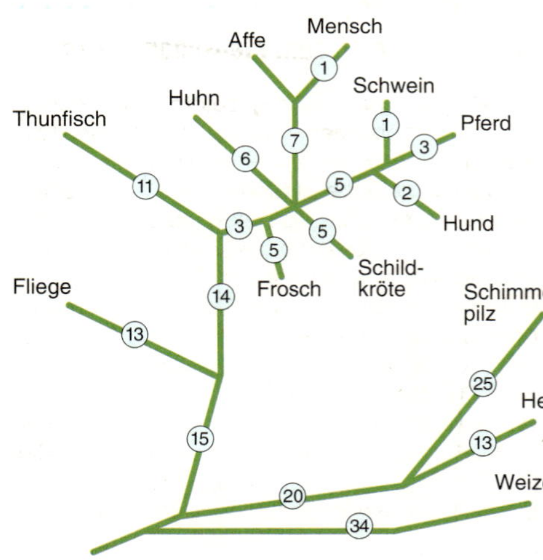

2 Hypothetischer Cytochrom-c-Stammbaum

50					55					60					65					70
Ile	Ala	Phe	Ala	Gln	Tyr	Leu	Gln	Gln	Cys	Pro	Phe	Glu	Asp	His	Val	Lys	Leu	Val	Asn	Glu	Val
AUU	GCC	UUU	GCU	CAG	UAU	CUU	CAG	CAG	UGU	CCA	UUU	GAA	GAU	CAU	GUA	AAA	UUA	GUG	AAU	GAA	GUA
AUU	GCC	UUU	UCU	CAG	UAU	CUC	CAG	CAG	UGU	CCA	UUU	GAC	GAA	CAU	GUA	AAA	UUA	GUG	AAG	GAG	CUA
Ile	Ala	Phe	Ser	Gln	Tyr	Leu	Gln	Gln	Cys	Pro	Phe	Asp	Glu	His	Val	Lys	Leu	Val	Lys	Glu	Leu

DNA-Vergleiche

Erst der Vergleich der Gene, die für die Proteine verantwortlich sind, führt hier weiter. Viele Aminosäuren können von bis zu sechs verschiedenen Tripletts codiert werden. Nur das Protein (und damit die Aminosäuresequenz) stellt das phänotypische Merkmal dar, das mit seinem Träger der Selektion unterliegt. Welches der möglichen Tripletts dabei für eine bestimmte Aminosäure codiert, sollte unwichtig sein. Die *DNA-Sequenzierung* zeigt jedoch, dass die Tripletts der Gene, die bei verschiedenen Organismen das gleiche Protein codieren, sehr ähnlich sind. Dies weist auf einen gemeinsamen Ursprung hin.

An den Basensequenzen der Serumalbumin-m-RNA (s. umlaufende Randspalte) des Menschen (blau) und des Schafes (gelb), soll das verdeutlicht werden. Gleiche Aminosäuren an gleicher Stelle werden vielfach auch durch dasselbe Triplett codiert. Unter den ersten 100 dargestellten Aminosäuren sind 84 gleiche Aminosäuren. Von diesen werden 64 von übereinstimmenden Tripletts codiert (76%). Für eine zufällige oder konvergent entstandene Übereinstimmung sind wegen der möglichen Mehrfachcodierung der Aminosäuren rechnerisch nur annähernd 33% zu erwarten. Die mehr als doppelt so große Übereinstimmung der Basensequenzen ist ein deutlicher Hinweis auf einen gemeinsamen Ursprung.

Vergleiche auf Ebene der DNA werden heute weniger mit Abschnitten durchgeführt, die für Proteine codieren, da diese Proteine wieder der Selektion unterliegen. Besser eignen sich DNA-Bereiche, die nicht für RNA bzw. Proteine codieren und darum selektionsneutral sind. Bei ihnen können sich Mutationen ansammeln und zu größeren Unterschieden führen. Man beschränkt die Vergleiche auch nicht mehr auf die DNA im Zellkern. Besonders interessant ist die DNA in den Mitochondrien, denn sie wird fast ausschließlich mütterlich vererbt und durchläuft keine Meiose oder Rekombination. Der Weg ihrer Vererbung ist daher einfacher rekonstruierbar und Verwandtschaftsbeziehungen können leichter aufgeklärt werden.

Mit der *DNA-Hybridisierung* (s. Seite 57) steht eine weitere Methode zur Verfügung, um Ähnlichkeiten zwischen der DNA verschiedener Organismen festzustellen.

Aufgabe

① Hämoglobin ist der Blutfarbstoff aller Wirbeltiere. Er kommt auch bei einzelnen wirbellosen Tieren vor, die in sehr sauerstoffarmer Umgebung leben (z. B. Schlammröhrenwurm). Entwickeln Sie eine Hypothese, nach der das Auftreten von Hämoglobin in den verschiedenen Gruppen des Tierreichs aus evolutionsbiologischer Sicht erklärt werden kann.

				75					80					85					90					95					100
Thr	Glu	Phe	Ala	Lys	Thr	Cys	Val	Ala	Asp	Glu	Ser	Ala	Glu	Asn	Cys	Asp	Lys	Ser	Leu	His	Thr	Leu	Phe	Gly	Asp	Lys	Leu	Cys	Thr
ACU	GAA	UUU	GCA	AAA	ACA	UGU	GUA	GCU	GAU	GAG	UCA	GCU	GAA	AAU	UGU	GAC	AAA	UCA	CUU	CAU	ACC	CUU	UUU	GGA	GAC	AAA	UUA	UGC	ACA
ACU	GAG	UUU	GCA	AAA	ACA	UGU	GUU	GCU	GAU	GAG	UCA	CAU	GCC	GGU	UGU	GAU	AAG	UCA	CUU	CAC	ACU	CUC	UUU	GGA	GAU	GAA	UUG	UGU	AAA
Thr	Glu	Phe	Ala	Lys	Thr	Cys	Val	Ala	Asp	Glu	Ser	His	Ala	Gly	Cys	Asp	Lys	Ser	Leu	His	Thr	Leu	Phe	Gly	Asp	Glu	Leu	Cys	Lys

Zettelkasten

Was den Mensch zum Menschen macht

Die **DNA-Sequenzierung** zeigte ein erstaunliches Ergebnis: Mensch und Schimpanse stimmen in fast 99% ihrer Basen überein! Allerdings wurden auch Gene gefunden, die sich deutlich unterscheiden. Sie codieren meist für keine Proteine, sondern kontrollieren die Aktivität anderer Gene. Eines dieser Gene **(HAR1)** hat während der Embryonalentwicklung eine wichtige regulatorische Funktion für die menschliche Auffaltung der Großhirnrinde. Dieses Gen aus 118 Basenpaaren ist beim Menschen an 18 Stellen gegenüber dem Schimpansen verändert. Für die geistigen Fähigkeiten von Mensch und Tier scheint also die **unterschiedliche Regulation** von Genen verantwortlich zu sein.

T	G	A	A	A	C	G	G	A	G	G	A	G	A	C	G	T	T	A	C
A	G	C	A	A	C	G	T	G	T	C	A	G	C	T	G	A	A	A	T
G	A	T	G	G	G	C	G	T	A	G	A	C	G	C	A	C	G	T	C
A	G	C	G	G	C	G	G	A	A	A	T	G	G	T	T	T	C	T	A
T	C	A	A	A	A	T	G	A	A	A	G	T	G	T	T	T	A	G	A
G	A	T	T	T	T	T	C	T	C	A	A	G	T	T	T	C	A		

HAR1-Gen des Menschen (rot: Unterschiede im Vergleich zum Schimpansen)

HAR1-Gen des Schimpansen (blau: Unterschiede im Vergleich zum Huhn)

T	G	A	A	A	T	G	G	A	G	G	A	G	A	A	A	T	T	A	C
A	G	C	A	A	T	T	T	A	T	C	A	A	C	T	G	A	A	A	T
T	A	T	A	G	G	T	G	T	A	G	A	C	A	C	A	T	G	T	C
A	G	C	A	G	T	G	G	A	A	A	T	A	G	T	T	T	C	T	A
T	C	A	A	A	A	T	T	A	A	A	G	T	A	T	T	T	A	G	A
G	A	T	T	T	T	C	C	T	C	A	A	A	T	T	T	C	A		

Evolutionsfaktoren

Von Charles Darwin sind bereits aus dem Jahr 1842 ausführliche Aufzeichnungen über seine Evolutionstheorie bekannt. Er zögerte lange, sie zu veröffentlichen, weil er nur mit einer möglichst umfassenden und gut untermauerten Theorie an die Öffentlichkeit treten wollte. Viele Fachbereiche der Biologie waren damals nicht existent oder nur unzureichend entwickelt. Darwin ging wie Lamarck von einer schrittweisen Evolution aus, stellte aber keine Spekulationen über unbekannte Ursachen auf. Er stellte mögliche Ursachen der Evolution neutral und einsichtig dar und belegte sie mit einer großen Vielfalt von Fundmaterial. Daher konnten in Darwins Denkmodelle auch die „neuen" Bereiche der biologischen Forschung ohne Widersprüche integriert werden. Sie bilden heute die *synthetische Evolutionstheorie* (▶ s. S. 180).

Darwin ging von der Abstammung verwandter Lebewesen von gemeinsamen Vorfahren aus (▶ s. S. 180). Durch das Anhäufen vieler kleiner Veränderungen über lange Zeiten entstehen schließlich immer größere Unterschiede, die im Endeffekt die Entstehung neuer Arten bewirken können.

Darwin stellte die Variabilität der Individuen einer Art an vielen Beispielen fest. Selbst in der gleichen Population gleichen sich keine zwei Individuen vollständig. Da die Genetik als Wissenschaftszweig der Biologie noch nicht entwickelt war (Mendel veröffentlichte seine Ergebnisse erst 1866), konnte Darwin keine Ursachen für die Variabilität angeben und sie nur als Tatsache feststellen.

Für die schrittweise Evolution über lange Zeiträume hinweg ist nur die *genetische Variabilität* von Bedeutung, da umweltbedingte *Modifikationen* nicht in die nächste Generation übernommen werden können. Genetische Variationen entstehen durch *Mutation* und *Rekombination*. Mutationen verändern Gene und bringen neue Allele hervor. Bei haploiden Individuen wie Prokaryoten wirken sich diese sofort auf den Phänotyp aus. Bei diploiden Individuen sind sie häufig rezessiv und treten in den Hintergrund. Pflanzen sich Lebewesen sexuell fort, bilden die Gene einer Fortpflanzungsgemeinschaft einen gemeinsamen Genpool. Darin werden die verschiedenen Allele durch *Rekombination* zu

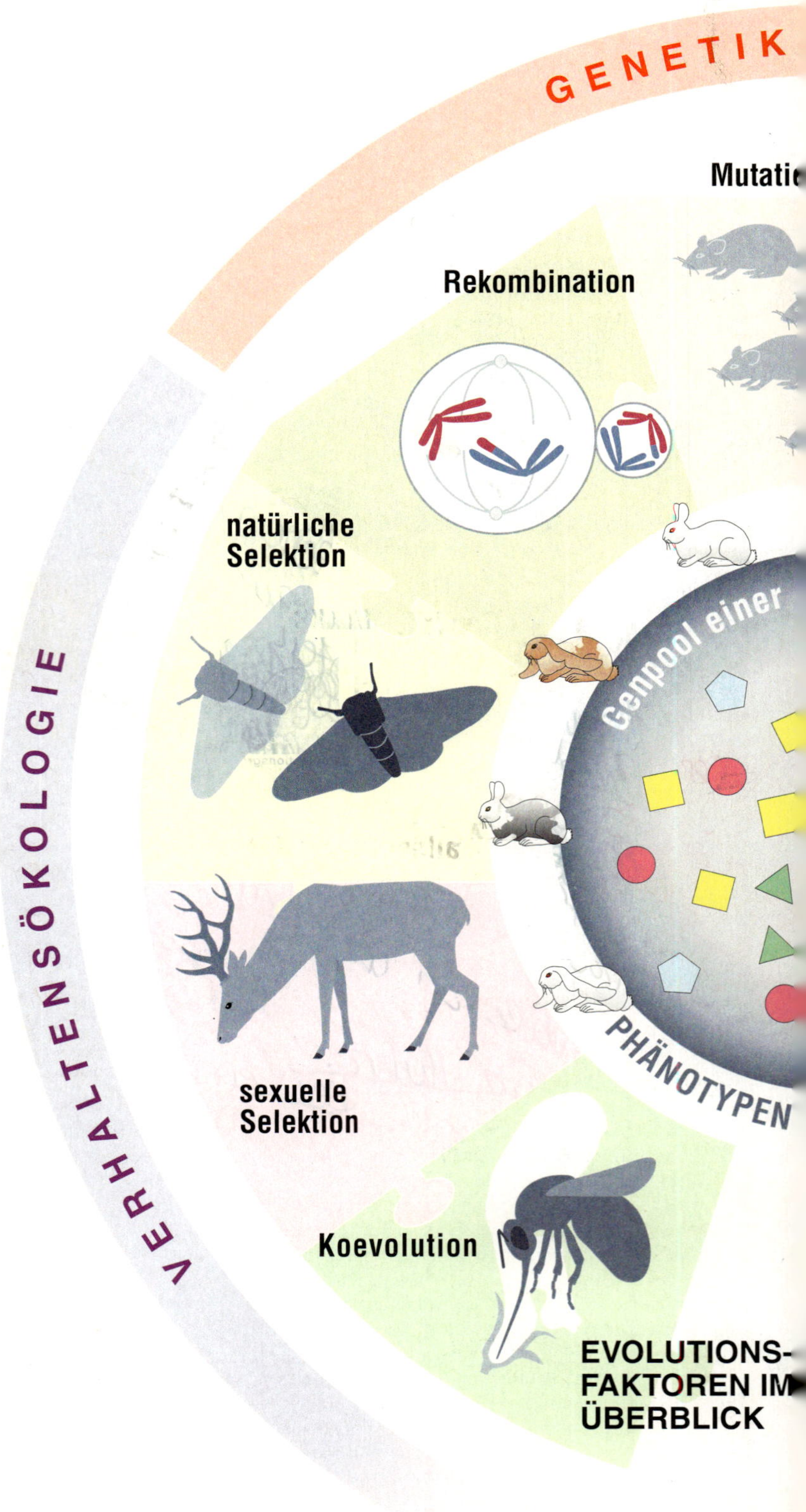

EVOLUTIONS-FAKTOREN IM ÜBERBLICK

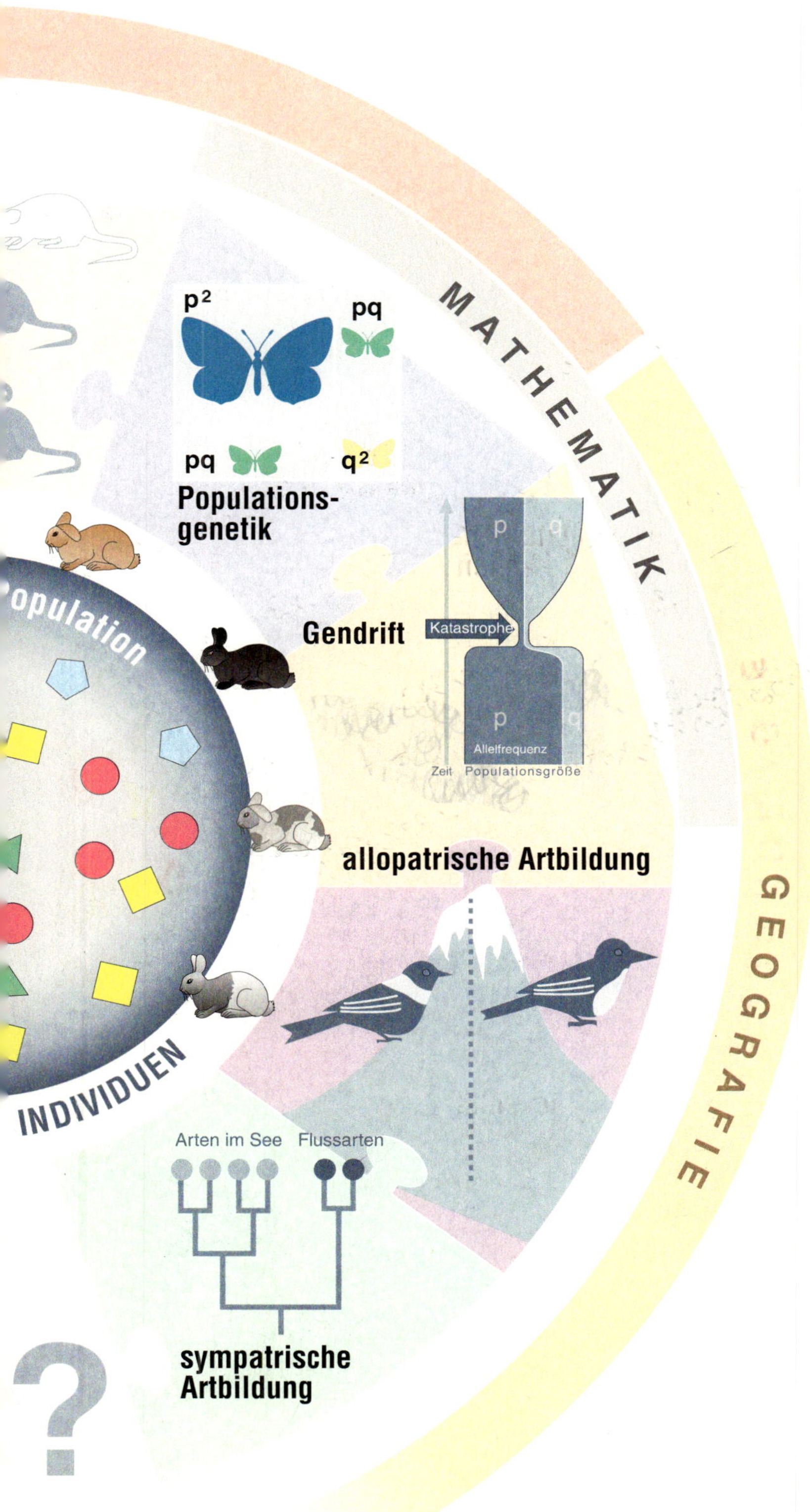

immer wieder neuen Kombinationen zusammengestellt und bringen neue Phänotypen hervor.

Populationen wachsen exponentiell, wenn genug Ressourcen zur Verfügung stehen. In der Natur ist das aber nicht der Fall, die Kapazitäten eines Lebensraums sind stets begrenzt. Die Individuen der Population konkurrieren um die knappen Güter wie Licht, Wasser, Nahrung oder Nistplätze. Je besser sie an ihre Umwelt angepasst sind, desto höher ist ihre Überlebens- und Fortpflanzungschance *(survival of the fittest)*. Daher bleibt die Häufigkeit bestimmter Allele nicht gleich, wie es die *Populationsgenetik* für eine ideale Population annimmt, sondern verändert sich im Laufe der Generationen. Besser angepasste Varianten zeichnen sich durch eine höhere *reproduktive Fitness* aus: Sie haben einen größeren Fortpflanzungserfolg und geben ihre Gene häufiger weiter. Schlechter angepasste (und mit ihnen ihre Allele) sterben im Laufe der Zeit aus. Dieser Prozess der *natürlichen Selektion* führt zu einer immer besseren Anpassung an die Umweltverhältnisse.

Wählen Individuen ihre Geschlechtspartner nach bestimmten Merkmalen wie Körpergröße, Prachtgefieder oder Geweihgröße aus, so haben deren Träger bessere Fortpflanzungschancen, ihre Allele setzen sich als Folge der *sexuellen Selektion* in der Population durch.

Zufallseffekte spielen vor allem in kleinen Populationen eine große Rolle. Sie können die Häufigkeit bestimmter Allele beeinflussen und so nach Katastrophen oder bei der Neubesiedlung von Lebensräumen zu beträchtlichen Veränderungen im Genpool führen *(Gendrift)*.

Werden Populationen durch geografische Barrieren oder andere Einflüsse aufgeteilt *(Isolation)*, so wirken auf die so entstandenen Teilpopulationen unterschiedliche Mutationsfaktoren und Selektionsfaktoren ein. Die Genpools verändern sich in verschiedene Richtungen. Sind diese Unterschiede gravierend genug, so kann eine Paarung und das Entstehen von Nachkommen zwischen den beiden Populationen unmöglich werden, die Populationen sind nicht mehr nur räumlich, sondern auch genetisch isoliert. Dann sind neue Arten entstanden, entweder in unterschiedlichen Gebieten *(allopatrische)* oder sogar im gleichen Lebensraum *(sympatrische Artbildung)*.

1 Zwei Kartoffelsorten, Pflanzen und Knollen

Variabilität: Lebewesen sind verschieden

Menschen neigen dazu, die Vielfalt von Erscheinungen zu vereinfachen, Dinge zu Gruppen zusammenzufassen und sie zu typisieren. Das Denken in Typen erfasst aber nicht die Individualität, wie sie in realen Populationen auftritt. So unterscheiden sich alle Mitglieder einer Familie deutlich, aber biologisch kann man sie dennoch unter dem Typus „Mensch" zusammenfassen (siehe Abb. 29. 2) „Typische" Individuen gibt es eigentlich nicht, den echten „Durchschnittsbürger" trifft man wohl nie an. Gerade bei der Evolution der Lebewesen ist es wichtig, die Individualität und Variabilität in Populationen im Blick zu behalten.

Die Individuen einer Art lassen sich unterscheiden, denn sie besitzen Kombinationen unterschiedlicher Merkmale. Diese Merkmale können scharf abgegrenzt, *diskontinuierlich* sein, wie rote bzw. weiße Blüten des Lerchensporns (s. Abb. Randspalte). Bei anderen Merkmalen gibt es *kontinuierliche* Übergänge, z. B. bei der Körpergröße des Menschen. Die meisten Individuen weisen eine eher durchschnittliche Größe auf, Extreme sind seltener. Es ergibt sich eine typische *Variabilitätskurve*, oft in Form einer Glockenkurve (s. Abb. 2).

Variationen von Merkmalen können sich auf unterschiedliche Umweltbedingungen zurückführen lassen. *Modifikationen* aufgrund unterschiedlicher Ernährung oder Belichtung sind häufig. Kartoffeln werden meist vegetativ, also ungeschlechtlich durch Teilung der Knollen vermehrt. Die Pflanzen, die daraus hervorgehen, sind genetisch gleich und stellen einen Klon dar. Ihre Knollen können aber z. B. verschieden groß sein (Abb. 1). Hier ist mit Sicherheit umweltbedingte *Modifikation* als Ursache anzunehmen.

Unterschiede zwischen verschiedenen Kartoffelsorten können dagegen auf genetische Ursachen zurückgeführt werden. Bei der Kartoffel wurden durch Auswahl und Kreuzung unterschiedliche Sorten mit verschiedenen Koch-, Geschmacks- und Wuchseigenschaften gezüchtet. Diese Sorten besitzen für viele Merkmale unterschiedliche Allele, die Unterschiede beruhen zumindest teilweise auf Mutationen. Daran wird die *genetische Variabilität* einer Art deutlich.

Diskontinuierliches Merkmal beim Hohlen Lerchensporn

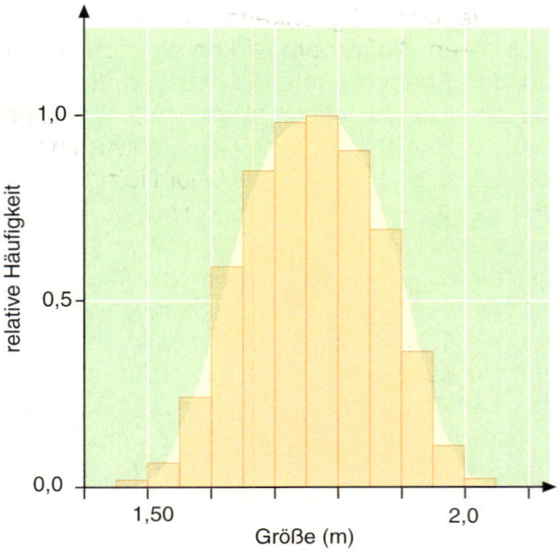

2 Körpergrößen-Häufigkeit beim Menschen

Online-Link 045570-0029

Ob Modifikation oder Mutation für die Unterschiede der Individuen in einer Art verantwortlich sind, lässt sich nur an Klonen eindeutig unterscheiden. Da sie in natürlichen Populationen nur selten vorkommen, kann man gewöhnlich von einer Kombination der beiden Ursachen ausgehen.

Als *Genpool* bezeichnet man die Gesamtheit aller Genvariationen in einer Population. Durch sexuelle Prozesse können sie innerhalb der Population beliebig kombiniert werden. Ständig kommen neue Varianten durch Mutationen bestehender Gene hinzu. Treten sie in Körperzellen auf (somatische Mutationen), so verschwinden sie mit dem Tod des Trägers wieder aus dem Genpool. Nur Mutationen in den Keimzellen werden an die Folgegenerationen weitergegeben. Die Mutationsrate – beim Menschen etwa 10^6 Mutationen pro Gen und Generation – erscheint sehr gering. Da ein Mensch über ca. 30 000 Gene verfügt, weist aber etwa jede 30. Keimzelle eine Neumutation auf und vergrößert dadurch innerhalb einer Art die genetische Variabilität.

Viele der Neumutationen wirken sich beim Menschen auf den Phänotyp nicht aus, da sie in den meisten Fällen rezessiv sind. Wirken sie sich aus, dann in der überwiegenden Zahl negativ. Genetisch bedingte Krankheiten sind die Folge. Nur eine von einer Million Mutationen wird als günstiger in der bestehenden Umwelt oder wenigstens gleichwertig betrachtet. Bei anderen Organismen gelten etwa gleiche Verhältnisse wie bei den Menschen.

Bei haploiden Lebewesen wie Bakterien fallen Mutationen erheblich stärker auf. Sie sind wesentlich häufiger, auch weil Prokaryoten weniger Möglichkeiten besitzen, sie zu reparieren. Außerdem wirken sie sich sofort auf den Phänotyp aus, da kein zweites Allel für das codierte Merkmal vorhanden ist. Das kann für eine Population aber auch ein Vorteil sein. Durch diese hohe Variabilität passen sich Bakterien sehr schnell an neue Umweltgegebenheiten an. So beobachtet man z. B. derzeit mit Sorge die Entstehung von Resistenzen gegen neue Antibiotika innerhalb kurzer Zeit. Da Bakterien durch bestimmte Austauschprozesse auch Gene untereinander weitergeben und neu kombinieren können, lassen sich zunehmend auch Mehrfachresistenzen beobachten. Eine Situation, der die Pharmaindustrie bislang lediglich mit immer neueren Wirkstoffkombinationen entgegentritt.

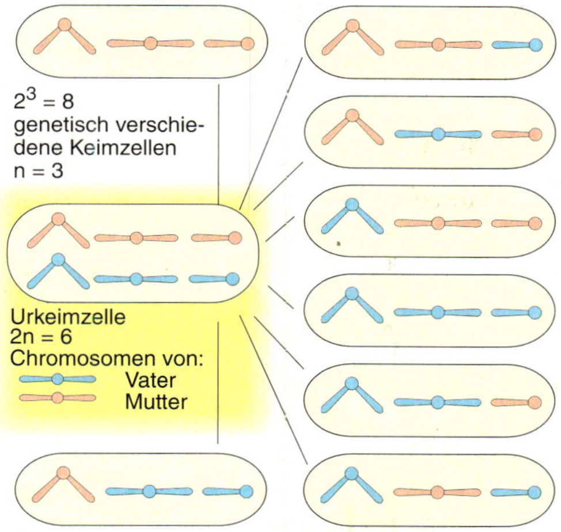

1 Genetische Vielfalt bei der Keimzellenbildung

Rekombination von Genen potenziert die genetische Variabilität von Individuen – ein klarer Vorteil der sexuellen Fortpflanzung (s. Abb. 1). In der Prophase der Meiose werden durch crossing over die Gene auf den homologen Chromosomen neu kombiniert. In der Metaphase der Reduktionsteilung werden zudem die homologen Chromosomen in zufallsgemäßen Kombinationen auf die Tochterzellen verteilt. Allein durch diesen Vorgang könnten beim Menschen mit 2 x 23 Chromosomen 2^{23} genetisch verschiedene Keimzellen entstehen, die mit entsprechend vielen verschiedenen des Partners eine Zygote bilden könnten. Die genetische Variabilität des Menschen ist nahezu unbegrenzt, von eineiigen Zwillingen abgesehen ist jeder ein einmaliges Individuum (▶ s. S. 163).

Genpool
die Gesamtheit aller Genvariationen in einer Population

Population
Gesamtheit der Individuen einer Art in einem bestimmten Lebensraum

2 Typus und natürliche, variable Population

1 Helle und dunkle Birkenspanner auf flechtenlosen und flechtenbewachsenen Eichenrinden

Selektion verändert Populationen

Birkenspanner bei der Paarung

Durch genetische Variabilität ist eine Vielzahl an Möglichkeiten für die Zusammensetzung einer Population vorhanden. Als Kriterium für ihre wirkliche Zusammensetzung – und Weiterentwicklung – nahm DARWIN die natürliche bzw. sexuelle Selektion als richtenden Faktor im Evolutionsgeschehen an, die zu einer Auswahl der am besten angepassten Formen führt. Um diesen Faktor experimentell nachzuweisen, begann HENRY BERNARD DAVIS KETTLEWELL 1955 mit seinen richtungsweisenden genauen Untersuchungen an Birkenspannerpopulationen. Dieser nachtaktive Schmetterling kommt in zwei Farbvarianten vor (s. Abb. 1). Die Variante „typica" ist grauweiß gefleckt, die „carbonaria"-Variante ist durch ihre verstärkte Produktion des Farbstoffs Melanin sehr dunkel gefärbt. H. B. D. KETTLEWELL führte das Auftreten der dunklen Variante auf eine einzige Mutation zurück. Die Variante „Carbonaria" galt lange Zeit als äußerst extreme Seltenheit unter Schmetterlingssammlern, erst 1848 wurden erste Exemplare beschrieben. In den Folgejahren nahm aber ihr Anteil an der Population stetig zu, 1898 umfasste sie 99 % der Birkenspanner in den Industriegebieten Englands. Daher wird das Auftreten dieser zweiten Faltervariante auch als *Industriemelanismus* bezeichnet.

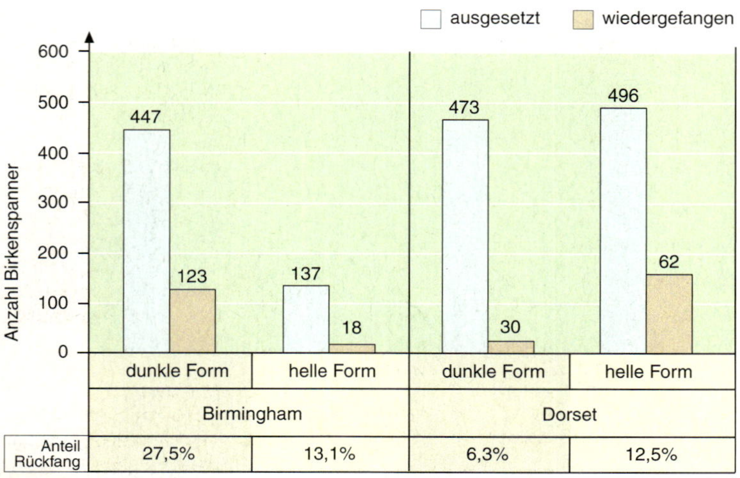

2 Rückfangexperiment

Birkenspanner verbringen den Tag bewegungslos auf dem Flechtenbewuchs der Rinde von Birken und Eichen oder an deren Blattunterseite. Ihre Tarnfärbung schützt sie vor Fressfeinden wie Singvögeln. Durch die zunehmende Industrialisierung stieg aber der Gehalt an Schwefeldioxid in der Luft. Die Flechten starben zunehmend ab, Staub und Ruß sorgten zusätzlich für eine immer dunklere Farbe der Baumrinden. Waren die hellen Birkenspanner vorher kaum zu entdecken, so stellten sie nun ein bevorzugtes Ziel für Fressfeinde dar. Dagegen waren die vorher auffälligen dunklen Tiere nun besser getarnt. Sie wurden entsprechend weniger gefressen und konnten sich mit größerer Wahrscheinlichkeit fortpflanzen als die hellen, die Fressfeinden eher zum Opfer fielen. In Reinluftgebieten Englands blieben allerdings die Verhältnisse beim alten. Daher blieben hier auch die hellen Schmetterlinge in der Überzahl.

An Rückfangexperimenten ausgesetzter markierter Birkenspanner (s. Abb. 30.2) und anhand von Filmaufnahmen, die den Angriff von Fressfeinden dokumentierten, konnte KETTLEWELL seine Thesen bestätigen. Spätere Kritiker stellten in Frage, ob Singvögel tatsächlich die Schmetterlingspopulation so stark beeinflussen können und ob ihr Sehvermögen tatsächlich die Unterschiede so deutlich empfindet wie der Mensch. Darauffolgende Experimente kamen aber zu ähnlichen Ergebnissen.

Das Beispiel der Birkenspanner ist nur ein — gut belegter — Nachweis für das Wirken der Selektion. Die an die Umweltbedingungen besser angepassten Formen brachten mehr Nachkommen hervor, durch ihre höhere reproduktive Fitness gelangten ihre Allele verstärkt in den Genpool der Folgegenerationen. Der Anteil der Allele der weniger Angepassten ging aufgrund ihrer geringeren Fitness zurück. Daher wird Evolution als Veränderung der Gen- und Allelhäufigkeiten in Populationen im Laufe der Generationen definiert.

Dass hier Evolution so schnell erfolgte, liegt an der rapiden Veränderung der Umweltverhältnisse durch den Menschen und der kurzen Generationszeit der Birkenspanner. Auch wird daran nur die Ausbreitung eines Allels in einer Population, nicht aber die Entstehung neuer Rassen oder gar Arten sichtbar. Dafür muss in erheblich größeren Zeiträumen gedacht werden.

Aufgaben

① Interpretieren Sie die Ergebnisse der Rückfangexperimente KETTLEWELLS aufgrund von Abb. 30.2. und 31.2.

② Erklären Sie anhand Abb. 31.1, wie es zu der Verteilung der Birkenspannerformen in Dorset, Coventry und Dover (im Südosten Englands) kommt.

③ „Durch Selektion werden die schlechter Angepassten augenblicklich ausgerottet." Erläutern Sie, wieso diese „populärdarwinistische" Aussage falsch ist.

④ In den vergangenen Jahren erhielt der Umweltschutz auch in Großbritannien einen immer höheren Stellwert. Diskutieren Sie die Auswirkungen auf die Birkenspanner.

⑤ Begründen Sie schriftlich, wieso die geschlechtliche Fortpflanzung gegenüber der ungeschlechtlichen Fortpflanzung bei sich ändernden Umweltbedingungen Vorteile hat.

1 Häufigkeit von Birkenspannern in Großbritannien (1958)

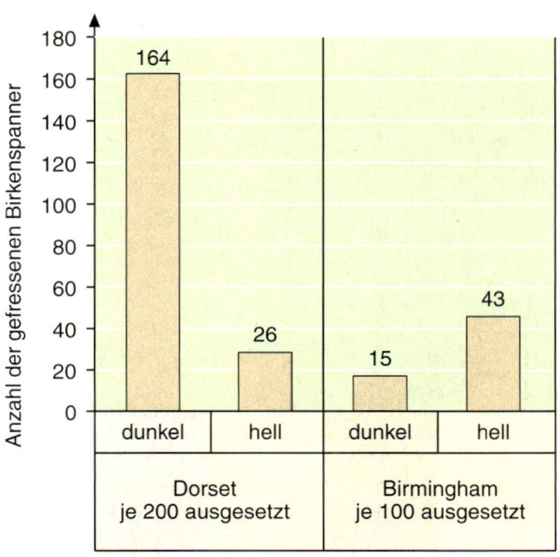

2 Fangerfolg von Vögeln

Selektion
natürliche Auslese durch Umweltbedingungen

reproduktive Fitness
Die Fähigkeit eines Organismus im Vergleich zu anderen, seine Erbanlagen in den Genpool der nächsten Generation einzubringen

Evolution
Veränderung der Genotypen- und Allelhäufigkeiten im Laufe von Generationen

Selektionsfaktoren

Aus der Umwelt wirken viele Faktoren auf eine Population ein und bestimmen durch Selektion die Zusammensetzung ihres Genpools. Durch die unterschiedliche reproduktive Fitness der einzelnen Individuen werden die Populationen ihrem Ökosystem angepasst. Daher ist eine starke Überlappung von Evolutionstheorie und Ökologie in diesem Zusammenhang zu erwarten.

Abiotische Selektionsfaktoren

Die Faktoren der unbelebten Umwelt wie Hitze, Kälte, Lichtverhältnisse, Sauerstoff-, Wasser- und Mineralstoffversorgung bestimmen wesentlich die Lebensbedingungen einer Population. Diese *abiotischen Selektionsfaktoren* sorgen für eine Weitergabe derjenigen Allele an die nächsten Generationen, die ein Überleben und Fortpflanzen darin begünstigen. Auf diese Weise werden Populationen an ihren Lebensraum angepasst.

So waren in trockenen Gebieten Amerikas die Vorfahren der heutigen Kakteen begünstigt, die durch ein ausgedehntes Wurzelwerk, Wasserspeichergewebe, eine geringe Verdunstungsoberfläche und ausgeprägten Fraßschutz mehr Nachkommen hervorbringen konnten (s. Abb. 2). Im Laufe der Generationen konnten sie sich auf dem amerikanischen Kontinent so immer besser den konkurrenzarmen Lebensraum „Wüste“ erschließen. Ähnliche Anpassungsprozesse machten die Wolfsmilchgewächse Afrikas durch, ein typisches Beispiel für eine *konvergente Entwicklung*.

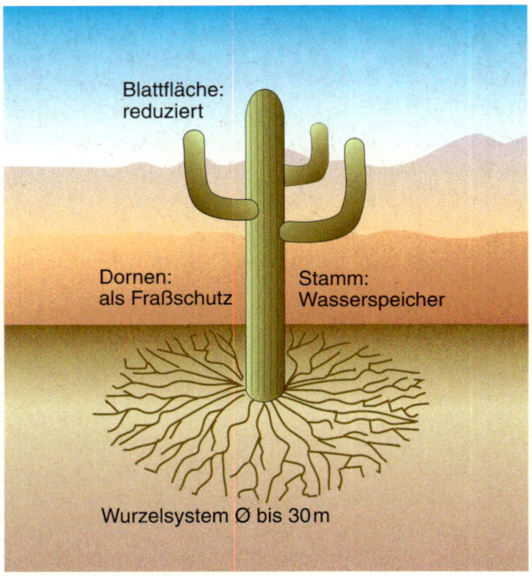

2 Anpassungen von Kakteen

Anpassungsprozesse an abiotische Selektionsfaktoren sind auch im Tierreich häufig zu finden. Ein Musterbeispiel wird in der ALLENSCHEN Regel zusammengefasst. Amerikanische Hasenarten zeigen umso kleinere Körperanhänge wie Ohren oder Pfoten, je kühler ihre Umgebung ist. Hier werden Gene begünstigt, die zur Verminderung der Wärmeabstrahlung führen.

Oft spielen auch noch andere Faktoren eine Rolle: Zum Beispiel wurde die Schädellänge deutscher Maulwürfe (s. Abb. 1) durch eine Reihe strenger Winter deutlich zu kleineren Werten hin verschoben. Dabei spielt aber wohl die verfügbare Nahrungsmenge eine wichtigere Rolle als die Kälte.

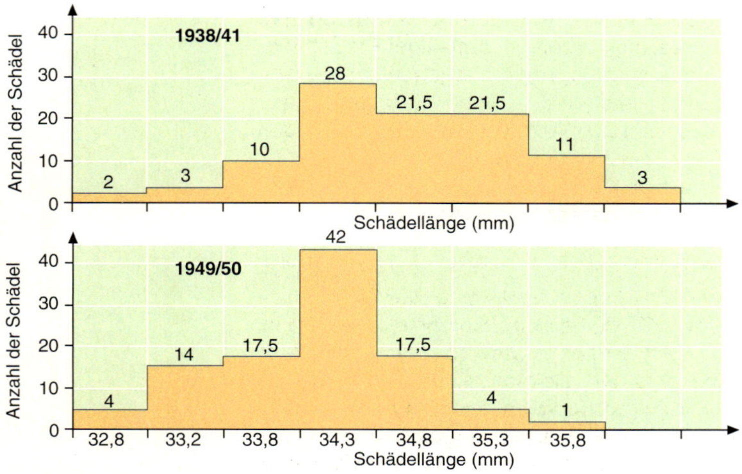

1 Anpassungen der Maulwürfe

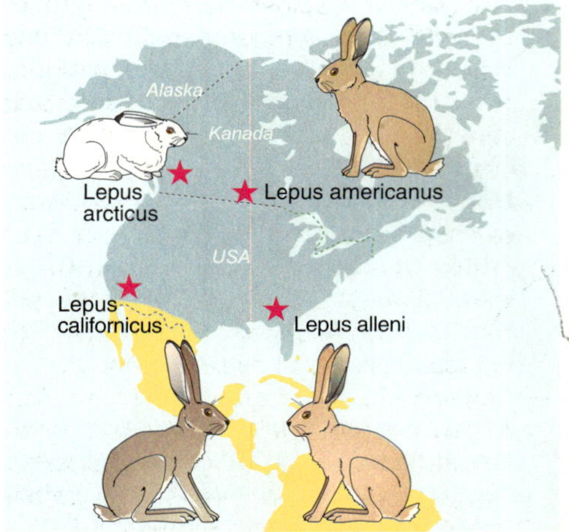

3 Anpassungen amerikanischer Hasenarten

1 Ökologische Wechselwirkungen verschiedener Populationen

Biotische Selektionsfaktoren

Populationen verschiedener Arten stehen in vielerlei Wechselbeziehungen (s. Abb. 1). Daher wirken sie aufeinander auch als *biotische Selektionsfaktoren:*

- *Räuber* dezimieren ihre Beutetiere. Diese überleben eher, wenn sie flüchten, sich tarnen (s. S. 30) oder anderweitig schützen können. Der Selektionsdruck durch Räuber begünstigte diese Entwicklung. Pflanzen, die scharf oder bitter schmecken, waren einem geringeren Beweidungsdruck ausgesetzt. Aber auch gefährdete Tiere mit Abwehrstoffen hatten Selektionsvorteile. Mutationen befähigten manche Arten, Pflanzengifte zu speichern, ohne Schaden zu erleiden. So erhält der Kartoffelkäfer das giftige Solanin aus seiner Nahrung. Selbst die extrem giftigen Pfeilgiftfrösche entnehmen ihr Gift ihrer Nahrung. Viele Amphibien bilden eigene Gifte in Hautdrüsen. Noch wirksamer sind Abwehrstoffe in Verbindung mit aktiven Waffen wie die Giftstacheln bei vielen Insekten. Lernvorgänge bei den Fressfeinden verstärken diesen Schutz. Sind gefährliche Tiere häufig an einem Ort zu beobachten, so genügt einer harmlosen Art die Ähnlichkeit mit diesen Tieren, um wirksam geschützt zu sein (Mimikry).
- Empfindliche *Wirte* ohne Abwehrmöglichkeiten werden eher von Parasiten befallen und haben daher geringere Fortpflanzungsmöglichkeiten. Aber auch diejenigen Parasiten überleben eher, die am besten einen Wirt finden.
- In einer *Symbiose* überleben die Partner umso erfolgreicher, je besser sie aufeinander eingestellt sind.
- *Konkurrenten* überleben auf Dauer nur, wenn sie die Ressourcen besser nutzen. Bei konkurrierenden Arten verdrängt die besser angepasste Art die weniger angepasste (Konkurrenzausschlussprinzip).
- *Sexuelle Selektion* liegt vor, wenn innerhalb einer Art ein Sexualpartner bevorzugt ausgewählt wird. Meist suchen die Weibchen die Männchen aus. Attraktivere Männchen werden bei der Paarung häufiger gewählt, zeugen daher mehr Nachkommen und geben ihre Gene bevorzugt weiter. Prachtkleider oder auffälliges Balzverhalten sind daraus resultierende Anpassungen. Oft stellen unterschiedliche Selektionsfaktoren widersprüchliche Anforderungen. Das bei der Paarung günstige auffällige Prachtkleid bestimmter Vogelmännchen ist gegenüber einem Räuber ein Nachteil. Andererseits signalisiert es den Weibchen der eigenen Art, dass der Träger so gesund und kräftig ist, um auch damit gegen Räuber bestehen zu können.

Oftmals bilden sich auch „Kompromisslösungen" heraus: die Summe aller Selektionsvorteile und Selektionsnachteile bestimmt die Fortpflanzungsrate ihrer Träger. So kann einerseits die Selektion relativ kurzer Körperanhänge mit klimatischen Faktoren erklärt werden, andererseits begünstigt aber die Selektion durch Fressfeinde längere Beine oder Ohren (s. Seite 32).

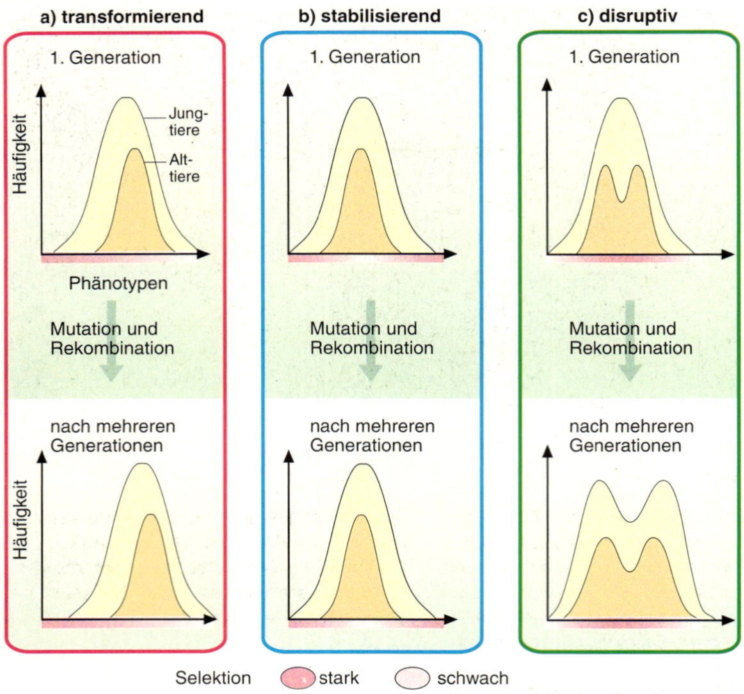

1 Selektionswirkung

Selektionswirkung

Die meisten körperlichen Merkmale werden in der Regel durch mehrere Gene bedingt und ihre Entwicklung verläuft kontinuierlich. Sie werden am besten durch Häufigkeitskurven beschrieben. Diese Merkmalsverteilung wird über die Generationen hin durch Selektion beeinflusst. Dabei kann sich Selektion unterschiedlich auswirken.

Bei gut angepassten Arten in einem gleich bleibenden Lebensraum sind wahrscheinlich über viele Generationen hinweg Selektionsprozesse erfolgt, die die Population nahezu optimal an die vorherrschenden Umweltfaktoren angepasst haben. Jede Veränderung solcher Faktoren dürfte einen Selektionsnachteil zur Folge haben.

Organismen mit extremen Merkmalen haben also schlechtere Fortpflanzungschancen und sind gegenüber der „optimierten" Merkmalsgröße im Nachteil. Daher wird sich eine recht konstante Verteilung der Merkmale um das Optimum herausbilden und erhalten bleiben. Man spricht von *stabilisierender Selektion* (s. Abb. 1 Mitte).

Extreme Beispiele sind *„lebende Fossilien"* wie der Quastenflosser, ein Fisch, dessen Lebensraum in ca. 800 m Meerestiefe zu finden ist. Dieser Lebensraum ist seit Jahrmillionen unverändert geblieben. Demzufolge zeigt der Quastenflosser damals wie heute die optimalen Anpassungsmerkmale an seinen Lebensraum.

Ändert sich ein Umweltfaktor in einer bestimmten Richtung, so sind daran besser angepasste Individuen an einem der Ränder der Verteilungskurve im Vorteil (s. Abb. 1 links). An einzelnen Beispielen kann man das bereits innerhalb weniger Generationen beobachten. So verschob sich die Schädellänge von Maulwürfen durch den extrem kalten Winter 1946/1947 in Deutschland deutlich zu kürzeren Schädeln (s. auch Seite 32). Da größere Tiere mehr Nahrung benötigen, starben viele von ihnen, während kleinere Tiere überlebten. In einem solchen Fall spricht man von *transformierender Selektion*.

Darwin-Finken der Galapagos-Inseln bieten Beispiele für eine *disruptive Selektion* (s. Abb. 1 rechts). Ihnen standen mehrere unterschiedliche Nahrungsquellen zur Verfügung, unter anderem weiche kleine und harte größere Pflanzensamen. Während für die einen ein kleinerer pinzettenartiger Schnabel zum gezielten Aufpicken von Vorteil ist, ist zum Knacken der anderen ein großer stabiler Schnabel nötig. Eine mittlere Schnabelgröße ist weder für die eine noch für die andere Nahrung geeignet, die Vögel damit haben einen Selektionsnachteil und unterliegen auf lange Sicht ihren Konkurrenten. Hier werden also die Extreme begünstigt, es kann sogar zur Aufspaltung in zwei Populationen, im Extremfall zu zwei verschiedenen Arten kommen.

2 Schnabelform bei Darwin-Finken

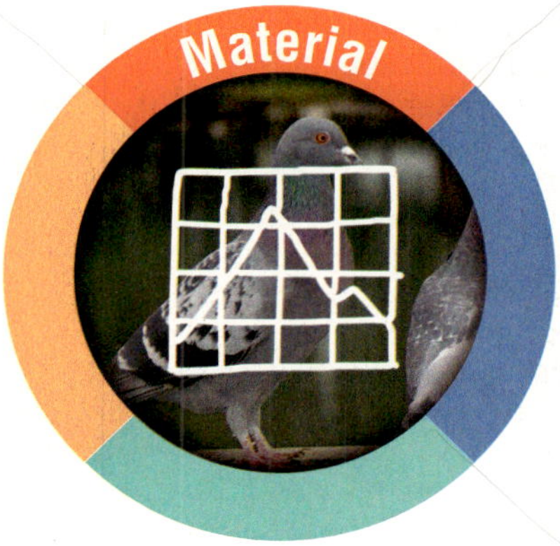

Selektionsfaktor Mensch

Genetische Vergleiche bestätigen, dass alle Hunderassen vom Wolf abstammen. Selbst Pudel sind tatsächlich noch mit Wölfen kreuzbar, bilden also ein und dieselbe Art. Die Variabilität ist darin aber enorm. Sie ist durch menschliche Züchtungsversuche entstanden.

Charles Darwin züchtete Tauben und suchte dabei Bestätigung und Material für seine Evolutionstheorie. Seine Ergebnisse fasst er so zusammen: „Der Mensch wählt nur zu seinem eigenen Nutzen; die Natur nur zum Nutzen des Wesens, das sie erzieht. Jeder von ihr ausgewählte Charakter wird daher in voller Tätigkeit erhalten, wie schon in der Tatsache seiner Auswahl liegt. Der Mensch dagegen hält die Eingeborenen aus vielerlei Klimazonen in derselben Gegend beisammen und lässt selten irgendeinen ausgewählten Charakter in einer besonderen und ihm entsprechenden Weise tätig werden.

Er füttert eine lang- und kurzschnabelige Taube mit demselben Futter; er beschäftigt ein langrückiges oder ein langbeiniges Säugetier nicht in einer besonderen Art; er setzt das lang- und das kurzwollige Schaf demselben Klima aus. Er lässt die kräftigeren Männchen nicht um die Weibchen kämpfen. Er zerstört nicht mit Beharrlichkeit alle unvollkommeneren Tiere, sondern schützt vielmehr alle seine Erzeugnisse, soviel in seiner Macht liegt, in jeder verschiedenen Jahreszeit. Oft beginnt er seine Auswahl mit einer halbmonströsen Form oder mindestens mit einer Abänderung, hinreichend auffallend um seine Augen zu fesseln oder ihm offenbar Nutzen zu versprechen. In der Natur dagegen kann schon die geringste Abweichung in Bau und organischer Tätigkeit das bisherige genau abgewogene Gleichgewicht im Kampfe ums Leben aufheben und hierdurch ihre Erhaltung bewirken."

1 Hunderassen und ihre Ursprungsart

Aufgaben

① Diskutieren Sie, wie nach Darwins Verständnis die Hunderassen aus der Stammart Wolf entstanden sind.

② Stellen Sie die von Darwin in diesem Text aufgeführten biotischen und abiotischen Selektionsfaktoren zusammen.

③ Diskutieren Sie die Überlebenschancen verschiedener Hunderassen in freier Wildbahn.

Antibiotika-Resistenz

Um die Ursachen von Antibiotikaresistenzen und die Ursachen von Mutationen herauszufinden, führten Luria und Delbrück ein klassisches Experiment mit Bakterien durch. Aus einer Stammkultur entnahmen sie beliebige Zellen und plattierten sie auf antibiotikafreiem Nährboden aus. Über einen Samtstempel übertrugen sie die entstehenden Kolonien auf penicillinhaltigen Nährboden und konnten nachweisen, dass wenige resistente Kolonien vorhanden waren (s. Abb. 2). Auch die Nachkommen dieser Kolonien waren resistent, die der nicht resistenten nicht. Die Resistenz ist also genetisch bedingt.

Aufgaben

④ Diskutieren Sie, wann die Mutationen stattgefunden haben dürften, die zur Resistenz führten (s. Abb. 2).

⑤ Mischt man der Stammkultur ein wenig Penicillin bei und lässt sie eine Zeitlang sich vermehren, findet man praktisch nur noch resistente Kolonien auf der Normalagarplatte. Begründen Sie mithilfe der Selektionstheorie das Versuchsergebnis.

⑥ Erläutern Sie, wieso man Antibiotika nach Vorschrift, d. h. in relativ großen Mengen und über einen bestimmten Mindestzeitraum einnehmen sollte, um die Ausbildung von Resistenzen zu vermeiden.

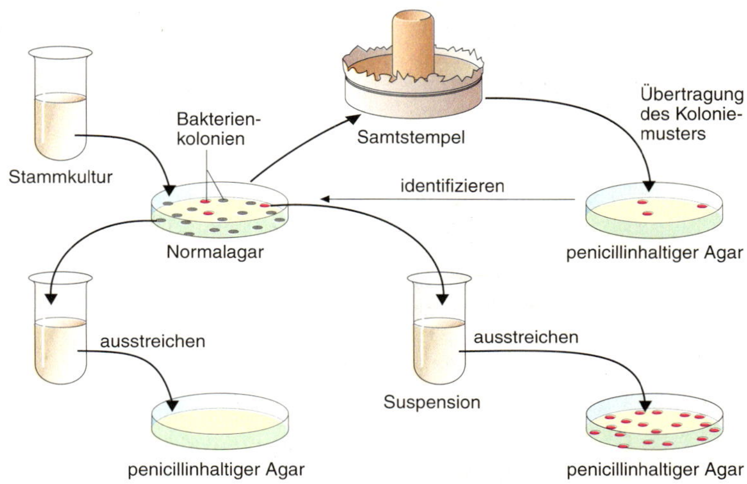

2 Stempelversuch

Online-Link
045570-0036

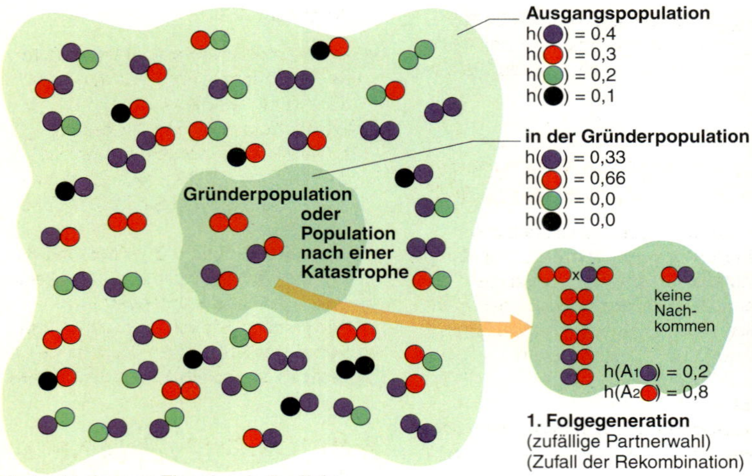

1 Analogie zum Flaschenhalseffekt

2 Seitenfleckenleguane

Der Zufall verändert Populationen

Gendrift
Veränderung des Genpools durch Zufallsereignisse

Urnenexperiment

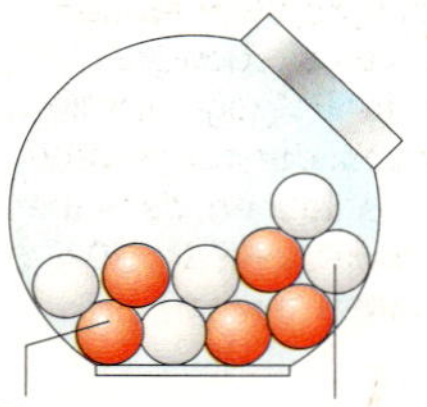

Durchführung:
Nach jeder Ziehung wird die Kugel wieder zurückgelegt und die Urne geschüttelt.

Versuch A:
1000 Ziehungen
Versuch B:
10 Ziehungen

mögliche Ergebnisse:

Vers.	A	B
A	502	498
B	7	3

Seitenfleckenleguane sind Reptilien, die vorwiegend im Westen Nordamerikas vorkommen. Auf Inseln im Golf von Kalifornien leben kleine Populationen, die im Gegensatz zu den bräunlichen Individuen auf dem Festland dunkelgrün gefärbt sind (s. Abb. 2). Deutlich heben sie sich vom hellen Untergrund ab. Da diese Tiere für Fressfeinde gut genießbar sind und die Färbung bei der Balz keine Bedeutung zu haben scheint, ist Selektion als Erklärung für ihr auffälliges Erscheinungsbild auszuschließen. Biologen gehen davon aus, dass es unter den getarnten Festlandsindividuen immer wieder einzelne grünliche Leguane gegeben hat, die allerdings aufgrund ihrer Auffälligkeit eine vergleichsweise geringe reproduktive Fitness besaßen. Sind kleine Gruppen dieser grünlichen Individuen zufällig auf Inseln gelangt, wo sie keine Feinde hatten, konnten sie sich vermehren. Diese Tiere sind also in den Inselpopulationen viel häufiger vertreten als in denen auf dem Festland. Derartige Veränderungen des Genpools durch Zufallsereignisse bezeichnet man als *Gendrift* (▶ s. S. 180).

Modellhaft kann man die Auswirkungen des Zufalls in der Natur durch ein Urnenexperiment veranschaulichen (siehe Randspalte). Zieht man 1000-mal eine Kugel aus der Urne, würde ein Ergebnis von 700-mal rot zu 300-mal weiß erstaunen. Zieht man dagegen nur 10-mal, ist ein Ergebnis von 7 : 3 aufgrund der wenigen Versuche durchaus denkbar. Je kleiner die Anzahl der Ziehungen, desto stärker kann sich der Zufall auf das Versuchsergebnis auswirken.

Gründereffekt

Bei den Seitenfleckenleguanen unterscheiden sich die Genpools der Insel- und Festlandpopulationen, weil kleine, nicht repräsentative Teilpopulationen ausgewandert sind und neue Lebensräume besiedelt haben. Diese Form der Gendrift nennt man *Gründereffekt* (Abb. 1).

Flaschenhalseffekt

Kleine Populationen kommen nicht nur auf Inseln, in Bergtälern und Oasen vor, sie entstehen auch nach Katastrophen, Seuchen, Waldbränden oder der Zunahme der Feinde. Bei einer drastischen Reduktion der Populationsgröße kann sich die Zusammensetzung des Genpools durch Zufall verändern. Manche Allele nehmen in ihrer Häufigkeit zu, andere ab, dritte gehen ganz verloren. Diese Form der Gendrift bezeichnet man als *Flaschenhalseffekt* (s. Abb. 1).

Die Verringerung einer Populationsgröße führt in der Regel zu einer Abnahme der Variabilität, da einzelne Allele nicht mehr vertreten sind. Diese genetische Verarmung wird häufig durch Inzucht und dem Zufall bei der Rekombination verstärkt (s. Abb. 1). Periodische Dürren während der letzten Eiszeit, Krankheiten, aber auch die Bejagung durch den Menschen haben z. B. den Geparden fast ausgerottet. Die genetische Variabilität in der Population ist dadurch stark verarmt und reagiert extrem anfällig auf neue Umwelteinflüsse wie z. B. Krankheiten. Die gesamte Population kann ausgerottet werden.

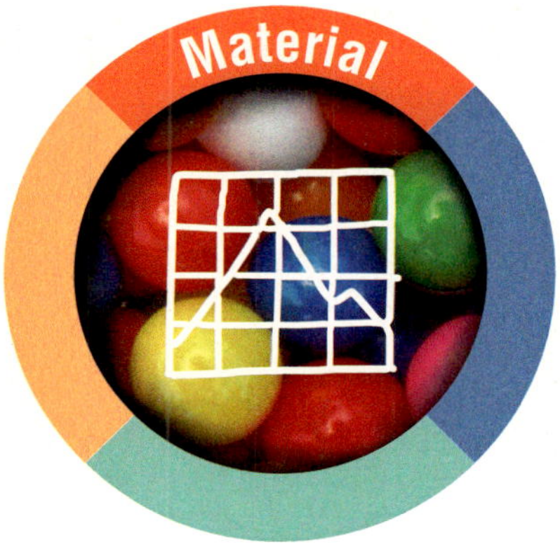

Simulationen zur Gendrift

Evolution der Dunker

Im Jahre 1708 gründete sich im Rheinland eine kleine Baptistensekte, die Dunker. Zwischen 1709 und 1729 wanderten etwa 50 Familien dieser Gruppe nach Amerika aus. Sie ließen sich in Pennsylvania nieder. Abgesehen von ihrer etwas altmodischen Kleidung entspricht ihre Lebensweise der der übrigen Amerikaner: Ihre Kinder gehen auf normale Schulen, die medizinische Versorgung ist gut und sie essen typisch amerikanische Speisen. Trotzdem ist es zu keiner echten Integration der Dunker gekommen, da es zu ihren religiösen Vorschriften gehört, ihre Ehepartner ausschließlich aus ihrer Religionsgemeinschaft auszuwählen.

Anfang der 50er-Jahre untersuchte H. B. GLASS die Häufigkeit der Blutgruppenallele des MN-Systems. Dieses Blutgruppenmerkmal ist vergleichbar mit dem AB0-System, seine Vererbung ist kodominant. Die Untersuchungen von GLASS basierten auf so großen Stichproben, dass kleine Unterschiede in den Allelhäufigkeiten von Bedeutung sind.

	Allelhäufigkeiten	
	h(M)	h(N)
Dunker	0,66	0,34
Rheinländer	0,55	0,45
Amerikaner	0,54	0,46

Aufgaben

① Ein Ehepaar besitzt die Genotypen MM bzw. MN. Bestimmen Sie die Wahrscheinlichkeit, dass
  a) ihr erstes Kind den Genotyp MM hat.
  b) vier Kinder alle den Genotyp MM haben.

② Vergleichen Sie die in der Tabelle angegebenen Häufigkeiten der Allele des MN-Systems und deuten Sie das Ergebnis.

Simulation zur Dunker-Evolution

Experimentell lassen sich Zufallsprozesse in Populationen nicht überprüfen. Die Simulationen solcher Vorgänge sind demzufolge eine wichtige wissenschaftliche Methode, um die möglichen Abläufe genauer zu analysieren.

Material:
100 Spielmarken: Sie symbolisieren die Genotypen der einzelnen Individuen in den verschiedenen Populationen.

Urnen, Würfel und folgende Spielmarken

Farbe	Genotyp	Anzahl der Steine
weiß	MM	25
grau	MN	50
schwarz	NN	25

Durchführung der Simulation

1. Spielabschnitt
Bildung der Gründerpopulation in der Gesamtgruppe:
Legen Sie die 100 Spielmarken in die Urne (Ausgangspopulation). Ziehen Sie mit geschlossenen Augen 16 Spielmarken (Gründerpopulation).

2. Spielabschnitt
Bildung der Folgegenerationen:
Legen Sie 16 Marken entsprechend der oben gebildeten Gründerpopulation in die Urne. Ziehen Sie 4-mal 2 Marken (4 Elternpaare); geben Sie die restlichen 8 Marken zum Vorrat. Ermitteln Sie für jedes „Elternpaar" nach folgender Regel 4 Nachkommen:
- MM x MM → 4-mal MM
- NN x NN → 4-mal NN
- MM x MN und NN x MN → Die Genotypen der Nachkommen sind wegen des 2. Elternteils nicht bestimmbar, das zweite Allel (M oder N) muss für alle 4 Nachkommen ausgewürfelt werden (Vorschlag: ungerade Augenzahl des Würfels: M; gerade Augenzahl des Würfels: N).
- MN x MN → Für alle vier Nachkommen muss ausgewürfelt werden, wel ches Allel er vom „Vater" und welches er von der „Mutter" bekommt.

Alle Nachkommen werden in die Urne gelegt, sie bilden die Folgegeneration.

Aufgaben

③ Bestimmen Sie die Allelhäufigkeiten der Ausgangs-, der Gründer- und der 1. Folgegeneration.

④ Wiederholen Sie den 2. Spielabschnitt 7-mal und bestimmen Sie die Allelhäufigkeiten aller Folgegenerationen. Stellen Sie Ihr Ergebnis grafisch dar.

⑤ Vergleichen Sie Ihr Ergebnis mit den Ergebnissen der anderen Gruppen. Deuten Sie die Kurvenverläufe.

⑥ Vergleichen Sie Ihre Simulation mit den in der Population der Dunker vermutlich abgelaufenen Prozessen.

Mehlkäferexperiment

Amerikanische Wissenschaftler experimentierten mit Mehlkäfern, deren Körperfarbe durch die Allele A und B eines Gens bestimmt wird. Für den Versuch verwendeten sie heterozygote Individuen. Die Ausgangspopulationen unterschieden sich lediglich in der Anzahl der Individuen (10, 20, 100). Alle Populationen wurden unter gleichen Bedingungen gehalten. Da der Erbgang intermediär ist, konnten die Allelhäufigkeiten direkt bestimmt werden.

Aus jeder neu gezeugten Generation wurden zufällig Larven ausgewählt, die die Elterntiere der Folgegeneration darstellten. Die Anzahl der ausgewählten Larven war so bemessen, dass die Populationsgrößen während der 20 Generationen unverändert blieben.

Aufgabe

⑦ Vergleichen Sie die drei Grafiken. Deuten bzw. erklären Sie die Unterschiede und Gemeinsamkeiten.

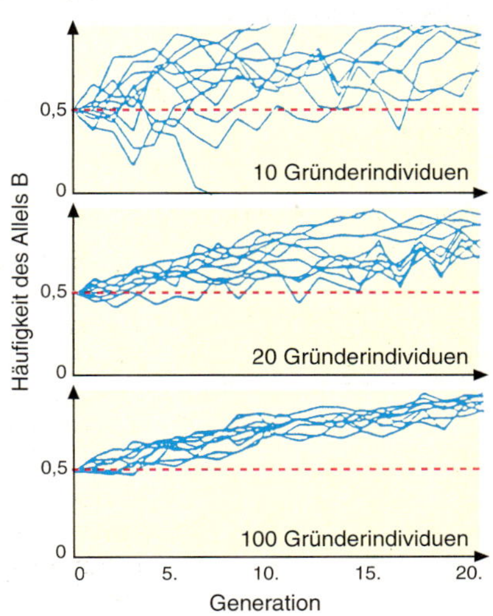

1 Grünspecht und Grauspecht

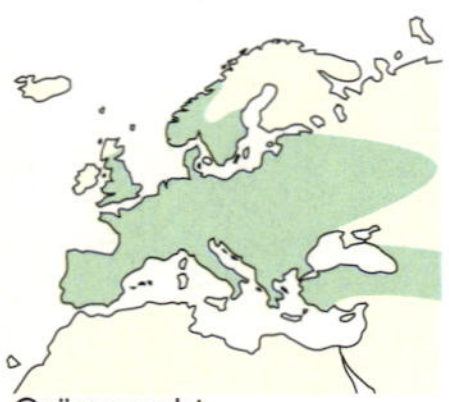

Grünspecht

Grauspecht

Vorkommen in Europa

Rassen- und Artbildung

CHARLES DARWIN zögerte lange mit der Veröffentlichung seiner Evolutionstheorie, da ihm noch eine Hypothese zur Entstehung neuer Arten fehlte. Inzwischen sind eine Reihe von Beispielen bekannt, die die Trennung eines Genpools in mehrere aufzeigen.

Bildung von Unterarten und Arten

Grün- und Grauspechte sind einander sehr ähnliche, nahe verwandte Arten. Man kann sie auf gemeinsame Vorfahren zurückführen. Ihre ökologischen Nischen zeigen aber deutliche Unterschiede. Während Grünspechte ihre Nahrung, hauptsächlich Ameisen, meist am Boden suchen, ernähren sich Grauspechte von Insekten und deren Larven in morschen Bäumen. Schnabel und Zunge zeigen spezielle Anpassungen an die Nahrungsnische.

Zunächst existierte wohl eine Ausgangsart, die über die Wälder Mitteleuropas weit verbreitet war. Genetischer Austausch war möglich, erfolgte jedoch nur innerhalb benachbarter Populationen. Damit traten aber Unterschiede zwischen den Genpools des westlichen und des östlichen Verbreitungsgebietes auf. Die Spechte im Osten und im Westen unterschieden sich bereits und bildeten eventuell schon damals verschiedene Rassen bzw. Unterarten. Durch den beständigen genetischen Austausch zwischen Spechten benachbarter Gebiete bildeten sie aber noch einen gemeinsamen Genpool. Mit der Eiszeit vor ca. 100 000 Jahren verdrängten die Eismassen in Mitteleuropa die Wälder, eine Kältesteppe breitete sich aus.

Rasse / Unterart
Zusammenfassung phänotypisch ähnlicher Populationen einer Art

Die Spechte mussten in die Waldbestände im Südwesten und Südosten Europas ausweichen, die Population wurde in zwei Teilpopulationen gespalten. Der genetische Austausch zwischen ihnen war nun unterbrochen, durch *geografische Isolation* waren zwei Genpools entstanden, die bereits Unterschiede aufwiesen (▶ s. S. 180).

Weil Mutationen zufallsgemäße, nicht gerichtete Ereignisse sind, traten in den beiden Populationen unterschiedliche Mutationen auf. Auch wirkten unterschiedliche Selektionsbedingungen. Die bereits in den Genpools vorhandenen Unterschiede wurden dadurch verstärkt. Mit zunehmender Dauer der Trennung wurden die Populationen sich immer unähnlicher. Durch die geografische Isolation war praktisch kein Genaustausch mehr möglich, *genetische Isolation* (▶ s. S. 180) hatte stattgefunden. Als nach dem Ende der Eiszeit die Besiedlung Mitteleuropas wieder für beide Spechtpopulationen möglich war, waren die genetischen Unterschiede so groß, dass Paarungen zwischen beiden Spechtformen nicht mehr stattfanden. Aus der Ausgangsart waren damit praktisch zwei neue Arten geworden (s. Abb. 1).

Die geografische Trennung von Populationen kann unterschiedliche Folgen haben, je nachdem wie lange sie anhält und wie unterschiedlich die Mutationen und Selektionsfaktoren auf die Teilpopulationen wirken. Bestehen keine allzu großen Unterschiede, können die Teilpopulationen nach dem Ende der geografischen Isolation sich wieder miteinander paaren und fruchtbare Nachkommen hervorbringen. Sie bilden dann wieder eine gemeinsame Art, allerdings meist mit großer genetischer Vielfalt, da die genetischen Varianten aus zwei Populationen zusammenkommen. Die Unterarten lassen sich noch deutlich unterscheiden. Ein Beispiel dafür sind die Blaukehlchen, die in Europa und im nördlichen Asien vorkommen. Auch hier nimmt man die Existenz einer Ausgangsart an, die durch die Eiszeit in zwei Teilpopulationen aufgespalten wurde. Nach dem Wegfall der Verbreitungsschranke blieben zwei Unterarten im Westen und im Osten, die von dort aus wieder nach Mitteleuropa einwanderten. Sie unterscheiden sich dort aber auch heute noch deutlich in der Zeichnung (s. Randspalte S. 39). Das weißsternige Blaukehlchen hat einen weißen Brustfleck, es lebt eher im Tiefland. Das rotsternige besitzt einen roten Brustfleck und kommt vor allem in der nördlichen Tundra und in Hochgebirgslagen vor.

Allopatrische Artbildung

Das Ablaufschema für die Entstehung neuer Arten (s. Abb. 1) aus einer Ausgangsart hat allgemeine Gültigkeit und kann an vielen Beispielen bestätigt werden. Da die geografische Isolation zweier Genpools eine wichtige Voraussetzung ist, bezeichnet man es als *allopatrische Artbildung*. Stets ist eine Art der Ausgangspunkt, die wegen ihrer weiten geografischen Verbreitung oft schon Unterarten aufweist. Unterbindet eine geografische Isolation den genetischen Kontakt der Teilpopulationen für längere Zeit, entwickeln sich die Genpools noch weiter auseinander. Je länger die Trennung andauert, desto stärker werden die Unterschiede, bis auch beim erneuten Zusammentreffen der Populationen kein Genaustausch mehr möglich ist, der durch Kreuzung und Rekombination die Unterschiede wieder einebnen könnte. Die allopatrische Artbildung ist der wichtigste Mechanismus zur Entstehung neuer Arten.

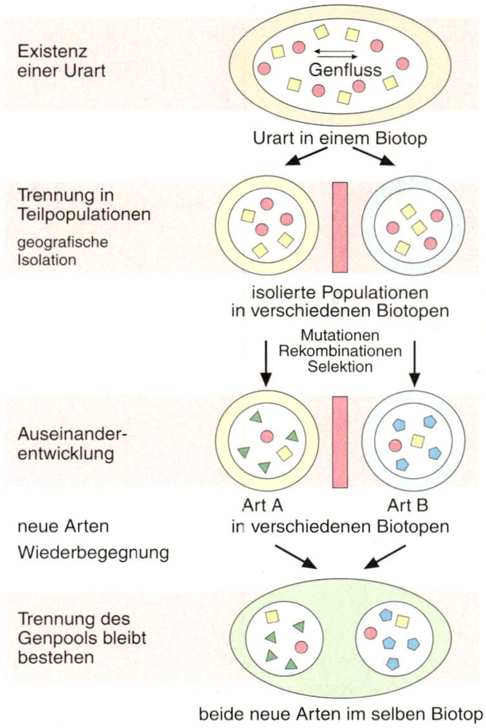

1 Schema der allopatrischen Artbildung

allopatrisch
gr. *allos* = anders
lat. *patria* = Heimat

nicht im selben Gebiet vorkommend

sympatrisch
gr. *syn* = gemeinsam
lat. *patria* = Heimat

nahe verwandten Populationen kommen gemeinsam im selben geografischen Gebiet vor (s. ▶ S. 180)

Sympatrische Artbildung

In seltenen Fällen kann man auch die Entstehung neuer Arten aus einer Urart im gleichen Verbreitungsgebiet beobachten. Man spricht dann von *sympatrischer Artbildung*. Gerade bei nahe verwandten Arten auf kleinen Inseln oder in kleinen isolierten Gewässern ist eine geografische Paarungsgrenze unwahrscheinlich. Ursache könnte eine optisch stark wirksame Mutation sein, die zu einer unterschiedlichen Bevorzugung der betroffenen Männchen durch bestimmte Weibchen führt. Andere Beispiele lassen sich auf die Entstehung von Polyploidie bei Pflanzen zurückführen, die dann mit den diploiden keine fruchtbaren Nachkommen mehr hervorbringen können.

Ein Beispiel dafür ist das Salz-Schlickgras *Spartina anglica*, das an der englischen Kanalküste aus der ursprünglich amerikanischen Form *Spartina alterniflora* (2n = 62 Chromosomen) und der europäischen *Spartina maritima* (2n = 60) entstand. Zunächst tauchte die Form *Spartina townsendii* auf (2n = 61), die sich wegen der ungeraden Chromosomenzahl allerdings nicht sexuell fortpflanzen konnte. Sie verbreitete sich aber durch Teile ihres Wurzelstocks, die auch mit Meeresströmungen verdriftet wurden. Durch Chromosomenverdopplung entstand schließlich *Spartina anglica* (2n = 122), eine sehr konkurrenzstarke Pflanzenart, die z. B. an der Küste auch zur gezielten Landgewinnung eingesetzt wird.

Aufgaben

① Endemische Arten sind Arten, die nur in einem kleinen scharf umgrenzten Gebiet vorkommen. Auf den Kanarischen Inseln sind ca. 40 % der Pflanzenarten Endemiten, auf Hawaii sind es ca. 80 %. Erläutern Sie das Vorkommen der Endemiten und ihre unterschiedliche Häufigkeit aufgrund der geografischen Lage der Inseln.

② Der Viktoria-See wies einen sehr artenreichen Fischbestand auf. Unter anderem waren dort über 500 Buntbarscharten heimisch, die meisten endemisch. Inzwischen werden viele Endemiten vom importierten Nilhecht verdrängt. Erklären Sie das Auftreten der Endemiten dort und ihre große Artenvielfalt.

③ Im Apoyo-Kratersee in Nicaragua findet man zwei sehr nahe verwandte endemische Fischarten. Erläutern Sie ihre Entstehung und zeigen Sie an diesem Beispiel den Vorgang der allopatrischen und der sympatrischen Artbildung auf.

④ In der NS-Ideologie spielt die „Rassenlehre" eine große Rolle. Vergleichen Sie diese „Lehre" mit dem wissenschaftlichen Rassenbegriff. Informieren Sie sich außerdem über genetische Unterschiede menschlicher Modifikationen.

Blaukehlchen

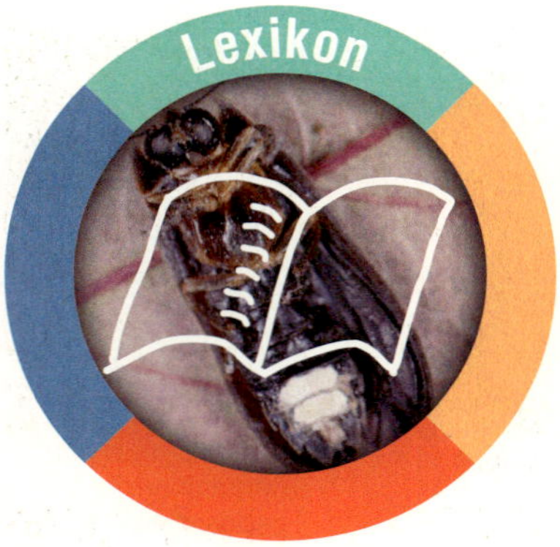

Genetische Isolation

Eine Art ist in der Biologie eine Abstammungs- und Fortpflanzungsgemeinschaft, d. h. die Gesamtheit aller Individuen, die sich untereinander fruchtbar fortpflanzen können *(biologischer Artbegriff)*. Verschiedene Arten haben getrennte Genpools, sie sind durch *genetische Isolation* entstanden. Verschiedene Isolationsmechanismen können eine Paarung verhindern und eine *sexuelle Isolation* bewirken. Am einfachsten gliedert man Isolationsmechanismen nach Schritten, die zur Erzeugung von fruchtbaren Nachkommen notwendig sind.

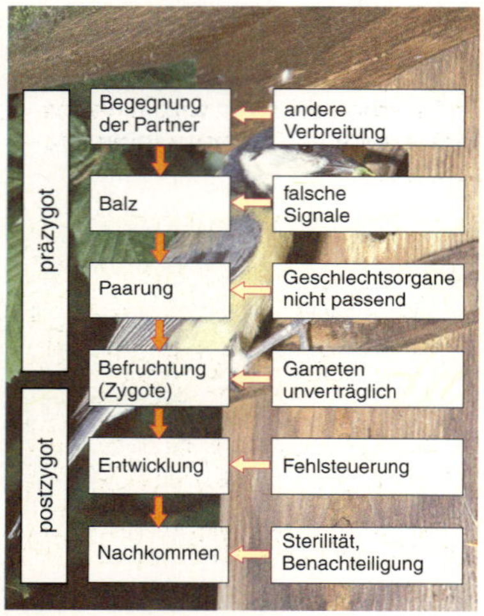

Isolationsmechanismen

Präzygote Isolationsmechanismen

Bei der Befruchtung werden die Gene aus Ei- und Spermienzelle vereinigt und kombiniert. Aus der Zygote, einer befruchteten Eizelle, kann ein neuer Organismus hervorgehen. Kann eine Befruchtung zwischen Lebewesen nicht (mehr) stattfinden, liegt eine *präzygote Isolation* vor.

Der wichtigste präzygote Isolationsmechanismus ist die *geografische Isolation*. Sie verhindert die Begegnung potentieller Sexualpartner.
Bei der Entstehung von Grau- und Grünspecht wurde sie ausführlich beschrieben (s. S. 38). Aufgrund der Kreuzbarkeit müsste man eine Reihe von morphologisch deutlich unterschiedlichen Arten zu einer zusammenfassen. So sind im Zoo z. B. das asiatische zweihöckrige Trampeltier und das afrikanische Dromedar miteinander kreuzbar, die Nachkommen (Tulu) sind fruchtbar. Die *geografische Isolation* verhindert aber eine Vermischung der Genpools.

Ökologische Isolation liegt dann vor, wenn verschiedene Populationen zu verschiedenen Zeiten sexuell aktiv sind oder in unterschiedlichen Lebensräumen vorkommen. Gras- und Teichfrosch sind nahe verwandt. Allerdings haben sie unterschiedliche Paarungszeiten: der Grasfrosch bereits im März, der Teichfrosch erst im Mai. Daher sind die Genpools voneinander isoliert.

Teichfrosch / Grasfrosch

Auch beim Holunder liegt eine *jahreszeitliche Paarungsisolation* vor. Während die Blütezeit des roten im April und Mai liegt, blüht der schwarze etwa zwei Monate später. Ähnliche Unterschiede zeigen die Gemeine und die Rote Rosskastanie.

Auch *tageszeitliche Isolationsmechanismen* sind bekannt. Der Gelbe Kleefalter ist vor allem tagsüber aktiv und benötigt höhere Temperaturen. Die weiße Mutante hat ihr Aktivitätsmaximum in den kühleren Morgen- und Abendstunden.

Der Rote und der Gelbe Fingerhut sind ebenfalls ökologisch voneinander isoliert, allerdings nicht durch eine zeitliche, sondern durch eine räumliche Isolation. Während der rote auf sauren Silikatböden und eher im Westen Deutschlands vorkommt, wächst der gelbe eher im Osten auf kalkhaltigem basischen Gestein. Sie sind wegen ihrer unterschiedlichen Ansprüche an die Bodenbeschaffenheit voneinander isoliert.

Bei der Balz werden die Männchen von den Weibchen durch spezifische Signale wie Farben, Verhaltensweisen, Duftstoffe oder Leuchtsignale angelockt. Stimmen die Balzsignale zweier Populationen nicht überein, liegt *verhaltensbedingte* (ethologische) *Isolation* vor. Weibliche Leuchtkäfer reagieren nur auf Männchen ihrer Art, die das artspezifische Leuchtmuster aussenden. Andere Arten zeigen andere Leuchtmuster und Frequenzen oder Flugbahnen. Dadurch wird eine Paarung der Arten vermieden.

Die Begattungsorgane von Insekten und Spinnen haben oft eine sehr spezifische Form und passen zusammen wie Schlüssel und Schloss. Selbst bei nahe verwandten Arten ist dadurch eine Begattung ausgeschlossen. Man spricht von *mechanischer Isolation*. Ähnlich liegen die Fälle bei Pflanzen, deren Blüten so geformt sind, dass nur ganz bestimmte Insekten sie bestäuben können. So weisen die verschiedenen Formen der Akelei verschieden lange, mit Nektar gefüllte Blütensporne auf, die nur von ganz bestimmten Schmetterlingen mit passender Rüssellänge erreicht werden können. Auch wenn unter Laborbedingungen eine Bestäubung mit dem Pollen der verwandten Pflanze möglich ist, kommt sie doch in der Natur nie vor. Insekten sind ohnehin blütentreu, lernen schnell, dass es bei Blüten einer bestimmten Farbe und Form eine Belohnung durch Nektar gibt und steuern diese Blütensorte an, solange sie genug Nahrung bietet. So findet eine Fremdbestäubung relativ selten statt.

Akeleiformen

Kommt es tatsächlich dazu, wird durch chemische Unverträglichkeit eine Entwicklung des Pollens auf der Narbe verhindert. Der Pollenschlauch kann sich nicht ausbilden, eine Befruchtung findet nicht statt: *gametische Isolation*.

Postzygote Isolationsmechanismen

Eine Zygote kann sich nur dann zu einem Embryo entwickeln, wenn die Genome von Spermium und Eizelle nicht allzu unterschiedlich sind. Bei Trampeltier und Dromedar sind sie recht ähnlich, daher sind Tulus (s. S. 40.) sogar fortpflanzungsfähig. Bei stärkeren Unterschieden in den Genomen treten bei eventuellen Nachkommen Probleme in der Entwicklung auf. Ein Beispiel dafür sind die Liger, Kreuzungsprodukte aus männlichem Löwen und weiblichem Tiger, die im Zoo und Zirkus durchaus vorkommen können, in der Natur aufgrund der unterschiedlichen Verbreitungsgebiete aber nie auftreten. Da bestimmte wachstumshemmende Gene nur von Löwenweibchen und Tigermännchen weitergegeben werden, sind die Liger mit bis zu 3,50 m Länge und einem Gewicht von einer halben Tonne die größten Großkatzenhybriden. Weibliche Liger können mit Löwen- oder Tigermännchen Junge bekommen, männliche Liger sind steril, da die Hodenentwicklung anomal verläuft. Hier liegt bereits eine so starke Inkompatibilität der beiden Genome vor, dass eine normale Entwicklung nicht mehr gewährleistet ist. Noch stärker wirkt sie sich bei den reziproken Kreuzungen aus, wo sich auch die entstehenden Föten in vielen Fällen nicht mehr bis zur Geburt entwickeln.

Liger mit Menschen

Noch unverträglicher sind die Genome von Pferd und Esel. Paarung und Entwicklung der Nachkommen sind zwar möglich, aber sowohl Maultier (Pferdestute × Eselhengst) als auch Maulesel (Eselstute × Pferdehengst) sind steril. Eine Meiose ist nicht möglich, weil sich die Chromosomenzahlen von Pferd (64 Chromosomen) und Esel (62 Chromosomen) unterscheiden. Maultiere und Maulesel haben 63 Chromosomen, die in der Anaphase der Reduktionsteilung nicht gleichmäßig an die Tochterzellen verteilt werden können.

Maultier

Maulesel

Sind die Genome noch stärker inkompatibel, so sterben die Nachkommen bereits in frühen Entwicklungsstadien ab. So sind zum Beispiel Kreuzungen zwischen den nordamerikanischen Arten Leopardfrosch und Waldfrosch im Labor durchaus möglich, Paarung und Befruchtung können stattfinden. Die Keime entwickeln sich aber nur bis zu einem frühen Embryonalstadium und sterben dann vermutlich wegen fehlgesteuerter Differenzierungsprozesse ab.

Waldfrosch

Leopardfrosch

Online-Link
045570-0042

Adaptive Radiation

Endemiten
Pflanzen- und Tierarten, die nur in einem eng begrenzten Gebiet vorkommen

Radiation
Auffächerung einer wenig spezialisierten Art in viele spezialisierte Formen

Auf seiner Forschungsreise erreichte CHARLES DARWIN 1835 die Galapagos-Inseln. Dieser Archipel liegt 1000 km westlich des südamerikanischen Kontinents im Pazifischen Ozean. Es besteht aus 14 unterschiedlich großen Inseln. Vor 1 bis 5 Mio. Jahren ist die gesamte Inselgruppe durch unterseeische Vulkanausbrüche entstanden. Landkontakt zum Festland bestand nie.

DARWIN erkannte sehr bald, dass auf den Inseln im Vergleich zum Festland nur wenige Vogelarten leben und Gruppen wie Meisen, Baumläufer, Spechte sowie Fliegenschnäpper völlig fehlen, dagegen aber finkenähnliche Kleinvögel in einer erstaunlichen Vielfalt vorkommen. Trotz der Größenunterschiede ähneln sich diese Vögel in Bezug auf Körper- und Flügelform sowie Gefieder sehr. Auffallend sind die Unterschiede in Form und Größe ihrer Schnäbel. Sie sind so unterschiedlich wie die von Kernbeißer, Specht und Sperling. Heute kennt man 13 verschiedene Finkenarten auf Galapagos. Sie kommen nur dort vor, sind also *Endemiten*.

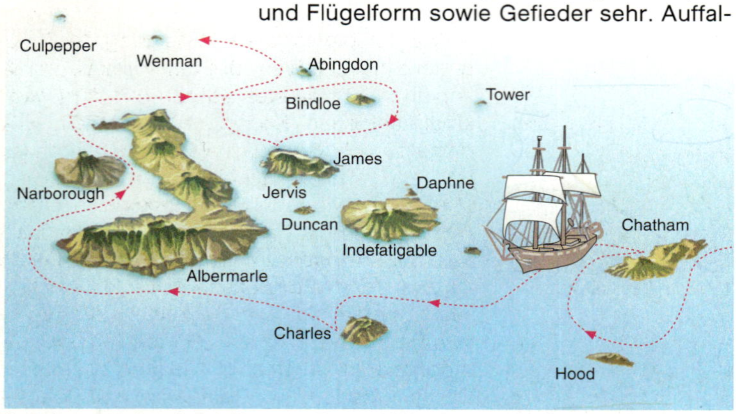

1 Galapagos-Inseln mit DARWINS Route 1835

Entstehung von Endemiten

DARWIN war überzeugt, dass die 13 verschiedenen Finkenarten alle aus einer Stammart hervorgegangen waren. Heute kann das durch Vergleich der mitochondrialen DNA (s. Seite 71) bestätigt werden. Man nimmt an, dass vor ca. 1 Million Jahren eine kleine Gruppe Finken von Südamerika aus auf die Inseln verschlagen wurde.

Der Genpool dieser wenigen *Gründerindividuen* unterschied sich durch Gendrift wohl bereits deutlich von dem der Festlandfinken und entsprach sicher nicht dem „Durchschnittstyp". Auf den Inseln fanden in der Folge zufallsbedingt andere Mutationen statt als auf dem Festland. Unter dem Einfluss des kalten Humboldtstroms ist das Klima kühler und trockener als in Südamerika. Die Küstenregionen sind wüstenartig, erst in größerer Höhe gibt es Regenwälder, daher wirkten andere Selektionsbedingungen. Diese Faktoren und die geografische Isolation der Inselpopulation trugen dazu bei, dass sich zunächst wohl eine neue endemische Finkenart herausbilden konnte.

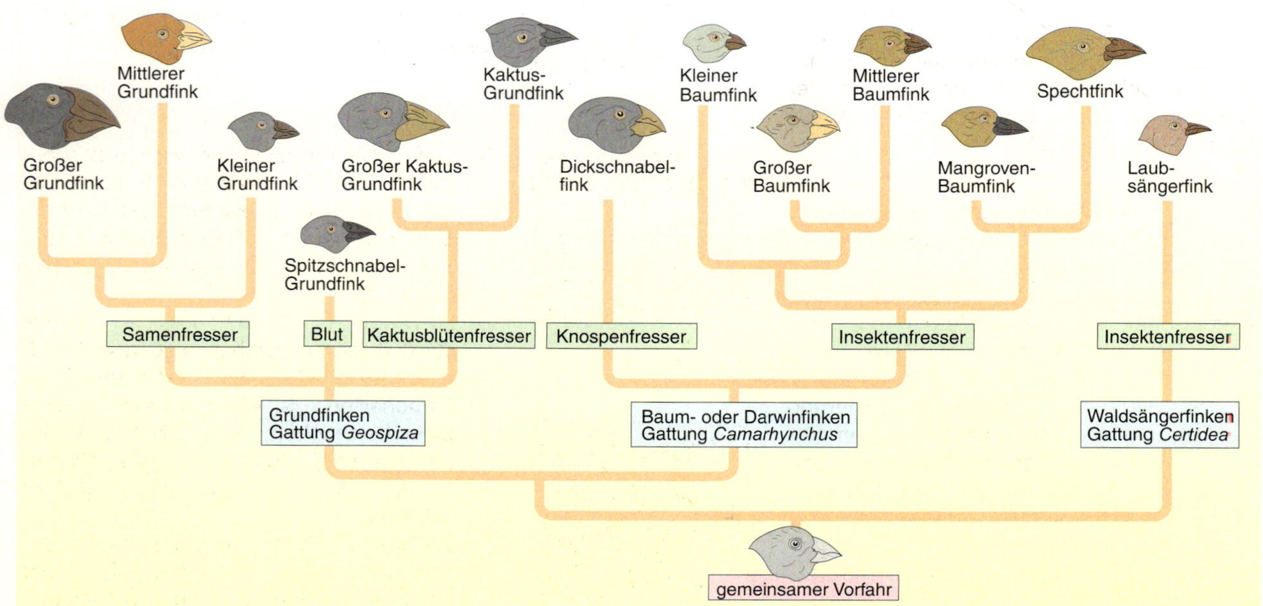

2 Stammbaum der Finken

Art	Regenwald	Kakteen	offenes Gelände und lichter Wald	
	pflanzliche und tierische Nahrumg		derbe Samen	Beeren, Sämereien
1 Großer Grundfink			A, T, W	
Mittlerer Grundfink 2			A, H	
3 Kleiner Grundfink				A, H
Spitzschnabel-Grundfink 4	A	W, C		T, C, W
5 Gr. Kaktus-Grundfink		T, H	C	
Kaktus-Grundfink 6		A		

A = Albermarle T = Tower W = Wenman C = Culpepper H = Hood

1 Vorkommen und Nahrung einiger Grundfinken

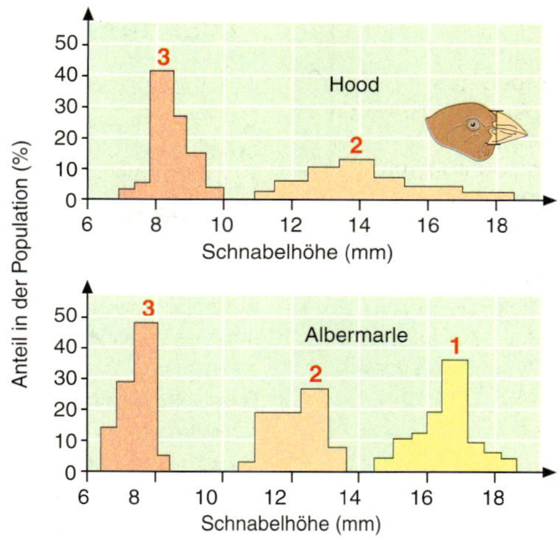

2 Variation der Schnabelhöhe von 3 Finkenarten

Ökologische Einnischung

Die ersten Finken konnte sich zunächst sehr stark vermehren, da es auf den Inseln *keine Konkurrenz* durch andere Vogelarten gab. Je stärker allerdings die Population wuchs, desto knapper wurden die Ressourcen für die einzelnen Tiere. Finken, die sich durch Mutationen und Rekombination neue Nahrungsquellen erschließen konnten, vermieden Konkurrenz. So ernähren sich die Kaktus-Grundfinken in erster Linie vom Fruchtfleisch und Nektar der Kakteen. Laubsängerfinken picken mit ihren spitzen Schnäbeln Insekten aus der Baumrinde. Spitzschnabel-Grundfinken — Vampirfinken — hacken in das Gefieder großer Meeresvögel und trinken das austretende Blut. Spechtfinken benutzen Kaktusstacheln, um Insektenlarven aus ihren Bohrlöchern herauszuholen. Jede der Finkenarten hat ihre eigene ökologische Nische (s. Abb. 1 und 2).

Die geografische Isolation der einzelnen Inseln trug weiterhin zur Artbildung bei. Gelangte eine Gründerpopulation von Finken auf eine unbesiedelte Nachbarinsel, so wiederholten sich die Evolutionsprozesse. Durch Gendrift, wachsende Konkurrenz, spezielle Mutationen und Rekombination und inselspezifische Selektionsfaktoren konnten wieder neue Unterarten und Arten entstehen. Diesen Vorgang der Neuentstehung von Arten aus einer Stammart durch Anpassung bezeichnet man als *adaptive Radiation.*

Wo die Neuerschließung geografisch isolierter Lebensräume möglich war, konnte adaptive Radiation stattfinden. Ein eindrucksvolles Beispiel ist die Entwicklung der Beuteltiere in Australien. Beuteltiere haben sich vor über 60 Millionen Jahren auf dem südamerikanischen Kontinent entwickelt, der damals noch mit Australien zusammenhing und erst später durch die Kontinentaldrift abgetrennt wurde. In Südamerika wurden sie von Nordamerika aus bis auf das Opossum von den fortschrittlicheren Plazentatieren verdrängt. Im geografisch isolierten Australien konnten sich die Beuteltiere hingegen durch adaptive Radiation ausbreiten und alle möglichen ökologischen Nischen besiedeln. Durch Mutation, Rekombination und Selektion haben sich äußerlich ähnliche Formen mit ähnlicher Bewegungs- und Ernährungsweise entwickelt wie bei den Plazentatieren: ein Beispiel *konvergenter Entwicklung.*

Kleiner Baumfink

Vampirfink

Spechtfink

Kleiner Grundfink

Aufgaben

① 1000 km nordöstlich von den Galapagos-Inseln liegt die kleine Kokos-Insel. Sie bietet ebenfalls verschiedenste Lebensräume, dennoch existiert dort nur eine Finkenart. Finden Sie eine begründete Erklärung.

② Im Malawi-See in Ostafrika, der vor ca. 500 000 Jahren durch einen Grabenbruch entstand, leben 196 nahe verwandte Buntbarscharten, die an verschiedene ökologische Nischen angepasst sind. Erläutern Sie die Evolutionsprozesse, die hier zur Artbildung der Buntbarsche geführt haben dürften.

③ Erklären Sie das Zustandekommen der unterschiedlichen Schnabelhöhen der Darwin-Finken (Abb. 1 und 2) aus evolutionsbiologischer Sicht.

Chemische Evolution: organische Makromoleküle entstehen

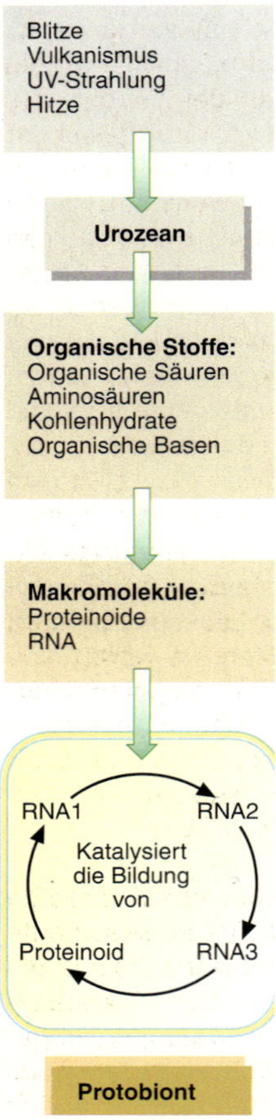

Vor etwa 4,5 Milliarden Jahren war die Erde ein glutflüssiger Planet ohne Atmosphäre. Langsam kühlte sie außen ab, eine feste Kruste entstand. Gase aus dem Erdinneren ließen eine sauerstofffreie Uratmosphäre entstehen. Vor ca. 4 Milliarden Jahren konnte der Wasserdampf kondensieren. Urmeere bildeten sich, Raum für Leben. In Modellexperimenten versuchte man, einzelne Schritte einer hypothetischen *chemischen Evolution* (▶ s. S. 181) nachzuvollziehen.

Harold Urey und Stanley Miller experimentierten 1953 in einer abgeschlossenen Versuchsapparatur und versuchten, die Verhältnisse der Urerde zu simulieren: Siedendes Wasser als heißes Urmeer, elektrische Entladungen als künstliche Blitze, eine sauerstofffreie Uratmosphäre mit Methan (CH_4) und Ammoniak (NH_3) als Quellen für die wichtigsten Elemente der organischen Moleküle (Abb. 1). Nach einigen Tagen konnten die Wissenschaftler eine Reihe organischer Säuren, sogar Aminosäuren nachweisen — sie hatten sich ohne Mitwirkung von Lebewesen, abiogen, gebildet. Viele weitere Experimente mit anderen Bedingungen erbrachten andere organische Verbindungen, unter anderem Basen der DNA und RNA, ATP und Kohlenhydrate. Allerdings hat sich das Rätsel vom Ursprung des Lebens als schwieriger erwiesen, als man es sich damals vorstellte. Kritik wurde immer wieder daran geübt, dass die Uratmosphäre sicher nicht die hohe Methankonzentration enthielt, sondern allenfalls das reaktionsträge Kohlenstoffdioxid, und dass die hohen elektrischen Energien wohl nicht den Urerde-Bedingungen entsprachen. In „black smokers", extrem heißen Vulkanquelllen am Meeresgrund, wurde allerdings unter der katalytischen Wirkung von Schwefelverbindungen wie Pyrit die Bildung organischer Stoffe beobachtet. Hier könnte sich also auch die Entstehung organischer Bausteine des Lebens vollzogen haben.

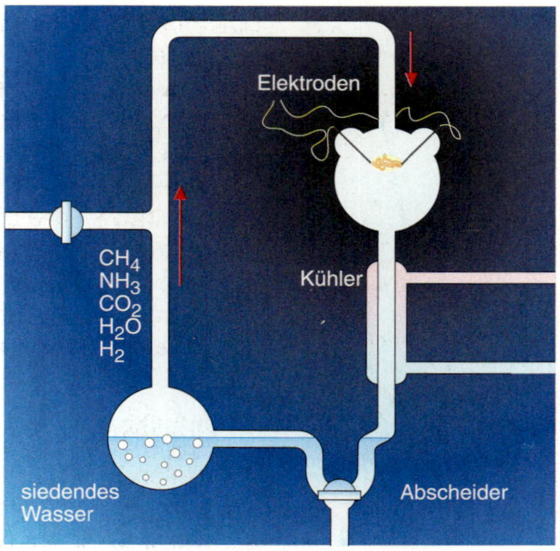

1 Urey-Miller-Versuch

Die Hypothesen zur chemischen Evolution gehen davon aus, dass sich die organischen Verbindungen zu einer *Ursuppe* anreicherten und darin unter der Einwirkung von katalytischen Mineralien wie Ton oder Lava Makromoleküle entstanden. In frischer, heißer Vulkanasche könnten sich Aminosäuren zu Polypeptiden *(Proteinoiden)* verbunden haben.

Proteinoide können im Experiment kugelförmige Hohlkörper bilden, sog. *Mikrosphären*, die weitere Proteinoide und andere organische Verbindungen einlagern. Sie sind Modelle für *Protobionten*, Vorläufer lebender Zellen, die sogar eine Art Stoffwechsel aufwiesen. Sie könnten in der Ursuppe um Aminosäuren und RNA-Bausteine als Baustoffe konkurrieren. Dabei überlebten diejenigen am besten, die sich aus diesen Stoffen möglichst schnell selbst reproduzieren konnten. Bereits auf dieser Vorstufe des Lebens geht man also von Evolutionsprozessen aus.

Hätte eine bestimmte RNA-Sorte katalytisch direkt oder über den Aufbau bestimmter anderer RNA oder Proteine indirekt ihre eigene Reproduktion beschleunigt, wäre sie anderen „langsameren" RNAs in der Konkurrenz überlegen gewesen und hätte sich langfristig durchsetzen können.

Von einer Membran umschlossen und geschützt könnten sie echte Vorläufer des Lebens gewesen sein: RNA katalysierte ihre eigene Replikation und den Bau bestimmter Proteine, die ihrerseits wiederum den Bau dieser RNA katalysierten. Diese Theorie wurde als mathematisches Modell vom Nobelpreisträger Manfred Eigen entwickelt. Ein experimenteller Nachweis fehlt aber bislang.

Stromatolithen

Teppichsteine
gr. *stroma* = Lager
gr. *lithos* = Gestein

Evolution des Stoffwechsels

Schon die Protobionten in der Ursuppe besaßen biologische Eigenschaften. Sie wuchsen und vermehrten sich umso mehr, je besser sie sich für die Ur-Umwelt eigneten. Allerdings konnten die Protobionten-Ableger die günstigen Eigenschaften ihrer Erzeuger nur übernehmen, wenn eine Erbsubstanz diese Information speichern, verdoppeln und weitergeben konnte. Diese Aufgabe wird bei allen uns heute bekannten Lebewesen von Nucleinsäuren übernommen: DNA wird in RNA transkribiert und in Proteine translatiert, die letztlich wieder die DNA-Synthese *(Replikation)* katalysieren. Diese komplexe DNA-RNA-Proteinwelt muss sich aus einfacheren Vorläufern entwickelt haben.

Molekularbiologen vermuten, dass bei der Entstehung des Lebens RNA als erster Informationsträger auftrat, sie sprechen von einer „Welt der RNA". Für RNA als Ur-Erbinformationsträger sprechen verschiedene Befunde: Kurze Polymere aus Ribonucleotiden lassen sich unter Urweltbedingungen im Labor abiotisch herstellen. Die Ribonucleotidsequenz enthält die genetische Information und bestimmt den „Genotyp" der RNA. RNA stabilisiert sich selbst in einer dreidimensionalen Anordnung, wie man sie von der kleeblattförmigen tRNA kennt. Damit ist eine charakteristische Gestalt, ein „Phänotyp", durch die Basensequenz vorgegeben. Außerdem gibt es RNA mit katalytischen Fähigkeiten, diese Moleküle wirken wie Enzyme. Solche *Ribozyme* sind sogar imstande, den Aufbau von RNA aus Nucleotiden zu katalysieren. RNA-Stücke können sich also selbst direkt, aber auch indirekt durch von ihr codierte Proteine reproduzieren. Ein solches selbstreproduzierendes System aus verschiedenen voneinander abhängigen Molekülarten bezeichnet man als *Zyklus* (s. Randspalte S. 44). Selbstreproduktion ist aber ein wesentliches Kennzeichen der Lebewesen. Dieser Kopiervorgang wäre nicht vergleichbar mit der heutigen Replikation oder Transkription und sehr ungenau gewesen. Dadurch aber könnten verschiedene RNA-Varianten entstanden sein, die um die RNA- und Proteinbausteine in der Ursuppe konkurrierten. Im Reagenzglas lässt sich eine solche Selektion von RNA-Stücken tatsächlich beobachten. RNA könnte später als einfache Matrize bei der Synthese von Proteinen gedient haben, die schließlich in Bläschen abgeschlossen und geschützt zusammengearbeitet hätten. Diese Vorstellungen wurden allerdings experimentell nie bestätigt. In der Ursuppe ernährten sich die ersten Urzellen anaerob von organischen Molekülen, es waren also *heterotrophe Protocyten*. Zwangsläufig verknappten die organischen Rohstoffe und begünstigten Zellen, die ihren Energiebedarf aus anorganischen Stoffen oder mit dem Licht der Sonne decken konnten.

Die „Erfindung" der Fotosynthese brachte die entscheidende Wende in der Geschichte des frühen Lebens. *Autotrophe Zellen*, die den noch heute existierenden Cyanobakterien ähnelten, sind die ältesten nachgewiesenen *fossilen Zellen*. Sie stammen aus 3,5 Mrd. Jahre alten Sedimentgesteinen, den sogenannten Teppichsteinen *(Stromatolithen)*. Diese bestehen aus teppichartigen Kolonien von Cyanobakterien und anderen Bakterien, zwischen denen sich Sedimente verfingen. Durch die Fotosynthese der Cyanobakterien entstand Sauerstoff als Abfallprodukt. Das war für viele anaerobe Urzellen eine Umweltkatastrophe, denn der oxidativen Wirkung hielten ihre organischen Bestandteile nicht stand. Allmählich entstand aus der anaeroben Uratmosphäre die Luft in ihrer heutigen Zusammensetzung (Abb. 1). Es entwickelten sich andere heterotrophe Prokaryoten, die den Sauerstoff für aerobe Stoffwechselwege mit hoher Energieausbeute nutzten.

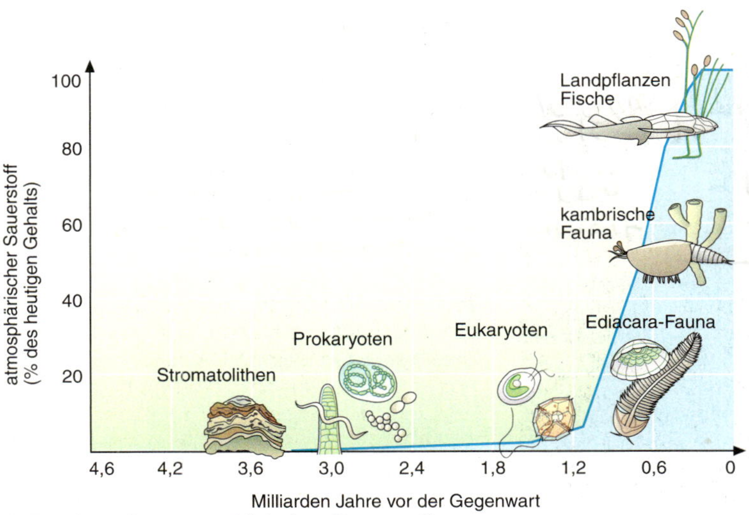

1 Zunahme des atmosphärischen Sauerstoffs

Aufgabe

① Stellen Sie die Schritte zur Entstehung erster Zellen in einer Grafik zusammen und markieren Sie darin experimentell bestätigte und fragliche Vorgänge.

Online-Link
045570-0046

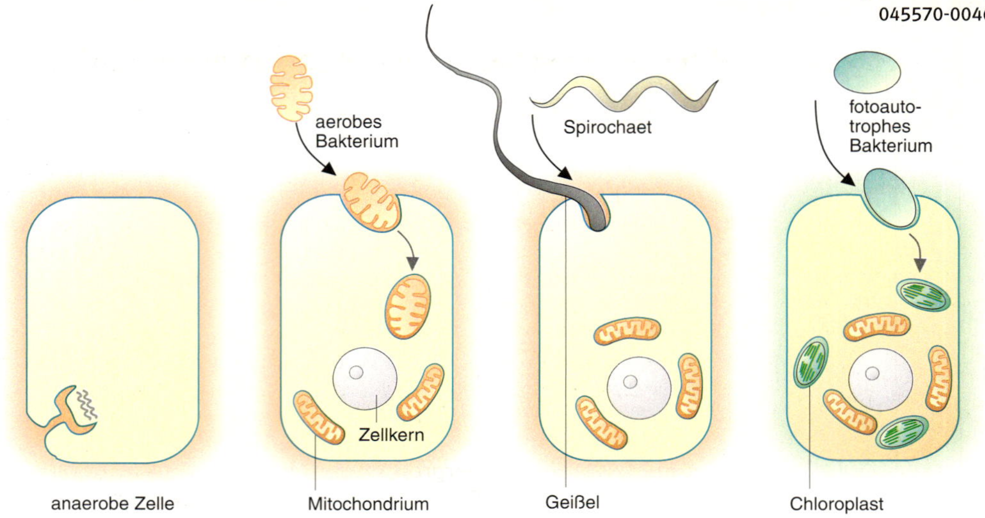

1 Endosymbionten-Hypothese

Endosymbionten-Hypothese: Eukaryoten entstehen

Endosymbiose
gr. *endo* = innen
gr. *symbiosis* = Zusammenleben

Form der Symbiose, bei der der Symbiont innerhalb des Wirtsorganismus lebt

Das Leben auf dem Planeten Erde war allein von Prokaryoten beherrscht, bis vor rund 2 Mrd. Jahren die ersten Eukaryoten auftraten. Wie der neue Zelltyp der Eucyte mit Zellkern, Plastiden und Mitochondrien aus dem ursprünglichen Zelltyp Protocyte entstand, ist weder fossil noch durch Übergangsformen belegt.

Daher ist man auf Hypothesen angewiesen, die sich auf cytologische Besonderheiten der Plastiden und Mitochondrien gründen:

- Plastiden und Mitochondrien haben zwei Biomembranen, dabei ähnelt die innere Membran der Protocyten-Membran, die äußere ist eine typische Eucyten-Membran.
- Sie verfügen über eigene Ribosomen, die sich deutlich von denen des Zellplasmas unterscheiden, aber mit denen von Prokaryoten übereinstimmen.
- Sie können sich selbstständig durch Teilung vermehren, denn sie besitzen eine eigene DNA, die wie die der Prokaryoten histonfrei, ringförmig geschlossen und haploid ist.
- Ihre Proteinbiosynthese wird durch dieselben Antibiotika gehemmt wie bei Prokaryoten.
- In Chloroplasten findet man das gleiche Chlorophyll wie in Cyanobakterien.

Die Vermutung liegt nahe, dass die Gemeinsamkeiten zwischen den Eukaryoten-Organellen und den Prokaryoten auf eine phylogenetische Verwandtschaft zurückzuführen sind.

Die *Endosymbionten-Hypothese* besagt: Vorläufer der Eukaryoten umschlossen Prokaryoten wie bei der Phagocytose mit einem Membranbläschen und nahmen sie in ihre Zelle auf. Aufgenommene Bakterien wurden nicht verdaut, sondern blieben intakt und entwickelten sich zu Mitochondrien, aufgenommene Cyanobakterien zu Plastiden. Die Eukaryoten profitieren von den Stoffwechselprodukten ihrer Endosymbionten, diese von der konkurrenzarmen, ressourcenreichen neuen Umwelt. Tatsächlich kennt man heute noch lebende Einzeller mit endosymbiontischen Cyanobakterien. Unklar bleibt die Entstehung des diploiden Zellkerns. Man vermutet, dass die ersten Eukaryoten doppelkernig waren und das genetische Material mit ER-Membranen umgaben. Noch heute gibt es einfache doppelkernige Einzeller (s. Randspalte).

Die Eucyte ist also eigentlich ein Mosaik von Zellen mit unterschiedlicher taxonomischer Herkunft. Neue Arten entstehen also nicht nur durch die Aufspaltung von Arten, sondern auch durch deren Kombination – die Zweige eines Stammbaumes können unter bestimmten Bedingungen zusammenwachsen. Symbiosen können ein Motor der Evolution sein, denn sie vergrößern wie Mutation und Rekombination die Vielfalt.

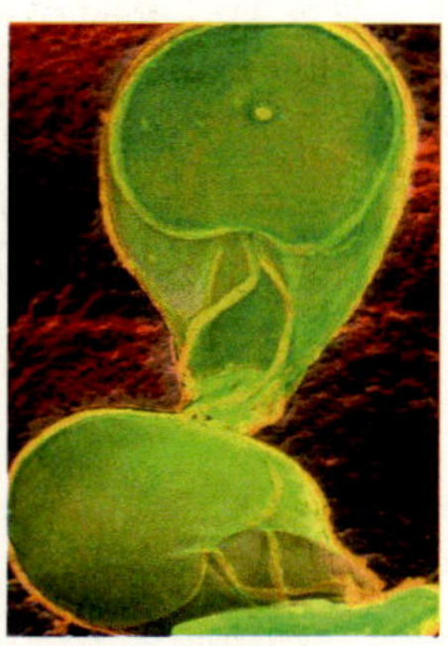
Diplomonaden

Aufgabe

① Diskutieren Sie, wieso man bei heutigen Zellen nicht mehr von einer Endosymbiose sprechen kann.

Mehrzeller entstanden mehrmals in der Evolution

Kompartimente
Verschiedenartige Räume in einer Zelle. Zum Beispiel bildet die Gesamtheit aller Mitochondrien in einer Zelle das *mitochondriale Kompartiment.*

Die Evolution der Lebewesen liest sich wie eine Liste von Erfindungen eines Patentamtes. Nach der Entwicklung der Fotosynthese durch die Prokaryoten und der Bildung der Eucyte als zusammengesetzter Superzelle wird sie durch weitere *Kompartimentierung* komplexer und leistungsfähiger: Das Zellvolumen einer Eucyte ist etwa 40-mal so groß wie das einer Protocyte, die Zelloberfläche ist dagegen relativ klein. Der Stoffaustausch über die Zellmembran reicht nicht mehr aus, um das Cytoplasma zu versorgen. Innerhalb der Zelle werden die Transportwege für Diffusion zu lang. Eucyten vergrößern die innere Oberfläche auf das Fünfzigfache, indem sie aus Membranen Einstülpungen, Falten und Röhren bilden, die als neue Verteiler dienen. Außerdem wird der große Zellkörper durch ein Cytoskelett aus Proteinfilamenten gestützt.

Die eukaryotischen Einzeller *(Protista)* ernährten sich sehr unterschiedlich. Manche konnten die Ernährungsweise offenbar auch je nach Umweltbedingungen wechseln. In nährstoffreicher Umgebung gaben einige Zellen Enzyme ab und nahmen dann die gelösten Stoffe wieder auf, sie waren die Vorfahren der heutigen *Pilze*. Dies war aber nicht die einzige Form heterotropher Ernährung. Die Aufnahme fester Nahrungsbestandteile und Beweglichkeit führte zur Evolution der *Tiere*. Verschiedene autotrophe Formen entstanden möglicherweise allein schon durch die Aufnahme von verschiedenen autotrophen Zellen als Endosymbionten. Das könnte die vielfältigen Plastidentypen der heutigen Rotalgen, Braunalgen und Grünalgen erklären. Aus Grünalgen entwickelten sich letztlich die *Pflanzen*.

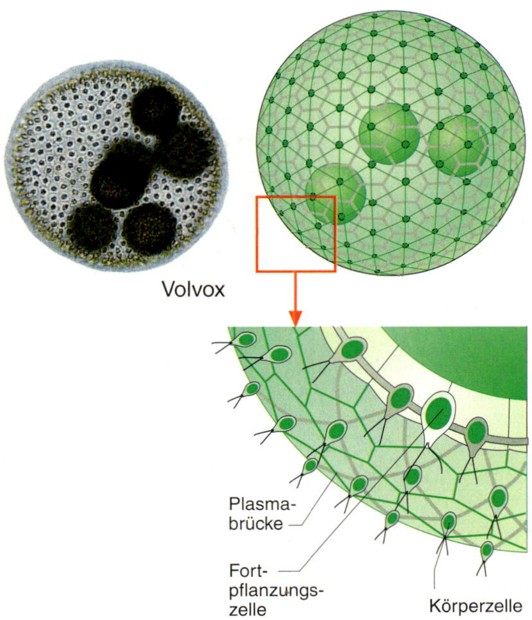

1 Kugelalge Volvox

In allen Fällen sind der Größe von Einzellern Grenzen gesetzt, denn eine bestimmte Kern-Plasma-Relation darf nicht unterschritten werden, damit der Zellkern den Zellstoffwechsel steuern kann. Die Entwicklung der *Mehrzelligkeit* erfolgte offenbar mehrmals konvergent bei Tieren, Pilzen, Algen und Pflanzen. Mehrzelligkeit entstand erst gegen Ende des Präkambriums, vor etwa 700 Mio. Jahren. Um diese Zeit gingen die Stromatolithen stark zurück und wurden von Mehrzellern am Meeresboden verdrängt.

Es gibt prinzipiell zwei Möglichkeiten für die Entstehung von Mehrzellern: Einzelne Zellen einer Art können gezielt zusammenkommen und nachträglich mit einer Matrix verkleben, es entstehen *Aggregationskolonien.* Schon Cyanobakterien, also prokaryotische Lebewesen, bilden so lange Fadenkolonien. Unter den Eukaryoten erreichen die Schleimpilze so Mehrzelligkeit. Die andere Möglichkeit besteht darin, dass Tochterzellen nach der Zellteilung zusammenbleiben und so genannte *Zellteilungskolonien* bilden, wie sie von der kugelförmigen Grünalge Volvox bekannt sind (s. Abb. 1). Diese zweite Variante erlaubt, dass eine Zellverbindung zwischen den Tochterzellen erhalten bleiben kann und sich übergeordnete Steuersysteme entwickeln können. Die Zellen übernehmen unterschiedliche Aufgaben, es ist also eine *Differenzierung* innerhalb des Mehrzellers möglich.

Eine für die Evolution besonders bedeutsame Entwicklung war die Entstehung der *sexuellen Fortpflanzung,* also die Differenzierung von Keimzellen und Körperzellen. Die Rekombination des genetischen Materials durch Meiose und Befruchtung ermöglichte in den folgenden Erdzeitaltern eine enorme Artenvielfalt.

Aufgabe

① Die Grünalge Volvox gilt als besonders einfacher Mehrzeller (s. Abb. 1). Beschreiben Sie Bau und Organisation dieser kugelförmigen Alge.

Massensterben — Motor der Evolution?

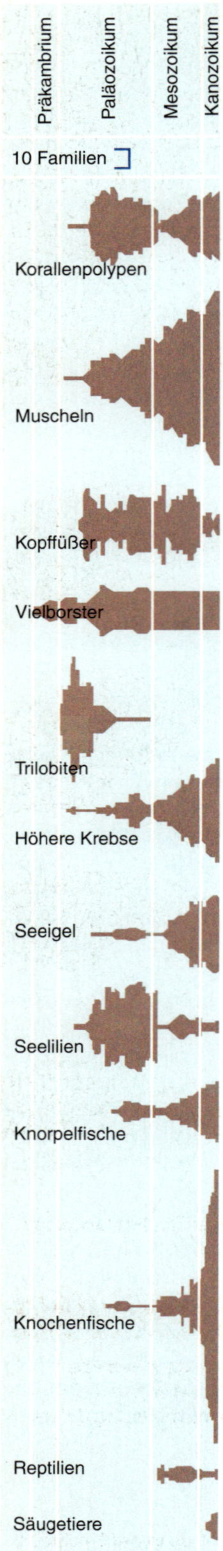

Zeitprofile der Vielfalt mariner Tiergruppen

Zum Ende der Kreidezeit vor ca. 65 Millionen Jahren wurde die Erde von einer der größten Katastrophen ihrer Geschichte heimgesucht. Ein Asteroid mit mehr als 10 km Durchmesser schlug mit einer Geschwindigkeit von mehr als 25 Kilometern pro Sekunde an der Spitze der Yucatan-Halbinsel im heutigen Mexiko ein.

Die enorme Einschlagsenergie entsprach mehr als dem Zehntausendfachen des gesamten Arsenals an Nuklearwaffen der Welt, schlug einen 10 km tiefen Krater von 200 km Durchmesser und setzte riesige Mengen an Staub und Gas frei. Der Asteroid brachte Wasser und das Carbonat- und Sulfat-Gestein an der Einschlagstelle zum Verdampfen, zum Schmelzen und zum chemischen Zerfall. Innerhalb weniger Minuten wurden einige Hundert Milliarden Tonnen von CO_2, SO_2 und Wasserdampf in die Atmosphäre geschleudert. Die Hitze setzte sofort das gesamte Umland in Brand und verdunkelte die ganze Atmosphäre durch die Rauchentwicklung. Stickoxide vergifteten die Luft und zerstörten die Ozonschicht. Eine Flutwelle raste um die Erde, deren Spuren heute noch in Form einer ca. 1 cm starken iridiumhaltigen Schicht zu finden sind. Das Klima der Erde wurde instabil, es kam zu einer globalen „Eiszeit", weil der feine atmosphärische Staub das Sonnenlicht abschirmte. Die Fotosynthese kam nahezu zum Erliegen.

Die Folgen waren verheerend: Etwa die Hälfte der Pflanzen- und Tierarten starb aus, die bis dahin herrschende Gruppe der Saurier verschwand völlig, teils wohl durch die Druckwelle, teils aus Nahrungsmangel. Das Klima war vorher weltweit warm und feucht, im folgenden Tertiär wird es kalt und trocken. Wegen der niedrigen Temperaturen starben auch viele Meerestiere wie die Ammoniten aus.

Ob das Massenaussterben allein mit dem Asteroideneinschlag zu erklären ist, ist noch unklar. Die mittlere Kreidezeit war gekennzeichnet durch Vulkanismus gigantischen Ausmaßes, v. a. Im Bereich von Indien und im Westpazifik über ca. 40 Millionen Jahre hin. Areale von mehreren 1000 km Durchmesser wurden damals von Magma überströmt. Der Meeresspiegel stieg um 250 m.

Paläontologen sehen heute fünf große Artensterben und zahlreiche kleinere (s. Abb. 1). Vor rund 650 Millionen Jahren, im Präkambrium, reduzierte sich die Zahl der Arten von Flora und Fauna um rund 70 Prozent, ebenso im Perm. Auch hier waren die Ursachen Meteoriten-Einschläge.

Ebenso auffällig ist aber, dass das Leben auf der Erde nicht erlosch. Es kam sogar zu einer enormen Entfaltung neuer Tiergruppen (▶ s. S. 180). Das Tertiärzeitalter nach der Kreidezeit wurde zum Zeitalter der Säugetiere. Diese entwickelten sich aus säugetierähnlichen Reptilien bereits in der Trias vor etwa 220 Millionen Jahren.

Es waren meist mausgroße Tiere, die sich wahrscheinlich von Insekten, aber auch kleinen Amphibien und Reptilien oder Pflanzen ernährten. Für die großen Dinosaurier waren sie wohl keine Konkurrenz. Darauf weist auch ihre Nachtaktivität hin. In der Katastrophe aber waren sie im Vorteil. Ihre geringe Größe machte sie wohl unempfindlich gegen die Schockwelle. Da sie homoiotherm waren, blieben sie auch bei großer Kälte noch aktiv. Mit ihrem differenzierten Gebiss und ihrer guten Sinnesausstattung konnten sie neue Nahrungsquellen erschließen. Die hoch entwickelte Brutpflege sorgte für eine geringere Sterblichkeit der Jungen.

Durch das Aussterben der Saurier standen ihnen nun alle ökologischen Nischen offen. 10 bis 15 Millionen Jahre nach dem Niedergang der Dinosaurier am Ende der Kreidezeit führte eine ausgedehnte *adaptive Radiation* der Säugetiere zu den heute lebenden, äußerst vielgestaltigen Formen (▶ s. S. 180).

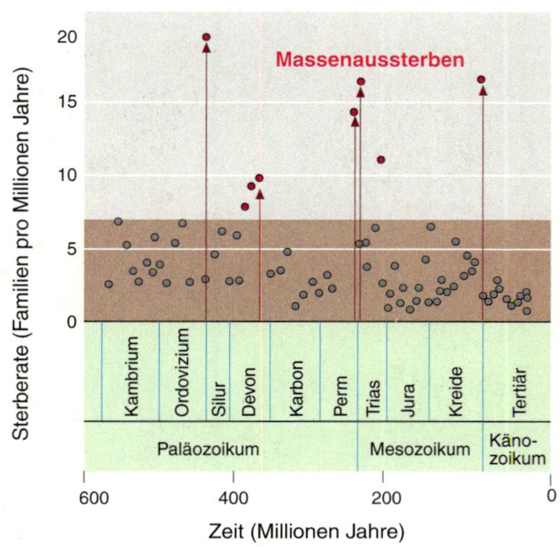

1 Aussterberaten von Meerestieren

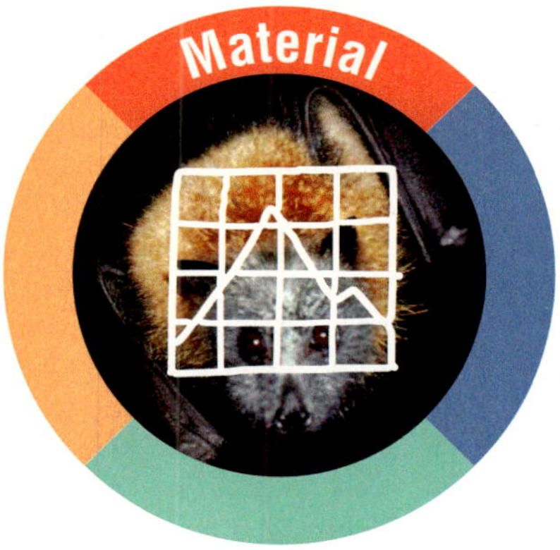

Radiation der Fledertiere

Fledertiere sind nach den Nagetieren die zweitgrößte Säugetierordnung. Sie werden in zwei Gruppen – die Fledermäuse und die Flughunde – eingeteilt. Die Schweinsnasen-Fledermaus ist mit 2 g Körpergewicht und 3 cm Länge der kleinste Vertreter, der größte – ein Flughund – erreicht bei 40 cm Körperlänge ungefähr 1,7 m Flügelspannweite. Während es einige Vertreter nur in Asien und Afrika oder in Amerika gibt, sind andere weltweit verbreitet. Fledermäuse zählen bei neu entstandenen Inseln zu den Pionieren unter den Säugetieren und haben nahezu alle Gebiete besiedelt. Die Kombination von Flugfähigkeit und Ultraschallorientierung macht sie zu einzigartigen Nachtjägern.

Aufgaben

① Nennen Sie Eigenschaften der Fledertiere, die die Artenvielfalt und die weite Verbreitung fördern.
② Welche Bedeutung kann die Körpergröße für die unterschiedlichen Einnischungen der Fledertiere haben?

Stammbaum

Die ältesten bekannten Fledertierfossilien sind 50 Millionen Jahre alt. Insgesamt sind 67 fossile Gattungen nachgewiesen, von denen 37 noch heute existieren. Alle bekannten Fossilien ähneln modernen Arten schon sehr stark, sodass die Entwicklung der Flugfähigkeit noch nicht geklärt werden konnte. Flughunde und Fledermäuse besitzen so unterschiedliche Merkmale, dass ihre gemeinsame Abstammung eine Zeit lang angezweifelt wurde. Eine Untersuchung ihrer DNA und ihrer Parasiten scheint aber einen gemeinsamen Ursprung zu belegen.

Aufgaben

③ Informieren Sie sich über die unterschiedlichen Merkmale von Fledermäusen und Flughunden und stellen Sie diese in einer Tabelle dar.
④ Welche Bedeutung haben gemeinsame bzw. ähnliche Parasiten?

Vielfältige Flugeigenschaften

Fledermäuse können ihre Beute im freien Luftraum, in Waldbeständen oder in halboffenen Landschaften jagen. Dies stellt unterschiedliche Anforderungen an Fluggeschwindigkeit und Manövrierfähigkeit. Je größer eine Fledermaus ist und je schmaler ihre Flügel sind, desto schneller kann sie fliegen. Da die Flügelflächenbelastung dann aber größer ist, kann sie schlechter manövrieren.

Aufgabe

⑤ Charakterisieren Sie die Flugeigenschaften der rechts abgebildeten Fledermausarten.

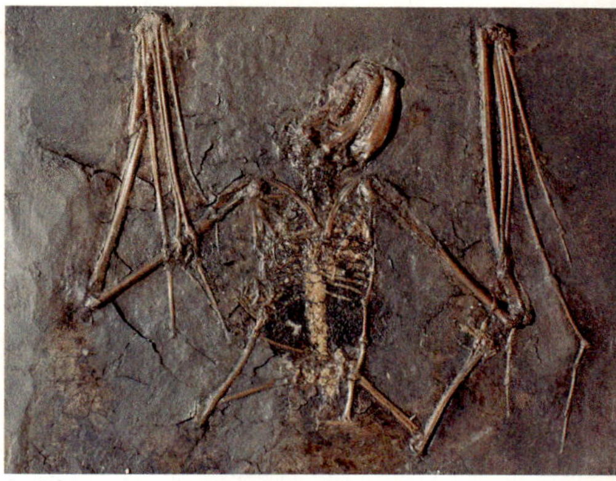

1 Archaeycteris trigonodon

2 Flügel europäischer Fledermausarten

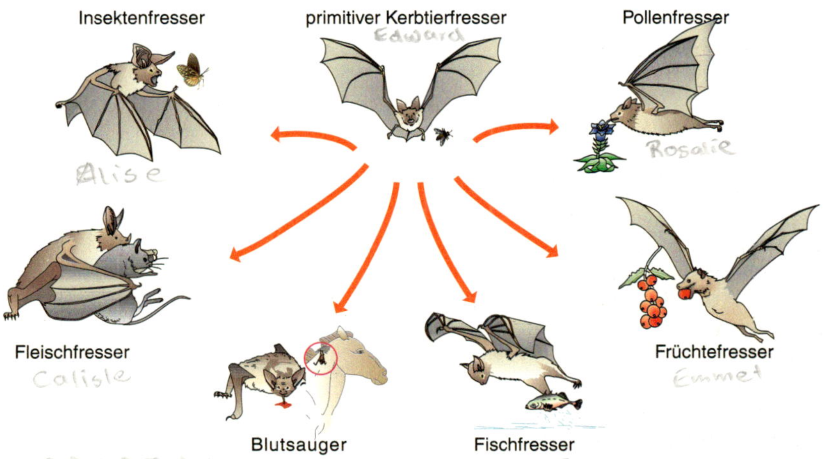

3 Fledermäuse Panamas

Einnischung

In den Wäldern Panamas leben über 20 verschiedene Fledermausarten, von denen einige Arten in Abbildung 3 dargestellt sind.

Aufgabe

⑥ Erläutern Sie, wie es in der Evolution ausgehend von Insekten fressenden „Urfledermäusen“ zur Umstellung auf die entsprechend anderen Ernährungsweisen kommen konnte.

THE CULLEN FAMILY
uuuh Twilight ♡

Erdurzeit (Präkambrium)	Online-Link 045570-0050		Erdaltertum (Paläozoikum)		
3500 Millionen Jahre	570	510	435	410	355

Präkambrium

Im **Präkambrium** vor 3,5 Milliarden Jahren bilden Cyanobakterien *Stromatolithen*. 1,5 Milliarden Jahre später treten erste eukaryotische *Einzeller* auf; es handelt sich um Planktonalgen mit komplizierten Zellwänden. Fremd und skurril erscheinen uns die ersten *Vielzeller (Ediacara-Fauna)*. Manche sind offensichtlich Vorläufer der Tiere, andere scheinen weder Tier noch Pflanze zu sein, sondern erloschenen Gruppen anzugehören. Weder Maul noch After sind zu finden. Sie leben im Wasser schwebend oder als Matten auf dem Sediment, genährt durch symbiontische Mikroben oder durch im Wasser gelöste Nährstoffe.

Kambrium

Im **Kambrium** ist das Leben im Meer reich entwickelt, das Festland dagegen weitgehend unbesiedelt. Fossil überliefert sind *Wirbellose*, z. B. Trilobiten, Stachelhäuter, Weichtiere und Chordatiere, die vielleicht als Schutz vor räuberischen Arten Schalen und Skelette ausgebildet haben. Von ihnen wird viel Karbonat gebildet und abgelagert. Das Kambrium ist eine Phase besonders starker Artaufspaltung, viele der neuen Arten sterben noch im Kambrium wieder aus. Auf der Südhalbkugel liegt der Großkontinent *Gondwana*, im Norden kleinere Kontinente.

Ordovicium

Im **Ordovicium** sind alle noch heute bekannten Stämme der Meerestiere vorhanden. Besonders die *Weichtiere* (Schnecken, Muscheln und Tintenfische) entfalten sich arten- und individuenreich. Unter den Tintenfischen hat sich bis heute *Nautilus* als lebendes Fossil gehalten. Es bilden sich erste Korallenriffe an der Küste. Kalk bildende *Grünalgen* dringen bis in das Brackwasser vor. Das Ordovicium endet mit einem ersten Massenaussterben.

Silur

Im **Silur** besiedeln erste Pflanzen das Festland. Es sind einfach gebaute Nacktfarne *(Psilophyten)* mit einem Verdunstungsschutz gegen Austrocknung, Leitgeweben zum Wassertransport und Festigungsgeweben für eine aufrechte Gestalt. *Tausendfüßer* und *Skorpione* folgen den Pflanzen an Land. In den Meeren entfalten sich die Wirbeltiere in Form verschiedener Fischklassen.

Devon

Im **Devon** treten *Insekten* auf und die *Wirbeltiere* erobern Landlebensräume (mit Bärlappen und Farnen). Die Dachschädler *(Ichthyostega)* gelten als *Brückentier* zwischen Fischen und Amphibien. Sie bewegen sich auf vier Beinen, besitzen einen Verdunstungsschutz aus Knochenplatten und atmen mit Kiemen und Lungen.

Karbon

Im **Karbon** entstehen Sumpfwälder aus baumhohen *Farnen, Schachtelhalmen* und *Bärlappen*, deren Reste wir heute als *Steinkohle* kennen. *Rieseninsekten* erobern den Luftraum. Kollisionen der Großkontinente führen zur Gebirgsbildung, Gondwana vereist.

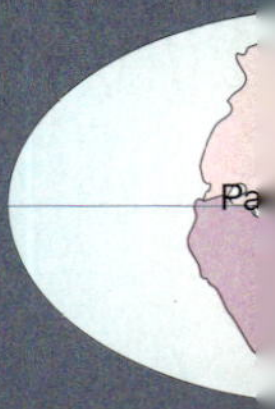

vor 335 Mio. Jahren

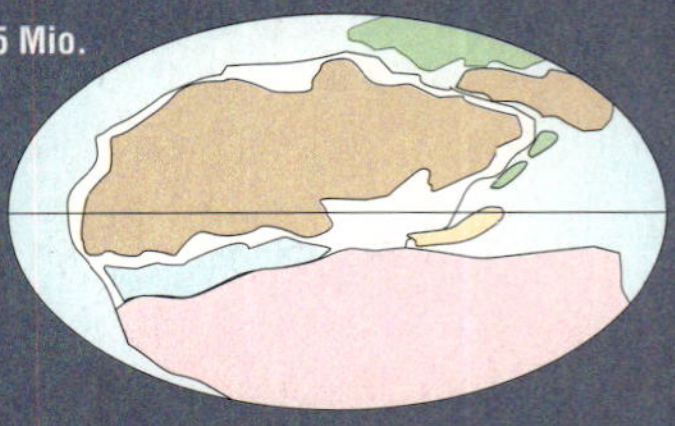

vor 550 Mio. Jahren

Erdmittelalter (Mesozoikum) | **Erdneuzeit (Neozoikum)**

290 | 250 | 205 | 135 | 65 | 1,6

Perm

Im **Perm** entfalten sich *Reptilien*; sie sind landlebenden Amphibien durch innere Besamung und beschalte Eier überlegen. *Samenpflanzen* verdrängen *Sporenpflanzen*, es gibt Käfer und Schmetterlinge. Der Superkontinent *Pangaea* entsteht. Das Perm endet mit einem Massenaussterben.

Trias

Im **Trias** beherrschen Reptilien Meer, Land und Lüfte, darunter sind sehr große Arten wie die *Dinosaurier*. Aus einer alten Reptiliengruppe entwickeln sich die ersten *Säugetiere*. Bei den Landpflanzen dominieren *Farne, Ginkgos* und *Nadelbäume*. Auch das Trias endet mit einem Massenaussterben.

Jura

Im **Jura** erscheinen die Vorfahren der Vögel *(Archaeopteryx)*, weiterhin sind *Reptilien* die vorherrschende Tiergruppe. Neben den Nadelbäumen gibt es erste *Laubbäume*. Im Meer entfalten sich Gehäuse-Tintenfische *(Ammoniten* und *Belemniten)*, außerdem leben dort *Knochenfische* und *Meeresreptilien*. Die Ozeane dehnen sich aus und überfluten große Teile des heutigen Eurasiens.

Kreide

In der **Kreide** leben viele kalkhaltige, riffbildende Meerestiere, die fossil als Schreibkreide erhalten bleiben. Vermutlich löst der Einschlag eines Meteoriten eine weltweite Umweltkatastrophe aus: Staub verdunkelt den Himmel und lässt die Erdtemperatur sinken. Ammoniten, Belemniten, Dinosaurier und viele Reptiliengruppen sterben aus. Das Tethys-Meer teilt *Pangaea* in den Südkontinent *Gondwana* und den Nordkontinent *Laurasia*.

Tertiär

Im **Tertiär** entwickeln sich bei warmem bis tropischem Klima vielfältige *Säugetier-* und *Vogelarten*. Die *Radiation der Säugetiere* führt relativ schnell zur Bildung neuer Ordnungen, wie Nagetiere, Primaten, Fledermäuse, Wale oder Robben. Pflanzliche Ablagerungen vertorfen und bilden *Braunkohle*. Blütenpflanzen entfalten sich in einer Koevolution mit den Insekten. Die Lage der Kontinente nähert sich der heutigen Verteilung, Meeresströmungen ändern sich und der Meeresspiegel schwankt stark. Es entstehen die heutigen Flusssysteme und Gebirge.

Quartär

Im **Quartär** breitet sich die Gattung *Homo* auf allen Kontinenten aus. Das Klima im Quartär ist geprägt durch den Wechsel von *Eis-* und *Warmzeiten*. Im Eiszeitalter verdrängen Inlandvereisungen besonders auf der Nordhalbkugel die subtropische Lebewelt. An Kälte angepasste Tiere wie das *Mammut* tauchen auf. In der Nacheiszeit kehren die durch die Kälte vertriebenen Arten teilweise in die eisfreien Gebiete zurück. Es entwickeln sich allmählich die heutigen Vegetationsverhältnisse. Durch wachsende Bevölkerungszahlen und technische Entwicklung greift der Mensch nachhaltig in die Biosphäre ein.

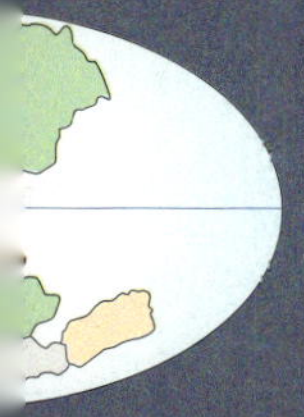

Perm vor 290 Mio. Jahren

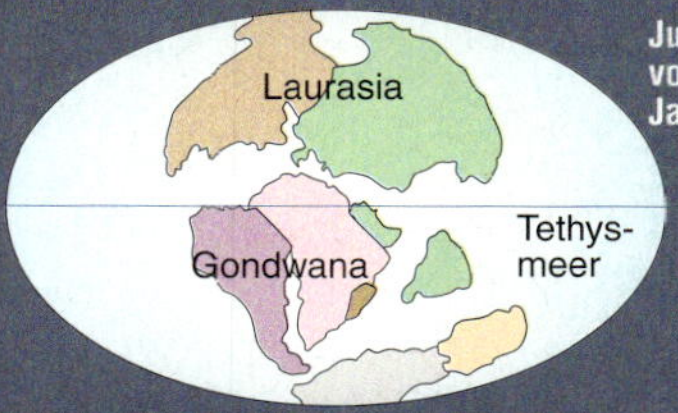

Jura vor 205 Mio. Jahren

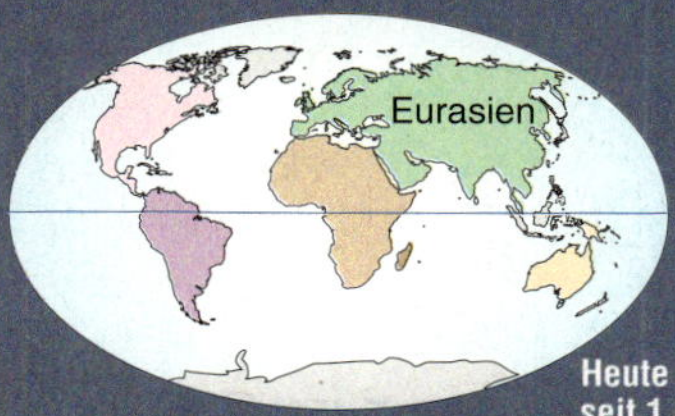

Heute seit 1,6 Mio. Jahre

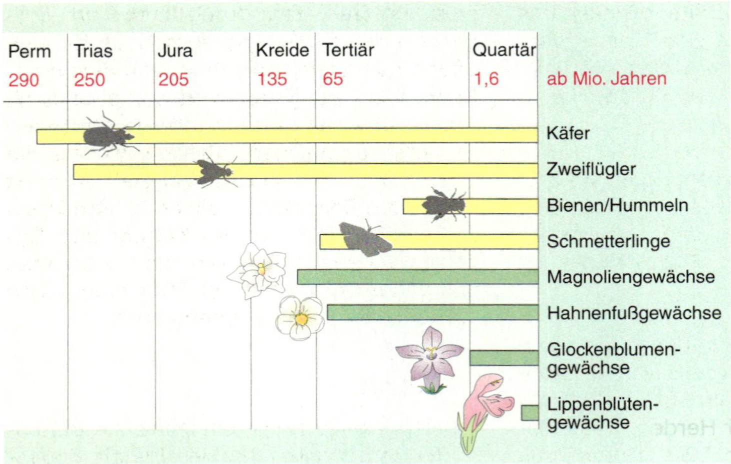

1 Koevolution von Blütenpflanzen und bestäubenden Insekten

2 Sternorchidee und Schwärmer

Koevolution: Anpassung und Gegenanpassung

Keine Art lebt allein, jede Art ist in ihrem Lebensraum gleichzeitig ein Teil der biotischen Umwelt von anderen Mitgliedern der Biozönose. Verändert sich eine Art durch natürliche Selektion, verändert sich damit auch die Umwelt der Mitbewohner und die Selektionsfaktoren sind anders. Eine solche wechselseitige Beeinflussung in der Evolution zweier Arten bezeichnet man als *Koevolution*. Die Koevolution ist für die Geschichte des Lebens auf der Erde von entscheidender Bedeutung und hat erheblich zur Steigerung der Artenvielfalt beigetragen.

Die Blütenpflanzen breiteten sich in der Kreidezeit rasch aus und entwickelten viele neue Formen. Fossilfunde belegen, dass zeitgleich auch die Insekten eine Radiation durchmachten (Abb. 1). Ihnen boten die Blütenpflanzen eine reichhaltige Nahrung; besonders der proteinreiche Pollen. Für Pflanzen, die Pollen nicht im Überschuss produzieren konnten, bedeutete das oft das Ende. Bei den anderen sorgten die Insekten bei ihren Blütenbesuchen nebenbei für die Bestäubung und förderten so die Vermehrung ihrer Nahrungspflanzen.

Energetisch günstiger verfuhren Blütenpflanzen, die die Insekten nicht mit Pollen, sondern mit Zuckersaft aus Nektardrüsen in die Blüte lockten. Einen besonderen Fortpflanzungserfolg hatten sie, wenn der Nektar so untergebracht war, dass die Insekten unweigerlich auch Pollen abstreiften und zur nächsten Blüte trugen. Das gilt besonders dann, wenn Insekten eine gewisse Blütentreue zeigen, also der richtige Pollen auch auf die richtige, also artgleiche, Blüte gelangt. Blütenvarianten in Form, Farbe und Duft begünstigten Insektenvarianten mit jeweils passenden Mundwerkzeugen und Sinnesleistungen. Auch Insekten profitierten davon, als einzige Art, also konkurrenzlos, für eine bestimmte Blüte in Frage zu kommen. Man kann Blüten oft ansehen, für welchen Bestäuber sie sich eignen. Die *Madagaskar-Sternorchidee* (Abb. 2) weist z. B. einen 30 cm langen Blütensporn auf, in dem sie Nektar bildet. Schon DARWIN sagte 1862 voraus, dass der zugehörige Bestäuber einen ungewöhnlich langen Saugrüssel haben müsse. Im Jahre 1903 wurde der passende Schmetterling entdeckt.

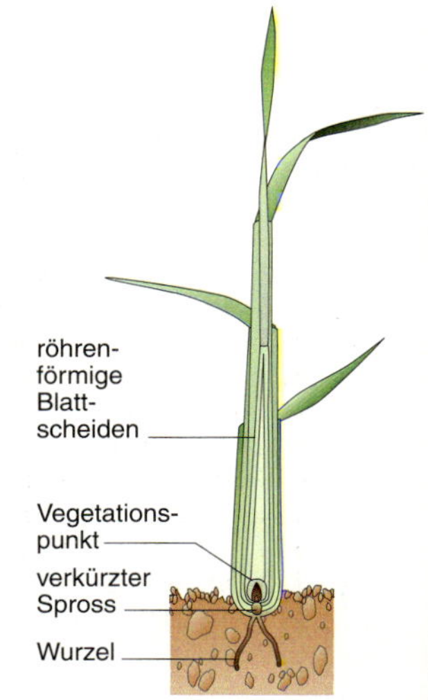

Bau eines Grases (Schema)

3 Büffelherden und Graslandschaft in Kenia

Bei der Koevolution von Blütenpflanzen und Bestäubern hat sich also aus Pflanzenfressern und Nahrungspflanzen eine Wechselbeziehung zu beiderseitigem Nutzen entwickelt.

Auch andere Wechselbeziehungen, wie z. B. zwischen Wirt und Parasit, entwickeln sich durch Koevolution weiter. Jede Anpassung der Parasiten führt zur Gegenanpassung beim Wirt.

Koevolution kann ganze Lebensräume prägen: Graslandschaften, wie Savanne, Steppe, Prärie oder Tundra, sind untrennbar mit dem Vorkommen ganzer Herden grasender Huftiere verbunden (Abb. 52.3). Durch ihren Verbiss verhindern die Huftiere das Aufkommen von Gehölzen, durch ihren Tritt festigen sie den Boden. So sorgen sie für eine offene Landschaft, die ihnen die Flucht vor Raubtieren erleichtert, von der aber auch windbestäubte Gräser profitieren. Grasende Huftiere begünstigen Pflanzen, die wie die Gräser einen bodennahen Vegetationspunkt haben und Seitentriebe bilden (s. Randspalte Seite 52). Die meisten Kräuter und Gehölze wachsen dagegen an den Triebspitzen und gehen bei Verbiss ein. Für Gräser bleibt ein konkurrenzarmer Lebensraum.

Aufgabe

(1) Nennen Sie einige einheimische Blütenformen und beschreiben Sie die Koevolution von Blüten und deren Bestäubern.

Zettelkasten

Koevolution bei Passionsblume und Heliconius-Falter

Über 500 Passionsblumenarten gibt es in den tropischen und subtropischen Wäldern Südamerikas. Viele von ihnen produzieren giftige Substanzen, die sie vor den zahlreichen Pflanzen fressenden Insekten schützen. Die Raupen des *Heliconius-Falters* haben diesen Abwehrmechanismus überwunden, sie besitzen ein Enzym, das das Gift abbaut und können sich deshalb konkurrenzlos von den Passionsblumenblättern ernähren. Da eine einzelne Raupe ganze Teile einer Pflanze kahl fressen kann, fügt Heliconius seiner Wirtspflanze großen Schaden zu. Daher hatten Pflanzen, die sich gegen Heliconius wehren konnten, einen Selektionsvorteil. Der Schutz vor Raupenfraß setzt schon bei der Eiablage durch die Heliconius-Falter ein. Passionspflanzen bilden Blätter unterschiedlichster Form: spitze, zarte in Bodennähe und breite, festere im Kronenbereich, die den Blättern von Nichtwirtspflanzen der jeweiligen Umgebung gleichen. Für das optisch orientierte Falterweibchen ist es schwer, die richtigen Blätter für die Eiablage zu finden. Außerdem bilden viele Passionsblumenarten Nektardrüsen, die den Eiern von Heliconius zum Verwechseln ähnlich sehen. Diese Nachahmungen täuschen die Falterweibchen und halten sie davon ab, Eier auf diesen Blättern abzulegen. Darüber hinaus sondern die Nektardrüsen ein süßes Sekret ab, das Ameisen und Wespen anlockt. Diese fressen Heliconius-Eier.

Aufgabe

(1) Belegen Sie anhand der Diagramme, dass Heliconius-Weibchen Blätter ohne Flecken oder Eier bevorzugen.

Passionsblume

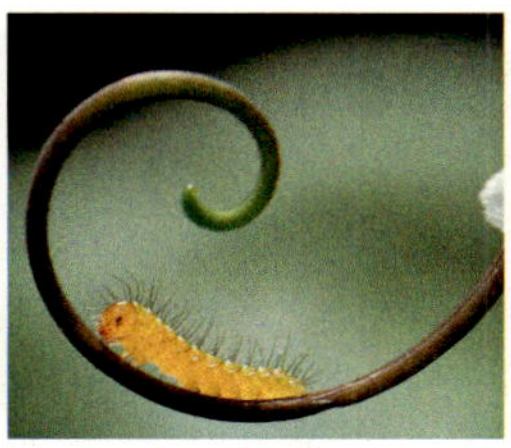

Heliconius-Raupe

Heliconius-Falter

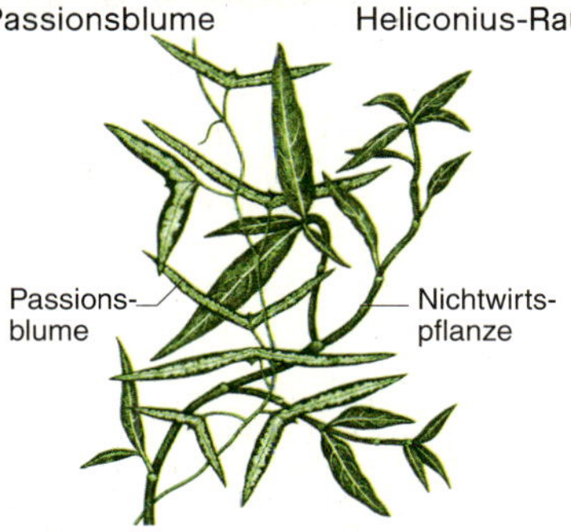

Die Blätter mancher Passionsblumenarten sehen in der Nähe vorkommenden anderen Arten sehr ähnlich. Ein Zufall?

Eier auf Passionsblumenblatt

Manche Blätter tragen Flecken aus umgewandelten Nektardrüsen, die Heliconius-Eiern täuschend ähnlich sehen.

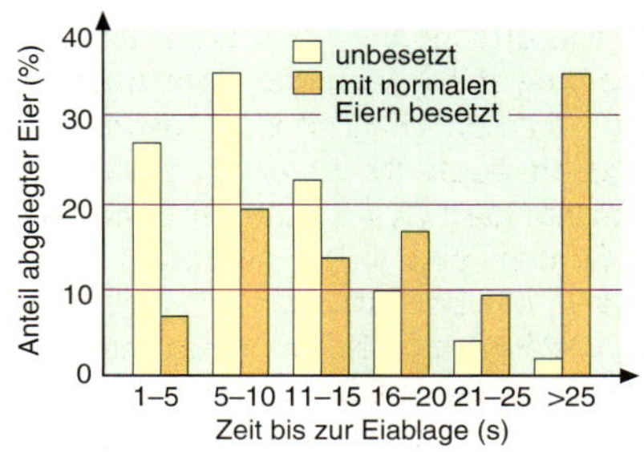

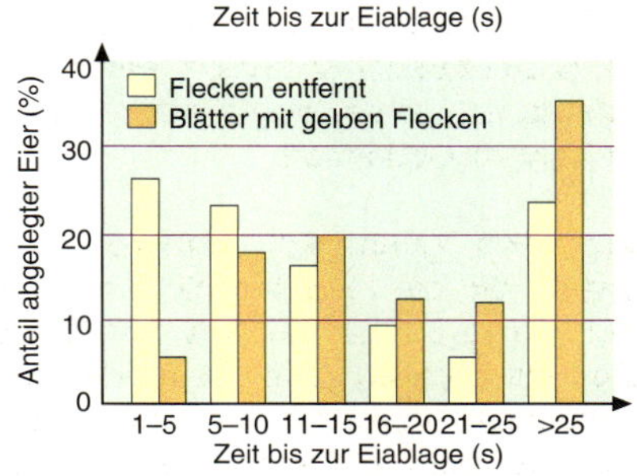

In Experimenten wurde beobachtet, wie lange es dauert, bis Weibchen auf bestimmten Blättern Eier ablegen.

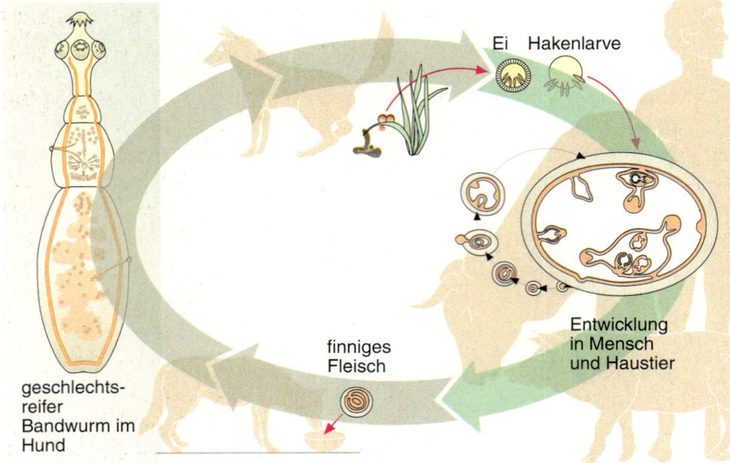

1 Entwicklungszyklus des Hundebandwurms

Endwirt
Träger des geschlechtsreifen Parasiten

Zwischenwirt
Träger der Larvenstadien des Parasiten

Wirtswechsel
Wechsel des Parasiten von einem Wirt zu einer anderen Wirtsart

Parasiten steuern ihre Wirte

Parasiten, die einen Wirt gefunden haben, sind normalerweise gut mit Nahrung versorgt. Die Schädigung durch den Parasiten war in der Evolution aber ein Selektionsdruck, der Abwehrmechanismen des Wirtes entstehen ließ. So ist es das größte Problem für einige Parasitenarten, den nächsten Wirt zu finden und zu besiedeln. Eine Lösung dieses Problems liegt darin, das Verhalten der Wirte zu verändern.

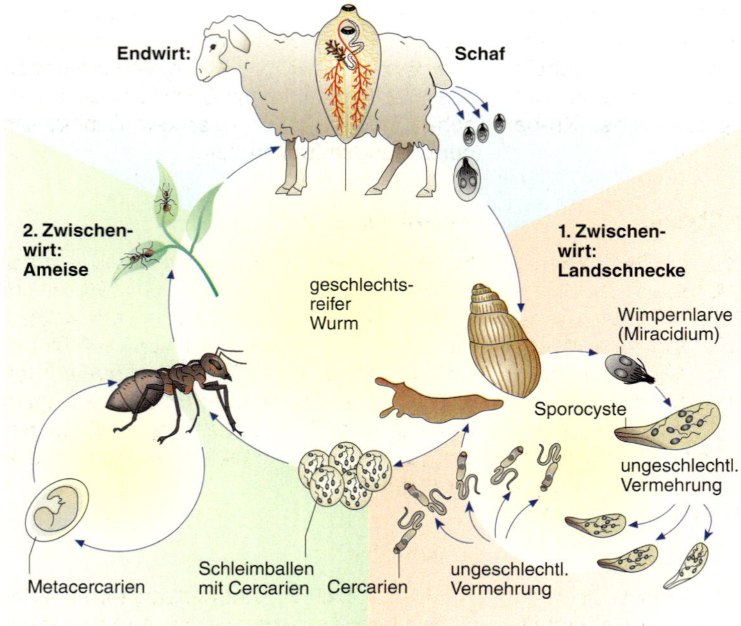

2 Entwicklungszyklus des Kleinen Leberegels

Der „Drehwurm"

Schon im Jahre 1675 erwähnt ein früher Naturkundler den Fund einer „Wasserblase" im Gehirn drehkranker Schafe. Der Pastor und Parasitenforscher GOEZE erkannte 1780 in diesen „Wasserblasen" viele kleine eingestülpte Köpfe mit Saugnäpfen und Hakenkranz. Diese Blase konnte nur das Zwischenstadium eines Bandwurms sein, der sich ungeschlechtlich vermehrt hatte. Derartige Blasen können einen Durchmesser von 3 bis 4 cm erreichen (Abb. 1).

Mitte des 19. Jahrhunderts fand man durch das Verfüttern befallenen Fleisches heraus, dass sie sich in Hunden zum Hundebandwurm entwickeln konnten. Ursprünglich war dieser Parasit vermutlich auf Rehe, Hirsche und Wölfe spezialisiert. In diesem Räuber-Beute-System hatte der Parasit keine großen Probleme, einen neuen Wirt zu finden: Wenn ein Pflanzenfresser mit dem Futter ein Bandwurmei aufnimmt, schlüpft aus diesem eine Larve, die die Darmwand durchwandert und mit dem Blut in das Rückenmark oder das Gehirn einwandert, wo sie heranwächst. Dies führt zu Koordinationsstörungen. Infizierte Tiere taumeln *(Drehwurm)*. Diese Verhaltensänderung ist ein Selektionsvorteil für den Parasiten, weil die befallenen Tiere mit größerer Wahrscheinlichkeit vom Räuber gefressen werden.

Der „Hirnwurm"

Der Entwicklungsweg des *Kleinen Leberegels* wurde in den 50er-Jahren des 20. Jahrhunderts aufgeklärt (Abb. 2). Er kommt in den Gallengängen von Schafen, Rindern, Ziegen und Wildwiederkäuern vor. Seine dickschaligen Eier sind sehr widerstandsfähig und müssen von einer Landschnecke aufgenommen werden. In dieser kommt es zu einer ungeschlechtlichen Vermehrung, deren Endprodukt viele Zwischenlarven *(Cercarien)* sind. Sie werden von den Schnecken in Schleimhüllen verpackt ausgeschieden; ein geeigneter Abwehrmechanismus. Nun müssen sie als nächstes von Ameisen gefressen werden. Die Cercarien durchbohren den Kropf und wandern in den Hinterleib, wo sie sich einkapseln. In jeder befallenen Ameise macht sich eine Cercarie auf den Weg ins Gehirn und steuert das Verhalten so, dass die Ameise abends nicht in den Bau zurückkehrt, sondern sich am Oberende von Grashalmen festbeißt. So wird sie mit großer Wahrscheinlichkeit gefressen und der Endwirt ist erreicht.

1 Parasitenbefall in Starenkästen

2 Weißschulter-Kapuzineraffen

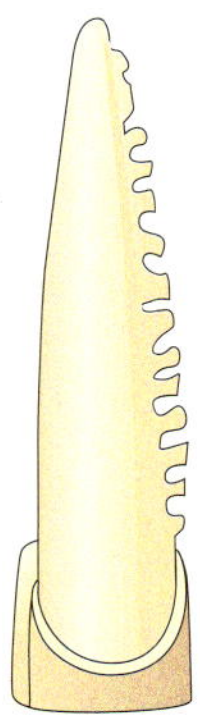

Putzkralle Reiher

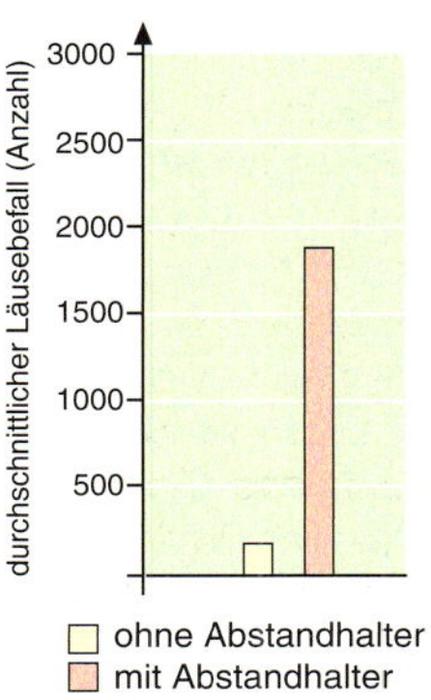

Läusebefall bei Tauben

Die Wirte wehren sich

Der Befall mit einzelligen Krankheitserregern oder auch vielzelligen Parasiten stellte für alle Lebewesen einen derart starken Selektionsdruck dar, dass Individuen mit Abwehrmechanismen Vorteile hatten. Einige Pflanzen bilden, ausgelöst durch Insektenbefall, Giftstoffe in ihren Blättern, die diese ungenießbar machen. Zusätzlich können einige Pflanzen über Pheromone ihren Nachbarn die „Anwesenheit der Insekten mitteilen", die dann mit der Giftproduktion beginnen, bevor sie angefressen werden. Tiere bekämpfen eingedrungene Parasiten mithilfe ihres Immunsystems oder durch Einkapselung. Ein schönes Ergebnis einer solchen Parasitenbekämpfung ist die Perle, die in Muscheln entsteht. Normalerweise ist im Inneren von Wildperlen ein kleiner parasitischer Krebs eingeschlossen.

Mit Schnabel, Kralle und Chemie

Vögel putzen regelmäßig ihr Gefieder mit Schnäbeln und Krallen. Arten wie die Graureiher haben spezielle Putzkrallen entwickelt (s. Randspalte). Die Bedeutung des Putzens für die Parasitenabwehr bestätigte ein Experiment: Wildtauben wurden kleine Abstandhalter an den Schnabel gesetzt, die verhinderten, dass die Tiere diesen völlig schließen konnten. Am Ende des Versuches verglich man die Anzahl der Parasiten in ihrem Federkleid (s. Randspalte).

Einheimische Vögel wie die Meisen, Spatzen und Stare bauen in ihr Nest aus trockenem Pflanzenmaterial über die gesamte Brutzeit frische Blätter ein, die ersetzt werden, sobald sie trocken sind. Diese Blätter, z. B. von der Möhre, enthalten Stoffe, die Parasiten abtöten. Experimente bestätigen die Wirkung der frischen Pflanzen (Abb. 1).

Mückenschutz mit Tausendfüßern

Kapuzineraffen (Abb. 2) reiben sich regelmäßig ihr Fell mit Tausendfüßern ein, die sich – wenn sie ergriffen werden – mit der Absonderung eines Sekrets wehren, das Benzochinone enthält. In Versuchen konnte man nachweisen, dass diese Benzochinone Mücken abwehren und in hoher Konzentration diese sogar töten. Die Affen verwenden im Experiment auch mit Benzochinonen versehenes Filterpapier, aber kein Papier, das nur Lösungsmittel enthält.

Medizinalpflanzen

Kranke Schimpansen nehmen sehr bitter schmeckende Pflanzenteile und Blätter zu sich, die sie sonst nicht fressen. Diese Blätter schlucken sie meist unzerkaut hinunter. Fast alle untersuchten Pflanzen werden auch von der einheimischen afrikanischen Bevölkerung als Medikamente z. B. gegen Eingeweidewürmer oder Kopfschmerzen eingenommen.

Aufgabe

① Werten Sie die in Abbildung 1 und in der Randspalte dargestellten experimentellen Befunde aus.

Alte Welt
Eurasien und Afrika

Neue Welt
amerikanischer Kontinent

Karrikatur von CHARLES DARWIN (Hornett-Magazin, 1872)

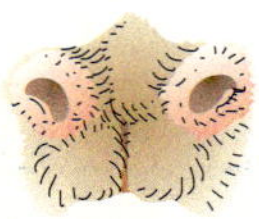

runde Nasenlöcher

kommaförmige Nasenlöcher

Der Mensch ist ein Primat

Jahrhundertelang galt der Mensch im europäischen Kulturkreis als „Krone der Schöpfung". Die Aussage der Evolutionstheorie, dass der Mensch tierische Vorfahren besitze, ja sogar mit den Affen verwandt sei, postulierte ein völlig neues Menschenbild.

Auch heute noch ist die Evolution des Menschen nicht vollständig geklärt (▶ s. S. 181). Unstrittig ist jedoch, dass der Mensch aufgrund seiner vielen Säugetiermerkmale dem Stamm der Wirbeltiere zuzuordnen ist. In einer erdgeschichtlich relativ kurzen Zeitspanne entstanden die Vorfahren aller noch heute lebenden Säugetierordnungen und besiedelten die freien Lebensräume. Vor etwa 40 Millionen Jahren tauchten schließlich die ersten Primaten auf. Sie stellen einen Teil der adaptiven Radiation der Säugetiere dar.

Vorkommen und Merkmale der Primaten

Ursprünglich besiedelten die Primaten Südamerika, Afrika und Asien. Heute sind sie in vielen Erdteilen heimisch. Ihre kleinsten Vertreter, wie der Mausmaki auf Madagaskar, wiegen knapp 50 g, Gorillas haben dagegen eine Körpermasse von 250 kg.

Bei den Primaten werden die Halbaffen von den Affen (Abb. 1) unterschieden. Die bekannteste Gruppe der Halbaffen sind Lemuren, die auf Madagaskar isoliert vom afrikanischen Kontinent eine unabhängige Entwicklung durchliefen. Die echten Affen unterteilt man in *Alt-* und *Neuweltaffen,* sie besiedeln Afrika und Asien. Zu den Altweltaffen gehören u. a. die Meerkatzen und die Menschenaffen. Ihre kennzeichnenden Merkmale sind die kommaförmigen Nasenlöcher und die schmale Nasenscheidewand. Die in Südamerika lebenden Neuweltaffen (z. B. Kapuzineraffen) besitzen dagegen runde Nasenöffnungen und eine breite Nasenscheidewand.

Primaten sind anhand von morphologischen Merkmalen nur schwer eindeutig zu definieren: Die meisten besitzen an das Greifen angepasste Hände und Füße und ein im Verhältnis zu anderen Säugetieren großes Gehirn. Verbunden ist damit eine relativ gut ausgebildete Intelligenz und eine entsprechende Flexibilität im Verhalten. Die Lebenserwartung von Primaten ist hoch, die Fortpflanzungsrate gering und die Brutpflege intensiv. Statt Krallen wie die anderen Säuger besitzen sie Plattnägel. Hautleisten auf der Handinnenseite und den Fußsohlen erhöhen die Tastempfindlichkeit. Durch die nach vorn stehenden Augen überdecken sich die Gesichtsfelder, so ist ein perfektes räumliches Sehen möglich.

Für die *Hominoiden*, insbesondere die Menschen, treffen alle oben dargestellten Merkmale ebenfalls zu. Allerdings grenzen sie sich durch die fehlende Schwanzwirbelsäule von anderen Primaten ab.

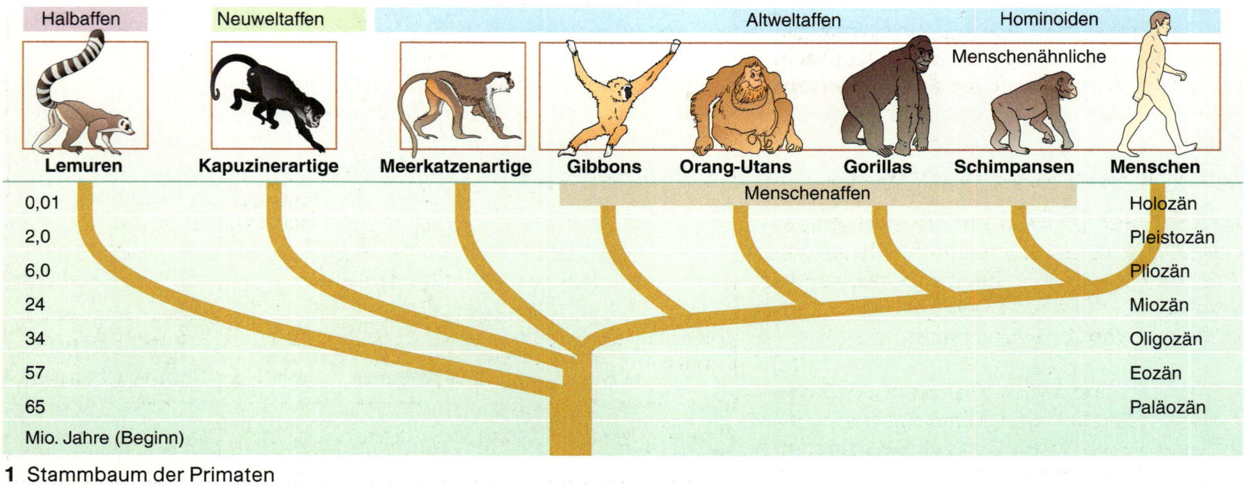

1 Stammbaum der Primaten

Molekularbiologische Verwandtschaften

Bis vor wenigen Jahrzehnten hat man den Menschen aufgrund morphologischer und anatomischer Merkmale in eine eigene Familie eingeordnet und sie den großen Menschenaffen gegenübergestellt (▶ s. S. 181). Neue Erkenntnisse der Molekularbiologie korrigieren dieses Bild. Allein der Befund, dass die DNA der Schimpansen sich nur in ca. 1,5 % der Basen von der des Menschen unterscheidet, lässt eine besonders enge Verwandtschaft vermuten.

DNA-DNA-Hybridisierung

Mit der Entwicklung der DNA-DNA-Hybridisierung (s. Abb. 1) stand den Wissenschaftlern schließlich ein weiteres Verfahren zur Verfügung, bei dem man auch ohne genaue Kenntnis der DNA-Basenabfolge verwandtschaftliche Beziehungen beweisen konnte.

Hierbei werden zuvor isolierte DNA-Doppelstränge zweier zu vergleichender Arten A und B getrennt voneinander erhitzt. Dabei brechen die Wasserstoffbrücken zwischen den komplementären Basen der DNA-Doppelstränge auf und es bilden sich DNA-Einzelstränge („Schmelzen").

Anschließend werden die noch erwärmten Einzelstränge vermischt. Bei der darauf folgenden Abkühlungsphase des Reaktionsgemisches kommt es zur erneuten Paarung komplementärer Fragmente der verschiedenen DNA-Einzelstränge („Hybridisierung"). Es bildet sich eine sog. Hybrid-DNA. Je näher zwei zu vergleichende Arten miteinander verwandt sind, desto ähnlicher ist ihre DNA und umso mehr komplementäre Basenbereiche weist die Hybrid-DNA auf.

Der Grad der Hybridisierung, d. h. die Anzahl komplementärer Basenpaarungen, lässt sich schließlich durch erneutes Schmelzen der Hybrid-DNA ermitteln.

Weitere molekularbiologische Methoden

Neben diesen direkten Verwandtschaftsbeweisen gibt es auch eine ganze Reihe von Untersuchungen, die die enge Verwandtschaft von Schimpansen und Menschen auf indirektem Weg belegen können.

So genügt bereits die molekularbiologische Untersuchung von Blut. Menschenaffen besitzen ein zum menschlichen AB0-System analoges Blutgruppensystem. Auch der auf die im Blut enthaltenen Serumproteine aufbauende Präzipitin-Test (s. S. 24) bestätigt die Verwandtschaftsbeziehungen, wie die Ausfällungsreaktion von 86 % zwischen Schimpansen- und Anti-Human-Serum deutlich zeigt.

Ebenso kann die Virologie heute neue Erkenntnisse zur Verwandtschaftsuntersuchung beisteuern. Bei der Erforschung des HI-Virus, das bei Menschen die AIDS-Erkrankung auslöst, fand man einen ähnlichen Erreger bei Schimpansen, das SI-Virus (Simian Immunodeficieny Virus). Dieses gehört wie auch das HI-Virus zur Gruppe der Retroviren. Aufgrund genetischer Untersuchungen geht die Virologie daher davon aus, dass das menschliche HI-Virus von dem in Schimpansen gefundenen SI-Virus abstammen könnte.

Aufgabe

① Begründen Sie bitte, warum anhand der Schmelztemperaturen (s. Abb. 1) ein Rückschluss auf verwandtschaftliche Beziehungen möglich ist.

Zettelkasten

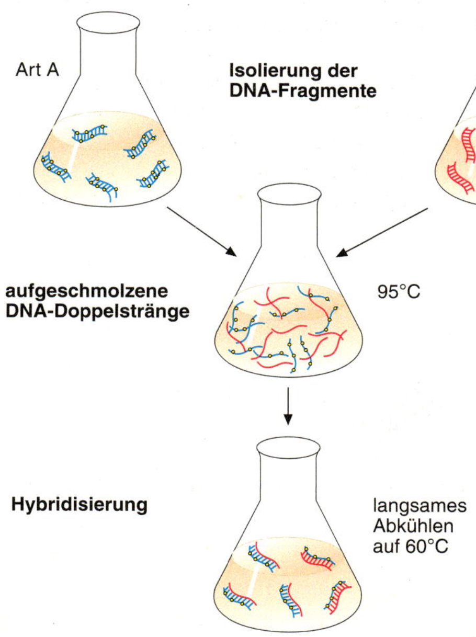

DNA-Hybride	Mensch und Mensch	Mensch und Schimpanse	Mensch und Gorilla	Mensch und Orang-Utan	Mensch und Gibbon	Mensch und Meerkatze
Schmelztemperatur	88,2 °C	86,4 °C	85,8 °C	84,6 °C	83,0 °C	80,5 °C

Was unterscheidet den Menschen vom Affen?

Bereits vor Einführung molekularbiologischer Untersuchungsmethoden wiesen auch cytologische, anatomische und verhaltensbiologische Vergleiche von Mensch und Affe, z. B. Schimpanse, auf eine enge Verwandtschaftsbeziehung hin.

Zytologie

Die Auswertung der Karyogramme von Mensch und Schimpanse zeigt, dass Menschen 46 Chromosomen besitzen, Schimpansen dagegen 48. Bei genauerer Untersuchung der Chromosomen wurden Übereinstimmungen im Bandenmuster zwischen dem Chromosom Nr. 21 des Menschen und Nr. 22 des Schimpansen erkennbar. Die Erklärung für diese Beobachtung liefert die Fusion („Verschmelzung") zweier Chromosomen. Im Laufe der Evolution sind beim Menschen das ursprünglich zweite und dritte Chromosom zu einem verschmolzen. Die Vorfahren des heutigen Menschen hatten demnach ein Chromosom mehr – Nr. 21 entsprach früher einmal Nr. 22. Heute weiß man, dass bei diesen beiden Chromosomen die Übereinstimmung des Erbgutes bei 98,6 % liegt. Auch die Anzahl der Gene ähnelt sich. Sind es beim Menschen 285 Gene auf Chromosom Nr. 21, so konnten auf dem Chromosom Nr. 22 des Schimpansen 272 Gene identifiziert werden.

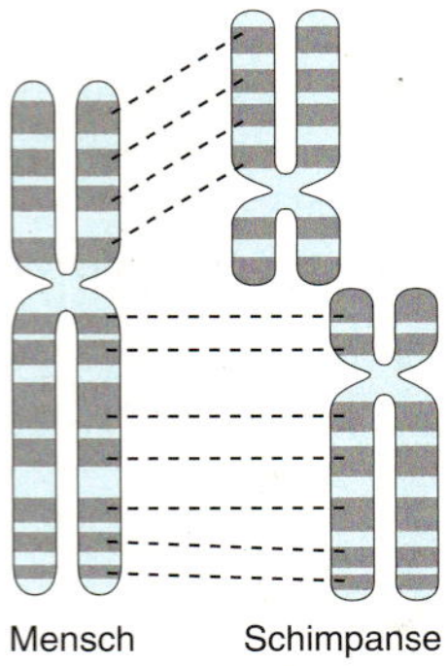

Fortbewegung und Skelettbau

Das Skelett des Menschen mit seinen im Vergleich zu den Armen längeren Beinen ist an den aufrechten, zweibeinigen Gang angepasst. Der Fuß ist gewölbeförmig, was stabilisierend bei Druckbelastung wirkt. Die Kniegelenke sind so gebaut, dass sie hohe Belastungen durch den ständigen aufrechten Gang abfedern. Das Becken des Menschen ist schüsselförmig, kurz und breit. Es trägt den größten Teil der Last des Rumpfes mit den inneren Organen. Die Wirbelsäule ist doppelt-S-förmig gekrümmt und kann Druck- und Schwerbelastungen relativ gut aufnehmen. Der Brustkorb ist breit, hat dafür eine geringe Tiefe. Dadurch liegt sein Schwerpunkt auf der Körperachse. Das Hinterhauptsloch liegt in der Mitte der Schädelunterseite, sodass sich der Schädel bei aufrechter Körperhaltung in einer günstigen Schwerpunktlage befindet.

Schimpansen leben als Waldbewohner im tropischen Afrika. Beim Klettern stellen sie nicht nur den Daumen den anderen Fingern, sondern auch die große Zehe den anderen Zehen gegenüber. So können sie mit Händen und Füßen Äste umgreifen (*Greifhand* und *Greiffuß*). Dadurch sind Schimpansen an das Leben auf Bäumen, in denen sie Nahrung (Früchte, Blätter) suchen und Schutz finden, angepasst. Am Boden gehen sie meist auf allen Vieren, wobei sie die längeren Arme mit den Fingerknöcheln abstützen *(Knöchelgang)*. Dabei wird der Kopf an der schräg gerichteten Wirbelsäule von der kräftigen Nackenmuskulatur gehalten. Die Wirbelsäule geht geradlinig in das längliche Becken über. Der Brustkorb ist tief und die Schulterblätter sind weit nach hinten verlagert. Dadurch können die Arme im Schultergelenk in alle Richtungen bewegt werden. Relativ selten erheben Schimpansen sich zum aufrechten, zweibeinigen Gehen

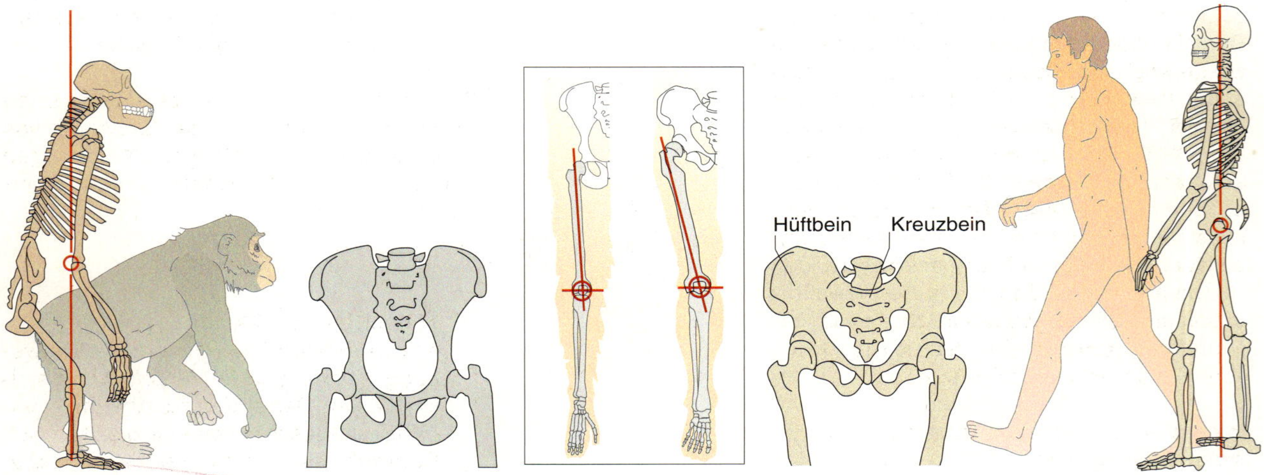

1 Vergleich von Skelettmerkmalen

Online-Link
045570-0059

(Bipedie), wenn sie beispielsweise Früchte mit den Händen an einen anderen Ort bringen. Beim Laufen auf zwei Beinen bleibt der Körper gebeugt. Knie- und Hüftgelenk sind dabei abgeknickt. Nur so bleiben die Füße unterhalb des Körperschwerpunktes, was aber eine wichtige Voraussetzung für den aufrechten Gang ist.

Gebrauch der Hand

Beim Menschen sind Arme und Hände universell einsetzbare Greifwerkzeuge, die einen vielseitigen Werkzeuggebrauch ermöglichen. Der Unterarm ist wegen seiner beiden Knochen, Elle und Speiche, um seine Längsachse drehbar. Der Daumen kann jedem Finger der Hand gegenübergestellt werden. Auf diese Weise ist ein *Präzisionsgriff* möglich. Das Hautleistenmuster mit den darunter liegenden Sinneszellen ermöglicht eine sehr feine Dosierung der Kraft, mit der zum Beispiel ein Gegenstand oder Werkzeug gehalten wird. Kleinere Gegenstände werden von Schimpansen, wie von Menschen, zwischen Daumen und Zeige- und Mittelfinger gefasst. Im Unterschied zum Menschen halten Schimpansen den Gegenstand dabei nur seitlich am Daumen, nicht mit der Daumenkuppe (s. Mittelspalte). Die Hände von Schimpansen eignen sich auch zum einfachen *Werkzeuggebrauch*. So angeln wild lebende Schimpansen mittels eines passenden Halmes Termiten aus deren Bau und bereichern so ihren Speisezettel.

Schädel und Gebiss

Schimpansenschädel besitzen eine deutlich ausgebildete Schnauze. Der Gehirnschädel hat ein Volumen von ca. 350 cm^3. Die Stirn ist fliehend, die Augen sind durch Überaugenwülste vor Verletzungen geschützt. Beim heutigen Menschen dagegen ist keine ausgeprägte Schnauze erkennbar. Der Gesichtsschädel liegt weitgehend unter dem großen Gehirnschädel, dessen Volumen etwa 1450 cm^3 groß ist. Die Stirn ragt fast senkrecht nach oben. Die Augen liegen geschützt in tiefen Augenhöhlen, Überaugenwülste fehlen. An der Unterseite des Gehirnschädels befindet sich ein fast kreisrundes Hinterhauptsloch, durch welches das Rückenmark in den Schädel eintritt. Bei Schimpansen liegt es sehr weit hinten, beim Menschen in der Mitte des Schädels.

Die Kiefer von Schimpansen sind in der Aufsicht U-förmig, die des Menschen parabelförmig. Im Oberkiefer findet sich neben den

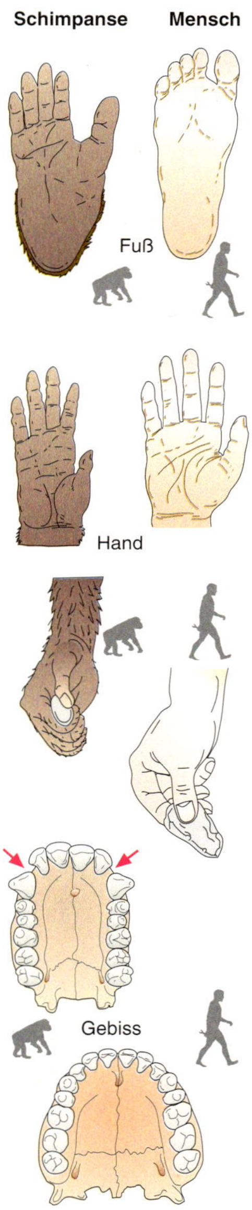

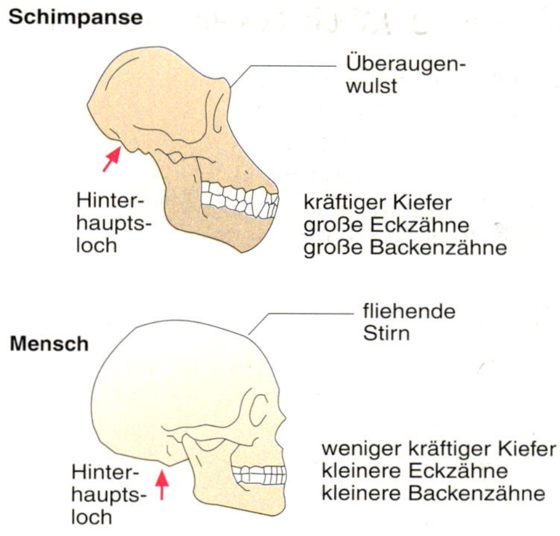

1 Vergleich von Schädel- und Kiefermerkmalen

Schneidezähnen der Schimpansen jeweils eine Lücke, die den stark entwickelten Eckzähnen des Unterkiefers Platz bietet. Sie wird als Diastema („Affenlücke") bezeichnet und findet sich nicht beim Menschen.

Intelligenz, Sozialverhalten und Sprache

Der Mensch besitzt im Verhältnis zu seiner Körpermasse das größte Gehirn unter den Primaten (▶ s. S. 183). Es stellt die Voraussetzung dar für die typisch menschlichen Fähigkeiten, zum Beispiel die ausgeprägte Lernfähigkeit, das komplexe Sozialverhalten und die Kommunikation durch Sprache und die sich daraus ergebende enorme Flexibilität und Anpassungsfähigkeit. Auch Schimpansen zeigen herausragende Fähigkeiten: Sie kommunizieren intensiv über Mimik, Gestik und Laute. Sie besitzen zwar ein einfaches Sprachverstehen, für eine artikulierte Sprache fehlen ihnen jedoch die anatomischen Voraussetzungen (s. Seite 64).

Schimpansenkinder haben eine lange Lernphase und erlernen z. B. den Gebrauch von teilweise selbst angefertigten Werkzeugen und die Rangordnungsbeziehungen innerhalb der Gruppe.

Aufgabe

(1) Vergleichen Sie Mensch und Schimpanse hinsichtlich Lebensraum, Fortbewegung, Nahrung sowie Verhalten und stellen Sie eine Beziehung zur Anatomie her. Inwieweit lassen solche Vergleiche auch Rückschlüsse auf das Verhalten ausgestorbener Hominiden zu?

Humanevolution durch Klimawandel?

Evolution der baumbewohnenden Vorfahren des Menschen

1 Savannenlandschaft mit frühen Hominiden

Vor ca. 65 Mio. Jahren, an der Wende von Kreidezeit zu Tertiär, kam es zu tiefgreifenden Veränderungen in der Tier- und Pflanzenwelt. Ursache dafür war nach heutiger wissenschaftlicher Meinung eine massive Klimaveränderung, die durch einen gewaltigen Meteoriteneinschlag oder gesteigerte vulkanische Aktivität ausgelöst wurde.

Neben vielen anderen Lebewesen starben dabei auch die in allen Lebensräumen dominierenden Dinosaurier aus. So konnte der Weg für die Evolution der Säugetiere und damit auch des Menschen frei gemacht werden.

Die Klimaverhältnisse während der letzten 65 Mio. Jahre, d.h. der Zeit, in der die Evolution der Primaten erfolgte, änderten sich massiv. Die Durchschnittstemperaturen waren meist relativ hoch. Vor ca. 3 Mio. Jahren folgte dann eine Abkühlungsphase mit zunehmender Trockenheit in Afrika. Für Hominiden bedeutete der klimatische Umschwung eine Verlagerung ihrer angestammten Lebensräume. Arten oder höhere systematische Gruppen, die sich den geänderten Lebensbedingungen nicht rasch genug anpassen konnten, starben aus und die von ihnen beanspruchten Ressourcen wurden von anderen Tier- und Pflanzenarten genutzt.

Die Klimaveränderung sorgte für eine Ausdehnung der offenen Lebensräume mit weiten Grasflächen und einen Rückgang der Waldflächen. Nach der sog. Savannen-Hypothese verschaffte der daraus resultierende Selektionsdruck Hominiden, die zum aufrechten Gang befähigt waren, einen entscheidenden Selektionsvorteil. Zum einen konnten diese Hominiden sich leichter einen Überblick im freien Gelände verschaffen, was beim Jagen äußerst hilfreich erscheint. Zudem führt eine aufgerichtete Körperhal-

Zettelkasten

Wasseraffen-Hypothese

Der britische Meeresbiologe Alister Hardy veröffentlichte 1960 diese Hypothese, nach der die Vorfahren des Menschen in ihrer Evolution eine teilweise aquatische (= wasserlebende) Lebensphase durchlaufen haben sollen. Dies bedeutet, dass einige Hominiden sich bei ihrer Suche nach proteinreicher Nahrung verstärkt in den Uferregionen von Flüssen, Seen und am Meer aufgehalten haben.
Es gibt eine Reihe möglicher Belege dieser Hypothese, z.B. Menschen besitzen als einzige Primaten ein schwach ausgeprägtes *Unterhautfettgewebe* (Speckschicht) und eine *spärliche Körperbehaarung*. Derartige Merkmale finden sich v.a. bei wasserlebenden Säugetieren (z.B. Wale, Delphinen, ...), da Fett zum einen eine bessere Wärmeisolation als nasse Haare aufweist und zum anderen der Wasserwiderstand durch Fell zu groß wäre.

Ein weiterer Beleg der Hypothese ist der angeborene *Tauchreflex* des Menschen. Die Auslösung erfolgt bereits bei Benetzung der Gesichtshaut im Nasenbereich mit Wasser. Als Folge verlangsamt sich der Herzschlag und das Gehirn wird besser mit Blut versorgt. Gerade bei Säuglingen bis zum 10. Lebensmonat ist dieser Reflex stark ausgeprägt und sorgt dafür, dass beim Tauchen kein Wasser verschluckt wird.

Bei den meisten Menschen findet sich zwischen Fingern und Zehen eine flache Hautpartie, die von Anhängern der „Aquatic-Ape-Theory" als *Rudimente von Schwimmhäuten* interpretiert werden. Schimpansen und andere Menschenaffen zeigen diese Merkmale nicht.

Selbst der *aufrechte* Gang kann als Beleg herangezogen werden. Menschenaffen, die einen Fluss durchqueren, richten sich in aller Regel auf und gehen auf den Hinterbeinen. Ein weiterer Vorteil der Zweibeinigkeit im Wasser wären die freigewordenen Hände, mit denen Werkzeug benutzt bzw. Nahrung festgehalten werden kann.

2 Gorilla im Wasser

tung im offenen Gelände zu einer besseren Thermoregulation, da die Körperoberfläche, die der Sonneneinstrahlung ausgesetzt ist, reduziert wird und sich gleichzeitig der Abstand zum aufgeheizten Erdboden vergrößert. Auch der zunehmende Verlust der körperbedeckenden Behaarung, um beim Schwitzen besser Wärme abführen zu können, gilt als mögliches Indiz für diese Hypothese.

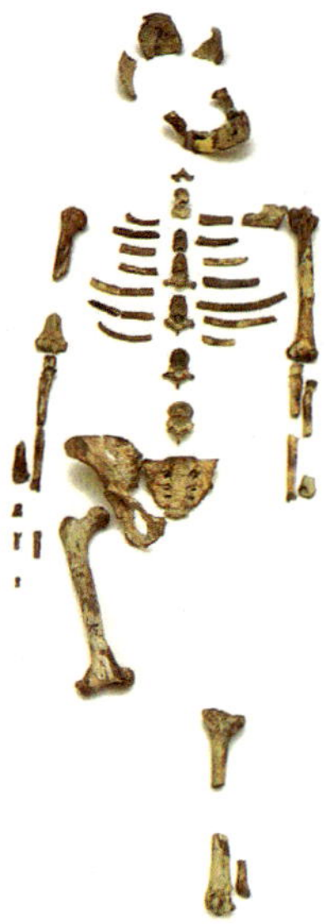

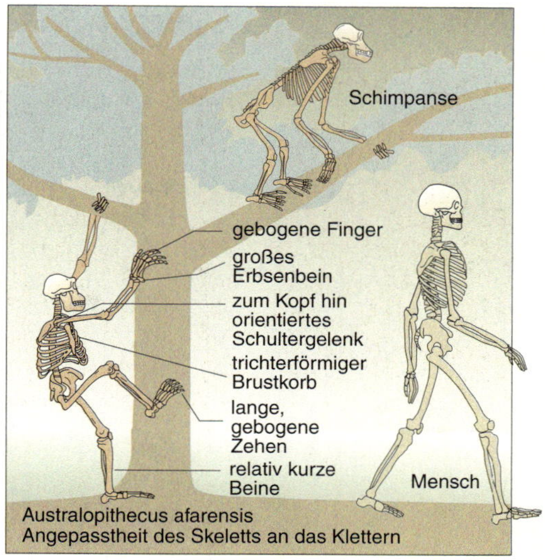

1 Skelettvergleich

„Lucy“ — ein entscheidender Schritt

Die zeitliche Datierung der Entstehung des aufrechten Ganges konnte nur durch geeignete Fossilienfunde bewiesen werden. Als der Amerikaner DONALD JOHANSON 1974 bei Ausgrabungsarbeiten im Wüstengebiet des Afar-Dreiecks im nördlichen Äthiopien zunächst ein fossiles Armskelett entdeckte, ahnte er noch nicht, welch bedeutenden Fund er in seinen Händen hielt. Erst als in nächster Nähe der Fundstelle weitere fossile Knochenstücke entdeckt wurden, erkannte man, dass diese von einem menschlichen Skelett stammten.

Obwohl nur ca. 20 % des Skelettes gefunden werden konnten, waren sich die Wissenschaftler einig, dass es sich um einen etwa 20-jährigen, ca. 1,15 m großen, weiblichen Hominiden handelte. Ein Zufall wollte es, dass die Forscher dem Skelett den Namen „Lucy“, nach einem Songtitel der Beatles gaben (s. Randspalte).

Lucy wird heute auf ca. 3,2 Mio. Jahre datiert und der Art *Australopithecus afarensis* zugeordnet. Vermutlich entstand diese Art bereits vor ca. 4 Millionen Jahren. Australophithecinen gelten als Vorfahren aller nachfolgenden Hominiden, also auch des Menschen.

A. afarensis

Was war nun die große Besonderheit dieses Fundes? Lucy gilt als Vertreter einer Art, die im wahrsten Sinne des Wortes den ersten Schritt zum Menschwerden vollzogen hatte:

Der Körper der Australopithecinen war schon an den aufrechten Gang angepasst, wohingegen ihre Schädel noch eine Reihe ursprünglicher Merkmale zeigten. Ihre Schädelstruktur mit Schnauzenbildung und fliehender Stirn ähnelte noch stark einem Affenschädel. Eine Affenlücke im Oberkiefer fehlte jedoch. Das Gehirnvolumen lag bei ca. 400 — 550 cm^3. Eine kräftige Nackenmuskulatur hielt den Kopf im Gleichgewicht, das Hinterhauptsloch lag zentral. Der Bau der Kniegelenke und des Beckens war bereits an den aufrechten Gang angepasst. Funde, wie etwa die fossilen Fußspuren, die MARY LAEKEY in der vulkanischen Asche von Laetoli (Tansania) fand, bestätigen das (s. Abb. 2).

Wahrscheinlich gab es ausgeprägte Geschlechtsunterschiede. Die weiblichen Individuen waren nur wenig über einen Meter groß und nur ca. 30 kg schwer. Die männlichen Vertreter waren deutlich größer und damit auch schwerer. Allerdings zeigen neuere Untersuchungen aber auch, dass Australopithecinen noch gut klettern konnten (s. Abb. 1).

2 Fußspuren von Laetoli (ca. 3,6 — 3,7 Mio Jahre)

Online-Link
045570-0062

Homo — eine Gattung erobert die Welt

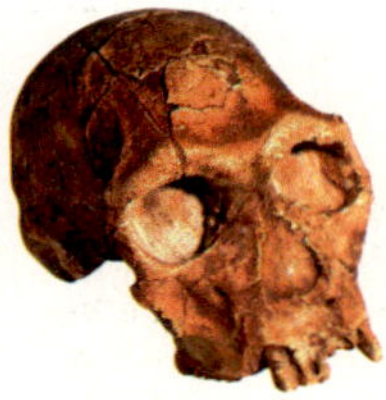
Homo habilis

Homo rudolfensis

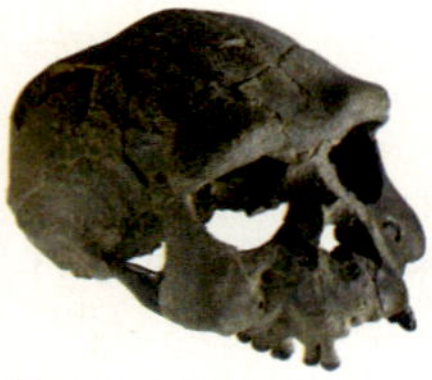
Homo ergaster

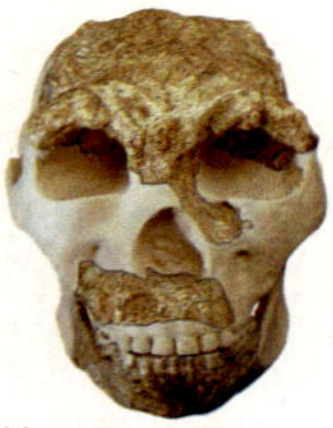
Homo erectus

Einer der ersten Vertreter der Gattung Homo, zu der auch wir heutigen Menschen gehören, ist *Homo habilis*. Von ihm stammen die ältesten bekannten Steinwerkzeuge, die Oldowan. Es handelt sich dabei um 1,2 bis 2,5 Mio. Jahre alte Geröllsteine, die mit wenigen Schlägen zu scharfkantigen Werkzeugen verwandelt wurden. Der Name dieser fossilen Werkzeuge leitet sich von ihrem Fundort in Tansania, der Olduvai-Schlucht ab. Die Herstellung dieser frühesten Geräte erforderte bereits eine hervorragende räumliche Vorstellung und gut ausgeprägte motorische Fähigkeiten. *Homo habilis* war, aufgrund seines im Vergleich zu Australopithecinen deutlich größeren Gehirns, zu derartigen Herstellungsprozessen befähigt.

Zur gleichen Zeit lebten in Afrika vermutlich noch weitere Hominiden, der etwas ältere *Homo rudolfensis* und der etwas jüngere *Homo ergaster* mit wesentlich moderneren Merkmalen. Ob Letzterer aus *Homo habilis* oder *Homo rudolfensis* hervorging, ist nicht geklärt. Im Vergleich zu seinen Mitstreitern konnte er bereits erfolgreich mit Feuer umgehen. Dies verschaffte ihm vermutlich einen entscheidenden Selektionsvorteil, da er damit nicht nur Tiere abwehren, sondern erstmals sogar kältere Klimazonen besiedeln konnte. Die zunehmende geistige Leistungsfähigkeit zeigte er zudem bei der Herstellung symmetrischer Steinfaustkeile.

Weitere Expeditionen auf dem afrikanischen Kontinent brachten schließlich ein Forscherteam unter Leitung von RICHARD LEAKEY zum Turkana-See nach Nordkenia. Ihnen gelang im August 1984 der Fund eines fast vollständig erhaltenen Skelettes eines männlichen, etwa 11 Jahre alten Hominiden („Turkana Boy"). Das Fossil konnte auf ca. 1,5 Mio. Jahre datiert werden. Die Wissenschaftler waren von der Größe des jungen Hominiden überrascht. Als Erwachsener wäre er vermutlich 1,80 m groß geworden. Zum heutigen Menschen gab es nur wenige, aber doch signifikante Unterschiede: eine fliehende Stirn, Überaugenwülste und ein schwaches Kinn. Auch das Gehirn war noch wesentlich kleiner als unser heutiges Gehirn. LEAKEY ordnete den „Jungen vom Turkana-See" daher der Art *Homo erectus* zu. Diese Art war auch in Asien und Europa weit verbreitet, aber der älteste Fund stammte aus Afrika. Man nahm daher an, dass *Homo erectus* als direkter Nachfahre von *Homo habilis* (*oder H. rudolfensis*) als erster Hominide den Weg vom afrikanischen Kontinent geschafft hatte und damit als direkter Vorfahre der heutigen Menschen anzusehen ist. Aktuellere Funde und Untersuchen bezweifeln allerdings, auf Grund von anatomischen Sachverhalten, diese Theorie. Man ist heute eher der Auffassung, dass sich hinter der Bezeichnung *Homo erectus* mindestens drei verschiedene Hominiden-Arten verbergen. So rätselhaft wie seine Einordnung scheint auch seine Lebensweise. Sicher ist lediglich, dass diese Hominiden erstmals feiner gearbeitete Faustkeile herstellen konnten, die bereits alle einem bestimmten Modell-Typ folgten („Faustkeilindustrie"). Auch die Beherrschung des Feuers gilt als gesichert.

Fossile Überreste des wohl frühesten Vertreters unserer eigenen Art *Homo sapiens* (▶ s. S. 180) wurden bereits 1868 entdeckt. In der Höhle von Cro-Magnon in Südfrankreich fand man fünf Skelette. Das Alter dieser Funde konnte auf ca. 30 000 Jahre datiert werden. Neben den Skeletten wurden noch andere Artefakte ausgestorbener Tierarten, feine Steinwerkzeuge und Anhänger aus Muscheln und Elfenbein gefunden.

Farbige Darstellungen von Mammuts, Pferden und anderen Tieren, die man in den Höhlen von Altamira (Spanien) oder Lascaux (Frankreich) fand, konnten auf eindrucksvolle Weise die kulturelle Entwicklung unserer Vorfahren bezeugen. Verglichen mit dem

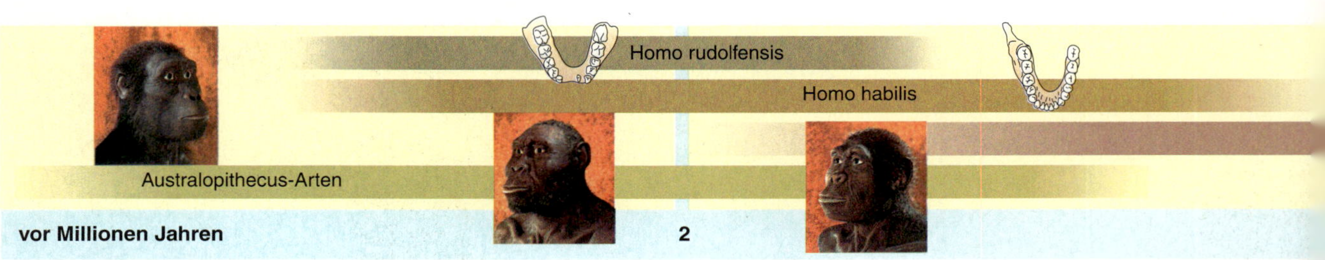

heutigen Menschen waren die Cro-Magnon-Menschen zwar noch recht kräftig gebaut, ihre Knochen waren aber bereits dünnwandig und ihr gewölbter Schädel besaß eine hohe Stirn und ein ausgeprägtes Kinn. Die Zunahme des Gehirnvolumens begünstigte schließlich die Entstehung menschlicher Gesellschaften mit komplexen Sozialstrukturen, in denen Arbeitsteilung praktiziert wurde (z. B. Jagen und Sammeln). Die Weiterentwicklung von Kooperation, sowie die Ausbildung einer abstrakten Wortsprache förderte die Fähigkeit unserer Vorfahren, Großtiere zu jagen. Die Großtierherden Ostafrikas boten ihnen ideale Nahrungsgrundlagen. Gebrauchsspurenanalysen weisen auf das Schneiden von Fleisch und Pflanzen sowie Holzbearbeitung hin. Diejenigen Vorfahren, die zum ersten mal mithilfe von Steinwerkzeugen in der Lage waren, Großtiere zu zerlegen und abzutransportieren, erwarben weitere Überlebensvorteile. Die eiweiß- und phosphatreiche Nahrung war für die Gehirnentwicklung unverzichtbar. Schließlich konnten sie damit die Grundlagen der menschlichen Kultur erschaffen.

Einige Belege deuten darauf hin, dass der heute lebende *Homo sapiens* vor 150 000 bis 200 000 Jahren aus afrikanischen Populationen der *Homo ergaster / Homo erectus*-Gruppe entstand. Nach dem *„Out of Africa"*-Modell verließ dieser vor ca. 100 000 Jahren ebenfalls Afrika und wanderte in zwei aufeinander folgenden Wellen nach Europa.

Aufgaben

① Recherchieren Sie im Internet nach verschiedenen hypothetischen Stammbäumen des Menschen und vergleichen Sie deren Ergebnisse.

② „Artbenennung ist bei Fossilfunden besonders schwierig." Erläutern Sie diese Aussage unter Berücksichtigung der Inhalte aus den Abbildungen 1 und 2.

Zettelkasten

Multiregionales Modell

Das „Multiregionale Modell" der Menschwerdung geht davon aus, dass in mehreren Gebieten Afrikas, Europas und Asiens unabhängig voneinander aus Homo erectus bzw. Homo ergaster der moderne Homo sapiens entstanden ist. Intensiver Genfluss zwischen den Populationen soll dann dafür gesorgt haben, dass Homo sapiens heute eine einzige Art bildet. Das multiregionale Modell ist jedoch sehr umstritten.

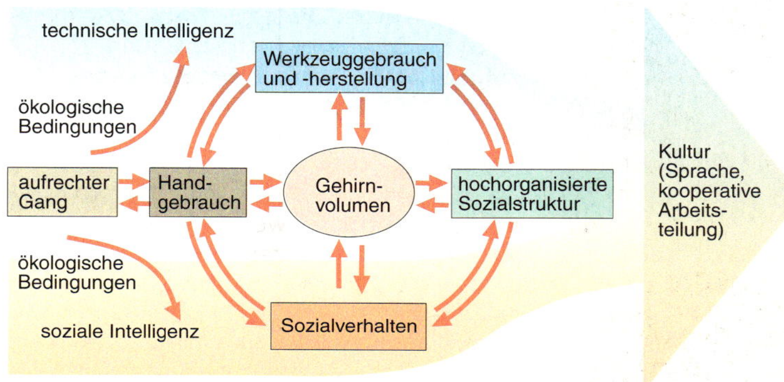

1 Zunahme des Gehirnvolumens durch pos. Rückkoppelungseffekte (Modell)

	Australopithecus-Arten	Homo habilis	Homo ergaster Homo erectus	Homo neanderthalensis	Homo sapiens
Gehirnvolumen	400 – 600 cm3	600 – 800 cm3	800 – 1200 cm3	1500 – 1700 cm3	1200 – 1450 cm3
Vorkommen (Jahre)	3,5 Mio bis »1,5 Mio	ca. 2,5 Mio bis »1,2 Mio	2 Mio bis »150 000	ca. 200 000 bis ca. 30 000	ca. 150 000 bis heute

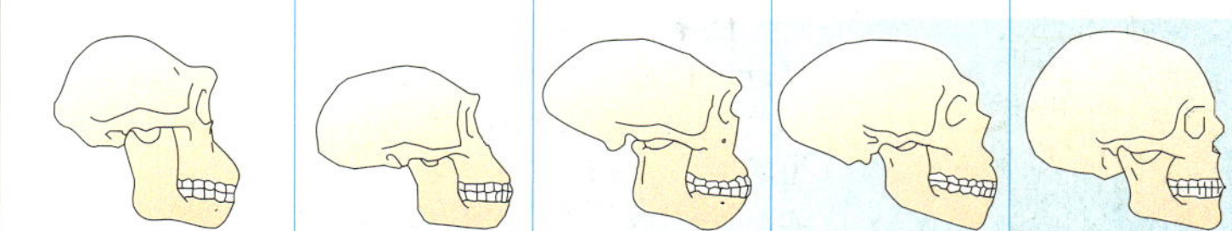

2 Zunahme des Gehirnvolumens im Verlauf der menschlichen Evolution

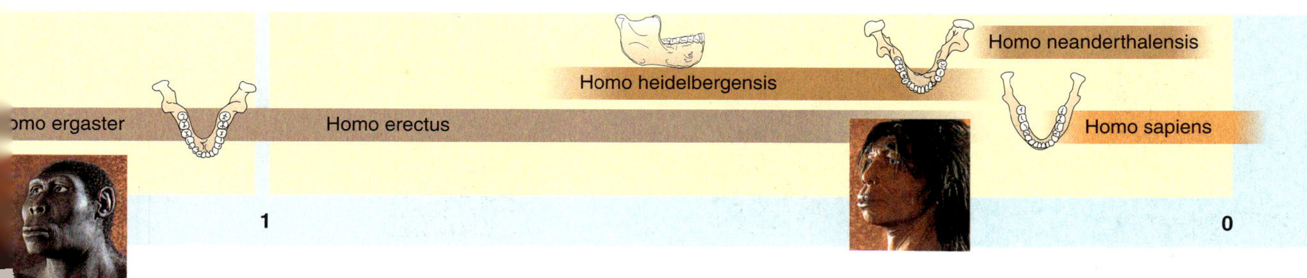

Die Macht der Worte

Wir leben in einem Meer der Worte, ob in Radio oder Fernsehen, in der Schule oder am Arbeitsplatz. Sprache ist ein wichtiges Kommunikationsmittel im Alltag. Heute gibt es weltweit ca. 6500 verschiedene Sprachen, die sich über alle Kontinente verteilen. So verschieden die Sprachen, so rätselhaft ist auch die Geschichte ihrer Evolution. Neben Linguisten (Sprachwissenschaftlern) beschäftigen sich auch viele andere Wissenschaftler, z.B. Genetiker und Paläontologen, mit den Aspekten der Sprachevolution.

Lachen

Drohen

Drohen

Die frühsten Hominiden haben vermutlich wie heute lebende Affen miteinander kommuniziert. Durch Mimik, Gestik und Körperkontakt wird Informationsaustausch mit anderen Artgenossen betrieben. Auch einzelne Laute dienen der Informationsübermittlung. Allerdings bleibt das Lautrepertoire bei Affen stark begrenzt. Dies liegt vor allem an der Lage und dem Bau des Kehlkopfes (s. Abb. 1).

Damit sich Sprachfähigkeit überhaupt entwickeln konnte, mussten im Laufe der Evolution große anatomische Veränderungen vollzogen werden. Dabei genügt nicht alleine die Lauterzeugung, es müssen auch Organstrukturen geformt werden, die neben der Möglichkeit, Töne in verschiedenen Höhen und Tiefen zu erzeugen (Tonfrequenz), auch eine differenzierte und vor allem feine Tonsteuerung erlauben. Dazu ist die Kontrolle der Zunge und der Atemluft unerlässlich. Die Evolution des Kehlkopfsystems war der entscheidende Schritt auf diesem Weg.

Vergleicht man den Kehlkopf von Schimpanse und Mensch, so fällt zunächst dessen unterschiedliche Lage im Hals (Abb. 1) auf. Beim Schimpansen liegt dieser deutlich höher als beim Menschen. Durch das Absenken des Kehlkopfes vergrößert sich der Resonanzraum, wodurch die Stimme kräftiger wird. Als Nebeneffekt dieser Verlagerung wurde die Zungenbeweglichkeit im nun größer gewordenen Rachenraum deutlich erhöht. Weiterhin konnte sich das Rückenmark ausdehnen und Muskelstränge im Brustbereich besser vernetzen. Dies brachte schließlich den entscheidenden Vorteil, die Atemluft besser zu kontrollieren, was für ein flüssiges Reden unabdingbar ist.

Diese anatomischen Veränderungen geschahen als erstes bei *Homo erectus* vor mehr als 500000 Jahren. Vermutlich verschafften sich männliche Hominiden durch die nun tiefer gewordene Stimme einen Selektionsvorteil beim Kampf um Revier und Artgenossinnen.

Bei Übergangsformen von *Homo erectus* zu *Homo sapiens* begann schließlich parallel zur Sprachentwicklung das Gehirnvolumen im Vergleich zur Körpergröße deutlich anzusteigen. Entscheidende Informationen hierfür lieferten Paläoanthropologen mit ihrer Erkenntnis, dass das Gehirn eines Schimpansen nach der Geburt etwa nach einem Jahr ausgewachsen ist. Beim Menschen dauert dieser Vorgang etwa 10 Jahre. Der größte Wachstumsschub vollzieht sich dabei in der Sprachlernphase.

Die zunehmende Organisation der Hominiden in Gruppen vor ca. 250000 Jahren begünstigte die Sprachentwicklung entscheidend, da z.B. gemeinsames Jagen, Kindererziehung oder Herstellung von Werkzeugen eine effektive Kommunikation erforderten.

Genetiker gehen davon aus, dass sich die molekularbiologische Grundlage der Sprachfähigkeit vor höchstens 200000 Jahren bei *Homo sapiens* verbreitet hat. Das so genannte FOXP2-Gen liegt auf dem Chromosom Nr. 7 und befähigt den Menschen, klar zu artikulieren und Grammatik richtig anzuwenden.

Vermutlich vor ca. 50000 Jahren bediente sich *Homo sapiens* erstmals in Afrika einer vollwertigen Sprache.

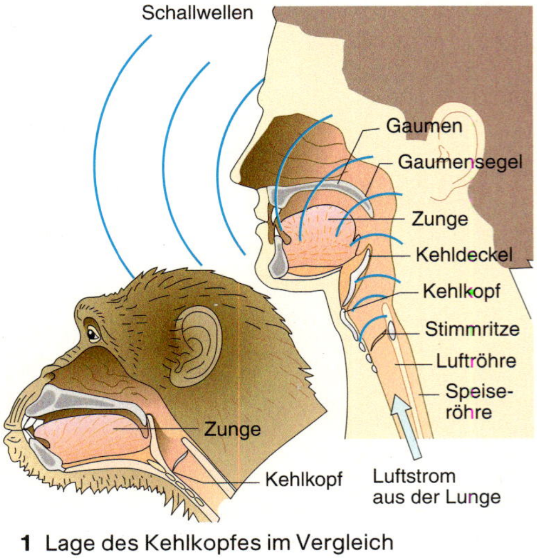

1 Lage des Kehlkopfes im Vergleich

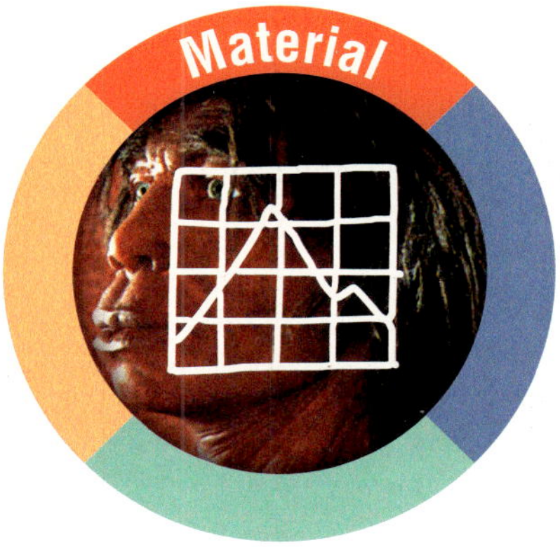

Neandertaler und moderne Menschen

1856 entdeckte man erstmals fossile Skeletteile des Neandertalers in der Nähe von Düsseldorf. Sein Bild wandelte sich im Verlauf seiner Erforschung mehrfach: vom primitiven Urmenschen über eine Unterart des heutigen Menschen bis zu einer dem Menschen sehr ähnlichen eigenen Art. Einige Wissenschaftler weisen aber auch darauf hin, dass die Neandertaler ganz eindeutig anders waren als wir.

Neandertalerfunde

Abbildung 1 zeigt Skelette und Schädel des Neandertalers und des modernen Menschen im Vergleich, sowie die Verteilung der Neandertaler-Funde im europäischen Raum. Nur im Jahr 2006 gab es allein in Deutschland 10 bedeutende Fundstellen, die Skelettreste von Neandertalern enthielten.

Aufgaben

① Stellen Sie die wesentlichen Merkmale im Schädel- und Skelettbau von Neandertaler und modernem Menschen gegenüber.

② Stellen Sie einen möglichen Zusammenhang zwischen dem Körperbau des Neandertalers, seiner Verbreitung und dem damaligen Klima her.

Sprache der Neandertaler

Sprache wird in den Weichteilen des Stimmapparates über dem Kehlkopf erzeugt. Ein Teil davon sitzt an der Schädelbasis und ein anderer ist mit der Muskulatur an den knöchernen und knorpeligen Anteilen des Zungenbeins verbunden. Während ein in Kebara (Israel) gefundenes Neandertaler-Zungenbein sehr modern wirkt, lässt die Schädelunterseite auf eine andere Form des Stimmapparates schließen.

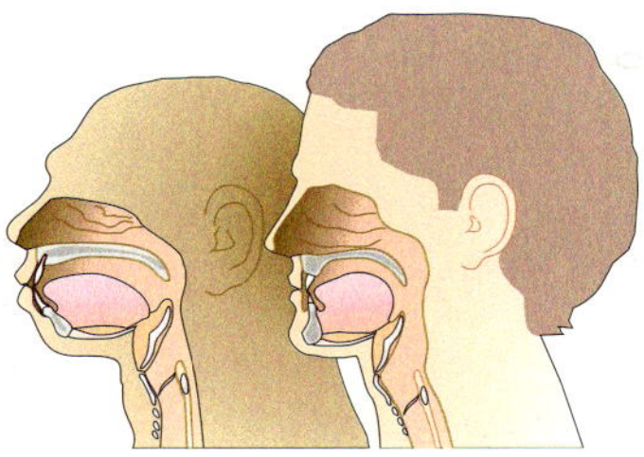

2 Vergleich der Stimmapparate

Aufgabe

③ Leiten Sie aus dem Bau der abgebildeten Kehlköpfe ab, warum der Neandertaler wahrscheinlich anders gesprochen hat als der moderne Mensch.

DNA-Vergleiche

1997 gelang es, aus dem Oberarmknochen des Fundes aus dem Neandertal kurze Fragmente mitochondrialer DNA zu isolieren, durch die Polymerase-Kettenreaktion zu vervielfältigen und mit dem entsprechenden Abschnitt der mitochondrialen DNA heutiger Menschen zu vergleichen (Abb. 3). Bis 2006 bestätigten sieben weitere DNA-Untersuchungen die Ergebnisse. Bisher hat man keine mt-DNA-Sequenz beim modernen Menschen entdecken können, die der eines Neandertalers entspricht. Außerdem liegt kein anatomischer Nachweis für eine Vermischung vor.

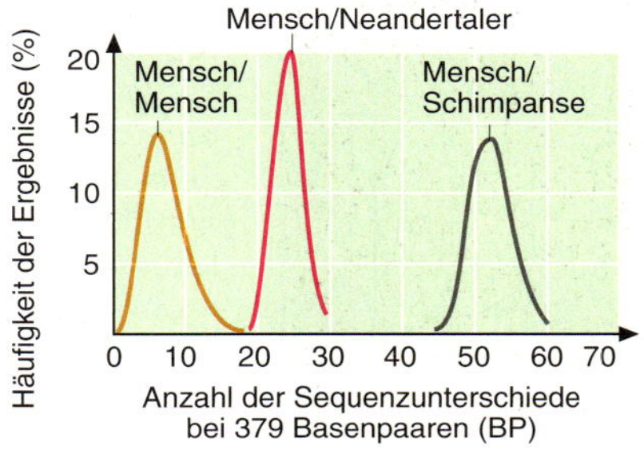

3 Ergebnisse des mt-DNA-Vergleichs

Aufgabe

④ Deuten Sie die Befunde.

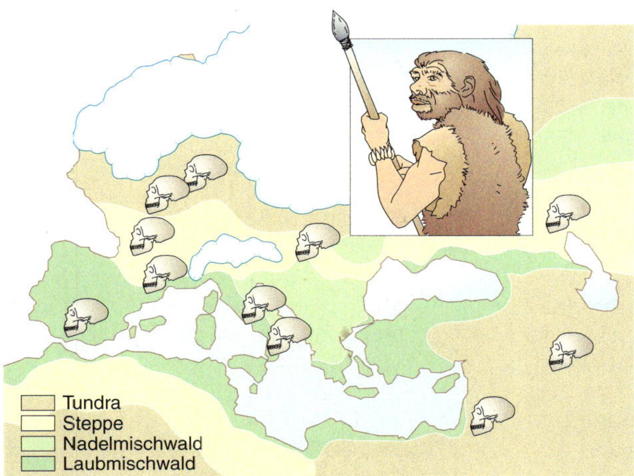

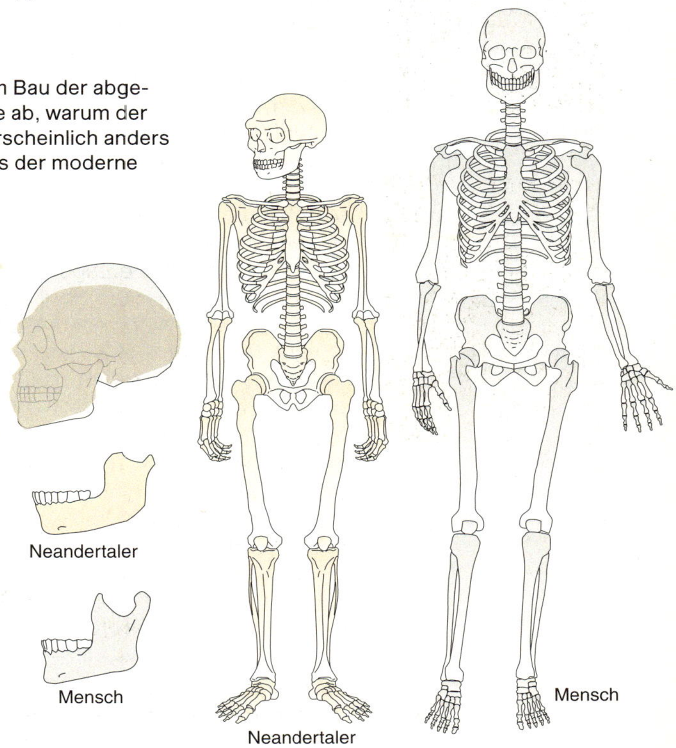

1 Fundstellen und Schädel- und Skelettvergleich

Ursprünge menschlichen Sozialverhaltens

1 Schimpanse mit Jungtieren

Warum haben viele Menschen Angst vor Spinnen? Warum lieben wir schöne Aussichten auf weite Landschaften? Warum halten wir Diebstahl für unmoralisch? Denken, fühlen und handeln wir heute anders als vor Hunderttausenden von Jahren? – Evolutionspsychologen sind davon überzeugt, dass wir großteils wie unsere Vorfahren agieren.

Evolutive Ursprünge menschlichen Verhaltens finden sich bereits bei baumbewohnenden Primaten. Aus Vergleichen mit ähnlich lebenden heutigen Arten können wir vermuten, dass sie meist Kleingruppen mit einem komplizierten sozialen Geflecht ausbildeten (Abb. 1). Grundbaustein war vermutlich die Mutter-Kind-Einheit. Da Jungtiere getragen wurden, war es nur möglich, ein bis zwei Junge gleichzeitig zu bekommen.

In den Anforderungen, im artenreichen Regenwald Nahrung zu finden, vermuten einige Forscher den Ursprung der Intelligenz. Dafür spricht, dass Affen, die sich rein von pflanzlicher Nahrung ernähren, in Tests geringere Intelligenzleistungen erbringen als Affenarten, die ein breiteres Nahrungsangebot nutzen. Andere Wissenschaftler sehen gerade im Zusammenleben innerhalb eines komplizierten Sozialsystems die Grundlage zur Entwicklung der *sozialen Intelligenz.*

Verwandtschaft innerhalb der Gruppe konnte einerseits durch Verwandtenselektion die Ausbildung *altruistischer Verhaltensweisen* (▶ s. S. 182) fördern, andererseits ermöglichte individuelles Kennen ausgeprägtes Helfen auf Gegenseitigkeit. Dabei kann die Gegenleistung aus einem anderen Verhaltensbereich stammen. So kann z. B. Futterteilen mit sozialer Fellpflege belohnt werden. Hier liegt bereits ursprüngliches *Tauschen und Handeln* zugrunde.

Verhaltensforscher beobachteten während ihrer Studien, dass Schimpansenmännchen vor Auseinandersetzungen mit Ranghöheren durch freundliches Verhalten versuchten, möglichst viele Gruppenmitglieder „auf ihre Seite zu bringen". Sie benutzten die Gruppe als *soziales Werkzeug* zum Erreichen ihrer Ziele. Die Verständigung innerhalb von sozialen Gruppen wurde durch die Entwicklung von Kommunikationssignalen (Mimik, Gestik, Laute) gefördert.

Zunehmende soziale Intelligenz ermöglichte *einsichtiges Verhalten* und die Entwicklung technologischer Fähigkeiten. Bei verschiedenen Schimpansengruppen entdeckte man unterschiedliche Formen von Werkzeuggebrauch und -herstellung. Diese werden durch Vorbild, Beobachtung und Nachahmung von Jungtieren übernommen, d. h. tradiert. Derartige *Traditionen* (s. S. 112) erlernter Informationen und Fähigkeiten stellen einfache tierische Kulturen dar und sind möglicherweise die Ursprünge menschlicher Kulturgeschichte.

Bei Schimpansen liegt ein Ansatz von *Arbeitsteilung* der Geschlechter vor. Die Männchen jagen häufiger Beutetiere und teilen mit den Weibchen, die sich stärker von gesammelten Früchten ernähren.

Evolutionspsychologen versuchen, anhand dieser Verhaltensstudien an Schimpansen, unseren nächsten Verwandten im Tierreich, Parallelen zum menschlichen Handeln zu ziehen. Die Ergebnisse sind teilweise verblüffend. Ob Imponier- bzw. Drohverhalten oder Aussöhnungsgesten – menschliche und äffische Verhaltensweisen sind manchmal nicht grundsätzlich verschieden.

Menschliches Verhalten (s. Randspalte) wird demnach, wie auch bereits das unserer Vorgänger, wie z. B. dem Neandertaler, nicht nur durch die Umwelt, sondern auch durch unsere „Urmenschen-Gene" beeinflusst.

Spinnenphobie

Phobie
altgr.: *phobia* = Angst, Furcht

Aufgabe

① Erläutern Sie die Selektionsvorteile sozialer Strukturen für den Verlauf der Humanevolution.

Druck mit beweglichen Lettern, Johannes Gutenberg (um 1440)

Optische Telegrafen, (um 1800)

Telefon, Alexander Bell (1876)

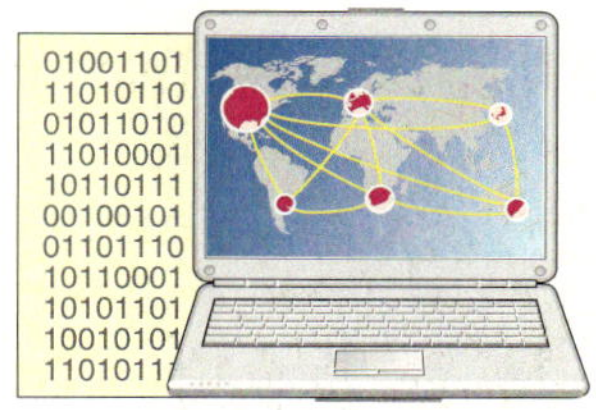

„Global Village", Internet (seit ca. 1990)

Römische Capitalis (ca. 100 v. Chr.)

Griechisches Alphabet (900 v. Chr.)

Phönikisches Alphabet (1300 v. Chr.)

Ägyptische Bilderschrift (ab 3000 v. Chr.)

Höhlenmalerei, Gravuren (ab ca. 20 000 v. Chr.)

Kulturelle Entwicklung

Kultur entsteht in der Auseinandersetzung des Menschen mit seiner Umwelt. Zu den Kulturgütern gehören Sprache, Religion, Ethik, Kunst, Recht, Staat, Geistes- und Naturwissenschaften sowie die Umsetzung von Erkenntnissen aus der Erforschung der Natur in der Technik. Die Entwicklung und Weitergabe von Kulturgütern ist ein Artmerkmal des Menschen, das man bei allen Völkern antrifft.

Die *kulturelle Entwicklung* vollzog sich im Vergleich zur biologischen Evolution des *Homo sapiens* in atemberaubendem Tempo. Innerhalb von etwa 10 000 Jahren entwickelten sich aus umherziehenden Gruppen von Jägern und Sammlern Industriegesellschaften. Als Ursache hierfür kommen insbesondere drei biologische Merkmale des Menschen in Betracht:

- Ein stark entwickeltes *Großhirn*, das es ermöglicht, lebenslang zu lernen und kreativ zu sein.
- Die Fähigkeit des *Kehlkopfs*, differenzierte Laute zu bilden als Voraussetzung zur sprachlichen Kommunikation.
- Die *Greifhand* mit dem opponierbaren Daumen, die es erlaubt, Werkzeuge herzustellen und zu gebrauchen (▶ s. S. 181).

Der Geschwindigkeitsunterschied zwischen biologischer und kultureller Entwicklung ist gewaltig. Dies zeigt, dass unterschiedliche Mechanismen wirksam sind. Während die Evolution mit einem ungeheuren Aufwand an Material und Zeit vergleichsweise mühsam über Mutation und Selektion zufällig hin und wieder neue, für ihren Träger geeignetere Eigenschaften hervorbringt, können Menschen zielgerichtet für Erweiterung und Weitergabe ihres Wissens sorgen. Jede Generation schöpft aus dem Vorrat an Erfahrungen und Kenntnissen ihrer Vorfahren. Durch Übernahme von Wertvorstellungen sowie Verhaltensweisen und Techniken zur Beherrschung der Umweltbedingungen entstehen Traditionen. Dieser Informationsfluss wird durch die vergleichsweise lange Jugendzeit und die engen Beziehungen zwischen mehreren Generationen begünstigt. Je besser die Möglichkeiten zur Informationsspeicherung und -verbreitung wurden, um so schneller haben sich die Kenntnisse vermehrt und verbreitet. Als besonders einschneidende Ereignisse auf diesem Weg sind die Erfindung des Buchdrucks im 15. Jahrhundert und die Entwicklung der Mikroelektronik in neuester Zeit zu bewerten. Mithilfe solcher Medien werden Kenntnisse, die der Einzelne im Laufe seines Lebens erwirbt, unter Umgehung des genetischen Systems in nachfolgende Generationen eingebracht. So betrachtet, verläuft die kulturelle Entwicklung teilweise nach lamarckistischen Gesetzen. Die Folge ist, dass ein einschneidender kultureller Wandel innerhalb einer einzigen Generation auftreten kann.

Als Merkmale unterliegen auch Kulturgüter der Selektion. Im Gegensatz zur biologischen Evolution werden die Merkmale selbst und nicht ihre Träger, die Individuen, selektiert. Emails ersetzen heute in vielen Fällen Briefe. Das liegt daran, dass Emails gegenüber Briefen viele Vorteile (z. B. Kosten- und Zeitersparnis ...) bieten. Dennoch haben Email-Schreiber dadurch keinen unmittelbaren Selektionsvorteil. Viele Neuerungen werden aber aufgrund der Lernfähigkeit des Menschen trotzdem zügig realisiert.

Durch Technik und Medizin macht sich der Mensch teilweise von den natürlichen Selektionsbedingungen unabhängig. Oft werden ursprüngliche Verhältnisse ins Gegenteil verkehrt. Nicht die Umwelt bewirkt die Anpassung des Menschen, sondern mithilfe der Technik wird die Umwelt in kürzester Frist den Bedürfnissen des Menschen entsprechend verändert. Dies ist nicht immer zum Nutzen der Umwelt und hat, wenn auch oft zeitlich stark verzögert, negative Folgen für den Menschen selbst. In jedem Fall beeinflusst der Mensch mit Veränderungen seiner Lebensbedingungen die weitere Evolution seiner Art und die des Lebens auf der Erde.

Grenzen der Erkenntnis?

Die Evolutionstheorie versucht die Entwicklung der Lebewesen allein durch natürliche Vorgänge wie Mutation und Selektion zu erklären. Diese *naturalistische Weltanschauung* geht davon aus, dass die Entwicklung der Lebewesen oder des Menschen auf kein bestimmtes Ziel gerichtet ist und übernatürliche Einflüsse jenseits der Grenzen naturwissenschaftlicher Erkenntnis nicht zu berücksichtigen sind.

„Die Wissenschaft kann Gott weder widerlegen noch belegen. Sie ist ein in sich schlüssiges Gedankengebäude, die Konzeption Gott liegt außerhalb dieses Gebäudes."
Volker Mosbrugger, Direktor des Senckenberg-Museums, Frankfurt, 2008

Diese grundsätzlich nicht beweisbare Annahme fordert weltanschaulichen Widerspruch heraus.

Gegenpositionen

Mit ihrer Position einer *„Theistischen Evolution"* leugnen viele überzeugte Christen die Erkenntnisse der Evolutionsbiologie zwar nicht, postulieren aber die kreative Kraft eines Schöpfergottes, ohne die nach ihrer Einstellung der Ursprung des Lebens letztlich nicht vollständig erklärt werden kann.

„Die Evolution des Lebendigen, dessen Entwicklungsstufen die Wissenschaft zu bestimmen und dessen Mechanismen sie zu erkennen sucht, hat ein inneres Ziel, das Bewunderung hervorruft. Dieses Ziel, das die Lebewesen in eine Richtung führt, für die sie nicht Verantwortung tragen, zwingt, einen Geist vorauszusetzen, der Schöpfer dieses Ziels ist."
Papst Johannes Paul II, 1995

Die Anhänger des aus den USA stammenden *„Kreationismus"* kommen vor allem aus „evangelikalen" Gruppen protestantischer Kirchen. Sie finden in den von Gott offenbarten biblischen Schöpfungsberichten die Erklärung, wie die Welt und auch die Menschen entstanden sind. Sie lehnen die Evolutionstheorie ab, weil sie mit ihrem Gottesbild nicht in Einklang zu bringen ist.

„Die Evolutionstheorie ist mit der Schöpfungs- und Heilslehre der Bibel unvereinbar. Der Schöpfer selbst beurteilt sein Werk mit »sehr gut« (…). Wo hat dieses »sehr gut« im Evolutions-Szenario Platz? Ohne Tod ist Evolution nicht möglich. Doch der Tod ist der Feind des Lebens, der von Jesus Christus am Kreuz und in der Auferstehung besiegt wurde."
Rolf Höneisen, Magazin factum 4/09

Die Vertreter des *„Intelligent Design" (ID)* versuchen sachlich zu argumentieren und gehen davon aus, dass für die Entstehung der hochkomplexen Strukturen von Lebewesen nicht natürliche Prozesse wie Mutation und Selektion ausreichen.

„Das ID-Konzept rechnet mit der Möglichkeit, dass es allgemein in der Natur und insbesondere in der Organismenwelt Planung gibt, und geht der Frage nach, ob dafür Hinweise durch empirische Forschung gefunden werden können. Solche Hinweise werden als „Design-Signale" bezeichnet. Die Identität des Designers (Schöpfers) spielt dabei keine Rolle, auch wenn viele ID-Befürworter an Gott glauben."
Reinhard Junker und Siegfried Scherer, Evolution — Ein kritisches Lehrbuch, 2006

Die Erschaffung Adams (Fresco von Michelangelo in der Sixtinischen Kapelle in Rom)

Grenzüberschreitung und Ideologie?

Die Gegner einer rein materialistisch ausgerichteten Evolutionstheorie werfen ihr vor, die Grenze naturwissenschaftlicher Argumentation zu überschreiten, und die Züge einer Ideologie anzunehmen. Wer an der Evolutionstheorie Zweifel übe, werde geradezu als wissenschaftsfeindlich angesehen.

„Ursprungslehren kommen nicht umhin, Grenzüberschreitungen vorzunehmen, wenn sie Aussagen über die Geschichte des Lebens als Ganzes machen wollen. Dies gilt gleichermaßen für den Naturalismus, der die naturwissenschaftlich erforschbare Welt mit der Realität schlechthin gleichsetzt, wie für Schöpfungslehren, die Bezug auf Offenbarung nehmen".
R. Junker und S. Scherer, 2006

„In der Auseinandersetzung geht es nicht um die Evolutionstheorie als solche, sondern um „Grenzüberschreitungen" einer Wissenschaft, „die nicht Wissenschaft, sondern Ideologie, ja im umfassenden Sinn Weltanschauung" ist. Es müsse erlaubt sein, an den ideologischen Seiten des Darwinismus sachliche Kritik zu üben.
Kardinal Christoph Schönborn, New York Times, 2005

Der Kreationismus ist eine Reaktion auf „die weltanschauliche Überinterpretation evolutionstheoretischer Annahmen, wie sie gelegentlich ein antikirchlicher »Ultradarwinismus« verfochten hat."
Michael Beintker: Gott als Designer? Evangelische Kirche Deutschlands 2007

Verhärtete Fronten

In den USA haben über 60 % der Biologielehrer, die an einer Highschool unterrichten, die persönliche Überzeugung, dass Gott bei der Entstehung des Menschen seine Hand im Spiel hatte.

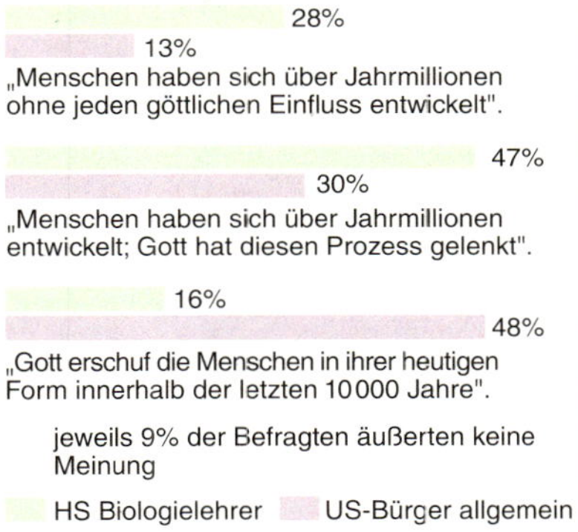

(Umfrage aus "Evolution and Creationism in America's Classrooms", Public Library of Science, 2008)

Gegen diesen starken Einfluss des Schöpfungsglaubens hat sich eine immer lauter werdende atheistische Gegenbewegung gebildet, die organisierte Religion für einen gemeingefährlichen Kinderglauben hält.

„In meinen Augen beseitigt die Evolution die bei weitem gewichtigsten Gründe, an Gott zu glauben."
Richard Dawkins, Evolutionsbiologe in Oxford, DER SPIEGEL 37/2007

„Mit der Vorstellung, die erste Ursache, der große Unbekannte, der dafür gesorgt hat, dass es etwas statt nichts gibt, könne das Universum gezielt gestalten und zu Millionen Menschen gleichzeitig sprechen, entzieht man sich völlig der Verantwortung, eine Erklärung zu finden. Es ist die entsetzliche Zurschaustellung einer selbstzufriedenen, das Denken leugnenden Wundergläubigkeit."
Richard Dawkins, Der Gotteswahn, 2006

„Wissenschaftler akzeptieren die Evolution denn auch längst als Tatsache. Nur eine kleine Fraktion von Ewiggestrigen, Anhänger des Kreationismus oder modern gefasst des »Intelligent Design«, sät mit fragwürdigen Argumenten noch heute Zweifel an der von ihr verhassten evolutionsbiologischen Weltanschauung."
Christoph Marty, Spektrum der Wissenschaft 2/2009

Zwischen den Fronten stehen jene, die meinen, Wissenschaft und Religion könnten sich versöhnen. Ihr Lieblingsargument lautet: Religion möchte gar keine wissenschaftlichen Ansprüche erheben, während die Wissenschaft sich von ethischen und weltanschaulichen Fragen fernhält.

„Naturwissenschaftler analysieren Wirkweisen, Religionen suchen nach Sinn und Zweck des Lebens (...). Die Fragen von Glaube und Naturwissenschaft sind so unterschiedlich, dass sich ihre Antworten nicht wirklich widersprechen können."
Burkhard Weitz, im evang. Online-Magazin, Chrismon, 2002

Die „angebliche Annäherung zwischen Religion und Wissenschaft ist eine flache, leere, hohle, schönrednerische Augenwischerei."
Richard Dawkins, Spiegel online, 2009

Schöpfungslehren im Biologieunterricht der Schulen?

In den USA sind immer wieder Versuche gescheitert, den Schöpfungsglauben als Lerninhalt an öffentlichen Schulen neben der Evolutionstheorie gerichtlich zu erzwingen.

„Darwin's theory (...) represents an unscientific unproven, anti-Christian, atheistic, naturalistic, hoax, adult fairytale, pseudoreligious theory that should be banned in public education under the classification of „science". Instead, let it be taught in a comparative religions or philosophy class where it rightfully belongs."
William D. Mayercheck, *Creationist/ Engineer*, 2000

In Deutschland gibt es keine Bestrebungen der großen Kirchen, die Evolutionstheorie im Biologieunterricht zu relativieren. Sie erwarten aber, dass in den Schulen die fundamentalen Unterschiede zwischen Religion und Wissenschaft in gegenseitiger Achtung erläutert werden.

„In Schulen, die keiner bestimmten Weltanschauung verpflichtet sind, kann es keine Thematisierungsverbote geben. Deshalb können sich prinzipiell alle Unterrichtsfächer sowohl mit dem Schöpfungsglauben als auch mit der Evolutionstheorie auseinandersetzen, allerdings unter strenger Beachtung ihrer jeweiligen Kompetenz und der Anforderungen einer wissenschaftlich verantworteten Bildung. (...). Die positive Religionsfreiheit der Schülerinnen und Schüler schließt (...) ein, dass sie im Dialog mit anderen Auffassungen im Unterricht eigene (...) religiöse (...) Überzeugungen zum Ausdruck bringen dürfen."
Orientierungshilfe des Rates der Evang. Kirche in Deutschland, 2008

Unterschiedliches Menschenbild

Die Antworten auf die Frage nach dem Ursprung des Lebens und des Menschen – Zufallsprodukt oder gottgewollt – beeinflussen stark das Menschenbild.

„Ein biologisches Menschenbild wird sich von einem theologisch orientierten unterscheiden."
Spektrum der Wissenschaft 11/2008

„Der Mensch muss endlich aus seinem tausendjährigen Traum erwachen und seine totale Verlassenheit, seine radikale Fremdheit erkennen. Er weiß nun, dass er seinen Platz wie ein Zigeuner am Rande des Universums hat, das für seine Musik taub ist (...)"
Nobelpreisträger Jacques Monod, Zufall und Notwendigkeit, 1970

„Von guten Mächten wunderbar geborgen erwarten wir getrost, was kommen mag, Gott ist mit uns am Abend und am Morgen und ganz gewiss an jedem neuen Tag."
Theologe Dietrich Bonhoeffer, 1944 in Gestapo-Haft

„Wir müssen die tiefe Angst vor dem Verlust des Glaubens an die Vorsehung ernst nehmen,(...). Wir müssen daran arbeiten zu zeigen, dass auch eine Welt, in der wir mit Darwin leben, eine attraktive und lebenswerte Welt ist, in der sogar noch Raum für einen, wenn auch grundlegend veränderten »spirituellen Glauben« bleibt."
Deutschlandradio Kultur am 28.4.2009 über Philip Kitchers Buch „Mit Darwin leben"

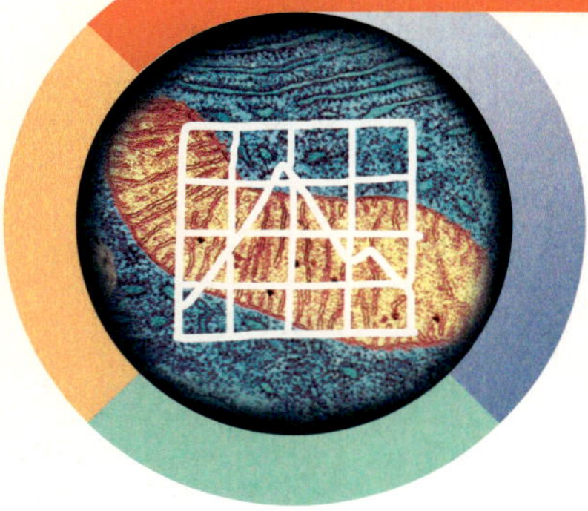

Evolution

Archaeopteryx

Im Jura-Plattenkalk der Steinbrüche von Solnhofen im Altmühltal wurde 1861 erstmals ein Fossil geborgen, das unter dem Gattungsnamen *Archaeopteryx („alte Schwinge")* weltberühmt wurde. Zahlreiche Skelettmerkmale ließen vermuten, dass es sich um einen kleinen Raubsaurier handelte. Rätsel gaben allerdings die deutlich erkennbaren Abdrücke von Federn und andere vogeltypische Merkmale dieses „Urvogels" auf.

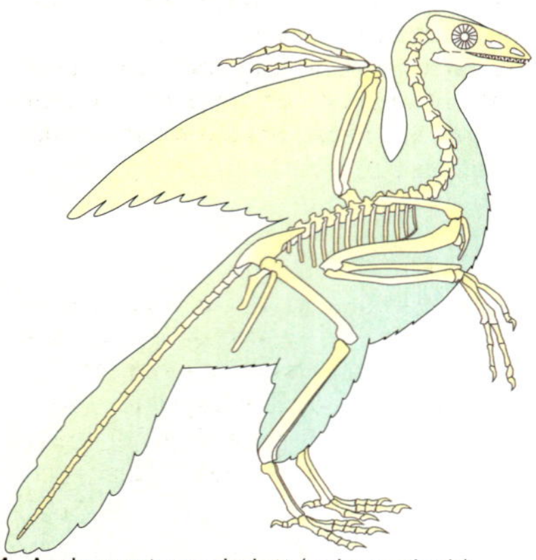

1 Archaeopteryxskelett (schematisch)

Die fossil erhaltene Struktur der Federn weist bereits die typische Feinstruktur der Federn moderner flugfähiger Vögel mit Bogen- und Hakenstrahlen auf. Bögen und Haken verketten benachbarte Federäste und geben der Federfläche eine feste Kontur. Daunenfedern im Untergefieder zeigen keine Möglichkeit der Verkettung (Abb. 2 und 3).

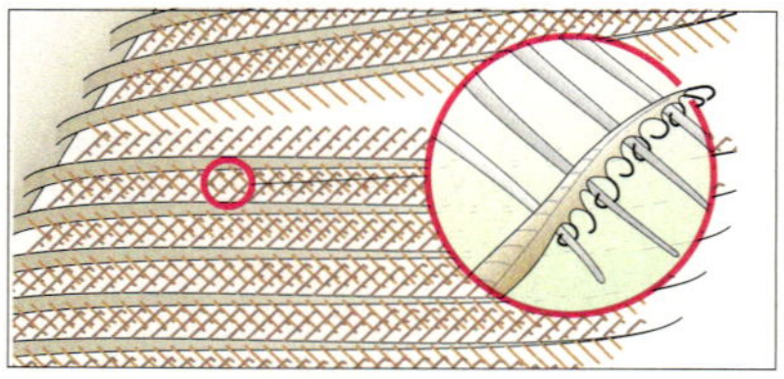

3 Feinstruktur einer Schwungfeder

Aufgaben

① Erklären Sie anhand einiger Skelettmerkmale (Abb. 1), weshalb Archaeopteryx als *„Brückentier"* bzw. *„Mosaiktyp"* bezeichnet wird.

② Erklären Sie, weshalb der Fund aus Solnhofen kurz nach der Veröffentlichung von DARWINS „Origin of species" solch ein Aufsehen erregte.

③ Entwickeln Sie ausgehend von Skelett- und Federmerkmalen eine Hypothese darüber, ob Archaeopteryx ein ausdauernder Flieger war.

Sollte die Vermutung zutreffen, dass sich der Urvogel aus kleinen Sauriern entwickelt hat, so sind seine Federn stammesgeschichtlich möglicherweise aus den Hornschuppen der Reptilien entstanden. Untersuchungen zeigen, dass die Anlagen von Federn und Schuppen in einem frühen Embryonalstadium nahezu gleiche Strukturen aufweisen.

Aufgaben

④ Begründen Sie, ob es sich bei Vogelfedern und Reptilschuppen um homologe Merkmale handelt und wenden Sie die Homologiekriterien an.

⑤ Entwickeln Sie eine Hypothese, welchen Selektionsvorteil die Entstehung von Federn aus Reptilschuppen für die zunächst noch flugunfähigen Individuen gehabt haben könnte.

2 Federformen: a) Archaeopteryx, b) flugfähiger Vogel, c) flugunfähiger Vogel

Flugunfähige Insekten

Auf den Kerguelen, einer Inselgruppe im südlichen Indischen Ozean nahe der Antarktis, leben Insektenarten mit verkümmerten Flügeln (Abb. 4).

4 Flugunfähige Insekten der Kerguelen

Aufgabe

⑥ Stellen Sie in Stichpunkten dar, wie die Entstehung dieser flugunfähigen Insekten auf dem Kerguelen-Archipel nach den Theorien LAMARCKS bzw. DARWINS erklärt werden kann.

„Out of Africa?"

Wo lebten unsere Vorfahren? Wie entwickelten wir uns? Die derzeit fundierteste Hypothese ist das „Out of Africa"-Modell. Es besagt, dass der moderne *Homo sapiens* vor weniger als 200 000 Jahren in Afrika entstand und sich von dort aus, etwa 100 000 Jahre später, über die gesamte Erde ausbreitete. Das Modell basierte lange Zeit vor allem auf der räumlichen und zeitlichen Verteilung

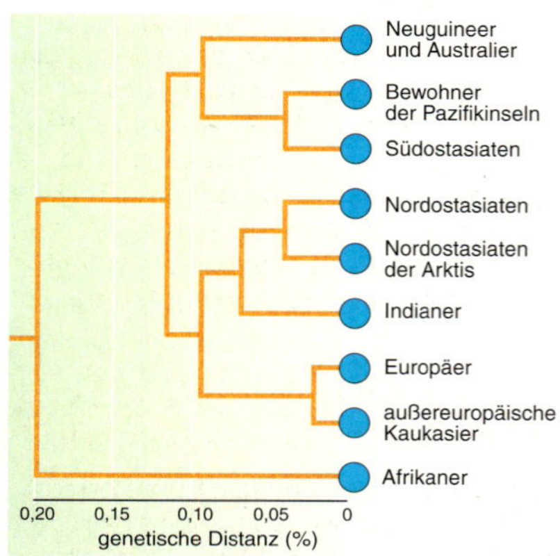

5 Unterschiede in der mt-DNA (vereinfacht)

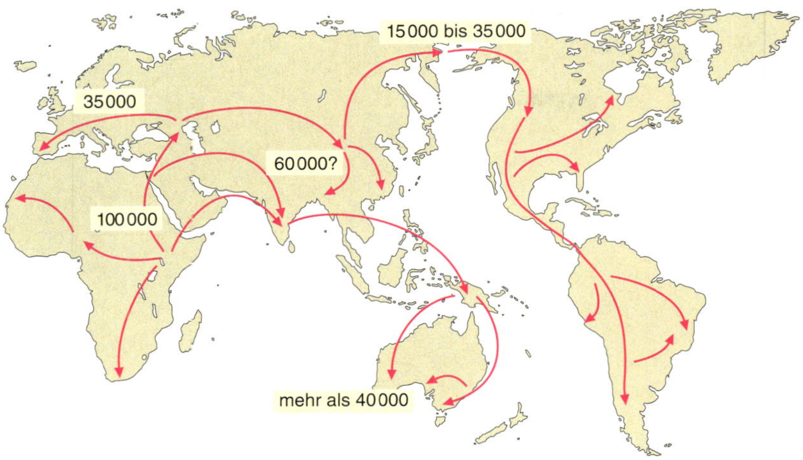

6 Ausbreitung des Homo sapiens nach dem „Out of Africa“-Modell

von Fossilienfunden. Heute wird es auch durch molekularbiologische Befunde gestützt. Dazu wird DNA aus Mitochondrien (mt-DNA) verglichen. Mitochondriale DNA eignet sich hier besonders gut, da sie meistens mütterlich vererbt wird. Die Messdaten von 147 Menschen aus verschiedenen Kontinenten sind in der Abb. 5 auf Seite 70 zusammengefasst:

Bei der Interpretation der Ergebnisse nimmt man an, dass die genetische Distanz, ausgedrückt in Basenpaarunterschieden, sich proportional zur Zeit seit der Trennung der Populationen verhält. Die Eichung dieser „molekularen Uhr“ erfolgte anhand von gut datierbaren anthropologischen Zeugnissen aus Papua-Neuguinea und Australien. Danach entspricht ein Zeitraum von 100 000 Jahren einer mittleren DNA-Änderung von 0,2 bis 0,4 %.

Aufgaben

⑦ Erklären Sie, wie es zu genetischen Veränderungen in der mt-DNA kommen kann und leiten Sie die Bedeutung für Stammbaumanalysen ab.

⑧ Interpretieren Sie die Ergebnisse der mt-DNA-Analyse (s. Abb. 5) und vergleichen Sie diese mit dem in Abb. 6 dargestellten Ausbreitungsweg.

Evolution aktuell

Ein Beispiel, an dem man Evolution aktuell beobachten kann, sind die Mönchsgrasmücken, die im Winter aus Mitteleuropa in wärmere Gebiete ziehen.

Ursprünglich waren zwei Gruppen der Mönchsgrasmücken bekannt: die westlich lebenden Tiere zogen über die Iberische Halbinsel nach Nordafrika, die östlich lebenden über den Balkan in den Nahen Osten.

Zugzeit und -richtung sind angeboren und werden intermediär vererbt, d. h. die Nachkommen zeigen einen Mittelwert aus den Werten der Eltern.

Wie gut sich die Zugvögel nach ihrer Rückkehr in die Sommerquartiere fortpflanzen können, hängt davon ab, wie schnell sie ein Brutrevier besetzen können und wie viel Nährstoffreserven sie noch haben, um ihr Revier zu verteidigen und Eier bilden zu können.

Das Zugverhalten (s. Abb. 7) hat sich seit den 1960er Jahren deutlich verändert: Die meisten Vögel ziehen nicht mehr nach Afrika, sondern nur noch nach Südwest- bzw. Südosteuropa („Südwest- bzw. Südostzieher“ – rote Pfeile), Vögel aus den nordwestlichen Regionen ziehen nach England oder Irland („Westzieher“ – grüner Pfeil). Ihr Anteil nimmt ständig zu.

Aufgaben

⑨ Erläutern Sie die Ursachen, die der Verkürzung der Zugwege – Südeuropa statt Afrika – zugrunde liegen dürften.

⑩ Diskutieren Sie die Selektionsvorteile der „Südeuropa-Zieher“ gegenüber den „Afrika-Ziehern“.

⑪ Vergleichen Sie damit die Selektionsvorteile der „Westzieher“ gegenüber den „Südwestziehern“.

⑫ Finden Sie Gründe dafür, dass sich „Westzieher“ bevorzugt mit anderen „Westziehern“ paaren.

⑬ Diskutieren Sie die Gründe, wieso Bastarde von West- und Südwestziehern massive Selektionsnachteile haben.

⑭ Stellen Sie eine begründete Hypothese dafür auf, dass sich aus den Mönchsgrasmücken zwei getrennte Populationen und eventuell sogar zwei Arten entwickeln könnten.

Die Evolutionsgeschwindigkeit scheint bei den Mönchsgrasmücken besonders hoch zu sein. Die üblicherweise angenommenen sehr langen Zeiträume treffen also nicht immer auf Evolutionsvorgänge zu.

Aufgaben

⑮ Stellen Sie an diesem Beispiel eine begründete Hypothese auf, welche Art von Mutationen besonders schnelle Evolution bewirken dürfte.

⑯ Diskutieren Sie, welcher Selektionsfaktor sich so schnell verändert hat, dass sich ein Evolutionsvorgang in so kurzer Zeit zeigen konnte.

7 Zugrichtung bei Mönchsgrasmücken

Mönchsgrasmücke

Ökologie

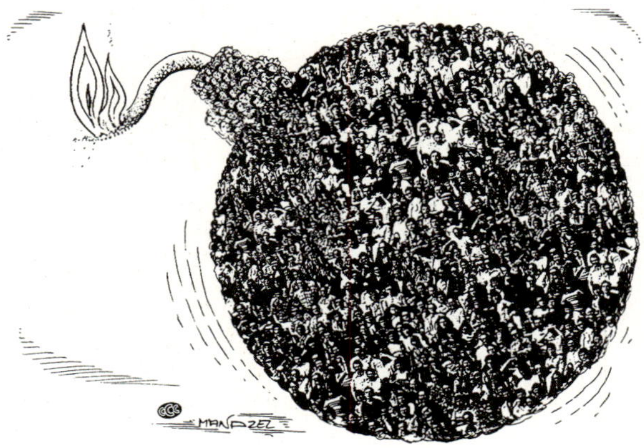

Populationsdynamik

Immer wieder gibt es zwischen einzelnen Personen oder ganzen Nationen kriegerische Auseinandersetzungen. Unabhängig davon, aus welchen Gründen diese Konflikte auftreten, ein Faktor trägt auf unterschiedliche Weise immer dazu bei: das anhaltende Bevölkerungswachstum angesichts knapp werdender Ressourcen.

Die Bevölkerungsexplosion ist gegenwärtig das beachtlichste biologische Phänomen. Über sechs Milliarden Menschen auf der Erde benötigen Wasser, Nahrung, Rohstoffe, Energie und vor allem Platz.

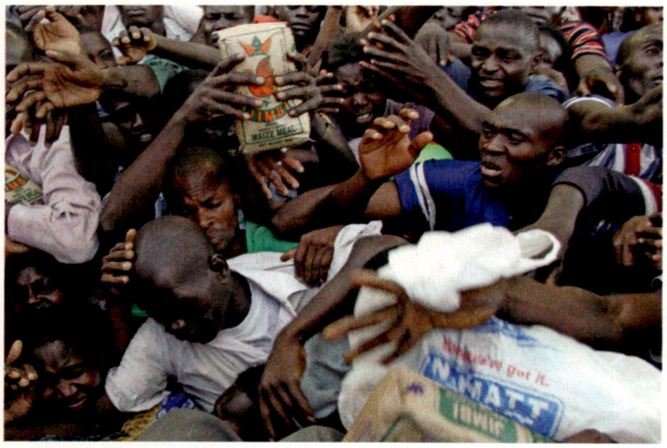

Um die Problematik dieses Bevölkerungswachstums verstehen zu können, muss man die Dynamik von Populationen allgemein bewerten können. Ursachen für die Veränderung einer Population hinsichtlich ihrer Größe und Zusammensetzung müssen erkannt und richtig beurteilt werden.

Der Mensch als Umweltfaktor

Ein Umweltfaktor wirkt auf Lebewesen entweder fördernd oder schädigend. Durch das rasante Anwachsen der Erdbevölkerung ist der Mensch zu einem bedeutenden Umweltfaktor geworden. Unsere fast uneingeschränkte Ausbreitung, unser zum Teil umweltzerstörendes, kurzsichtiges Handeln verändert die Biosphäre in einem zuvor nie da gewesenen Ausmaß.

Für die Zukunft kann eine Lösung der Probleme nur durch nachhaltige, umweltverträgliche Nutzung der Ressourcen erreicht werden.

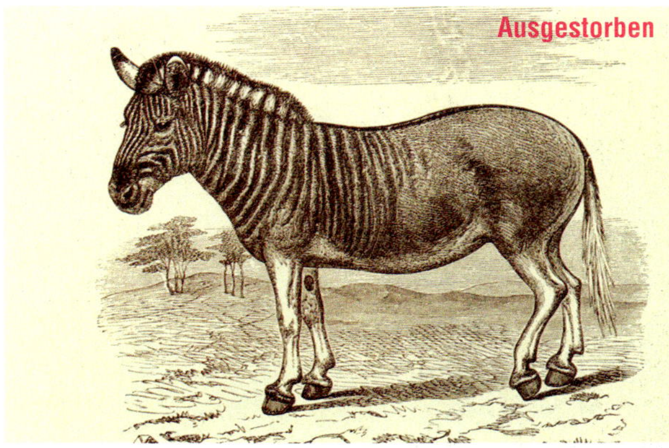

Biodiversität

Der Mensch hat häufig gewissenlos biologische Ressourcen ausgeraubt, unzählige Tier- und Pflanzenarten sind ausgestorben. War früher zumeist die Jagd Ursache der Ausrottung, sind heute die meisten Arten durch die Zerstörung ihrer Lebensräume bedroht.

Artenvielfalt beeinflusst auch die Stabilität eines Ökosystems. Durch eine abnehmende Diversität sind weniger Vernetzungen zwischen den Arten möglich und verändernde Einflüsse werden schlechter abgepuffert. So wird ein Ökosystem empfindlicher gegenüber Störungen.

Land	Bevölkerung insgesamt (Millionen)			Bevölkerung Mitte 2008	Wachstumsrate pro Jahr (2008)
	1980	2005	2030		
Äthiopien	37,138	78,986	137,052	79,1	0,025 (2,5%)
Brasilien	121,615	186,831	236,480	195,1	0,013 (1,3%)
Deutschland	78,289	82,652	79,348	82,2	-0,002 (-0,2%)
Japan	116,807	127,897	118,252	127,7	-0,0 (-0,0%)

1 Bevölkerungsentwicklung einzelner Länder

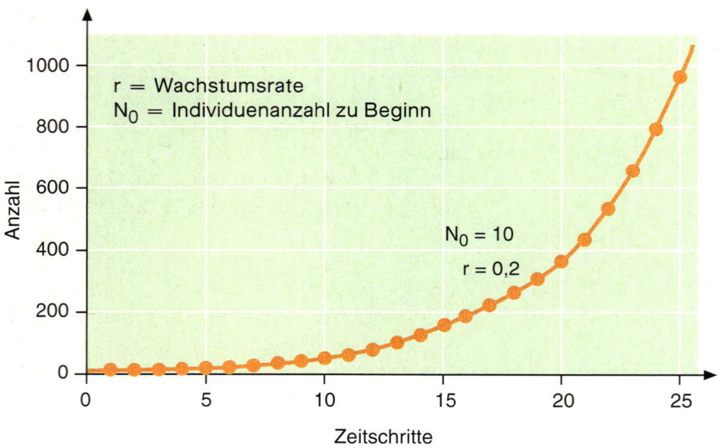

2 Exponentielles Wachstum

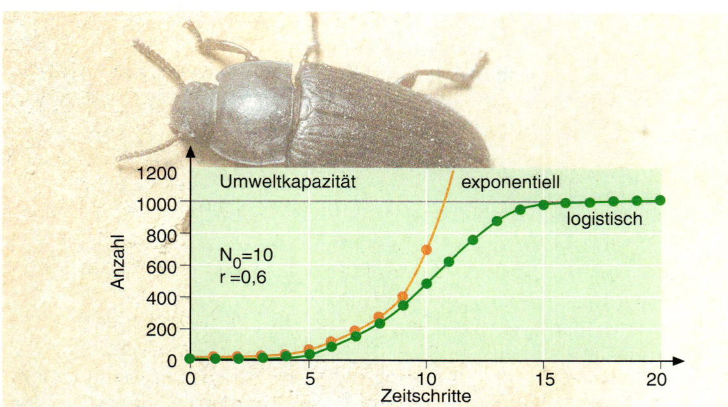

3 Logistisches Wachstum

Wachsende Populationen

In jeder Population verändern sich die Individuenzahlen ständig durch Geburten und Sterbefälle sowie durch Zu- oder Abwanderung. Die Populationen wachsen oder werden kleiner. Ein unbegrenztes Wachstum ist aufgrund endlicher Ressourcen offensichtlich unmöglich. Dies gilt ebenso für Menschen. Für alle Nationen ist es daher wichtig, ihre Bevölkerungsentwicklung einschätzen zu können, um Maßnahmen für die zukünftige Versorgung frühzeitig treffen zu können. Vermutlich ist nur der Mensch in der Lage, solche begrenzenden Faktoren über seinen Intellekt bewusst zu steuern oder wenigstens zeitaufschiebend zu manipulieren.

Vergleicht man die Veränderungen zweier Populationen im Laufe mehrerer Jahre, so zeigt sich ein unterschiedlicher Zuwachs. Die absoluten Veränderungen sind jedoch wenig aussagekräftig, denn sie beziehen sich auf verschiedene Ausgangswerte. Besser geeignet sind daher Werte der relativen Veränderungen. Sie werden *Wachstumsraten* genannt (Abb. 1). In vielen Ländern weist die menschliche Bevölkerung jährliche Wachstumsraten zwischen 0,01 (1 %) und 0,03 (3 %) auf, in manchen Ländern, wie z. B. in Deutschland, ist die Wachstumsrate negativ, das bedeutet eine Abnahme der Bevölkerung im angegebenen Zeitraum.

Exponentielles Wachstum

Um die zukünftige Bevölkerungsentwicklung berechenbar zu machen, konstruiert man aus derartigen Daten ein mathematisches Modell, das die dahinter stehenden Gesetzmäßigkeiten erfasst. Eine erste Näherung stellt das Modell des *exponentiellen Wachstums* dar (s. Abb. 2). Zuwanderung und Abwanderung werden aus Gründen der Vereinfachung im Modell nicht berücksichtigt. Es nimmt außerdem unbegrenztes Wachstum an und verwendet konstante Geburten- und Sterberaten und damit eine unveränderliche Wachstumsrate. Das exponentielle Wachstum stellt das einfachste Modell zur Darstellung von Populationsentwicklungen dar.

Bei Mehlkäfern kann man beobachten, dass unter Laborbedingungen das Populationswachstum mit der Verknappung der Ressourcen zum Stillstand kommt, die Anzahl bzw. *Dichte* (Individuenzahl pro Fläche) nimmt nicht weiter zu. Dies entspricht aber nicht dem exponentiellen Wachstum, das ja sehr vereinfachend unbegrenztes Wachstum annimmt. Das Modell des exponentiellen Wachstums wird daher durch ein entsprechend weiterentwickeltes Modell, in dem logistische Wachstumskurven abgespeichert werden können, ersetzt.

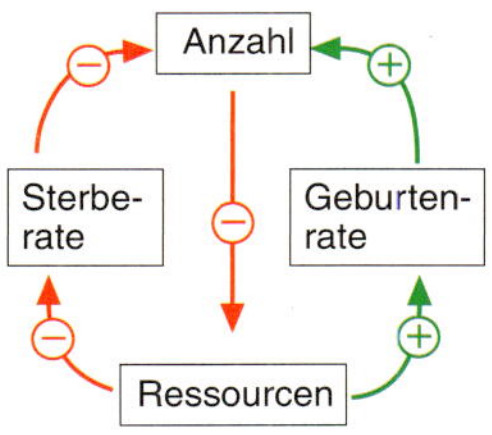

Logistisches Wachstum

Die Wachstumsrate wird beim exponentiellen Wachstum als konstant angesehen. Sie muss aber veränderlich sein und mit zunehmender Populationsgröße abnehmen, wie der Mehlkäfer-Versuch verdeutlicht. Beobachtungen an realen Populationen zeigen, dass die Wachstumsrate im Wesentlichen von der Versorgung mit Ressourcen abhängt. Allgemein gilt, dass mit zunehmender Populationsgröße der Ressourcenanteil für jedes einzelne Individuum abnimmt, was u. a. eine geringere Fruchtbarkeit zur Folge hat.

Die Geburtenrate nimmt ab, während gleichzeitig die Sterberate zunimmt. Eine Population wächst, solange die Geburtenrate größer ist als die Sterberate. Bei einer bestimmten Individuenanzahl werden beide gleich groß: Das Populationswachstum kommt zum Stillstand. Diese Anzahl wird „Umweltkapazität" (K) genannt; sie gibt an, wie viele Individuen in einem Lebensraum maximal leben können. Diese Annahme enthält das Modell des logistischen Wachstums (s. Abb. 74.3) (▶ s. S. 181).

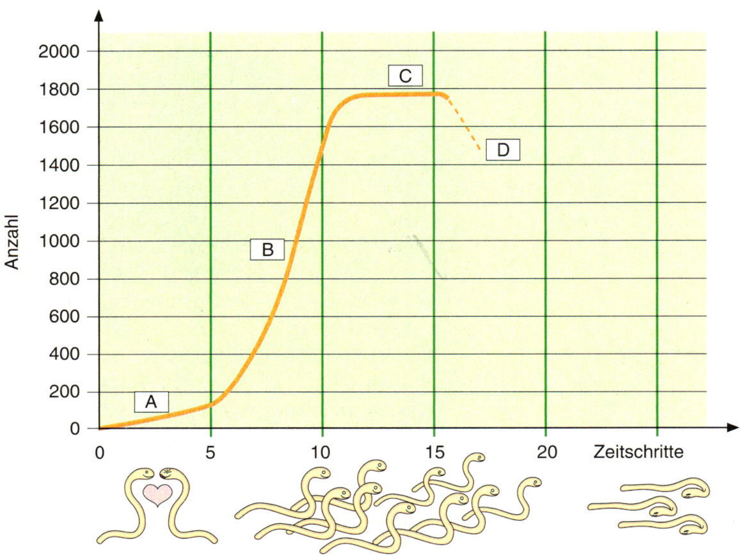

1 Wachstumskurve einer Laborkultur

Entwicklung einer neu gegründeten Population

Eine Population von Mikroorganismen in kleinen Laborkulturen zeigt annähernd diese Entwicklungsphasen (Abb. 1): (▶ s. S. 181)

Zu Beginn des Experimentes, in der *Anlaufphase* (A) passen die wenigen Individuen ihren Zellstoffwechsel auf das Nährmedium an. Das benötigt eine gewisse Zeit, in der die Wachstumsrate entsprechend noch sehr klein ist.

Danach wächst in der *Vermehrungsphase* (B) die Population exponentiell. Man kann einen explosionsartigen Anstieg der Individuenzahl beobachten. Alle lebensnotwendigen Ressourcen stehen den einzelnen Individuen in ausreichenden Mengen zur Verfügung. Die Geburtenrate ist bei Weitem größer als die Sterberate.

Aufgrund der Verknappung der Ressourcen kommt es dann in der *Stationären Phase* (C) zum Stillstand des Populationswachstums. Es besteht ein Gleichgewichtszustand, bei dem nun die Geburtenrate gleich der Sterberate ist. Damit ist die Umweltkapazität erreicht. Diese Populationsgröße kann in Laborkulturen zum Beispiel von der Verknappung der Nahrung oder der Anhäufung giftiger Stoffwechselprodukte bestimmt werden.

Wird die Sterberate größer als die Geburtenrate, beginnt die *Absterbephase* (D). Die Populationsgröße sinkt, im Extremfall geht sie gegen Null. Das bedeutet die Population stirbt ab.

Aufgaben

① Berechnen Sie die Bevölkerungszahl der Länder (Abb. 74.1) für das aktuelle Jahr und vergleichen Sie ihre Ergebnisse mit aktuellen Angaben aus dem Internet. Nehmen Sie vereinfachend exponentielles Wachstum an.

② Ein Bakterium verdoppelt sich alle 20 Minuten. 10^{12} Bakterien wiegen 1 g. Berechnen Sie unter diesen Voraussetzungen, wie groß die Individuenzahl nach 48 Stunden ist und welche Masse sie auf die Waage bringt.

③ Nennen Sie drei abiotische Faktoren (▶ s. S. 173), die einen Einfluss auf eine Population von Mikroorganismen in kleinen Laborkulturen ausüben konnten und erläutern Sie ihre Wirkung.

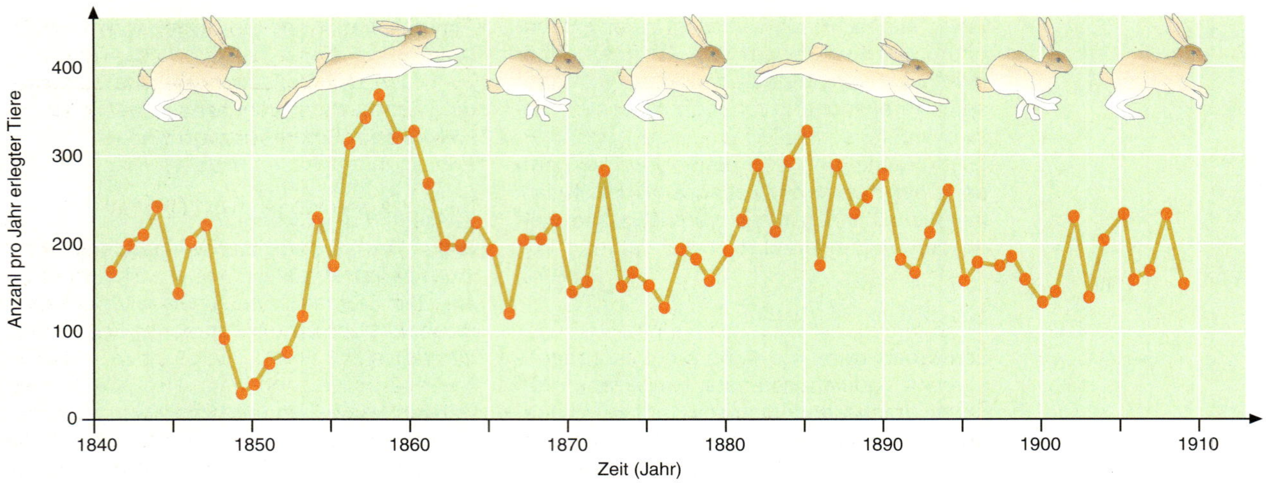

1 Hasenpopulation in Liechtenstein, gemessen als Anzahl pro Jahr erlegter Tiere

Populationsdichten verändern sich

Verfolgt man die Individuenzahlen in einer Population, wie z. B. bei Hasen (s. Abb. 1), über mehrere Jahre, so kann man deutliche Schwankungen feststellen. Populationsgrößen sind allgemein nicht konstant. Die ursächlichen Faktoren für diese Schwankungen lassen sich im Wesentlichen in zwei Gruppen einteilen, in *dichteunabhängige* und *dichteabhängige Faktoren*.

Dichteunabhängige Faktoren

Zum einen kann es sich dabei um Katastrophen oder ungünstige Bedingungen handeln, die viele Individuen nicht überleben. Kühle und feuchte Witterungsbedingungen im Frühjahr lassen viele Jungtiere der Hasen erfrieren und bedingen zusätzlich ein schlechtes Wachstum ihrer Nahrungsressourcen, sodass die Versorgung aller Individuen abnimmt. Unter solchen Bedingungen wächst die Population nicht oder nimmt sogar ab. Andererseits können in feuchten und warmen Sommern besonders gute Bedingungen herrschen, sodass viele Ressourcen vorhanden sind und eine gute Versorgung gegeben ist. Viele Nachkommen und erwachsenen Tiere überleben dann und die Population nimmt stark zu.

In derartigen Fällen hat die aktuelle Individuendichte keinen Einfluss auf die Populationsschwankungen, die Ursachen liegen außerhalb der Population. Diese dichteunabhängigen, unregelmäßigen Schwankungen der Populationsgröße werden *Fluktuationen* genannt.

Dichteabhängige Faktoren

Bei anderen, meist regelmäßigen Schwankungen besteht ein Zusammenhang mit der Größe der eigenen oder anderer Populationen (Abb. 2). Solche regelmäßigen Schwankungen werden *Oszillationen* genannt. Verschiedene Ursachen können ihnen zugrunde liegen.

Die Individuen einer Population können beispielsweise ihre Ressourcen aufbrauchen. In der Zeit, die zu deren Regeneration erforderlich ist, bricht die Population zusammen. Nach Erneuerung der Ressourcen kann die nun kleine Population erneut anwachsen und der Ablauf wiederholt sich regelmäßig.

Fluktuationen
unregelmäßige Dichteschwankungen

Oszillationen
regelmäßige Dichteschwankungen

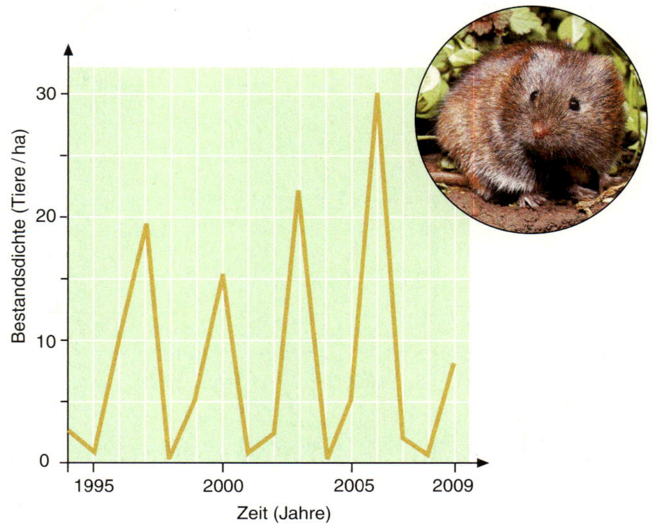

2 Oszillierende Wühlmauspopulation

Entscheidend für die Zykluslängen ist dabei einerseits, wie gut eine Population mit knappen Ressourcen überleben kann, und andererseits, wie schnell sich diese erneuern. Nahrung oder Trinkwasser sind z. B. dichtebestimmende Ressourcen, sie werden bei großen Populationsdichten nicht nur knapper, sondern sind durch Kot und Urin oft verschmutzt und dadurch unbrauchbar oder toxisch.

Auch Infektionskrankheiten können Dichteschwankungen verursachen. Mit zunehmender Populationsdichte wird eine Ansteckung immer wahrscheinlicher, Infektions- und Sterberate steigen, die Individuenzahl sinkt. Besonders bei Wirbeltieren verursacht eine hohe Populationsdichte und gedrängtes Zusammenleben psychischen Stress und kann zu Aggressivität und Unfruchtbarkeit führen.

Analysiert man die Schwankungen natürlicher Populationen, so zeigt sich, dass in allen Fällen dichteunabhängige und dichteabhängige Faktoren gleichzeitig und in unterschiedlicher Stärke wirksam sind.

Dichteeinflüsse mit Zeitverzögerung

Nicht jede Ressourcenverknappung wirkt sich sofort auf die Geburten- und Sterberate aus. Die Dichte einer Art, die wie die Wühlmaus Nahrungsvorräte anlegt, also Ressourcen speichert, wird erst mit einer zeitlichen Verzögerung sinken. Auch bei Insekten mit vollkommener Metamorphose lässt sich diese Zeitverzögerung beobachten: Fehlt die Wirtspflanze einer Raupe, wird sich das auf die Dichte der Falter zunächst nicht auswirken, denn sie ernähren sich von Nektar. Erst die in der nächsten Saison schlüpfenden Raupen sind betroffen.

Zettelkasten

Ursachen von Oszillationen: Experimente mit dem Großen Wasserfloh

Populationen des *Großen Wasserflohs (Daphnia magna)* wurden in 50 ml Wasser gehalten und regelmäßig mit gleicher Futtermenge versorgt. Die täglichen Geburten und Sterbefälle wurden ausgewertet und jeweils die aktuelle Populationsgröße ermittelt. Zwei Populationen wurden im Experiment bei verschiedenen Temperaturen gehalten (18 °C und 25 °C). Im Ergebnis zeigten sich deutliche Unterschiede zwischen den Versuchsansätzen.

Die bei niedrigen Temperaturen gehaltene Population erreichte nach einer Wachstumsphase eine etwa gleich bleibende Populationsgröße (ca. 120 Individuen). Der Wachstumsverlauf entsprach annähernd logistischem Wachstum. Bei höheren Temperaturen zeigten sich unter ansonsten gleichen Bedingungen deutliche Schwankungen. Aus den ebenfalls ausgezählten Geburtenzahlen und Sterbefällen ergeben sich mögliche Erklärungen für die beobachteten Unterschiede.

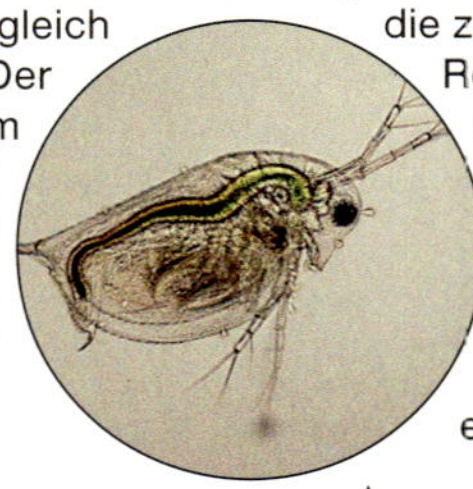

Im kühleren Gefäß verlaufen Stoffwechselprozesse langsamer (RGT-Regel). Verbrauch und Verwertung der Ressourcen erstrecken sich über einen längeren Zeitraum und so verlaufen Geburten und Sterbefälle weitgehend gleichmäßig und parallel; die Population bleibt annähernd konstant.

Im wärmeren Gefäß verlaufen dagegen alle Prozesse schneller. Rasche Ressourcenaufnahme steigert kurzzeitig die Geburtenrate und senkt die Sterberate, die beide damit nicht mehr gleich verlaufen. Es kommt zu einer Wachstumsphase, die zu höherem Verbrauch führt und letztlich in einer Ressourcenknappheit endet. Die Geburten nehmen daraufhin ab, die Sterbefälle nehmen zu und die Population wird wieder kleiner. Im Experiment scheint sich eine dritte Phase anzuschließen, in der möglicherweise der bakterielle Abbau der toten Daphnien und damit eine Selbstreinigung erfolgt, bis ein erneutes Wachstum einsetzen kann.

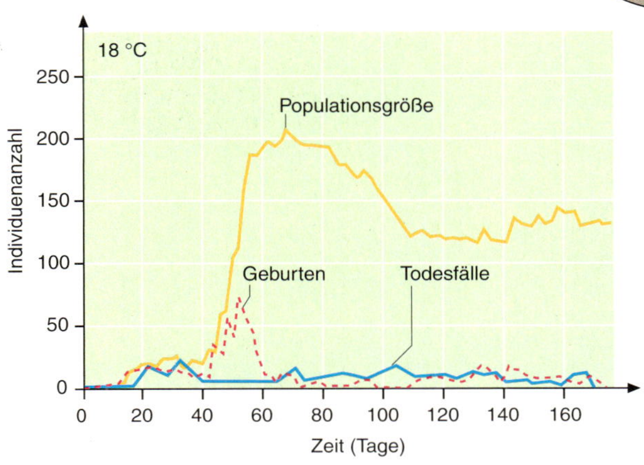

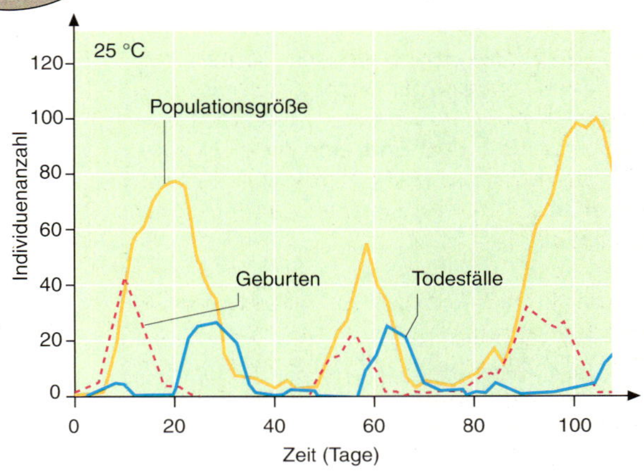

Einfluss biotischer Umweltfaktoren

Es gibt eine Reihe von Faktoren, die die Entwicklung von Populationen beeinflussen. Biotische Umweltfaktoren sind Einflüsse, die von Artgenossen oder artfremden Individuen ausgehen.

Zwischenartliche Konkurrenz

Im Jahre 1934 führte der russische Biologe GEORGIJ F. GAUSE Laborexperimente mit den Paramecien-Arten *P. aurelia* und *P. caudatum* durch. Er fütterte die Paramecien mit Hefezellen und Bakterien. In isolierten Kulturen ließen sich von beiden Arten stabile Populationen züchten. Bei gemeinsamer Kultur verschwand dagegen nach einiger Zeit stets die Art *P. caudatum*.

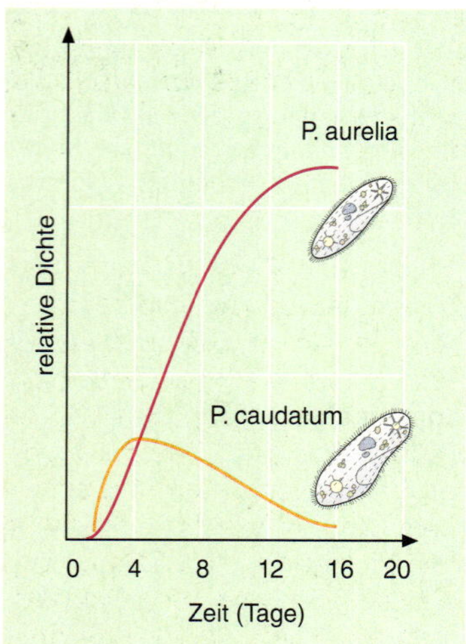

In dem Experiment standen beiden Paramecien-Arten dieselben Nahrungsressourcen zur Verfügung. Es herrschte also starke *zwischenartliche Konkurrenz*. Die verfügbaren Ressourcen bestimmen die Umweltkapazität einer Art. Konkurrierende Arten vermindern die Umweltkapazität der jeweiligen anderen Art. Für die stärker betroffene Art führt dies zu einer Abnahme der Population, während die andere Population noch wachsen kann. Auf längere Sicht wird daher die stärker betroffene Population verschwinden bzw. durch die Konkurrenz verdrängt *(Konkurrenzausschlussprinzip)*.

Symbiose

In Vesikeln des Einzellers *Paramecium bursaria* können zahlreiche Grünalgen der Gattung *Chlorella* leben.

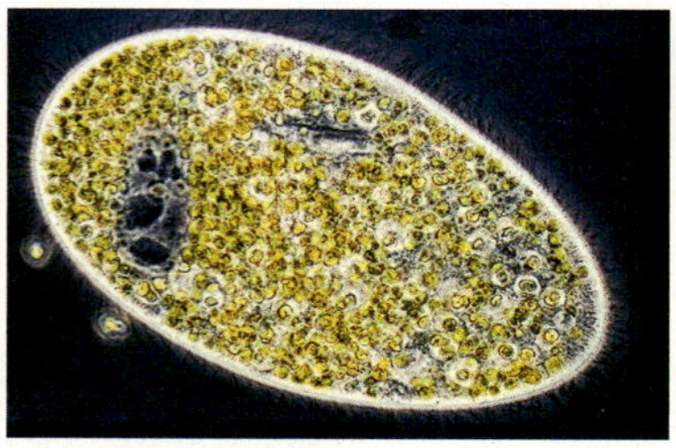

Die Algen vermehren sich innerhalb des Einzellers, der ihnen einen gewissen Schutz, etwas Mobilität, vor allem aber eine hohe Mineralstoff- und Kohlenstoffdioxidkonzentration bietet. Auch die Einzeller profitieren von den Algen: Ist organische Nahrung *(Detritus)* für sie knapp, beziehen sie Vitamine und Nährstoffe aus den Algen.

Eine solche zwischenartliche Beziehung mit gegenseitigem Nutzen wird Symbiose genannt.

Alle Arten der Gattung Paramecium strudeln kleine Nahrungspartikel über ihr Mundfeld ein. Dort werden sie in Nahrungsvakuolen übernommen und verdaut. Ähnlich kann *P. bursaria* Chlorella-Algen aufnehmen, verdaut diese jedoch nicht automatisch. Wenn allerdings die Nahrungsbedingungen für *P. bursaria* schlecht werden, verhält sich der Einzeller wie seine Verwandten. Er verdaut die Algen und ernährt sich so von ihnen. Offensichtlich hat *P. bursaria* im Verlauf der Evolution die Fähigkeit erworben, die Abgabe der Verdauungsenzyme zu steuern. Das Beispiel zeigt, dass Symbiose keineswegs immer ein friedliches Miteinander darstellt, sondern oft eher als *Kampfgleichgewicht* betrachtet werden kann. So leben nur bestimmte Chlorella-Arten in *P. bursaria*, andere werden als Nahrung verdaut. Das wiederum deutet daraufhin, dass diese Algenart eine gewisse Resistenz gegen die Verdauung durch *P. bursaria* erworben hat.

Räuber und Beute

Die Maus ist für den Bussard eine Beute, der Bussard für die Maus ein Fressfeind oder Räuber. Bussard und Maus sind ein Beispiel für eine *Räuber-Beute-Beziehung*.

Für einen Räuber ist die Beute eine notwendige Nahrungsressource. Für eine Beute stellt der Räuber eine Bedrohung dar, die sein Leben gefährdet und die Sterberate der Population erhöht.

Die Populationen von Räuber und Beute beeinflussen sich daher gegenseitig. Viele Gesetzmäßigkeiten von Räuber-Beute-Beziehungen treffen nicht nur auf bekannte Beispiele wie Bussard und Maus zu, sondern lassen sich auch bei Pflanzenfressern und ihren Nahrungspflanzen *(Pflanzen-Weidegänger-Beziehung)* wiederfinden. Entsprechendes gilt sogar für Parasiten und ihre Wirte *(Wirt-Parasit-Beziehung)*. Deshalb werden sie im weiteren Sinn ebenfalls zu den Räuber-Beute-Beziehungen gerechnet.

Einen groben Überblick über die Einflüsse von biotischen Umweltfaktoren gibt die folgende Grafik. Die zwei Populationen, die miteinander in Beziehung stehen, werden mit A und B bezeichnet. '+' steht für eine positive, '−' für eine negative Wirkung, die eine Population auf die andere hat.

	Wirkung von A auf B	Wirkung von B auf A
Parasitismus	⊕	⊖
Räuber/Beute	⊕	⊖
Symbiose	⊕	⊕
Konkurrenz	⊖	⊖

K- und r-Fortpflanzungsstrategie

r = Wachstumsrate

Organismen, die viele Nachkommen haben, dafür aber eine kurze Generationsdauer besitzen, bezeichnet man im Allgemeinen als **r-Strategen** (▶ s. S. 181). Zusätzlich ist die Sterberate bei diesen Lebewesen in jeder Altersphase hoch. Ihre Populationen weisen hohe Wachstumsraten auf, da sie kurzzeitig vorhandene Ressourcen schnell nutzen können. Die Bestandsdichte oszilliert deshalb sehr stark.

K = Umweltkapazität

Dagegen sind Lebewesen, die ihre Biomasse in die Sicherung der eigenen Existenz und der i hrer Nachkommen investieren (z.B. Nährstoffspeicherung, Brutpflege, Resistenz gegen Umwelteinflüsse uvm.), durch dieses *Investment* konkurrenzstark und langlebig. Die Populationsgröße solcher Arten bewegt sich nahe der durch die Ressourcen begrenzten Umweltkapazität K; sie werden deshalb **K-Strategen** (▶ s. S. 181) genannt.

Die zwei Strategien, die hier als gegensätzlich gegenübergestellt werden, sind als relativierende Begriffe zu verstehen. Es lassen sich zwischen r- und K-Strategen alle Übergänge finden. Die einem Lebewesen zur Verfügung stehende Energie ist begrenzt. Die Investition in Strukturen, die die Konkurrenzstärke erhöhen, haben zur Folge, dass weniger Energie in die Fortpflanzungsorgane und die Zahl der Nachkommen investiert wird.

Die optimale Strategie zum Überleben von Populationen hängt wesentlich von der Konstanz der Lebensbedingungen ab. So findet man an einem See mit gleichbleibenden Lebensbedingungen viele K-Strategen. Der Schwarzstorch oder der Haubentaucher (s. Abb. 1), die beide intensive Brutpflege betreiben, sind typische Vertreter.

1 Haubentaucher mit Jungen in einem See

Der Grasfrosch – ein weiterer Bewohner des Sees – ist verglichen mit dem Haubentaucher eher als r-Stratege zu bezeichnen. Das Weibchen legt etwa 4000 Eier mit geringem Nahrungsvorrat im Dottersack, es findet keine Brutpflege statt. Die meisten Kaulquappen erreichen nicht das Imagostadium.

Eine Pfütze existiert nur kurze Zeit; sie wird hauptsächlich von typischen r-Strategen wie Einzellern und Wasserflöhen (s. Abb. 2) besiedelt. Die Weibchen der Wasserflöhe pflanzen sich im Frühjahr und Sommer eingeschlechtlich ohne Befruchtung fort. Genetisch betrachtet sind diese Wasserflöhe also Klone mit identischem Erbgut. Da es keine Larvenstadien gibt, ist die Generationsdauer extrem kurz, die Wachstumsrate entsprechend sehr hoch. Innerhalb weniger Wochen kann die Population auf über tausend Individuen anwachsen.

2 Wasserflöhe in einer Pfütze

Auch menschlicher Einfluss kann für die optimale Strategie bestimmend sein. So erlaubt die hohe Samen- oder Sporenproduktion von pflanzlichen r-Strategen die schnelle Besiedelung eines Kahlschlages. Beispiele solcher Pionierarten sind Moose, Flechten und Gräser. So lange der Lebensraum durch den Einfluss des Menschen relativ konkurrenzarm ist, siedeln sich Sträucher und Bäume, wie Weiden, Birken und Pappeln an. Diese zählen ebenfalls zu den r-Strategen. Bleibt die Fläche jedoch ungestört, werden sich langfristig Bäume wie die Buche oder Eiche durchsetzen, die besonders ausgeprägte K-Strategen sind und Jahrhunderte überdauern können.

Land	1990 – 1992	2003 – 2005	2007
Lateinamerika	53	45	51
Asien, Pazifik	582	542	583
Schwarzafrika	169	212	236
Nahost, Nordafrika	19	33	37
Entwickelte Länder	19	16	16
Welt	842	848	923

1 Anzahl chronisch unterernährter Personen (in Millionen)

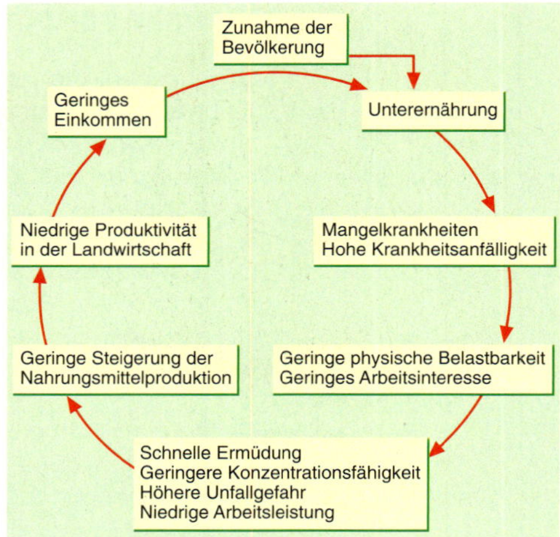

2 Teufelskreis der Armut

Weltbevölkerung und Ressourcen

Weltbevölkerung:
1804: 1 Mrd.
1927: 2 Mrd.
1974: 4 Mrd.
2025: ca. 8 Mrd.
(UN-Schätzung)

Man sprach lange Zeit von einem *superexponentiellen* Wachstum (▶ s. S. 181) der Weltbevölkerung, da die Verdopplungszeit rapide abnahm (s. Randspalte). Seit 2008 teilen sich etwa 6,8 Milliarden Menschen den Platz auf der Erdkugel. Entscheidend für die Zukunft ist die Versorgung der Weltbevölkerung mit Nahrung, Trinkwasser, Rohstoffen und Energie. Rein rechnerisch können die globalen Erträge für alle Menschen ausreichen, es gibt aber deutliche Unterschiede zwischen Industrie- und Entwicklungsländern. Die gerechte Verteilung der vorhandenen Ressourcen wird weiterhin letztlich auch den Weltfrieden beeinflussen.

In den Industrieländern leben nur etwa 25 % der Weltbevölkerung, sie verbrauchen aber rund 80 % der Energie. Dagegen steht 1,4 Milliarden Menschen überhaupt kein Strom zur Verfügung.

Trotzdem ist der weltweite Energiekonsum in den letzten Jahren regelrecht explodiert. Bis zum Jahr 2030 wird er sich voraussichtlich verglichen mit dem Jahr 2000 noch einmal mindestens verdoppeln, zumal die Energienachfrage in den bevölkerungsreichen Ländern China und Indien enorm steigt.

In vielen ärmeren Ländern mangelt es aber nicht nur an Energie für Konsumgüter, hier können oft nicht einmal die lebensnotwendigen Bedürfnisse erfüllt werden. Fast ein Sechstel der Weltbevölkerung leidet unter Nahrungs- und *Trinkwassermangel*.

Hunger ist vor AIDS, Malaria und Tuberkulose die Todesursache Nummer Eins. Die Zahl chronisch unterernährter Personen weltweit stieg im Jahr 2007 wieder (Abb. 1) an. Grund hierfür sind die gestiegenen Nahrungspreise.

Ein Mensch sollte etwa 10 000 kJ pro Tag an Nahrungsenergie aufnehmen. Weniger führt langfristig zur Unterernährung. Dies schwächt den Körper und macht ihn anfällig gegenüber Infektionskrankheiten. Der Hunger belastet aber auch die Wirtschaftskraft eines Landes und verschärft dadurch wiederum die Armut (Abb. 2). Um diesen Teufelskreis zu durchbrechen ist die weltweite Nationengemeinschaft in die Verantwortung genommen.

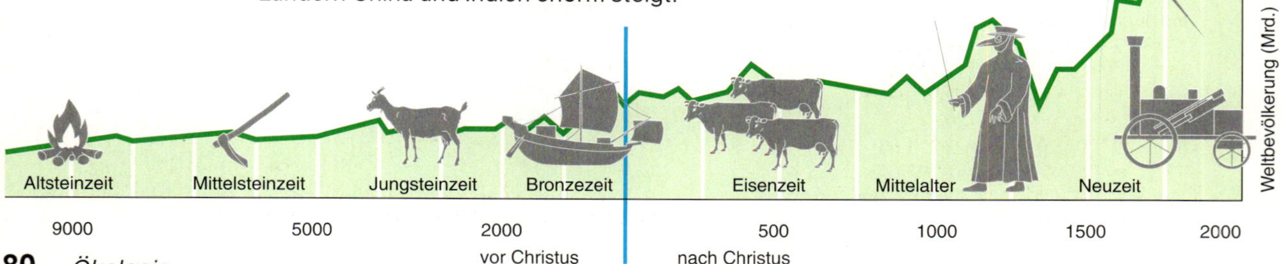

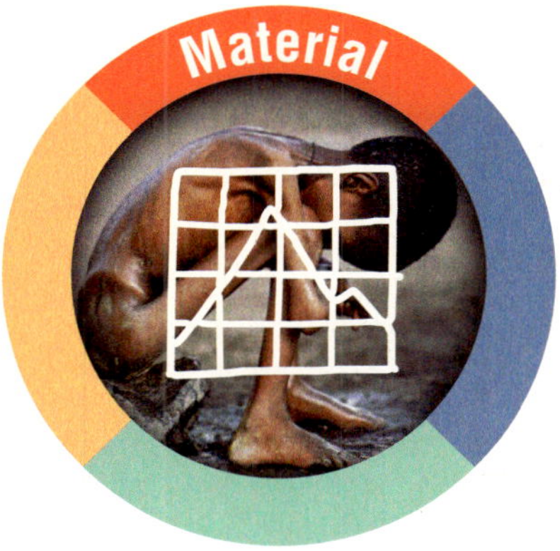

Welternährung

Weltweit gibt es genug Nahrung, um alle Menschen zu ernähren. Allein die Getreideernte von jährlich 1,9 Milliarden Tonnen würde ausreichen, um jeden der über 6 Milliarden Menschen mit den täglich empfohlenen 10 500 kJ und etwa 80 g Eiweiß zu versorgen. Trotzdem wird in vielen Regionen der Erde gehungert, in anderen hat sich Überernährung zu einer Volkskrankheit entwickelt. Etwa 800 000 000 Hungernden stehen ebenso viele Überernährte gegenüber.

Aufgaben

① Benennen Sie in Abbildung 1 die Regionen, in denen Menschen zu viel bzw. zu wenig Nahrung aufnehmen.

② Pflanzliche Produkte können direkt als Lebensmittel von Menschen verzehrt werden *(Primärkilojoule)* oder zur „Veredelung" an Tiere verfüttert werden und dann gegessen werden *(Sekundärkilojoule)*. Um ein Kilojoule tierische Nahrung zu erhalten müssen bis zu sieben Kilojoule Getreide verfüttert werden. Berechnen Sie mithilfe der Abbildung 2, wie viele Primärkalorien ein Deutscher und ein Inder durchschnittlich täglich verzehren.

③ Erläutern Sie anhand Abbildung 3, wie sich Wohlstand auf die Ernährung auswirkt.

④ Für eine gesunde Ernährung ist nicht nur die Menge, sondern auch ihre Qualität wichtig. Vergleichen Sie die Zusammensetzung der Kost in Abbildung 3 mit der empfohlenen Nahrungszusammensetzung (> 50 % Kohlenhydrate, wenig Zucker, < 30 % Fett, davon gesättigte Fettsäuren < 10 %, 9 – 11 % Eiweiß).

⑤ Interpretieren Sie die Aussage „In den Industrieländern herrscht zwar anders als in den Entwicklungsländern Nahrungssicherheit, aber keine Ernährungssicherheit."

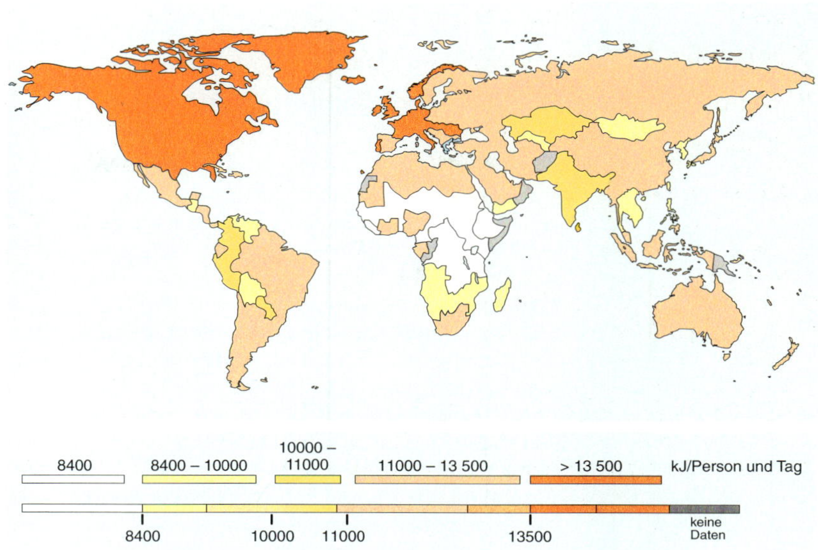

1 Tägliche Nahrungsenergieaufnahme pro Person und Tag (2000 – 2002)

Land	kJ (gesamt)	kJ (pflanzlich)	kJ (tierisch)	Primär-kJ (tierisch)	Primär-kJ (gesamt)
Deutschland	14 700	9 450	5 250	?	?
Indien	9 450	8 820	630	?	?

2 Tägliche Nahrungsenergieaufnahme in Deutschland und Indien

Nährstoffe		Anteil der Nahrungsenergie in %	
		Reiche	Arme
Kohlenhydrate	ohne Zucker	30	75
	Zucker	12	4
Fette	in pflanzlicher Kost (reich an ungesättigten Fettsäuren)	5	2
	in tierischer Kost	18	8
	als isolierte Produkte	15	2
Eiweiß	in pflanzlicher Kost	4	9
	in tierischer Kost	8	1
Alkohol		7	3
kJ		14 700	8 820

3 Einfluss des Wohlstands auf die Zusammensetzung der Kost

Industrielle Landwirtschaft

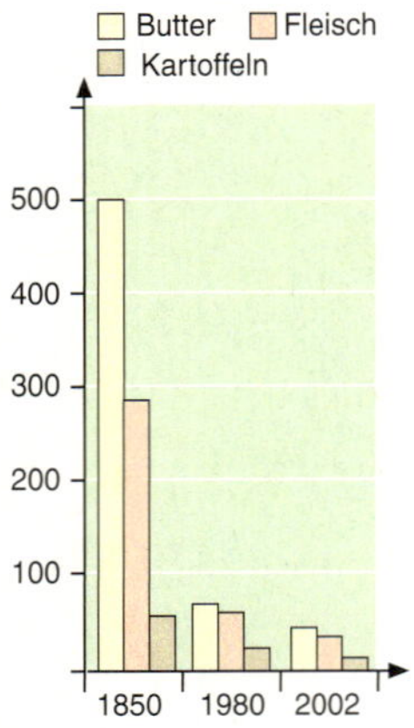

Arbeitszeit für 1 kg Nahrungsmittel in Minuten

So weit das Auge reicht, ein riesiges Getreidefeld. Mähdrescher ziehen Bahnen. In regelmäßigen Abständen wird das Korn auf ihre Anhänger befördert. Wenige Personen bewältigen die Arbeit, für die früher viele Landarbeiter notwendig waren. Waren es 1930 in landwirtschaftlichen Betrieben noch 149 Arbeitsstunden pro Hektar, sind es heute weniger als zwei. Landwirtschaftliche Betriebe sind heute auf einem industrieähnlichen Stand der Produktionstechnik.

Verschiedene Gründe haben zu dieser Form der Landwirtschaft geführt. Die Lohnkosten stiegen wesentlich schneller als die Erzeugerpreise. Nur durch Rationalisierung und Mechanisierung konnte dieser Unterschied ausgeglichen werden. Dies führte zu einer Umstrukturierung der landwirtschaftlichen Betriebe. Während die Anzahl dieser Betriebe in den letzten Jahren gesunken ist, hat sich die Größe der Höfe in den Jahren von 1950 bis heute mehr als verdoppelt. Eine Leistungssteigerung war nur durch den stärkeren Einsatz von Maschinen möglich. Der zunehmende Einsatz von Maschinen ist jedoch nur bei einer Vergrößerung der Nutzfläche oder Viehbestände ökonomisch sinnvoll. Die Leistungssteigerung dieser Betriebe zeigt sich in einem Produktionsvergleich der letzten Jahrzehnte.

1950 ernährte ein Landwirt durchschnittlich 10 Menschen, 2000 bereits 140. Die jährliche Nahrungsmittelmenge pro Kopf der Bevölkerung nahm im gleichen Zeitraum von 800 kg auf 1300 kg zu. Die Erzeugerpreise sanken gleichzeitig drastisch. Solche niedrigen Erzeugerpreise sind nur mit einem hohen maschinellen Aufwand realisierbar. Ein ökologisch wichtiger Aspekt ist der Anstieg des Fleischkonsums in den Industriestaaten. Dieser Konsum hat Auswirkungen auf die Fleischproduktion weltweit (Abb. 83.1). Diese „Nahrungsmittelveredelung“ führt dazu, dass im Vergleich mehr pflanzliche Futtermittel angebaut werden müssen, als bei vorwiegend pflanzlicher Ernährung nötig wäre (s. S. 81).

Flurbereinigungen gingen einher mit der Bildung von Großbetrieben, was zwar zu einer ökonomisch verbesserten, aber ökologisch verarmten Landschaft führte. Aus den kleinflächig parzellierten Fluren wurden durch Zusammenlegung von Grundstücken maschinengerechte Anbauflächen. Hecken, kleine Feldgehölze oder Feuchtgebiete mussten weichen. Die Anzahl der in den bereinigten Landschaften lebenden Tier- und Pflanzenarten ging zurück. Vögeln, Marienkäfern oder Florfliegen z. B. diente die Hecke als Lebensraum. Diese verminderten die Massenvermehrung der Schadinsekten.

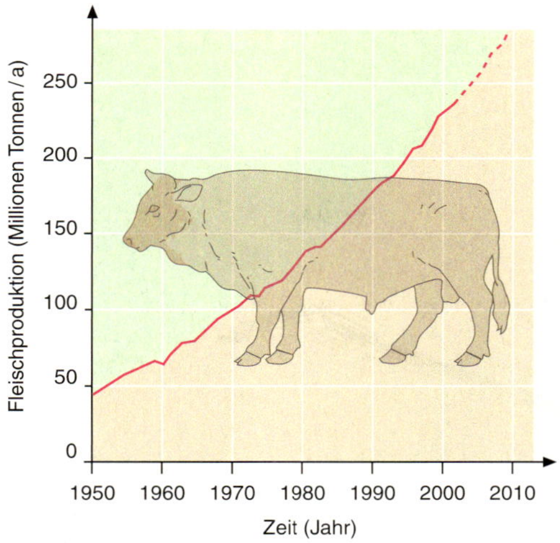

1 Fleischproduktion (weltweit)

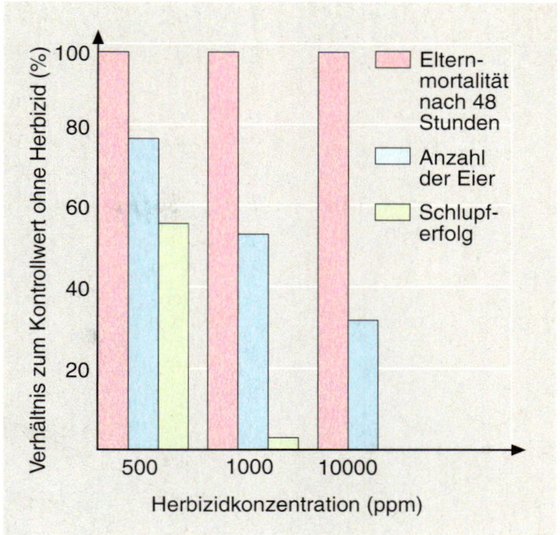

2 Einwirkung eines Herbizids auf Springschwänze

Pestizid
lat. *pestis* = Seuche
lat. *caedere* = töten

vernichtet unspezifisch viele Pflanzen und Kleinlebewesen wie Insekten

Herbizid
lat. *herba*= die Pflanze, das Kraut

vernichtet unerwünschte Pflanzen

Fungizid
lat. *fungus* = der Pilz

vernichtet Pilze

Insektizid
Stoff, der Insekten vernichtet

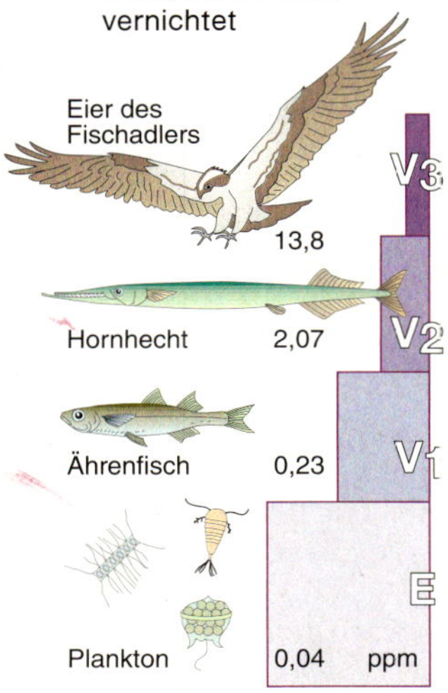

DDT in der Nahrungskette

Die riesigen Pflanzenbestände einer Art in einem zusammenhängenden Lebensraum begünstigen die Verbreitung von Schadorganismen. Die Vernichtung von Schadinsekten, Pilzen oder den ursprünglichen Pflanzen *(Wildkräutern)* wird nicht mehr nur mechanisch oder durch Fruchtwechsel, sondern mit hochwirksamen Giften durchgeführt.

Schadstoffeintrag

Der verantwortungsvolle Einsatz von Pestiziden ist nicht nur wegen der akuten Gesundheitsrisiken notwendig. Die Wirkung dieser Stoffe auf Ökosysteme mit einer Anreicherung *(Bioakkumulation)* über die Nahrungskette im Fettgewebe von Tieren und Menschen ist eine große Gefahr (s. Randspalte). Innerhalb der Nahrungspyramide müssen etwa 100 g Nahrung aufgenommen werden, um 10 g körpereigene Biomasse aufbauen zu können. Dadurch reichert sich ein Giftstoff im Körper an. Die Wirkung ist besonders stark, wenn die Giftstoffe nur langsam abgebaut werden.

Entscheidend für einen Einsatz von Pestiziden ist deshalb der schnelle Abbau der Giftstoffe auf oder innerhalb der Pflanzen, um einen späteren Verzehr ohne gesundheitliche Schäden und Risiken zu ermöglichen. Dabei muss ausgeschlossen werden, dass die beim Abbau anfallenden Stoffe ebenfalls eine gesundheitsschädigende Wirkung haben. Die Bewertung der *Toxizität*, d. h. der Giftigkeit, ist in Laborversuchen zwar feststellen, kann in der Natur jedoch anders ausfallen. Die Vielfalt der Faktoren in der Natur kann im Labor immer nur unzureichend nachgeahmt werden. Beim Test eines Herbizids stellte man z. B. fest, dass die Toxizität des Wirkstoffes auf die zu den flügellosen Urinsekten gehörenden Springschwänzen bei höheren Konzentrationen sehr gering war. Die Tierpopulation ging aber trotzdem stark zurück, weil eine toxische Wirkung bereits auf die Entwicklung der Eier erfolgte (Abb. 2).

Insektizide können Insekten direkt töten, deren Entwicklung hemmen oder sie sterilisieren. Die Wirkstoffe können hierbei als Fraß-, Kontakt- oder Atemgifte von den Insekten aufgenommen werden. DDT war das erste effektive Fraß- und Kontaktgift, das im großen Industriemaßstab hergestellt wurde. Es schädigt das Nervensystem der Insekten und tötet sie. Ein Vorteil ist die gute Verträglichkeit für die behandelten Pflanzen. Nachteile des DDT sind, dass es auch bei Wirbeltieren als Nervengift wirkt und dass es nur sehr langsam abgebaut wird. Seine Toxizität ist zwar sehr gering, aber es reichert sich im Fettgewebe an. Bei Greifvögeln sank der Bruterfolg, da deren Eierschalen durch DDT so dünn wurden, dass sie beim Brüten zerbrachen. Anwendung und Produktion von DDT ist bereits in vielen Ländern verboten. Da DDT jedoch sehr preiswert ist, wird es in den armen Ländern auch weiterhin zur Bekämpfung der Malaria übertragenden Anophelesmücke eingesetzt.

Neu entwickelte Produkte wirken meist schon selektiver nur auf ganz bestimmte Organismen, ohne dass dieser Wirkstoff andere Organismen schädigt.

1 Mungo

2 Ochsenfrosch im Größenvergleich

Biologische Invasion

Unter *biologischer Invasion* (▶ s. S. 182) wird der gesamte Prozess der raschen Besiedlung eines neuen Gebietes durch gebietsfremde Organismen verstanden. Während die natürliche Einwanderung von Lebewesen normalerweise so langsam verläuft, dass die einheimischen Arten die einwandernde Art zurückdrängen oder selbst neue Nischen besetzen können, sind von Menschen bewusst oder unbewusst verursachte Einschleppungen von Organismen für einheimische Arten oft lebensbedrohlich.

Rosskastanienminiermotte

Tiertransfer

Ein bekanntes Beispiel ist die Einführung des Mungos (Abb. 1), einer marderähnlichen Schleichkatzenart aus Ostindien, auf Jamaika im Jahre 1872. Diese sollte auf der Insel die Rattenplage in den Zuckerrohrfeldern bekämpfen. Die Mungos vermehrten sich so stark, dass sie schließlich ihr Beutespektrum erweiterten. So wurden u. a. auch Vögel und Eidechsen dezimiert, die bisher die Schadinsekten in den Zuckerrohrfeldern gefressen hatten. Diese Schadinsekten führten bereits 1890 zu größeren Ernteeinbußen als zuvor die Ratten.

Befallenes Rosskastanienblatt

Ein weiteres Beispiel ist der ursprünglich aus Nordamerika stammende Ochsenfrosch (Abb. 2). Er wurde in den 1970er-Jahren in Italien eingeführt. Die Froschschenkel wurden als Delikatesse für Feinschmecker gehandelt. Mittlerweile findet man diese riesige Froschart in vielen europäischen Ländern, unter anderem in Deutschland.

Das Beutespektrum des Ochsenfrosches reicht von einheimischen Amphibien und Reptilien bis hin zu Fischen, Krebsen, Vögeln und Nagetieren. So gefährdet diese eingeführte Art schließlich die gesamte Biozönose (▶ s. S. 165) eines Sees, weil sie nicht auf natürliche Fressfeinde trifft.

Im Gegensatz zum Ochsenfrosch, der gezielt eingeführt wurde, erfolgte die Verbreitung der Rosskastanienminiermotte (siehe Randspalte) unabsichtlich. Man vermutet, dass die nur wenige Millimeter großen Motten-Larven in Kastanienblättern auf Lastwagen oder Bahnwaggons eingeschleppt wurden. Pro Jahr sind sie auf diese Weise von Mazedonien, wo sie 1984 entdeckt wurden, 80 bis 100 Kilometer weit nach Norden und Westen vorgedrungen. Inzwischen findet man sie überall in Deutschland. Auch sie haben hier keine natürlichen Feinde, sodass ihre Population stark zunimmt. Die Larven befallen ausschließlich die Blätter der weiß blühenden Gemeinen Rosskastanie. Das zerstörte Blattgewebe trocknet aus und wird braun (siehe Randspalte).

Aufgaben

① Informieren Sie sich über weitere Beispiele für Tiertransfer und erläutern Sie die Auswirkungen, die diese Invasoren verursachen.

② Diskutieren Sie, inwiefern die fortschreitende Globalisierung des Menschen die biologische Invasion von Tieren und Pflanzen beeinflusst.

1 Kartoffelpflanze, Robinie, Goldrute

2 Schmalblättrige Wasserpest

Herkulesstaude

Ambrosia

Pflanzentransfer

Die Einwanderung von Pflanzenarten kann vom Menschen durch die Einführung von Nutz- und Zierpflanzen beabsichtigt geschehen. Typische Beispiele sind Mais und Kartoffel als landwirtschaftliche Nutzpflanzen, Douglasie und Robinie als Forstpflanzen und Geranie und Goldrute als Zierpflanzen für den Garten (Abb. 1). Bestimmte Arten sind zu einem ökologischen Problem geworden, da sie unerwünschte Auswirkungen auf einheimische Arten, Lebensgemeinschaften oder Biotope haben. Sie treten dabei in Konkurrenz um Lebensraum und Ressourcen zu anderen Lebewesen und verdrängen diese. Invasive Arten können auch ökonomische oder gesundheitliche Probleme verursachen. Dies gilt z. B. für den Riesenbärenklau *Heracleum mantegazzianum*, auch Herkulesstaude genannt (siehe Randspalte). Ihre Inhaltstoffe können bei Berührung stark juckende und anschwellende Ekzeme verursachen. Ursprünglich als Zierpflanze und Bienenfutterpflanze aus dem Kaukasus eingeführt, verwilderte die Pflanze zunehmend und breitete sich über ganz Mittel- und Nordeuropa aus.

Durch Verschleppung von Pflanzensamen z. B. mit Handelsgütern kann ein Pflanzentransfer jedoch auch unbeabsichtigt geschehen. So sind bereits Mitte des 19. Jahrhunderts die ersten Ambrosia-Samen durch Getreide- und Kartoffelimporte aus Nordamerika nach Europa eingewandert. 1863 wurde die Pflanze *Ambrosia artemisiifolia* (siehe Randspalte) das erste Mal in Deutschland entdeckt. Durch die derzeitige Klimaerwärmung wird ihre Ausbreitung stark begünstigt, sodass die anfangs seltene Pflanze mittlerweile weit verbreitet ist. Zudem erfolgt auch heute noch ein Import von verunreinigtem Getreide und Saatgut. Das Gefährliche für den Menschen an dieser Pflanze ist der stark Allergie auslösende Blütenstaub. Eine einzelne Pflanze kann über eine Milliarde Pollenkörner freisetzen. Eine Konzentration von nur sechs Pollen pro m^3 Luft gilt bereits als problematisch.

Die Schmalblättrige Wasserpest *Elodea nuttallii* (Abb. 2) kommt ebenfalls ursprünglich aus Nordamerika. Seit den 50er Jahren breitet sie sich in Deutschland aus. Pflanzenteile wurden zum Teil auf natürlichem Weg mit dem Wasser, durch Wasservögel bzw. von Menschen durch Boote verbreitet. Schon kleinste Sprosse reichen aus, damit sich die Pflanze vermehren kann. Im Gegensatz zur Kanadischen Wasserpest, die schon länger in Deutschland vorkommt, ist diese Art konkurrenzstärker und unempfindlicher gegen Verunreinigungen. So können die Flachwasserbereiche der Seen und langsam fließende Bereiche der Flüsse in kurzer Zeit vollkommen zuwachsen. Die so entstehenden Pflanzenteppiche haben sowohl ökologisch als auch ökonomisch negative Auswirkungen. Bedenkt man, dass viele der betroffenen Seen touristisch genutzt werden, wird dies verständlich. Natürliche Feinde, wie z. B. Pflanzen fressende Wasservögel, können die enorme Biomasse kaum reduzieren. Einzige Gegenmaßnahme ist bisher das Abmähen der Pflanzen.

Online-Link
045570-0086
045570-0086a

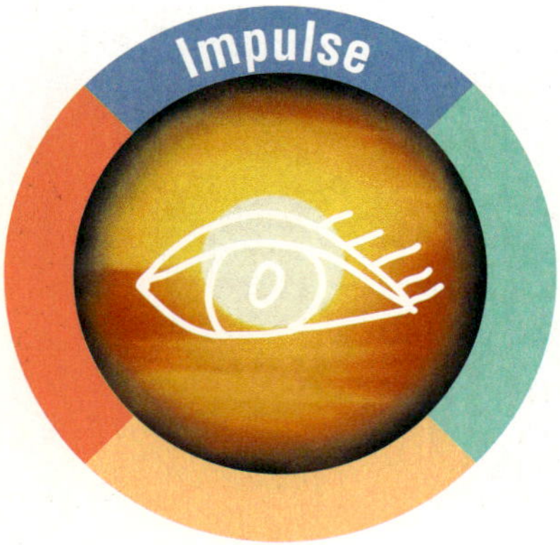

Klimaveränderungen

Die Atmosphäre umgibt die Erde wie eine Hülle und ist 100 km mächtig. Die erdnächste Schicht, die 10 km messende Troposphäre, prägt das Klima der Erdoberfläche. Eine wesentliche Bedeutung der Atmosphäre für Pflanzen und Tiere ist der Schutz vor der kosmischen Strahlung. Durch die Freisetzung verschiedener Gase, wie z. B. Kohlenstoffdioxid und Methan, verändert sich die Zusammensetzung der Atmosphäre. Diese Gase können auf natürliche Art und Weise oder aber auch durch anthropogene Einflüsse entstehen. Klimaveränderungen sind die Folge.

Ozon in der Stratosphäre

„Between eleven and three, slip under a tree."

Die Ozonschicht in der Stratosphäre wirkt wie ein Filter und schirmt die Erdoberfläche vom kurzwelligen Spektralbereich der Sonnenstrahlung, z.B. dem UV-Licht, ab. Eine verstärkte UV-Strahlung auf der Erde kann zur Schädigung von DNA und Proteinen bei allen Lebewesen führen.

Die stärkste Verringerung der Ozonkonzentration findet man über der Antarktis. Dieses „Ozonloch" erstreckt sich bis Australien. Die Hautkrebshäufigkeit bei den Einwohnern Australiens und Neuseelands ist parallel dazu angestiegen.

Als Ursache für den Ozonabbau in der Stratosphäre stehen an erster Stelle die FCKW und Halone als Chlor- bzw. Bromquellen.

Informieren Sie sich über den Einsatz der sog. FCKW und über die Gründe ihres Produktions- und Anwendungsverbotes.

Informieren Sie sich, ob auch wir in Europa von der Ozonloch-Problematik betroffen sind.

Ozon in Bodennähe

Ein herrlicher Sommertag, trotzdem ist über der Stadt kein blauer Himmel zu sehen. Eine Dunstglocke aus Stickoxiden, Abgasen und Ozon liegt über der Stadt.

So lebensnotwendig die Ozonschicht für uns in der Stratosphäre ist, so schädlich ist eine erhöhte Ozonkonzentration am Boden.

Stadt bei Smog-Wetterlage

Bei Inversionswetterlagen sind die negativen Auswirkungen der Luftverschmutzung besonders spürbar. Dies ist der Fall, wenn über einer kälteren Luftschicht am Boden eine wärmere liegt und den Luftaustausch mit der Atmosphäre verhindert. So kommt es zu Smog (engl. smoke, Rauch; fog, Nebel).

Der Ausstoß von Schadstoffen in die Atmosphäre bezeichnet man als Emission. Der Anteil der Emissionen, der auf Lebewesen oder Bauwerke einwirkt, wird als Immission bezeichnet.

Die höchstzulässige Schadstoffkonzentration MIK (Maximale Immissionskonzentration) beträgt in bodennahen Schichten für Ozon 120 µg pro m^3 Luft. Unterhalb dieses Grenzwertes soll es selbst bei langfristiger Einwirkung auch für empfindliche Menschen keine Gesundheitsbeeinträchtigung geben. Smogalarm wird bei 180 µg Ozon pro m^3 Luft ausgelöst.

Informieren Sie sich über konkrete gesundheitliche Folgen, die durch Ozon in Bodennähe verursacht werden.
Geben Sie die wichtigsten Luftverschmutzer und ihre Emissionen an und erläutern sie die Maßnahmen, die in Deutschland ergriffen wurden, um eine Verringerung der Smoggefahr herbeizuführen.

Beim Einsatz von Kopiergeräten und Laserdruckern entsteht ebenfalls Ozon. Erklären Sie dessen Bildung und informieren Sie sich, wie die Belastung reduziert werden kann.

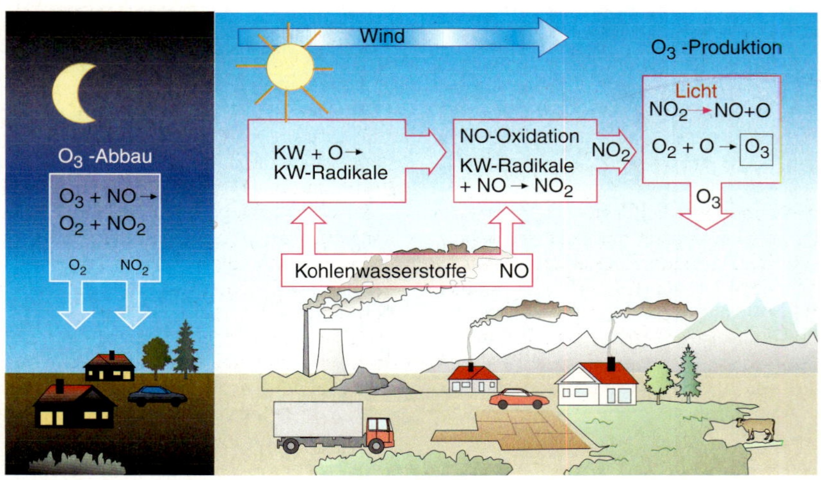

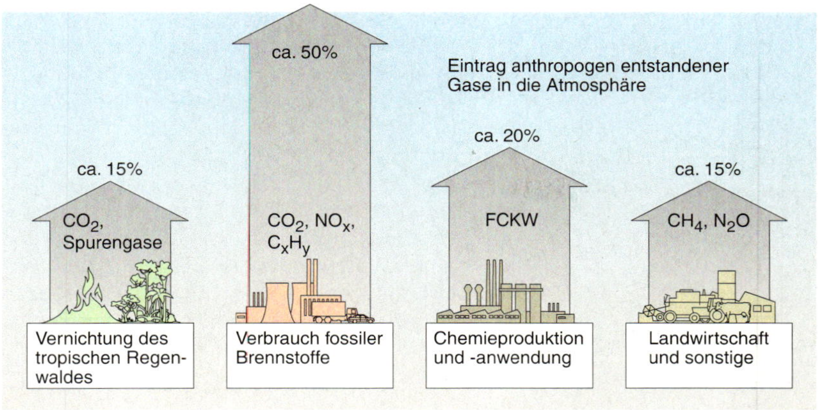

Der Treibhauseffekt

Jeder kennt den Hitzestau im geschlossenen Auto, wenn die Sonne durch die Scheiben ins Wageninnere scheint. Dieser Effekt zeigt sich auch in Treibhäusern, daher auch der Name Treibhauseffekt. Es wird mehr Energie eingestrahlt als abgegeben.

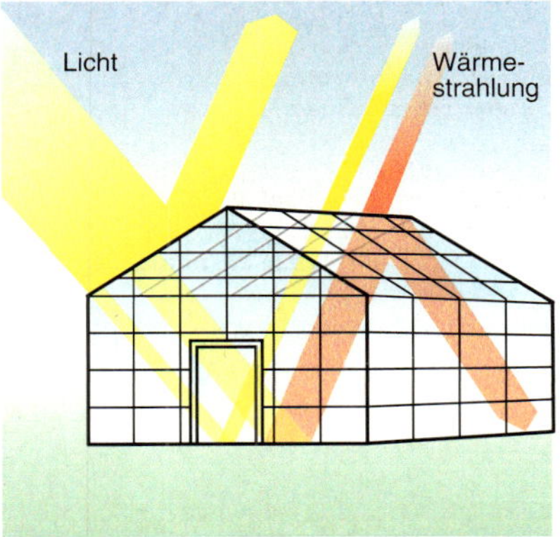

Die Erdatmosphäre entspricht den Glasscheiben. Die Absorption erfolgt hauptsächlich über den Wasserdampf, Kohlenstoffdioxid und Methan. Der natürliche Treibhauseffekt hält die mittlere Atmosphärentemperatur der Erde auf derzeit + 15 °C. Ohne Treibhauseffekt läge die Temperatur bei etwa -18 °C.

Anthropogene Einflüsse verändern die Zusammensetzung der Erdatmosphäre. Die Konzentration von Kohlenstoffdioxid hat in den letzten 200 Jahren um ca. 25 % zugenommen. Durch die Erwärmung der Erde tauen Permafrostböden, die gefrorenen Sumpfböden in Sibirien, und darin enthaltenes Methangas entweicht. Weitere Gründe für die zunehmende Methanemission findet man in der folgenden Tabelle.

Globale Methanemission in Mio. Tonnen pro Jahr	
Sümpfe	121 – 205
Reisfelder	70 – 170
Viehhaltung	80 – 100
Termiten	25 – 150
Industrie	5 – 25

Die Auswirkungen auf das Erdklima sind nicht genau voraussagbar. Anhand von Modellrechnungen und Simulationen versucht man Vorhersagen zu treffen: Stärkere Stürme, Anstieg der Meeresspiegel, Verlagerung der Wüstengebiete und Verschiebungen der Klimazonen werden prognostiziert.

Der Treibhauseffekt wird von den Wissenschaftlern unterschiedlich eingeschätzt. Sammeln Sie zu den verschiedenen Aspekten Informationen und stellen Sie diese gewichtet einander gegenüber.

Freizeitverhalten

In welchem Zusammenhang steht unser Freizeitverhalten mit den behandelten Themenbereichen „Ozon" und „Treibhauseffekt", die zu Klimaveränderungen führen können?

Eine Antwort findet sich sehr schnell. Durch z. B. unnötiges Verbrennen fossiler Brennstoffe (Flugreisen, Motorsportarten etc.) begünstigen wir den weiteren Abbau des Ozons in der Stratosphäre und den Aufbau in Bodennähe, durch die vermehrte Freisetzung von Treibhausgasen greifen wir in den natürlichen Treibhauseffekt ein.

Unser Freizeitverhalten wird durch die Klimaveränderungen ebenfalls beeinflusst. Vor längeren Aufenthalten an der Sonne warnen Hautärzte. So verdoppelt sich derzeit in Deutschland das Risiko, am schwarzen Hautkrebs zu erkranken, alle 10 Jahre.

Bodenozon kann eine Reihe von Krankheitssymptomen, wie Reizungen der Schleimhaut, Atemnot und Kopfschmerzen verursachen. Aktivitäten im Freien sind dadurch eingeschränkt.

Doch trotz dieser klar ersichtlichen Zusammenhänge werden immer wieder neue Freizeitkonzepte verwirklicht, ohne Rücksichtnahme auf die daraus resultierenden Folgen.

So ist z. B. 2005 die größte Wintersporthalle der Welt eröffnet worden. Mit über 6000 t künstlich erzeugtem Schnee werden vielfältige Wintersportmöglichkeiten angeboten.

Skihalle in Dubai

Diese Skihalle liegt in der Stadt Dubai in den Vereinigten Arabischen Emiraten. Am Tag liegt die Temperatur in der Halle bei -1 °C, während außerhalb Temperaturen um 40 °C üblich sind. Nachts wird die Skihalle auf -7 °C heruntergekühlt, damit man es schneien lassen kann. Jeden Tag werden so über 30 t Neuschnee produziert.

Es sind jedoch nicht nur diese Extrembeispiele von Freizeitaktivitäten, die zu den großen ökologischen Belastungen führen. Ein Hauptproblem ist die Bebauung besonders attraktiver Naturräume durch den Neu- oder Ausbau von Fremdenverkehrsgebieten und touristischer Infrastruktur wie Skipisten und -liften.

Führen Sie eine kontroverse Diskussion, inwiefern „Freizeitverhalten" und „Umweltverträglichkeit" miteinander zu vereinbaren sind.

1 Artenreiche Gebirgswiese und artenarme Feuchtwiese

Aspekte ökologischer Vielfalt

Biodiversität
(Mannigfaltigkeit)
- Artenmannigfaltigkeit
- genetische Vielfalt
- Mannigfaltigkeit der Lebensräume

Eine Gebirgswiese unterscheidet sich deutlich von einer Feuchtwiese (Abb. 1). Lebensräume werden von verschiedenen Arten in charakteristischer Zusammensetzung und Zahl bewohnt. Die Bestimmung dieser Biodiversität dient dazu, Ökosysteme vergleichbar und Veränderungen messbar zu machen. Dabei versteht man unter Biodiversität nicht nur die Anzahl der vorkommenden Arten, sondern auch deren genetische Vielfalt, sowie die Mannigfaltigkeit der Lebensräume in einer Region (▶ s. S. 181).

Nach der Diversitäts-Stabilitäts-Hypothese steigt mit der Diversität auch die Stabilität eines Ökosystems. Unter Stabilität wird dabei meist verstanden, dass sich Artenanzahl und Biomasse in einem ungestörten Ökosystem nicht wesentlich ändern, bzw. dass ein Ökosystem unempfindlich gegenüber Störungen ist. Die Hypothese geht davon aus, dass mit zunehmender Diversität mehr Vernetzungen zwischen den Arten möglich sind und verändernde Einflüsse besser abgepuffert werden können.

Die heute verwendeten Nahrungsmittel kommen von domestizierten Pflanzen- und Tierarten, die von wilden Arten abstammen. So wurden von den heute schätzungsweise 500 000 Pflanzenarten lediglich 150 Arten jemals in größerem Maßstab kultiviert, und weniger als 20 decken über 90 % des gesamten menschlichen Nahrungsbedarfs ab. Der größte Anteil entfällt dabei auf Weizen, Mais, Reis und Kartoffeln, die alleine über die Hälfte des Bedarfs an pflanzlicher Nahrung abdecken. Die genetische Vielfalt wird zudem durch die Verwendung weniger Hochleistungssorten extrem eingeschränkt. So wurde die Zahl der angebauten Reissorten in Sri Lanka von 2000 im Jahr 1959 auf heute nur noch fünf Sorten verringert. Diese Entwicklung führt zwar zu höheren Ernteerträgen, aber auch zu einer erhöhten Anfälligkeit gegenüber Krankheiten, Schädlingen oder extremen Wetterverläufen. Die moderne Landwirtschaft ist deshalb auf das Einkreuzen von genetischem Material aus wilden Sorten angewiesen. Wild lebende Arten stellen ein Reservoir an genetischer Diversität dar.

Biodiversität leistet zudem einen wichtigen Beitrag zur Versorgung der Menschen mit Medikamenten. In der Pharmaindustrie werden aus Lebewesen gewonnene Bestandteile direkt als therapeutische Wirkstoffe verwendet, wie z. B. Substanzen aus Schlangengiften, oder dienen als natürliches Vorbild für die Synthetisierung im Labor. Das bekannteste Beispiel dafür ist Aspirin, das ursprünglich aus den Blättern von Weiden hergestellt wurde, heute jedoch durch chemische Synthese kostengünstiger produziert wird. Der weltweite Umsatz mit Medikamenten auf Basis pflanzlicher Wirkstoffe beträgt etwa 45 Milliarden Euro. Bedenkt man, dass erst 5 000 Pflanzenarten wissenschaftlich auf ihre Eignung untersucht wurden, wird das Potenzial deutlich, das durch die biologische Vielfalt für die Entwicklung neuer Medikamente gegeben ist.

Auch für die Bereitstellung von Rohstoffen für die Industrie bei der heute zunehmenden Verknappung von nicht erneuerbaren Ressourcen wird die Biodiversität immer wichtiger. Verschiedene Holzarten, Gummi, Fette, Harze, pflanzliche Farbstoffe und viele andere Rohstoffe kommen heute zum Einsatz. Zurzeit ist Erdöl noch der wichtigste Rohstoff der chemischen Industrie, pflanzliche Ressourcen werden allerdings aufgrund abnehmender fossiler Erdölvorräte immer wichtiger.

Somit besitzt die biologische Vielfalt nicht nur eine ökologische, sondern auch eine große ökonomische Bedeutung für den Menschen.

Aufgabe

① Informieren Sie sich über weitere Beispiele, die deutlich machen, dass Biodiversität sowohl ein ökologisches als auch ein ökonomisches Gut darstellt.

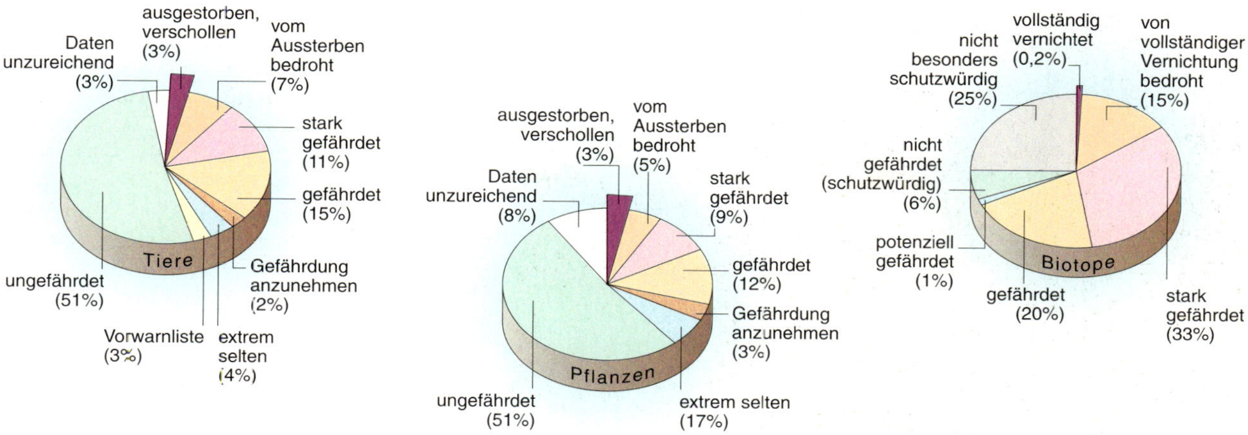

1 Bedrohte Arten und Lebensräume in Deutschland

Ursachen für Diversitätsunterschiede

Es ist schwer zu sagen, warum ein Lebensraum eine hochdiverse Lebensgemeinschaft beherbergt und ein anderer nicht. Es gibt jedoch eine Reihe plausibler Vermutungen:

- *verfügbare Nahrungsressourcen:* Mit den Nahrungsressourcen steigt auch die Produktivität in einem Ökosystem. Damit hängen wiederum die Anzahl möglicher Trophieebenen und die Nischenanzahl zusammen. Bei größerem Ressourcenangebot findet man daher meist mehr Arten.
- *strukturelle Vielfalt:* Abwechslungsreiche Lebensräume bieten mehr Lebensmöglichkeiten und lassen damit eine höhere Artenvielfalt zu.
- *Klima:* In den Tropen leben mehr Arten als in Regionen mit ausgeprägten Jahreszeiten oder an den Polen. Das gleichmäßige Tropenklima lässt offenbar mehr Spezialisierungen zu; daher können hier mehr Arten koexistieren. Dies gilt entsprechend für alle Ökosysteme, die keinen oder sehr geringen Umweltschwankungen ausgesetzt sind.
- *Alter des Lebensraumes:* Die Entstehung einer großen Artenvielfalt nimmt eine bestimmte evolutive Zeit in Anspruch, alte Lebensräume besitzen daher oft eine größere Diversität.

Globale Biodiversität

170 Staaten, darunter Deutschland, unterzeichneten das „Übereinkommen über die biologische Vielfalt". Sie bekannten sich zur gemeinsamen Verantwortung für das Naturerbe und einigten sich auf drei Hauptziele:

- Erhaltung der biologischen Vielfalt
- Nachhaltige Nutzung ihrer Elemente
- Ausgewogene und gerechte Verteilung der Vorteile, die sich aus der Nutzung der genetischen Ressourcen ergeben.

Mit der *Rio-Konvention* von 1992 wurde der Anfang für eine weltweit umfassende Naturschutzpolitik gemacht, und der Begriff „globale Biodiversität" in Gesetze und Verordnungen eingebracht. Die Natur erhält damit neben den Kulturgütern und Bodenschätzen den Rang eines Welterbes. Der Schutz der Biodiversität ist das neue Leitbild im Naturschutz. Im Gegensatz zum schwer messbaren *ökologischen Gleichgewicht* lässt sich die Biodiversität berechnen und im Rahmen eines Umweltmonitoring verfolgen.

Allein in der europäischen Region gibt es mehrere tausend sich voneinander unterscheidende Lebensraumtypen, in denen ca. 150 Säugetier-, 520 Vogel-, 180 Reptilien- und Amphibien-, 150 Fisch-, 10000 Pflanzen- und 100000 Wirbellosenarten leben. Europa gehört im Vergleich zu den Tropen und Subtropen aber zu den relativ artenarmen Regionen der Erde. Die globale Biodiversität wird zunehmend durch die Zerstörung und Zerstückelung von Lebensräumen sowie durch die Verschlechterung der Umweltbedingungen bedroht. In ihrem Bestand gefährdete Arten werden in Roten Listen geführt (s. Randspalte und Abb. 1).

Aufgabe

① Finden Sie zu jeder Kategorie der Roten Liste ein konkretes Beispiel.

Kategorien der Roten Listen

0 ausgestorben oder verschollen
1 vom Aussterben bedroht
2 stark gefährdet
3 gefährdet
4 potenziell gefährdet
R extrem selten
G Gefährdung anzunehmen
D Daten mangelhaft
V Vorwarnliste (noch ungefährdet, verschiedene Faktoren könnten eine Gefährdung in den nächsten 10 Jahren herbeiführen)

Umweltmonitoring
Systematische Beobachtungen bestimmter, vorab definierter ökologischer Parameter

1 Feuchtwiese mit Wiesenschaumkraut

Zeigerpflanzen

Wer keine nassen Füße bekommen will, wird Grünflächen mit *Wiesenschaumkraut* meiden, denn diese Blumen wachsen nur auf feuchtnassem Boden. Auch die *Große Brennnessel* braucht viel Feuchtigkeit, aber keine Nässe. Man findet sie oft in der Nähe von Komposthaufen oder Entwässerungsgräben, also auf stickstoffreichen Böden. *Mauerpfeffer* wächst dagegen auf stickstoffarmem Boden.

Pflanzen sind an ganz bestimmte Umweltbedingungen angepasst, man kann daher oft von ihrem Vorkommen auf die Umweltbedingungen des betreffenden Standortes schließen. Das gilt ganz besonders, wenn die Pflanze nur in einem begrenzten Umweltbereich gedeihen kann, also stenopotent bezüglich dieses Umweltfaktors ist. Solche Arten bezeichnet man als *Zeigerarten*.

Es gibt nicht nur für den Feuchtigkeits- und Stickstoffgehalt des Bodens Zeigerarten, sondern auch für den pH-Wert: *Alpenrosen* sind typische Pflanzen in den Gebirgsregionen oberhalb der Waldgrenze. Die behaarte Alpenrose findet man auf Kalkgesteinsboden, die rostrote Alpenrose dagegen auf Silikatgestein. Die Standorte unterscheiden sich deutlich im pH-Wert, der im Gebirge vor allem durch den Kalkgehalt des Bodens verändert wird (Abb. 2). Kalkhaltige Böden sind gut gegen Versauerung abgepuffert, da sie Humussäuren neutralisieren. Durch Ausflockung der Bodentone wird der Boden krümelig, gut durchlüftet und kann Mineralstoffe besser binden. Auf solchen Böden haben viele Pflanzen Wachstumsmöglichkeiten. In sauren Böden fehlt die Krümelbildung, Mineralstoffe sind weniger fest gebunden und werden daher bei Regen leichter ausgewaschen. Saure Böden sind daher mineralstoffarm. Hier gedeihen oft nur Standortspezialisten wie die Heidepflanzen (s. Randspalte). Die pH-Werte landwirtschaftlich genutzter Flächen liegen zwischen 5,5 und 8,0, denn das entspricht den Vorzugsbedingungen der meisten Kulturpflanzen.

Zeigerarten werden in der Land- und Forstwirtschaft zur Ermittlung von Umweltfaktoren genutzt, sie geben Aufschluss über Bodenfeuchtigkeit, Stickstoffgehalt, pH-Wert oder Salzgehalt des untersuchten Bodens, über Licht, Wärme oder Luftverschmutzung. Damit ergänzen sie aufwändige chemische und physikalische Analysemethoden. Zeigerarten, die vor allem auf Umweltbelastungen durch menschliche Aktivitäten reagieren, bezeichnet man im engeren Sinne auch als *Indikatorarten* oder *Bioindikatoren* (▶ s. S. 181). Sie erweitern die Möglichkeiten der ökologischen Umweltüberwachung.

Aufgaben

① Erklären Sie, warum nur stenöke Arten als Zeigerarten in Frage kommen.

② Erörtern Sie, inwieweit sich unterschiedliche Toleranzbereiche auch auf das gemeinsame Vorkommen von Arten auswirken (Abbildung 2).

③ Informieren Sie sich über weitere Indikatorpflanzen und ihre Indikation.
Erstellen Sie zur besseren Übersicht eine Tabelle.

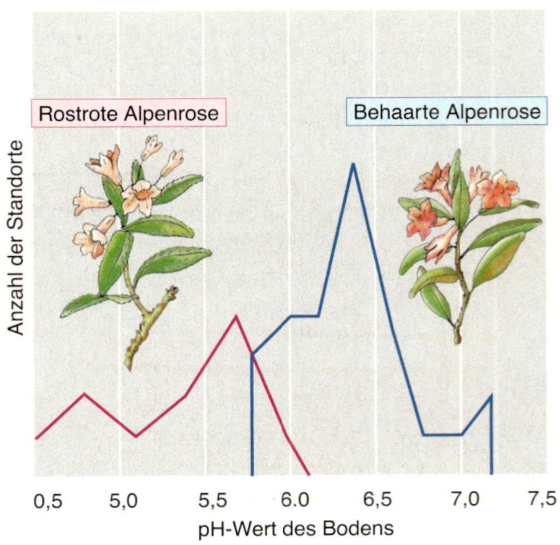

2 Standorte in Abhängigkeit vom Boden-pH

Torfmoos pH 3 – 4

Heidelbeere pH 3,5 – 4,5

Heidekraut pH 3,5 – 5

Bärlauch pH 5,5 – 7

Huflattich pH 7 – 8

Zeigerpflanzen für den Boden-pH-Wert

Tiere als Bioindikatoren

Allgemein gilt es beim Einsatz von Bioindikatoren zunächst einmal zu klären, welchen Umweltfaktor die gewählten Lebewesen anzeigen. Das Vorkommen bestimmter Tierarten kann z. B. Rückschlüsse auf die strukturelle Ausstattung von Lebensräumen ermöglichen. Dazu müssen die Habitatansprüche der Tiere bekannt sein. Auch hier eignen sich habitatstenopotente Arten besser als eurypotente. Während ein Steinkauz zur Brutzeit locker bebaute Siedlungsräume oder offene Landschaften mit einzelnen Bäumen und Gebäuden als Habitat auswählt, ist ein Waldkauz weit weniger anspruchsvoll. Als Fortpflanzungslebensraum kann er auch Laubwälder, Nadelwälder und deren Waldränder nutzen. So ist in diesem Beispiel der Steinkauz eine bessere Indikatorart, da er durch seine Verbreitung die Lebensraumstruktur in wesentlich engeren Grenzen anzeigt.

In der Umweltanalytik sind heutzutage Bioindikatoren nicht mehr wegzudenken. Man arbeitet unter anderem mit Langzeitindikatoren. Den Grad der organischen Verschmutzung von Fließgewässern misst man z. B. anhand von Vorkommen und Häufigkeit bestimmter Wirbelloser. So kommen rote Zuckmückenlarven in sehr stark verschmutzten Fließgewässern vor, während Köcherfliegenlarven nur gering belastetes Wasser vertragen. Ein Karpfen kann auch in kritisch belasteten Gewässern leben, während eine Bachforelle sauberes, sauerstoffreiches Wasser benötigt.

Das *Saprobiensystem* (s. Abb. 1) ist eine Zusammenstellung von Süßwasserorganismen nach ihrer unterschiedlichen Widerstandsfähigkeit gegenüber Verunreinigungen des Gewässers. Saprobionten sind hierbei Lebewesen, die in oder auf faulenden organischen Stoffen leben und sich davon ernähren. Zusätzliche abiotische Daten, wie z. B. Wassertemperatur, Trübung, Nitratgehalt und der biochemische Sauerstoffgehalt müssen bestimmt werden, um auf die Güteklasse des Wassers schließen zu können.

Habitat
lat. *habito* = bewohnen
Lebensraum einer Art

Stenopotenz
gr. *sten* = schmal
lat. *potentia* = Vermögen
geringe Toleranz bezüglich eines Umweltfaktors

Eurypotenz
gr. *eurus* = breit
breite Toleranz

BSB_5-Wert
Biochemischer Sauerstoffbedarf von aeroben Organismen, der zum Abbau organischer Substanzen in **fünf** Tagen benötigt wird

Güteklasse	Grad der organischen Belastung	Chemische Parameter			wichtige Indikatorarten	Verschiedene Fischarten haben unterschiedliche Ansprüche an die Gewässergüte
		BSB_5 (mg/l)	N in NH_4^+ (mg/l)	O_2-Minima (mg/l)		
I	unbelastet bis sehr gering belastet	1	höchstens Spuren	> 8	Steinflüglerlarven, Flussperlmuschel 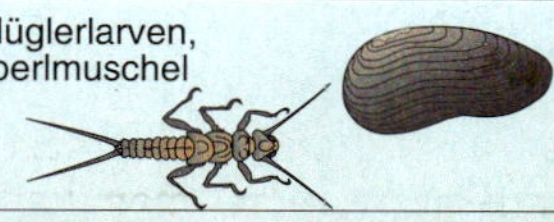	Bachforelle 
I - II	gering belastet	1–2	um 0,1	> 8	Köcherflüglerlarven, Steinflüglerlarven, Strudelwürmer, Erbsenmuschel 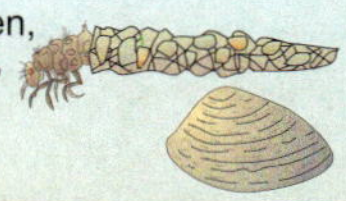	Äsche, Bachforelle 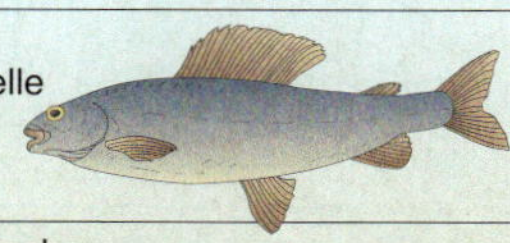
II	mäßig belastet	2–6	< 0,3	> 6	Flussnapfschnecken, Eintagsflüglerlarven, Köcherflüglerlarven, Bachflohkrebse 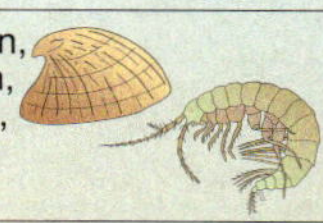	Barbe, Äsche, Hecht, Nase, Flussbarsch 
II - III	kritisch belastet	5–10	< 1	> 4	Egel, Schnecken, Moostierchen, Kleinkrebse, Grünalgenkolonien 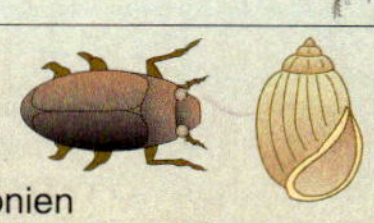	Aal, Karpfen, Schleie, Brachsen 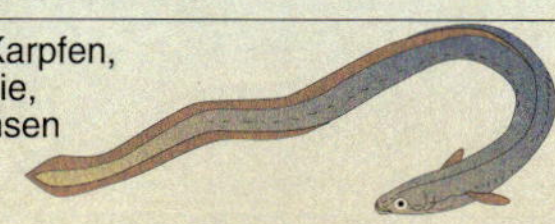
III	stark verschmutzt	7–13	0,5 bis mehrere mg/l	> 2	Wasserasseln, Rollegel, Wimpertierchenkolonien, Schwämme 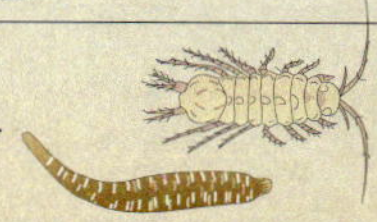	Schleie, Plötze 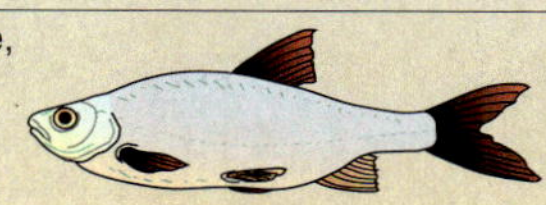
III - IV	sehr stark verschmutzt	10–20	mehrere mg/l	< 2	rote Zuckmückenlarven, Schlammröhrenwürmer, Wimpertierchen 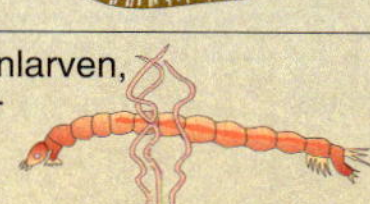	
IV	übermäßig verschmutzt		mehrere mg/l	< 2	Schmutzpantoffeltierchen, Schwefelbakterien, Geißeltierchen, Wimpertierchen 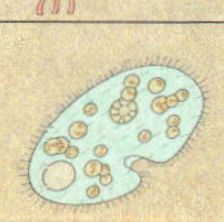	

1 Das Saprobiensystem

1 Moor und Moorbewohner

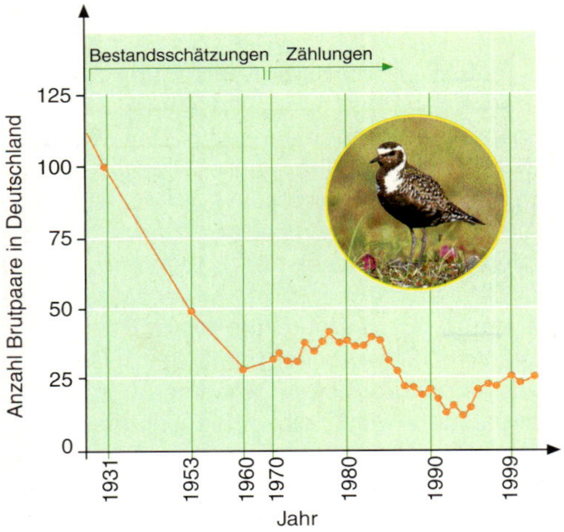

2 Goldregenpfeifer-Bestand

Arten- und Biotopschutz

Rundblättriger Sonnentau

Lungenenzian

Kleiner Moorbläuling

Zu allen Zeiten sind Arten auf der Erde ausgestorben, doch wohl nie verursachte eine Art diesen Prozess so schnell wie heute der Mensch. In den Tropen sterben vermutlich jeden Tag Arten aus, bevor sie überhaupt entdeckt worden sind. In früheren Jahrhunderten war zumeist die Jagd Ursache der *Ausrottung*. Heute sind die meisten Tier- und Pflanzenarten durch die Zerstörung ihrer Lebensräume bedroht. Der Schutz von Ökosystemen und ihrer Artenvielfalt steht deshalb im Zentrum der Naturschutzbemühungen. *Naturschutzgesetze* regeln den Lebensraumschutz durch *Betretungsverbote* und Einschränkungen der landwirtschaftlichen sowie der Freizeitnutzung.

Unter-Schutz-Stellen allein reicht sehr häufig aber nicht, wie das Beispiel der mitteleuropäischen *Moore* zeigt. Diese Lebensräume zeichnen sich durch das Fehlen von Bäumen, hohe Feuchtigkeit, niedrigen pH-Wert und Mineralstoffarmut aus. Um das Umland landwirtschaftlich nutzen zu können, sind dort Entwässerungsmaßnahmen üblich. Damit sinkt aber auch der Grundwasserspiegel im Moor. Als Folge können sich erste Birken und Weiden ansiedeln. Empfindliche Arten wie *Birkhuhn* oder *Goldregenpfeifer* meiden solche Flächen (s. Abb. 2), da sie nun Deckung für Räuber bieten. Die großen Verdunstungsflächen der Bäume führen zu weiterem Wasserverlust, sodass der Wasserspiegel weiter sinkt und noch mehr Bäume wachsen können. Der entstehende Wald ist für die typischen Moorbewohner als Habitat ungeeignet, sie sterben aus.

Eine besondere Gefährdung mineralstoffarmer Standorte geht von der durch den Menschen verursachten *Eutrophierung* (Mineralstoffanreicherung) aus: Konkurrenzstärkere Pflanzen wie Gräser und Löwenzahn verdrängen schwachwüchsige, aber an Mineralstoffmangel angepasste Arten, wie den *Sonnentau* oder den *Lungenenzian*. Als Folge können auch Insekten wie der auf den Lungenenzian als Futterpflanze angewiesene *Kleine Moorbläuling* nicht mehr existieren. Der biologisch unerfahrene Spaziergänger nimmt diese Veränderungen zumeist gar nicht wahr, dazu sind die Arten zu unauffällig und versteckt. Nur die Aufklärung über die ökologischen Zusammenhänge und die verborgene Artenvielfalt gefährdeter Ökosysteme können auch in der Öffentlichkeit und bei Politikern Verständnis für Naturschutzprobleme wecken.

Viele der Habitate und Lebensräume, die wir heute schützen wollen, sind allerdings erst durch Inkulturnahme entstanden. So konnte die *Feldlerche* erst aus Asien einwandern, als für den Ackerbau große Flächen gerodet wurden. Kiesgruben und Steinbrüche beherbergen als *sekundäre Lebensräume* eine Vielzahl bedrohter Arten. Viele dieser Ökosysteme sind instabil und nur durch intensive *Pflegemaßnahmen* zu bewahren. Ein Beispiel dafür sind *Orchideenwiesen*, die nur durch extensive landwirtschaftliche Nutzung vor dem unerwünschten Bewuchs mit Sträuchern bewahrt werden können. So ist der Naturschutz auf die Zusammenarbeit mit der Landwirtschaft angewiesen.

Naturschutz

Der staatliche Naturschutz wird in Deutschland durch das *Bundesnaturschutzgesetz* geregelt. Dieses liefert die Rahmenbedingungen für den Naturschutz in den Ländern und ist selbst an europarechtliche und internationale Vorgaben gebunden. *Natura 2000* ist z. B. ein europaweites Schutzgebietsnetz, das den Rückgang der biologischen Vielfalt in der EU stoppen soll. Ihm liegt die *Fauna-Flora-Habitat-Richtlinie* zugrunde, nach der sich jedes Mitgliedsland verpflichtet, repräsentative Lebensraumtypen auszuweisen und zu schützen. Auf globaler Ebene entwickelte die UNESCO bereits im Jahr 1970 das *MAB (Man and Biosphere)-Programm*. Dieses internationale Schutzkonzept regelt weltweit die Gründung von *Biosphärenreservaten*.

In Deutschland gibt es neben den Naturschutzgebieten verschiedene Gebietsschutzmöglichkeiten, die unterschiedlichen Zwecken dienen: Biosphärenreservaten, Nationalparks, Naturparks und Landschaftsschutzgebiete (s. Abb.).

Biosphärenreservate sind national wie international bedeutsame Regionen, in denen das Miteinander von Mensch und Natur beispielhaft bewahrt und gefördert wird. Sie dienen dazu, gewachsene Kulturlandschaften zu schützen und weiter zu entwickeln. Im Rahmen von Umweltbildung und Umweltforschung lassen sich in ihnen Erkenntnisse über die Wechselwirkungen von wirtschaftlicher Nutzung und der Entwicklung von naturnahen Lebensräumen gewinnen. Die Kernzonen von Biosphärenreservaten sind jedoch von jeglicher Nutzung ausgenommen und entsprechen damit in aller Regel den internationalen Standards von Nationalparks.

Nationalparks sind großräumig geschützte Naturlandschaften von besonderer Eigenart. Sie befinden sich in einem von Menschen möglichst unbeeinflussten Zustand, sind also frei von Nutzungen. In einem Nationalpark soll die Natur weitestgehend sich selbst überlassen bleiben. Nationalparks dienen in erster Linie der Erhaltung der heimischen Tier- und Pflanzenwelt in ihren natürlichen Lebensgemeinschaften und haben sich als überaus attraktiv für einen naturverträglichen Tourismus erwiesen.

Naturparks sind dagegen großräumig geschützte Kulturlandschaften, in denen eine schonende Nutzung erlaubt ist, die Erholung aber im Vordergrund steht. Sie nehmen in Deutschland 24 % der Landesfläche ein.

Landschaftsschutzgebiete sind naturnahe Flächen, die nicht überbaut oder verändert, aber standortgemäß genutzt werden dürfen. Hier sollen vor allem die Schönheit des Landschaftsbildes und der Erholungsraum für den Menschen erhalten werden. Sie sind relativ kleinflächig und können zu Naturparks zusammengefasst werden. Die wichtige, weil flächenvergrößernde Vernetzungen von Naturschutzgebieten darf aber nicht nur auf dem Papier stattfinden, sondern muss auch in der Natur umgesetzt werden.

Unter einem *Biotopverbund* versteht man gleiche oder ähnliche Lebensräume, die räumlich miteinander verbunden werden, z. B. indem man zwischen Feldgehölzen eine Hecke anlegt. Das ist besonders in solchen Regionen wichtig, in denen durch Siedlungsbau und den Ausbau von Verkehrswegen ursprünglich zusammenhängende Lebensräume fragmentiert und isoliert wurden.

Die Restbiotope sind ohne einen Biotopverbund oft nicht mehr groß genug, um das Überleben von Arten zu sichern. Pflanzensamen und Tiere sind ebenfalls isoliert.

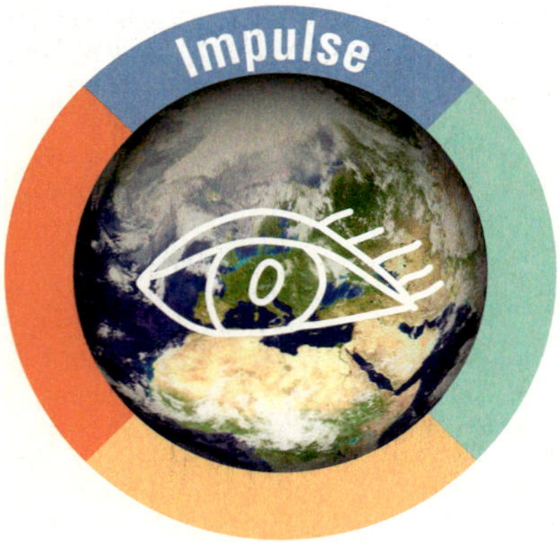

Nachhaltige Entwicklung

Leitidee Nachhaltigkeit

Fällt man in einem Wald mehr Holz als im gleichen Zeitraum nachwachsen kann, wird es diesen Wald langfristig nicht mehr geben. Wohl nirgends lässt sich der Begriff der Nachhaltigkeit oder Zukunftsfähigkeit *(Sustainability)* so anschaulich darstellen wie in der Forstwirtschaft. Hier wurde das Nachhaltigkeitsprinzip im 19. Jahrhundert erstmals formuliert. Im Jahre 1987 fasste die Weltkommission für Umwelt und Entwicklung (Brundtland-Bericht) den Begriff „nachhaltige Entwicklung" sehr viel weiter: „Entwicklung zukunftsfähig zu machen, heißt, dass die gegenwärtige Generation ihre Bedürfnisse befriedigt, ohne die Fähigkeit der zukünftigen Generation zu gefährden, ihre eigenen Bedürfnisse befriedigen zu können".

Vergleichbare Leitideen stehen in den Grundrechten (Grundgesetz) und in der Schöpfungsgeschichte (Bibel). Suchen Sie nach entsprechenden Zitaten und erklären Sie die Parallelen.

Rio-Deklaration

Die Vereinten Nationen trafen sich 1992 in Rio de Janeiro/ Brasilien zu einer Konferenz für Umwelt und Entwicklung (United Nations Conference on Environment and Development, UNCED). In den 27 Grundsätzen der Rio-Deklaration wurde erstmals global das Recht auf nachhaltige Entwicklung verankert.

Principle 8: To achieve sustainable development and a higher quality of life for all people, states should reduce and eliminate unsustainable patterns of production and consumption and promote appropriate demographic policies.

Principle 1: Human beings are at the centre of concerns for sustainable development. They are entitled to a healthy and productive life in harmony with nature.

Principle 9: States should cooperate to strengthen endogenous capacity-building for sustainable development by improving scientific understanding through exchanges of scientific and technological knowledge, and by enhancing the development, adaptation, diffusion and transfer of technologies, including new and innovative technologies.

Principle 4: In order to achieve sustainable development, environmental protection shall constitute an integral part of the development process and cannot be considered in isolation from it.

Principle 20: Women have a vital role in environmental management and development. Their full participation is therefore essential to achieve sustainable development.

Zum Jahrtausendwechsel wurden in der Milleniumserklärung folgende zentrale Handlungsfelder benannt:

Schutz der gemeinsamen Umwelt

Frieden, Sicherheit und Abrüstung

Entwicklung und Armutsbekämpfung

Menschenrechte, Demokratie und gute Regierungsführung

Inwieweit lassen sich die drei Säulen der Nachhaltigkeit (Ökologie, Soziales, Ökonomie) in den Prinzipien und Handlungsfeldern wiederfinden?

Lokale Agenda 21

Begleitend zur Deklaration wurde die *Agenda 21* auf der Konferenz in Rio entwickelt *(agenda*, lat. = was zu tun ist). Es handelt sich um einen Aktionsplan für die nachhaltige Entwicklung im 21. Jahrhundert. Die Agenda 21 gliedert sich in 40 Kapitel. Darin werden die wichtigsten Aufgaben aller gesellschaftlichen Kräfte behandelt.

Dies sind zum Beispiel:
- Armutsbekämpfung und Entwicklungsmöglichkeiten in den Entwicklungsländern
- Gesundheitsfürsorge
- nachhaltige Siedlungsentwicklung
- Veränderung von Konsumgewohnheiten
- zukunftssichere Arbeitsplätze
- Umweltbildung
- ökologisch orientierte Wirtschaft
- soziale Gerechtigkeit
- Klimaschutz
- Energieeinsparungen
- Schutz der Naturressourcen
- Abfallvermeidung und -beseitigung

Für die Umsetzung auf kommunaler Ebene steht das Schlagwort „Global denken – lokal handeln". Das heißt, wie kann jede Stadt oder Gemeinde lokal zu einer weltweiten nachhaltigen Entwicklung beitragen? Dazu wird die örtliche Bevölkerung informiert, es werden Arbeitsgruppen zu Agenda-relevanten Themen gebildet und die Arbeitsergebnisse den kommunalen politischen Gremien zur Umsetzung vorgelegt.

Informieren Sie sich über die Lokale Agenda in Ihrer Gemeinde und laden Sie in Absprache mit der Schulleitung ggf. Referenten ein.

Öko-Audit

Während sich die Umweltverträglichkeitsprüfung auf geplante Vorhaben bezieht, prüft das *Öko-Audit* existierende Betriebe auf ihre Umweltauswirkungen (*audit*, engl. = Rechnungsprüfung). Es handelt sich um eine umwelttechnische und umweltrechtliche Betriebsprüfung. Geprüfte Betriebe und Produkte können sich zertifizieren lassen und Verbraucher durch ein entsprechendes Logo auf ihre nachhaltige Betriebsphilosophie hinweisen.

Suchen Sie z. B. im Supermarkt nach Produkten mit einem Logo, das auf ihre nachhaltige Entwicklung hinweist.

Bitten Sie um eine Besichtigung in einem vom Öko-Audit zertifizierten Betrieb Ihrer Region und informieren Sie sich vor Ort über die Gründe für die Beantragung der Prüfung.

Führen Sie an Ihrer Schule ein Öko-Audit durch: Erheben Sie in einer ersten Umweltprüfung den Energiekonsum, Rohstoffverbrauch (z. B. Papier, Wasser usw.) und das Abfallaufkommen. Formulieren Sie anschließend ein Programm, wie man das Ergebnis verbessern könnte, und nennen Sie entsprechende Maßnahmen zur Energie- und Rohstoffeinsparung sowie zur Müllvermeidung. Prüfen Sie nach der Umsetzung der Maßnahmen die erreichten Ziele in regelmäßigen Abständen.

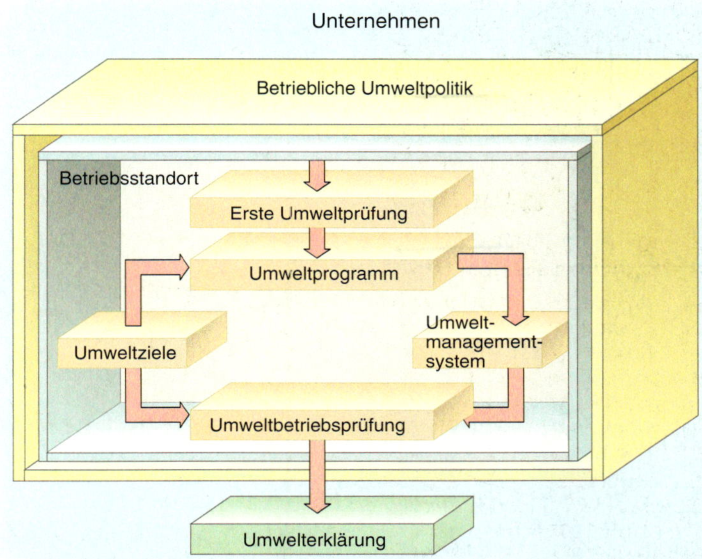

Umweltverträglichkeitsprüfung

Principle 17: Environmental impact assessment, as a national instrument, shall be undertaken for proposed activities that are likely to have a significant adverse impact on the environment and are subject to a decision of a competent national authority.

Von der Genehmigung eines Bauvorhabens wird durch die zuständige Behörde zunächst die Umwelterheblichkeit geprüft und gegebenenfalls eine *Umweltverträglichkeitsprüfung (UVP)*, veranlasst. Die UVP wird vom Vorhabensträger bezahlt und von Gutachtern durchgeführt, eine Beteiligung der Öffentlichkeit ist vorgeschrieben. Die UVP legt den Untersuchungsrahmen fest und stellt eine Prognose über die Umweltauswirkungen während der Bauphase, der Betriebsphase und im Falle eines Unfalles auf die verschiedenen Sektoren der Umwelt (Mensch, Flora, Fauna, Wasser, Luft, Boden, Landschaft, ...). Außerdem nennt sie mögliche Alternativen, Vermeidungs- und Ausgleichsmaßnahmen.

Informieren Sie sich über ein Bauvorhaben in Ihrer Region. Legen Sie in einer Diskussion mit verteilten Rollen (Vorhabensträger, Behörde, Gutachter, Öffentlichkeit) den Rahmen für die zugehörige UVP fest.

MARINE STEWARDSHIP COUNCIL

EG-System für das Umweltmanagement und die Umweltbetriebsprüfung

EMAS
GEPRÜFTE INFORMATION
REG.NR.DE-S-130-2400002

Welche Institutionen verbergen sich hinter diesen Logos? Womit befassen sie sich?

Ethologie

Kampfverhalten von zwei Fuchsrüden

Verhaltensbiologie

Die moderne Verhaltensbiologie oder Ethologie erforscht tierische und menschliche Verhaltensweisen unter Einbeziehung der durch die fortschreitende Spezialisierung neu hinzukommenden Teilgebiete. Vor allem durch die Erforschung des Sozialverhaltens verbindet sie die Biologie mit den Sozial- und Geisteswissenschaften.

Wie finden Fledermäuse im Dunkeln ihre Beute?

Neuroethologie

Sie untersucht die Nerven- und Gehirnfunktionen, die Verhalten erst ermöglichen.

Inwiefern bestimmen Hormone den Vogelzug?

Endokrinologische Ethologie

Sie untersucht die Wechselwirkungen von Hormonsystem und Verhalten.

Warum sind die extrem verlängerten Pfauenfedern kein Handicap, welchen Selektionsvorteil besitzen sie?

Verhaltensökologie

Sie untersucht die evolutionäre Angepasstheit (Biologische Fitness) des Verhaltens an spezifische Umweltbedingungen.

Soziobiologie

Als Teilbereich der Verhaltensökologie beschäftigt sie sich vor allem mit den Ursachen und Funktionen von Sozialverhalten. Grundlage für die Erforschung und Interpretation von Sozialverhalten ist die Evolutionstheorie.

Warum bilden Ameisen Staaten?

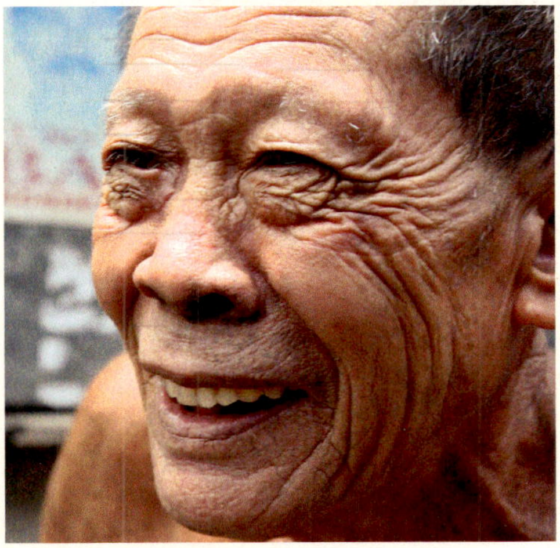

Lachen alle Menschen, wenn sie sich freuen?

Humanethologie

Sie erforscht Grundlagen, Besonderheiten und Abweichungen menschlicher Verhaltensweisen, die in unterschiedlichsten Kulturen in annähernd gleicher Weise vorkommen.

Wie wird der Winterschlaf zeitlich organisiert?

Chronobiologie

Sie untersucht zeitliche Organisation und biologische Rhythmen in Physiologie und Verhalten von Organismen.

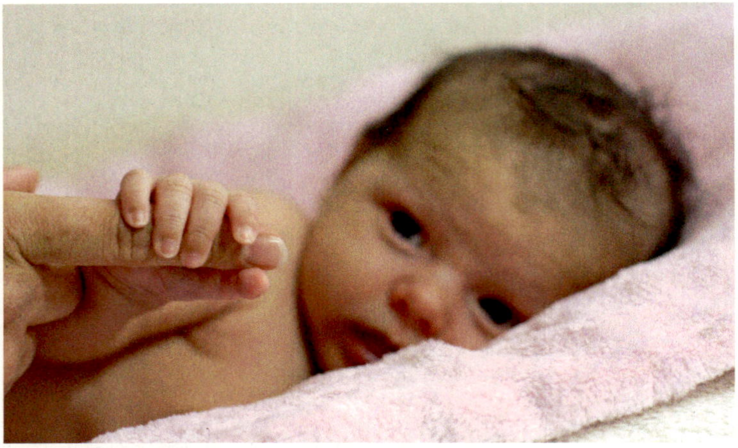

1 Angeborenes Verhalten beim Neugeborenen

Angeboren oder erlernt?

Ein neu geborener Mensch – ein Wunder der Natur! Der erste laute Schrei nach der Geburt eines Babys ist noch sehr willkommen. Ein Neugeborenes ist mit einer Vielzahl von angeborenen Verhaltensweisen ausgestattet. Schreien gehört dazu!

Legt man in die Hand eines Babys einen Finger, so wird es den Finger fest umgreifen (Abb. 1). Diesen Greifreflex zeigt das Kind auch an den Füßen. Möglicherweise ist dieses Verhalten ein Erbe aus einer Zeit, als die neugeborenen Menschen sich noch ähnlich wie bei Affen am Fell ihrer Mutter festklammern mussten. Gleichfalls löst eine Berührung in der Mundregion ein Suchen nach der Brust aus, an der dann sofort gesaugt wird.

Frühkindliche Reflexe gehen bis zu einem Alter von etwa 18 Monaten vom Rückenmark und Stammhirn aus und sichern die gesunde Geburt und das Überleben in den ersten Lebensmonaten.

Da bereits während der Entwicklung im Mutterleib und im Verlauf des ganzen Lebens Lernvorgänge stattfinden, wird es immer schwieriger zu entscheiden, ob ein bestimmtes Verhalten eines Menschen genetisch bedingt ist oder erlernt wurde. Es gibt verschiedene experimentelle Hinweise, um festzustellen, ob ein bestimmtes Verhalten erbbedingt ist.

a) **Beobachtungen von taubblind geborenen Kindern** zeigen, dass diese Menschen lachen (Abb. 2), schmollen, zürnen und weinen wie Kinder mit funktionsfähigen Augen und Ohren. Da sie keine Möglichkeiten haben, dies auf optischem und akustischem Weg zu lernen, ist dieses Ausdrucksverhalten vermutlich genetisch programmiert.

b) **Attrappenversuche** decken z. B. auf, dass das Erkennen von Gesichtern und Mimiken auf ganz einfache Grundstrukturen zurückzuführen ist.

c) Der **Kulturenvergleich** zeigt auf, dass Menschen verschiedener Kulturen das Bestreben haben, sich von ihren Nachbarn abzugrenzen und deshalb eigene Stammesdialekte, Trachten und Sitten entwickeln. Verhaltensweisen, die bei allen Menschen weltweit übereinstimmen, konnten deshalb nicht verändert werden, da sie vermutlich genetische Grundlagen besitzen. Ausdrucksbewegungen des Grüßens, Lachens, Flirtens, der Abwehr und der Verachtung stimmen überein (Randspalte).

d) **Mensch-Tier-Vergleiche** zwischen Menschenaffen und Menschen zeigen Übereinstimmungen im Begrüßungs-, Aggressions- und Versöhnungsverhalten, die auf gemeinsame Abstammung zurückzuführen sein dürften (Verhaltenshomologie).

Aufgabe

① Sammeln Sie weitere Beispiele für angeborene Verhaltensweisen beim Menschen und stellen Sie ihre Bedeutung heraus.

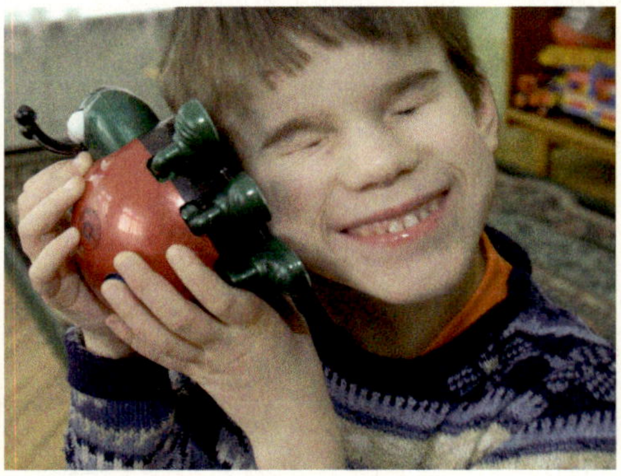

2 Lächeln eines taubblinden Kindes

Kaspar-Hauser-Experimente — Aufzucht unter Erfahrungsentzug

Dass bestimmte Verhaltenselemente genetisch bedingt sind, ist immer dann zu vermuten, wenn alle Individuen einer Art vergleichbares Verhalten zeigen, aber auch, wenn die Verhaltenselemente schon von Geburt an fehlerfrei ablaufen.

Um zu untersuchen, ob es sich z. B. beim Nestbauverhalten von Ratten um eine angeborene Verhaltensweise handelt, kann die Methode des *Kaspar-Hauser-Experiments* (▶ s. S. 183) angewendet werden. Hierzu werden weibliche Ratten isoliert in Käfigen aufgezogen, in denen es keine Objekte gibt, die als Nistmaterial dienen könnten. Noch nicht geschlechtsreifen Tieren bietet man im Folgenden als Nestmaterial Papierstreifen an. Daraufhin bauen die Tiere ein Nest, das sich nicht von denen normal entwickelten Tieren unterscheidet.

In einem charakteristischen Kaspar-Hauser-Experiment werden die zu untersuchenden Tiere immer unter Erfahrungsentzug aufgezogen. Den Versuchstieren muss unbedingt die Gelegenheit genommen werden, von ihren Artgenossen die zu überprüfende Verhaltensweise abzuschauen und dadurch zu erlernen. Weiterhin darf das Versuchstier keine Möglichkeit haben, mit Materialien in Kontakt zu kommen, mit denen es spielerisch umgehen kann, da es dadurch gegebenenfalls die zu untersuchende Verhaltensweise lernen könnte. Bei einer solchen isolierten Aufzucht kann eine Verhaltensstörung des Versuchstieres jedoch nie ganz ausgeschlossen werden, vor allem dann nicht, wenn es unter normalen Bedingungen ein sozial lebendes Tier wäre.

Genetisch bedingte Verhaltensweisen

Der Fadenwurm *(Rhabditis inermis)* ist ein Saprophyt (Grundwissen), der von Käfern zu Dunghaufen transportiert wird. Von ihm existieren zwei Unterarten, die sich im Verhalten ihrer Larven unterscheiden. Die einen warten unbeweglich auf den zufälligen Kontakt mit einem Käfer, die anderen führen pendelnde Bewegungen aus, sie „winken" und erhöhen so die Wahrscheinlichkeit des Zusammentreffens mit dem Käfer. Werden reinerbige Vertreter beider Unterarten gekreuzt, so zeigen alle Individuen der F_1-Generation das Winkverhalten. Die Individuen der F_2-Generation spalteten sich in „winkende" und „nicht winkende" Individuen im Verhältnis 3 : 1 auf.

Zettelkasten

Kaspar Hauser — ein Name wird zum Begriff

Am Pfingstmontag des Jahres 1828 erschien in Nürnberg ein ca. 16 Jahre altes Findelkind, das einer ganzen Richtung verhaltensbiologischer Versuche den Namen geben sollte. In zwei Schriftstücken, die der Junge bei sich trug, hieß es: *„Das Kind ist schon getauft sie Heist Kasper in Schreib name misen sie im selber geben . . ."* und *„. . . dieser Knabe ist mir [vor die Tür] gelegt worden, 1812 den 7. Oktober, . . . und habe ihm Zeit 1812 Keinen Schritt weit aus dem Haus gelassen daß kein Mensch nicht weiß von wo Er auferzogen ist worden, und Er selber weiß nichts, wie mein Haus heißt [wie ich heiße] und daß Ort weiß er auch nicht . . ."*

Ein Polizeiprotokoll, das bei seinem Auffinden angefertigt wurde, berichtete: *„. . . das ihm gereichte Brot und Wasser verschlang er mit Hast — wies alle ihm angebotenen Nahrungsmittel sich schüttelnd zurück. Sein Zustand glich dem eines halbwilden Menschen, der auf alle Fragen, des weiß ih net' antwortete."* Er konnte aber seinen Namen niederschreiben: *Kaspar Hauser.*

Eingehende Untersuchungen veranlassten den Stadtgerichtsarzt Dr. PREU 1830 zu der Aussage, der Knabe habe „lange Zeit des Einflusses des Tageslichts und der Einwirkung des Tag*eslebens auf die Sinne entbehrt. . . . Er ist ferner durch viele Jahre von aller menschlichen Gesellschaft entfernt und der gewöhnlichen Lebensweise anderer Menschen . . . fremd geblieben. . . . Er hat lange Zeit seine geistigen Kräfte gar nicht geübt, nicht einmal so viel, als das tägliche Leben unter Menschen selbst beim Mangel jeder Erziehung fordert."*

Später berichtet KASPAR HAUSER selber über seine jahrelange Gefangenschaft: *„Das Gefängnis, in dem ich bis zu meiner Befreiung leben mußte, war ungefähr 6 bis 7 Schuh' lang, 4 breit und 5 hoch. . . . An der Vorderseite waren zwei kleine Fenster, mit Holz zugeschichtet . . . Auf den Boden war Stroh gelegt, worauf ich zu sitzen und zu schlafen pflegte. Ich konnte nicht gehen und wusste nicht, dass ich aufstehen könnte, weil mich das Gehen niemand gelehrt hatte. Ich hatte zwei hölzerne Pferde und einen Hund, mit denen ich mich immer unterhalten habe."* Nach den Angaben des Findelkindes habe gelegentlich ein Mann „das Loch" betreten und ihm beigebracht, das Alphabet sowie die Zahlen von 1 bis 10 zu schreiben. KASPAR HAUSERS geistige Entwicklung blieb zeitlebens begrenzt.

Nach einem Attentat starb KASPAR HAUSER am 17. Dezember 1833 an den Folgen der Stichwunde, die ihm drei Tage vorher in Ansbach von einem unbekannten Täter beigebracht worden war. Das Verbrechen wurde niemals aufgeklärt.

Bisher wurde vermutet, dass HAUSER aus dem Geschlecht des badischen Herrscherhauses stammt. Dies konnte durch DNA-Analysten seines eingetrockneten Blutes jedoch weder bewiesen noch ausgeschlossen werden.

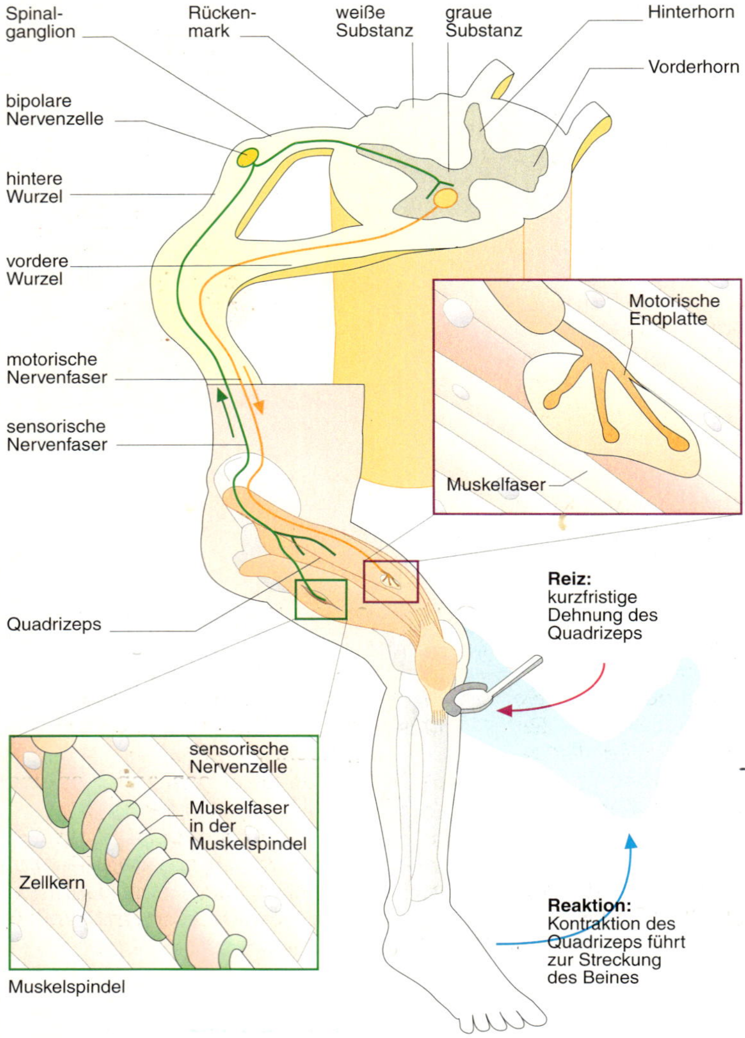

1 Reflexbogen beim Kniesehnenreflex

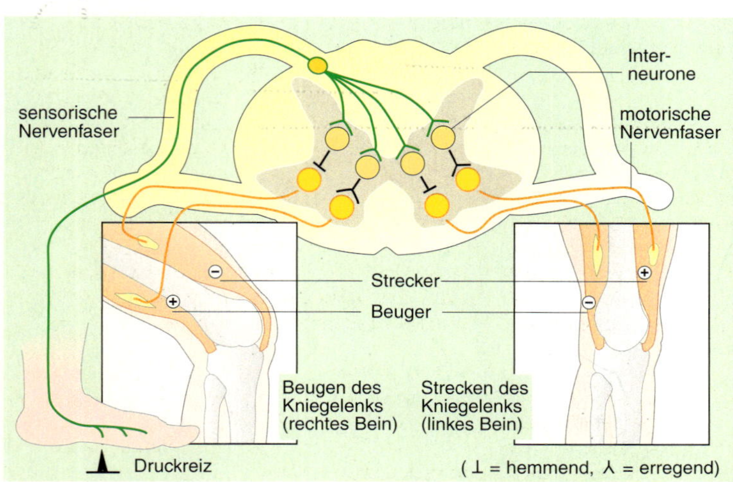

2 Gekreuzter Beuger-Strecker-Reflex (vereinfacht dargestellt)

Reflexe

Es gibt eine Reihe einfacher genetisch bedingter Verhaltenselemente, die bei allen Menschen in gleicher Weise ablaufen. Dazu gehören z. B. Atmen, Husten und das Schließen des Auges bei Herannahen eines Gegenstandes. Diese Verhaltensweisen erfolgen auf einen Reiz hin, ohne dass eine bewusste Steuerung oder spezifische Bereitschaft notwendig ist. Sie heißen *unbedingte Reflexe* (▶ s. S. 183). Ihre Grundlage ist eine einfache Nervenverschaltung, die eine kurze Reaktionszeit ermöglicht. Das ist besonders wichtig bei der Abwehr einer Gefahr, wie zum Beispiel beim Eindringen eines Fremdkörpers in die Luftröhre oder in das Auge.

Ein leichter Schlag auf ein entspanntes, abgewinkeltes Bein unmittelbar unter der Kniescheibe löst ein unwillkürliches Hochschnellen des Unterschenkels aus (*Kniesehnenreflex*, s. Abb. 1). In Skelettmuskeln des Menschen findet man Muskelspindeln. Diese sitzen im Inneren des Muskels und erzeugen bei Dehnung oder Stauchung des Muskels Rezeptorpotentiale. Über schnell leitende *sensorische Nerven* empfängt das *Rückenmark* die dadurch ausgelöste Erregung. Beim Kniesehnenreflex führt der Schlag über die Sehne zu einer Dehnung des Quadrizepsmuskels. Die sensorischen Neurone sind durch Synapsen direkt mit *motorischen Nerven* verbunden. Deren Aktionspotentiale werden über Motorische Endplatten auf den Quadrizepsmuskel übertragen und bewirken eine Kontraktion, die den Unterschenkel hochschnellen lässt. Da beim Kniesehnenreflex nur eine zentrale Synapse beteiligt ist, nennt man ihn *monosynaptisch*. Das Gehirn wird erst nachträglich informiert.

Der Reflexbogen als Modell

Das Reflexen zugrunde liegende Prinzip lässt sich anschaulich als *Reflexbogen* darstellen (Abb. 103.1). Er beginnt mit einem Rezeptor, an dem ein Reiz eine Erregung auslöst. Diese wird über sensorische *(afferente)* Nervenbahnen, also zum Zentralnervensystem führende Neurone, zum Reflexzentrum geleitet. Dort erfolgt die Umschaltung auf motorische *(efferente)* Bahnen, die zum reagierenden Organ *(Effektor)* führen. Die Reaktionszeiten variieren, da die Elemente unterschiedlich komplex verschaltet sein können. Reflexzentren befinden sich beim Menschen im Rückenmark und im Gehirn. Von dort kann die Möglichkeit einer bewussten Beeinflussung gegeben sein.

Monosynaptische und polysynaptische Reflexe

Tritt man auf einen spitzen Gegenstand, so hebt man unwillkürlich den Fuß und streckt das andere Bein. Bei diesem gekreuzten *Beuger-Strecker-Reflex* (Abb. 102.2) sind die Muskeln beider Beine beteiligt. Dazu ist eine Übertragung des sensorischen Signals auf mehrere Motoneurone notwendig; es handelt sich somit um einen *polysynaptischen Reflex*. Während bei *monosynaptischen Reflexen* eine weitgehend konstante Zeitspanne zwischen Reizung und Reaktion zu messen ist (Kniesehnenreflex ca. 30 ms), kann diese bei *polysynaptischen Reflexen* zwischen 60 und 200 ms variieren.

Man kann Reflexe auch danach einteilen, ob Reizaufnahme und Reaktion im selben Organ *(Eigenreflexe)* oder in verschiedenen Organen *(Fremdreflexe)* erfolgen. Während der Kniesehnenreflex ebenso wie beispielsweise der *Lidschlussreflex* zu den Eigenreflexen gehört, handelt es sich beim *Husten* um einen Fremdreflex, denn hier erfolgt die Reizaufnahme durch Sinneszellen in der Schleimhaut der Luftröhre, während als Reaktionen Kontraktionen von Zwerchfell und Zwischenrippenmuskulatur auftreten. Diese Muskelbewegungen führen durch ihre Kontraktion zu einer plötzlichen Erhöhung des Druckes in der Lunge. Dadurch kann ein Fremdkörper aus der Luftröhre gepresst werden.

Reflex
Ein Reiz-Reaktions-Zusammenhang, bei dem ein bestimmter Reiz bei allen Individuen einer Art dieselbe stereotype, nervös ausgelöste unwillkürliche Reaktion hervorruft.

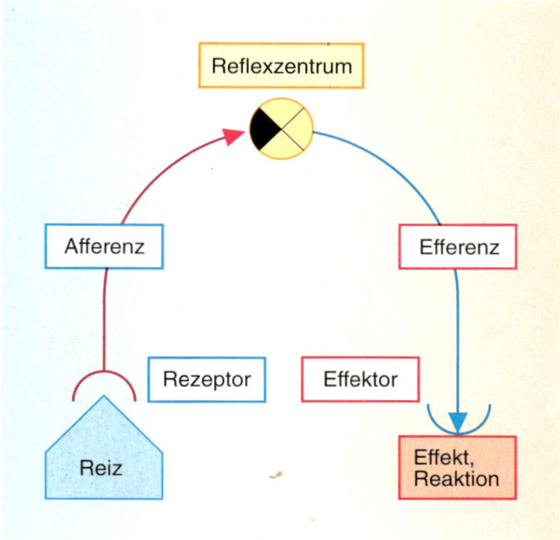

1 Reflexbogen

Aufgaben

① Lösen Sie den Kniesehnenreflex aus. Achten Sie auf die Reihenfolge von Reaktion und bewusster Wahrnehmung.

② Ein barfüßiger Badegast tritt auf eine Muschelschale. Sofort zieht er den Fuß ruckartig hoch. Fertigen Sie für diesen Reflex ein Schema nach Abb. 1 an und benennen Sie die jeweiligen Organe.

③ Der Herzschlag wird beim Menschen durch periodische Signale eines Muskelknotens *(Sinusknoten)* ausgelöst. Vergleichen Sie diesen Vorgang mit dem Ablauf eines Reflexes.

Zettelkasten

Verhalten — immer nur Reaktion oder auch spontan?

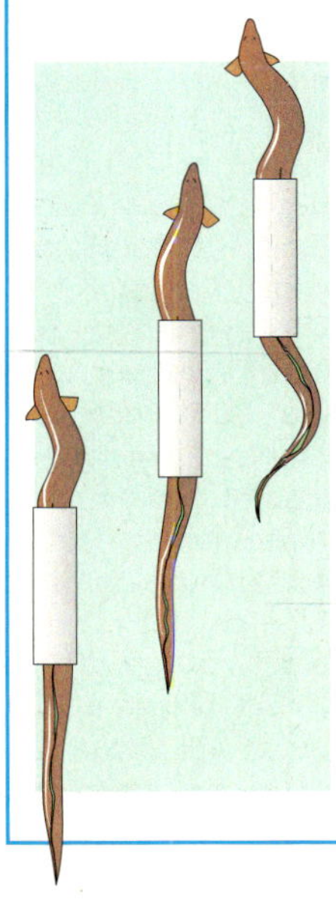

Wie kommen komplizierte Abläufe, beispielsweise die geordneten Beinbewegungen eines Tausendfüßers oder die Schlängelbewegungen eines Aals zustande?

Ein Erklärungsmodell greift auf den *Reflex* zurück. Rezeptoren kontrollieren die Muskelspannung eines Körperabschnitts; ihre Erregung stellt den Reiz für das folgende Segment dar. Durch diese *Reflexkette*, also die Hintereinanderschaltung mehrerer Reflexe, kommt es zum koordinierten Bewegungsablauf. Eine andere Vorstellung geht davon aus, dass das zeitliche Erregungsmuster für eine solche Bewegung im Nervensystem als Einheit *vorprogrammiert* ist.

Für die Schlängelbewegung des Aals konnte Erich von Holst experimentell entscheiden, welche Erklärung zutrifft. Er hatte am Rückenmark eines Aals sämtliche afferenten Nervenbahnen durchtrennt, der Fisch führte dennoch geordnete Bewegungen aus. Selbst wenn man das mittlere Drittel eines solchen Aals in einem Rohr festlegt, so setzt sich eine Bewegungswelle des vorderen Körperdrittels im hinteren Abschnitt fort, und zwar genau nach der Zeit, die auch ohne Fixierung der Körpermitte benötigt worden wäre. Das zeigt, dass es eine *Zentralkoordination* gibt, die spontan, d. h. ohne afferente Erregungsleitung, ein Schlängelverhalten bewirkt. Viele rhythmische Bewegungsabläufe bei Tieren beruhen auf solchen Zentralkoordinationen, auch die beim Gehen synchron ablaufenden Armbewegungen des Menschen.

Während beim Reflex die Reaktion nur auf einen Reiz hin erfolgt, ergibt sich bei der Zentralkoordination die spontane Aktivität des Organismus allein aus der genetisch bedingten Verschaltung bestimmter Neuronen.

1 Erdkröte

Beutefangverhalten der Erdkröte

Instinkthandlung

Die klassische Ethologie wurde zu Beginn des 20. Jahrhunderts im Wesentlichen durch Oskar Heinroth und Konrad Lorenz begründet. Aus ihr entwickelte sich die *Theorie des Instinktverhaltens*. Ihre Anhänger vertraten die Ansicht, dass zahlreiche Verhaltensweisen genetisch bedingt sind und bei allen Vertretern einer Art formkonstant ablaufen. Diese *Erbkoordinationen* galten als Teil der Instinkthandlungen, die eine vergleichende Verhaltensforschung erlaubten. Tiere mit von der Norm abweichendem Verhalten wurden von Lorenz als nicht relevant betrachtet. Das Instinktverhalten unterscheidet sich nach diesem Denkansatz von einfachen Reflexen. Instinkthandlungen stellen komplexere angeborene Reaktionen dar, bei denen mehr als eine Synapse und einige Muskeln beteiligt sind. Ein weiterer Unterschied ist das Vorhandensein eines inneren Antriebs. So werden Instinkthandlungen nur dann ausgelöst, wenn eine entsprechende innere *Handlungsbereitschaft* bzw. *Motivation* vorliegt (▶ s. S. 182).

Am Beutefangverhalten einer Erdkröte kann man gut die Faktoren erkennen, die zum komplexen Instinktverhalten gehören (Randspalte). Sie durchstreift ihren Jagdbezirk und begibt sich in Wartestellung. Sowie sich in der Umgebung eine mögliche Beute bewegt, wendet sich die Erdkröte dem Objekt zu oder schleicht es an. Dann wird es mit beiden Augen fixiert, bevor die klebrige Zunge blitzschnell vorschnellt. Das Beutetier wird ergriffen, in den Mund gezogen und verschluckt. Anschließend kommt es häufig zu Wischbewegungen, so als würde die Schnauze gesäubert. In diesem Ablauf lassen sich drei Abschnitte feststellen:

- Das scheinbar richtungslose Umherlaufen und Warten, das als Suchen nach Beute interpretiert werden kann *(ungerichtetes Appetenzverhalten)*.
- Das Annähern an die Beute bzw. die mit dem ganzen Körper ausgeführten Wendereaktionen *(gerichtetes Appetenzverhalten, Taxis)*.
- Das Fixieren und Zuschnappen als stereotypes Verhaltenselement, das stets in der gleichen Weise auftritt *(formstarre Endhandlung)*.

Die Endhandlung läuft, wenn sie einmal ausgelöst ist, unausweichlich und in stets der gleichen, starren Bewegungsfolge ab. Falls die Beute entflieht, nachdem die Erdkröte sie fixiert und das Zuschnappen eingesetzt hat, so setzt sich der Vorgang des Zungenschlages unverändert fort. Er ist genetisch programmiert und nicht mehr beeinflussbar.

Appetenzverhalten ist dagegen sehr variabel und stark durch Außenreize und Erfahrungen beeinflusst. Es besteht manchmal nur in erhöhter Bewegungsaktivität des Tieres. Appetenz, die möglicherweise auftretende Taxis und die erbkoordinierte Endhandlung werden gemeinsam als Instinkthandlung bezeichnet.

Das Reizmuster, das die Taxis und die Endhandlung auslöst, wird als Schlüsselreiz, falls es von einem Artgenossen ausgeht, als Auslöser bezeichnet. Es gibt eine zugehörige nervöse Funktionseinheit, die den Schlüsselreiz erkennt und das Verhalten in Gang setzt. Sie wird als *Angeborener Auslösemechanismus (AAM)* bezeichnet. Wo dieser lokalisiert ist und wie er funktioniert, ist ungeklärt. Das Auftreten einer Instinkthandlung ist also nicht allein von der Stärke des Schlüsselreizes abhängig; auch innere Faktoren, die insgesamt unter dem Begriff Handlungsbereitschaft zusammengefasst werden, bestimmen die Auslösbarkeit. Dieses Phänomen, dass sowohl äußere Reize als auch endogene Faktoren zusammen wirken müssen, wurde von Konrad Lorenz als *„Prinzip der doppelten Quantifizierung* bezeichnet".

Aufgabe

① Stellen Sie die Unterschiede zwischen einer Reflex- und einer Instinkthandlung heraus.

1 Brutverhalten und Hormone

lat. *circa* = ungefähr

lat. *dies* = Tag

lat. *annus* = Jahr

Innere und äußere Faktoren

Eine hungrige Kröte geht auf Nahrungssuche, ein fortpflanzungsbereites Tier balzt oder wählt einen Geschlechtspartner. Im Ernährungs- oder Fortpflanzungsverhalten sind eindeutige Zusammenhänge zwischen inneren (endogenen) Faktoren und äußerlich sichtbarem Verhalten bekannt und können beispielsweise über den Glucosespiegel im Blut oder durch die Bestimmung von Hormonkonzentrationen analysiert werden.

Beim Männchen des Weißkehlammerfinken, der in Alaska brütet und in Kalifornien überwintert, wurde die Konzentration der Geschlechtshormone im Blut in Bezug zum Fortpflanzungsverhalten untersucht (Abb. 1). Dieses und viele andere Beispiele belegen, dass langfristige Verhaltenstendenzen, wie z. B. Wandertrieb oder Brutpflege bei Vögeln durch Hormone beeinflusst sind. Im Gegensatz zur kurzfristigen, lokalen Wirkungsweise des Nervensystems werden Hormone im gesamten Organismus verteilt, sie wirken deshalb auch länger anhaltend.

Dabei gilt grundsätzlich, dass ein veränderter Hormonspiegel lediglich Auswirkungen auf die Handlungsbereitschaft hat. Nicht der Ablauf einer Verhaltensweise wird durch Hormone gesteuert, sondern nur die Häufigkeit und Intensität ihres Auftretens.

Wie aber erklärt man sich den Zug der Weißkehlammerfinken in einem eng begrenzten Zeitraum des Jahres oder die großen Wanderungen der Huftierherden? Untersuchungen zu diesen Fragen aus der *Chronobiologie* betreffen auch den Menschen. Fliegt der Mensch über mehrere Zeitzonen hinweg, stellen sich Tagesmüdigkeit und schlaflose Nächte ein (Jetlag). Es dauert mehrere Tage, bis sich der „innere Zeitmesser" wieder den neuen Verhältnissen angepasst hat.

Der Mensch besitzt wie alle höheren Lebewesen eine biologische Uhr, die dafür sorgt, dass zahlreiche physiologische Vorgänge in einem Rhythmus von ungefähr 24 Stunden ablaufen (circadiander Rhythmus). Für jahreszeitliche (circaannuale) Zyklen gibt es viele weitere Beispiele, wie etwa Winterschlaf, Wechsel zwischen Sommer- und Winterfell. Die Biorhythmen werden durch bestimmte äußere (exogene) Reize beeinflusst, die auch als *Zeitgeber* bezeichnet werden und normalerweise aus der Umwelt kommen. Die wichtigsten derartigen Reize sind das Licht, Mondphasen, Temperaturschwankungen oder Gezeitenwechsel.

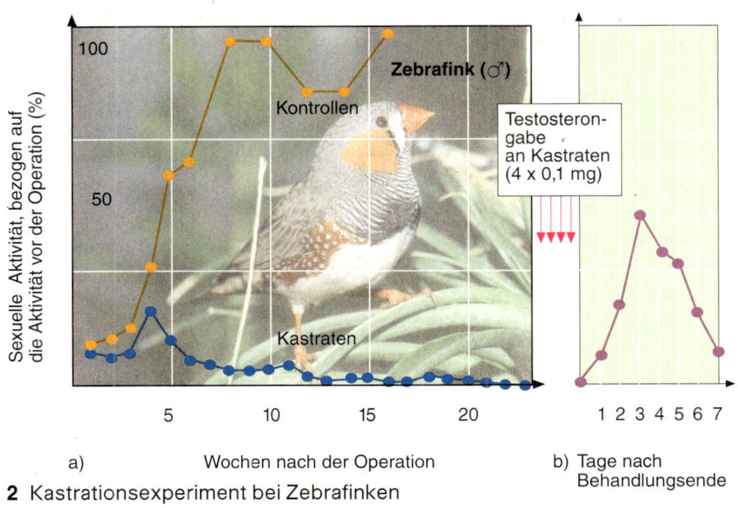

2 Kastrationsexperiment bei Zebrafinken

Aufgaben

① Während der Balz trägt das Zebrafinkenmännchen einen kurzen Balzgesang vor. Dessen Häufigkeit ist ein gutes Maß für die Handlungsbereitschaft zur Balz. Einer Gruppe von Tieren wurden operativ die Hoden entfernt. Bei einer Kontrollgruppe führte man nur eine Scheinoperation durch. Anschließend verglich man die Balzaktivität beider Gruppen.
- a) Beschreiben und deuten Sie den in Abb. 2a dargestellten Befund.
- b) Die kastrierten Tiere erhalten viermal in kurzer Folge Testosteron. Interpretieren Sie das Ergebnis aus Abb. 2b.

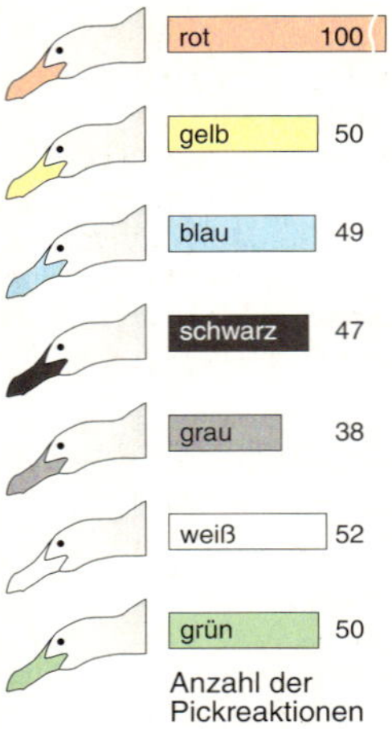

Versuch 1
Schnabelfarbe

1 Silbermöwe fütternd

2 Attrappenversuch

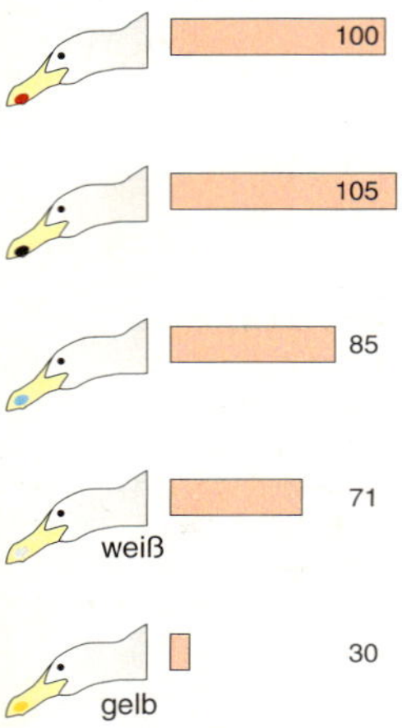

Versuch 2
Farbe des Flecks

Konzepte der klassischen Ethologie

Silbermöwen brüten in Kolonien. Dort kann man folgende Teile des Brutpflegeverhaltens beobachten: Die Altvögel landen in der Nähe des Nestes und stoßen einen langgezogenen Ruf aus. Antworten die frisch geschlüpften Küken, nähern sich die Altvögel dem Nest und würgen halbverdaute Nahrung auf den Boden. Einige kleinere Brocken werden zwischen den Schnabelspitzen den Jungen präsentiert. Der Altvogel steht dabei mit nach unten geneigtem Kopf. Am gelben Schnabel besitzt die Silbermöwe einen roten Fleck. Das Küken pickt nach der Schnabelspitze. Das Picken gegen die Schnabelspitze, kann auch vor dem Hervorwürgen der Nahrung erfolgen.

Aus diesen Beobachtungen im Freiland ergaben sich für Nikolaas Tinbergen und seine Mitarbeiter zahlreiche Versuchsserien, die klären sollten, ob der rote Fleck auf dem gelben Schnabel ein *Schlüsselreiz* für die *Instinkthandlung* des Futterbettelns ist (▶ s. S. 182). Den frisch geschlüpften Küken bot man unterschiedliche Pappscheiben als Kopfattrappen, die Pickreaktionen wurden registriert und die Mittelwerte für jede *Attrappe* gebildet (s. Randspalte, Versuch 1 und 2).

Die Experimente von Tinbergen wurden von anderen Forschern wiederholt. Dabei zeigten sich weniger eindeutige Ergebnisse. Insbesondere durch die Versuche von Ursula Eypasch 1983 und die Veröffentlichungen von Hanna-Maria Zippelius 1993 ergaben sich Zweifel, ob hier tatsächlich ein Schlüsselreiz einen *angeborenen Auslösemechanismus (AAM)* anspricht und eine *Erbkoordination* auslöst (s. Seite 105). Vielmehr scheinen die Küken sehr schnell durch die Futtergabe bestimmte Reizkonstellationen zu lernen.

Der rote Fleck auf der Schnabelspitze der Möwe kann durchaus eine Reaktion auslösen, muss aber nicht der Schlüsselreiz für die Instinkthandlung sein. Ebenso können *endogene Faktoren* wie Erfahrungen, Ernährungs- und Entwicklungszustand, genetische Grundlagen oder die hormonelle Situation und darüber hinaus *exogene Faktoren,* wie eine besondere Aufmerksamkeit erzeugende Reizkonstellation, auslösende Reize für ein bestimmtes Verhalten sein. Dieses Verhalten kann sich auch ändern. Somit erhalten die ursprünglichen Konzepte zunehmend eine andere Bedeutung.

Nicht nur durch diese Versuche geriet das *Schlüsselreizkonzept* und das *Instinktkonzept* ins Wanken. Neurophysiologische Untersuchungen zeigen, dass Organismen keineswegs automatenhaft auf ihre Umwelt reagieren. Das Verhalten ist viel flexibler und stärker von äußeren Umständen oder inneren Faktoren abhängig als es die klassische Ethologie nahe legte.

Aufgabe

(1) Eine rote Schnabelattrappe, die am Ende weiß geringelt ist, weist mehr Pickreaktionen auf als eine naturgetreue Attrappe. Erklären Sie dies aus ethologischer und evolutionsbiologischer Sicht.

Instinktlehre – in die Kritik geraten

Konrad Lorenz und die Instinktlehre regen seit mehr als 50 Jahren die Verhaltensbiologen zu ausgedehntem Widerspruch und einer Fülle von Untersuchungen an.

Der Instinktbegriff

Der Begriff „Instinkt" ist emotional besetzt und wird in vielfältiger und unpräziser Weise benutzt. Das „instinktiv richtige Reagieren" des Autofahrers in einer Gefahrensituation entbehrt ebenso jeder Grundlage wie die Behauptung, dass Tiere aufgrund ihrer Instinkte „automatisch richtig" reagieren. Schon früh wurde daher auch in der Ethologie nicht von dem *Instinkt*, sondern von dem *Instinktverhalten* gesprochen. Es beschreibt einen genetisch bedingten Verhaltensablauf, der aus einer Orientierungskomponente (Taxis) und einer Bewegungskomponente (Endhandlung) besteht. Die Taxis ist z. B. das gezielte Annähern an eine Beute, die Endhandlung das Zuschnappen.

Heute verzichtet man weitgehend auf den Begriff „Instinkt", da die Begriffe angeboren und erlernt nicht notwendigerweise einen Widerspruch darstellen.

Der Schlüsselreiz

Der Begriff leitet sich von dem Konzept ab, dass ein *angeborener auslösender Mechanismus (AAM)* die eingehenden Reize filtert und das Muster, das die genaue Passform hat, erkennt. Soziale *Schlüsselreize*, die einer unmissverständlichen Kommunikation dienen, wurden als Auslöser bezeichnet und bevorzugt mit *Attrappenversuchen* analysiert. Mit zunehmend genaueren Untersuchungsmethoden konnte einerseits gezeigt werden, dass nicht ein einzelner Reiz, sondern komplexe Reizmuster und Reizkonstellationen Handlungen auslösen. Andererseits sind die neuronalen Mechanismen der Informationsverarbeitung zwar noch nicht vollständig aufgeklärt, sicherlich aber flexibler als eine einfache Schlüssel-Schloss-Beziehung.

Handlungsbereitschaft

Der von Lorenz für die Motivation eingeführte Begriff der *aktionsspezifischen Energie* forderte insbesondere im Zusammenhang mit dem psychohydraulischen Modell die Kritiker heraus.

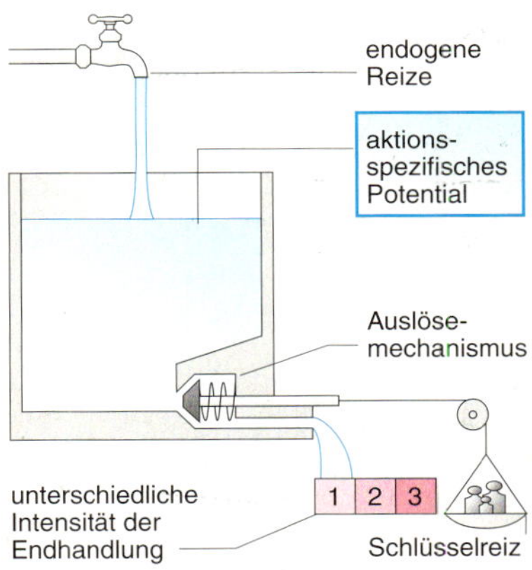

Eine Erregung sollte durch innere oder äußere Faktoren solange anwachsen, bis schließlich die Schwelle des zugehörigen angeborenen Auslösemechanismus überschritten wird oder ein Schlüsselreiz einwirkt, der die Endhandlung auslöst. Die Qualität des auslösenden Reizes und die inneren Zustände sollten die Handlungsintensität bestimmen *(Gesetz der doppelten Quantifizierung)*.

Zahlreiche verhaltensbiologische und neurophysiologische Versuche konnten ein entsprechendes Instinktzentrum im Gehirn jedoch nicht nachweisen. Die Wahrscheinlichkeit, dass ein bestimmtes Verhalten ausgeführt wird, ist u. a. von der Tages- oder Jahreszeit, der endogenen Rhythmik, der Hormonsituation, dem Versorgungs- und Gesundheitszustand, dem Alter des Tieres, ökologischen Bedingungen und vor allem von den bereits gemachten Erfahrungen abhängig.

Die Leerlaufhandlung

Führt ein Tier eine Handlung lange nicht aus, soll durch Anstauen von Handlungsbereitschaft ein zunehmend schwächerer Reiz zu ihrer Auslösung notwendig werden, bis schließlich auch ohne Einwirken eines Reizes die sog. *Leerlaufhandlung* auftritt. An einem Star, den Lorenz im Haus aufzog, beobachtete er, dass „der Vogel gespannt nach der weißen Decke des Zimmers blickte, als ob dort Insekten flögen, dann abflog, in der Luft zuschnappte, auf seine Warte zurückkehrte, die Bewegung des Totschüttelns von Beute vollführte, schluckte und danach in Ruhe verfiel". Die Übertragung dieser Vorstellung auf andere Verhaltensweisen, insbesondere auf die *Triebtheorie der Aggression,* hielt jedoch wissenschaftlichen Nachprüfungen nicht stand. Man kennt haltungsbedingte Bewegungsstereotypien z. B. bei Zootieren, die Bewegungen unter gleichbleibenden Bedingungen immer wieder ausführen, sodass sich ein starres und für den Beobachter sinnloses Bewegungsmuster einschleift.

Übersprungsbehandlung

In manchen Konfliktsituationen treten Verhaltensweisen auf, die einem Beobachter unpassend oder deplatziert erscheinen: Hähne aller Haushuhnrassen unterbrechen gelegentlich ihren Kampf und zeigen Pickbewegungen, obwohl keine Nahrung vorhanden ist. Austernfischer stecken beim Anblick ihres Spiegelbildes ihren Schnabel ins Gefieder und beginnen zu „schlafen". Derartige scheinbar unsinnige Handlungen wurden als *Übersprungbewegungen* interpretiert, d. h. durch die gegenseitige Hemmung gleichstarker Antriebe für zwei Verhaltensweisen sollte eine dritte möglich werden. Neuere Modelle gehen davon aus, dass das gezeigte Verhalten für das Tier durchaus eine Bedeutung haben kann, wenn damit etwa sein Kampf- oder Reproduktionserfolg erhöht wird.

Prägung

Prägungskarussell

KONRAD LORENZ schreibt in einem seiner Bücher: „meine erste kleine Graugans war also auf der Welt, und ich wartete. Den Kopf schief gestellt, sah sie mit großem, dunklem Auge zu mir empor. [...] Und als ich eine Bewegung machte und ein kurzes Wort sprach, löste sich mit einem Male die gespannte Aufmerksamkeit, und die winzige Gans grüßte." Als LORENZ das im Brutkasten geschlüpfte Tier einer Hausgans als Pflegemutter unter das Bauchgefieder schieben wollte, kam ihm das Küken mit einem Pfeifen des Verlassenseins nachgelaufen und verhielt sich so, als sei er die Gänsemutter. Lorenz beschrieb so einen besonderen Lernvorgang, die Nachfolgeprägung.

Man untersuchte dieses Phänomen, indem man Kaspar-Hauser-Küken bald nach dem Schlüpfen in eine kreisförmige Laufbahn setzte. In diesem *Prägekarussell* (s. Randspalte) wurden vor dem Küken gans- oder entenähnliche Attrappen oder sogar ein Fußball bewegt, die über einen Lautsprecher Laute von sich gaben. In Versuchsreihen erkannte man, dass am zweiten Lebenstag jedes Küken der Attrappe folgte, die es am ersten Tag gesehen hatte. Diese Attrappe musste sich nur bewegt und Laute von sich gegeben haben. Die jungen Küken lernten ein individuelles Bild der Mutter, welche normalerweise unmittelbar nach dem Schlüpfen als erste gesehen wird. Die Gänseküken wurden auf ein bestimmtes Objekt geprägt. Das Bild der Mutter wird sehr schnell nach der Geburt in einer sensiblen Phase (s. Randspalte) erlernt und meist zeitlebens *irreversibel* behalten. In der Natur ist die sichere Kenntnis der Mutter die Voraussetzung, um ihr auf einem Gewässer mit vielen anderen Gänsen nachfolgen zu können. Dies ist für die Küken lebenswichtig *(obligatorisches Lernen)*, da die Nestflüchter von der Mutter zum Futter geführt und gegen Feinde verteidigt werden.

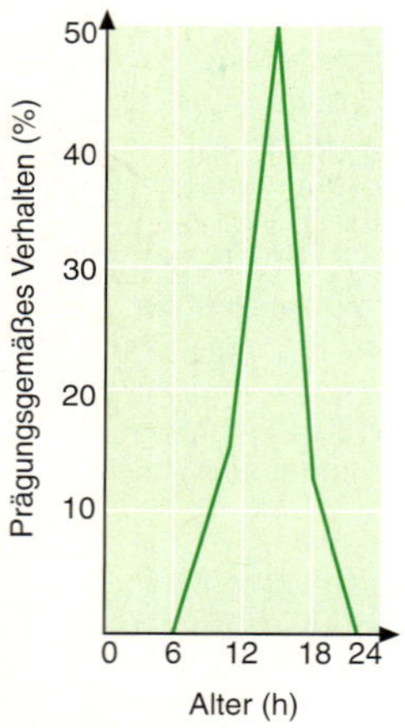

Sensible Phase

Sensible Phase
Zeit, in der ein Tier für bestimmte Erfahrungen besonders empfindlich ist bzw. bestimmte Erfahrungen machen muss

Lässt man Jungtiere von Zebrafinken durch Mövchen aufziehen, so balzt ein erwachsenes Zebrafinkenmännchen im Wahlversuch stets Mövchen-Weibchen an. Zebrafinkenweibchen bleiben unbeachtet. Diese Fehlprägung ist das Resultat einer *sexuellen Prägung*. Eine Besonderheit dieser *Objektprägung* ist, dass die sensible Phase zu einer Zeit, zu der die Vögel noch nicht fortpflanzungsfähig sind, erfolgt. Dies macht deutlich, dass der Lernprozess und die darauf bezogene Handlung bei der Prägung zeitlich weit auseinander liegen können.

Bei der *Gesangsprägung* wird ein Bewegungsmuster erworben. Buchfinkenmännchen wurden isoliert und akustisch abgeschirmt aufgezogen. Spielt man ihnen Gesänge verschiedener Arten vor, bevor sie ihren eigenen Gesang voll entwickelt haben, so wird später ihr Gesang durch diese Erfahrung bestimmt.

Untersuchungen an den Hirnstrukturen belegen, dass Prägung meist eine spezifische neuronale Grundlage hat. Bei Hühnerküken geht sie mit mikroskopisch und stoffwechselbiologisch nachweisbaren Veränderungen von Synapsen in einer speziellen Region einher. Ähnliches gilt für weitere Prägungsarten, wie z. B. der Ortsprägung (z. B. Lachse) oder die Prägung bei Brutparasiten (z. B. Kuckuck).

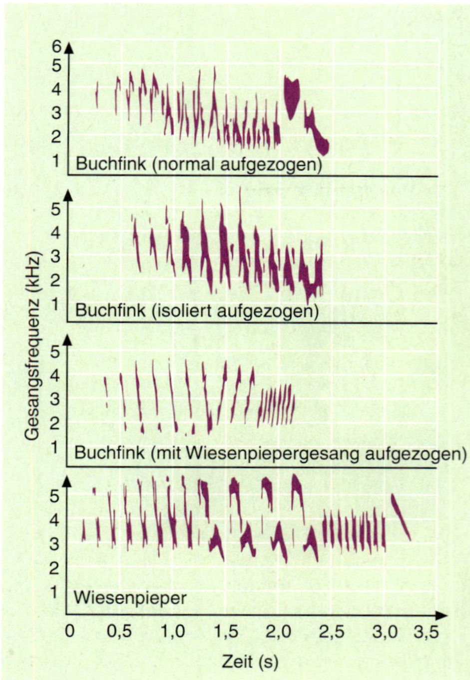

1 Gesangsprägung

Prägungsähnliche Vorgänge beim Menschen

Seit den dreißiger Jahren des 20. Jahrhunderts untersuchte der amerikanische Psychoanalytiker und Ethologe René Spitz das prägungsähnliche Phänomen der Mutter-Kind-Beziehung in den ersten Lebensjahren. In seinem Buch „Vom Säugling zum Kleinkind. Naturgeschichte der Mutter-Kind-Beziehung im ersten Lebensjahr“ berichtet er über die Säuglinge im Säuglingsheim eines Gefängnisses. Zwischen dem sechsten und achten Lebensmonat wurde ihnen die Mutter während eines Zeitraums von drei Monaten entzogen.

„Im Allgemeinen hatten sie während der ersten sechs Monate ihres Lebens gute Beziehungen zu ihren Müttern und entwickelten sich gut. In der zweiten Hälfte des ersten Jahres legten jedoch einige von ihnen ein weinerliches Verhalten an den Tag. [...] Nach einer Weile wurde die Weinerlichkeit von einer Kontaktverweigerung abgelöst. [...] Wenn wir uns näherten, wurden wir meist nicht beachtet, obwohl manche Kinder uns mit suchendem Ausdruck beobachteten. Wenn wir auf Annäherung bestanden, fingen sie an zu weinen, manchmal auch zu schreien. [...] manche dieser Kinder verloren in dieser Zeit an Gewicht, anstatt zuzunehmen. [...] Alle Kinder zeigten eine wachsende Anfälligkeit für hinzutretende Erkältungen. Dieses Verhaltenssymptom dauerte etwa drei Monate lang und wurde immer schlimmer. Dann hörte die Weinerlichkeit auf, an ihre Stelle trat eine ‚gefrorene' Starre des Gesichtsausdrucks. Nun pflegten diese Kinder mit weit geöffneten, ausdruckslosen Augen dazuliegen oder dazusitzen, mit erstarrtem, unbeweglichem Gesicht und abwesendem Ausdruck, wie in einer Betäubung.“
(René A. Spitz: Vom Säugling zum Kleinkind, Klett-Cotta Verlag, Stuttgart, 1992)

Spitz erkannte, dass im ersten Lebensjahr bereits eine kurzzeitige Trennung von der Mutter beim Säugling schwere Störungen hervorrufen kann. Er nannte das hier auftretende Syndrom *Hospitalismus* (▶ s. S. 182).

Bei anderen prägungsähnlichen Verhaltensweisen des Menschen sind die sensiblen Phasen relativ lang, man spricht hier von sensiblen bzw. kritischen Perioden. So sind ein perfektes Beherrschen eines Musikinstruments, das Erlernen einer Sprache oder bestimmte motorische Bewegungsabläufe, wie z. B. Skifahren, ab dem Erwachsenenalter nur noch schwer zu erlernen.

Aufgabe

① Interpretieren Sie die neben stehende Graphik, in der ausgehend von der Entwicklungsnorm 13 Monate alter Kinder die Entwicklungsprofile eines Heim- und eines Familienkindes gezeigt werden.

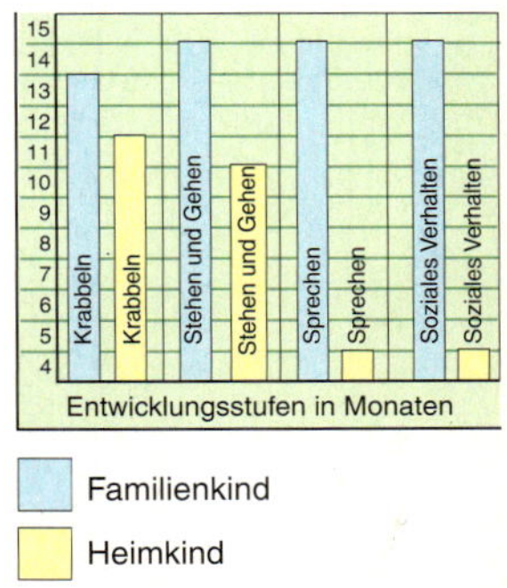

Zettelkasten

Mutter-Kind-Bindung

Die Bedeutung des ständigen körperlichen Kontaktes zur Mutter konnte H. Harlow in Attrappenversuchen mit Rhesusaffenkindern nachweisen. Trennte er die Äffchen von ihren Müttern und bot ihnen im Wahlversuch Drahtattrappen, die mit einem Fell bezogen waren oder eine Milchflasche enthielten (s. Randspalte), so erhielt er das abgebildete Ergebnis.

Je länger und früher die Äffchen von ihrer Mutter getrennt wurden, desto weniger Neugier- und Spielverhalten sowie Lernvermögen zeigten sie. Demgegenüber trat aber um so häufiger aggressives, gestörtes Sozialverhalten auf. Die Sicherheit einer festen Bindung an die Mutter ist eine wesentliche Voraussetzung für eine normale soziale Entwicklung. Mutterentbehrung zieht je nach Dauer schwere Verhaltensstörungen nach sich.

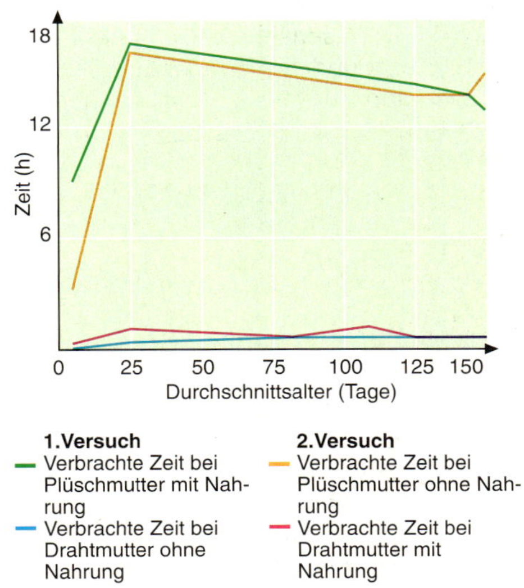

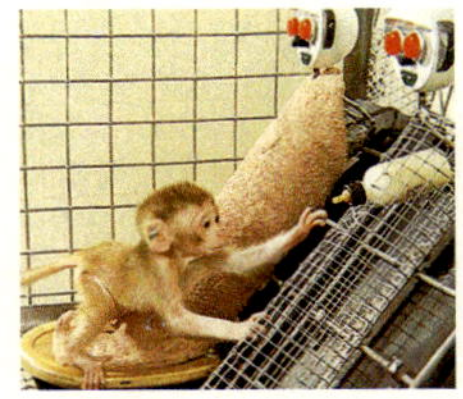

Äffchen mit Drahtattrappe im Attrappenversuch nach H. Harlow

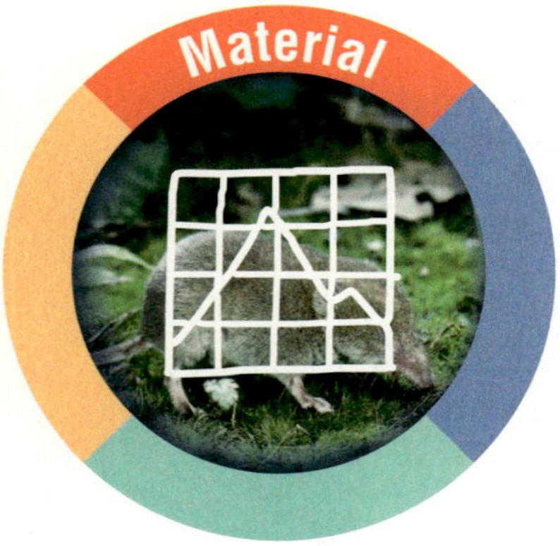

Karawanenbildung bei Spitzmäusen

Hanna Maria Zippelius beschreibt, dass junge Haus- und Feldspitzmäuse, wenn sie aus dem Nest geraten sind oder der Unterschlupf gewechselt werden muss, durch die Mutter zur Karawanenbildung angeregt werden. Die Mutter fordert ihre wimmernden Jungen, je nach Situation mit abgestufter Intensität, zur Karawanenbildung auf. Dazu beißt sie ein Junges in das Nackenfell und hebt es kurzzeitig an (s. Abb.).

Die Jungen beißen sich entweder am Fell der Mutter in der Nähe der Schwanzwurzel oder an dem des letzten Karawanenmitglieds, also eines Geschwisters, fest. Mit der Karawane von Jungen, die ihr folgen, macht sich die Mutter dann auf den Weg (s. Abb. rechts).

Attrappen- und Austauschversuche

Dass der Bildung einer solchen Karawane eine Verständigung der beteiligten Tiere zugrunde liegt, setzte man voraus. Wissen wollte man aber, ob das zur Karawanenbildung erforderliche Verhalten der Jungen genetisch festgelegt oder erfahrungsbedingt ist. Die folgenden Beobachtungen geben näheren Aufschluss:

- Lässt man eine junge Spitzmaus isoliert von den Artgenossen durch eine artfremde Amme, die die Karawanenbildung nicht initiiert, aufziehen, beißt sie sich ab dem 6. Lebenstag im Fell der Amme oder eines Nestgeschwisters fest.
- Fordert man sie in diesem Alter zum Zubeißen und Mitlaufen auf, so folgt sie auch einer Attrappe (z. B. Felle von Waldspitz- oder Hausmäusen, von Gartenschläfern oder Wildlederlappen (s. Abb. unten), aber auch gerade getöteten Haus- und Spitzmäusen).
- Lässt man eine 8 – 14 Tage alte Hausspitzmaus, die auf nicht artgemäße Attrappen auch nach der stärksten Aufforderung nicht mehr reagiert, kurz an einer lebenden Hausspitzmaus riechen, so zeigt sie das bekannte Wimmern und beißt anschließend bei jeder ihr gebotenen Attrappe zu.
- Bietet man in dieser Zeit eine durch ätherische Öle geruchlich veränderte Hausspitzmaus, wird diese nicht als solche erkannt und ist als Objekt für das Zubeißen unwirksam.
- Zwischen dem 8. und 14. Lebenstag wendet sich die Hausspitzmaus spontan von jeder nicht artgemäßen Attrappe ab, akzeptiert diese jedoch nach vorheriger Darbietung des arteigenen Geruches.
- Vom 15. Lebenstag an beißt eine Spitzmaus nur noch bei der Mutter oder bei Geschwistern zu, fremde Attrappen werden angedroht.
- Gibt man ein Tier von 4 – 5 Tagen zu einer Amme, z. B. zu einer Hausmaus, zeigt die junge Spitzmaus vom 6. Tag an die Verhaltensweise des Verbeißens nach Aufforderung, auch bei verschiedenen Attrappen. Vom 10. Tag an erfolgt diese Reaktion zwar gegenüber einer getöteten Hausmaus, jedoch nicht gegenüber der Spitzmausmutter.
- Ab dem 15. Tag beißt die Jungspitzmaus nur noch bei der Amme oder den Stiefgeschwistern zu, weder bei anderen Hausmäusen noch bei der Mutter oder den Geschwistern.
- Setzt man eine junge Spitzmaus, die von einer Hausmaus-Amme aufgezogen wurde, am 15. Lebenstag zur Mutter zurück, wird sie wieder gesäugt. Das Jungtier reagiert aber auf deren Aufforderungen nicht mehr, verbeißt sich jedoch sofort in das Fell der Amme, wenn sie in deren Nest zurückkommt. Bis zum 21. Tag, mit dem das Verbeißen und Mitlaufen auch normalerweise erlischt, ändert sich daran nichts mehr.

Aufgaben

① Beschreiben Sie, wie sich die Reaktion herangewachsener Spitzmäuse bei Aufforderungen zur Karawanenbildung entwickelt.

② Leiten Sie aus den Versuchen ab, inwieweit man bei der Karawanenbildung der Spitzmäuse von Lernen durch Prägung sprechen kann.

③ Erläutern Sie die biologische Bedeutung der dargestellten Verhaltensweise.

Lernen

Blaumeise

Viele genetisch bedingte Verhaltenselemente werden im Verlauf der Individualentwicklung vielfältig verändert und ergänzt. Dieses Zusammenwirken von genetischem und erfahrungsbedingtem Verhalten nannte KONRAD LORENZ Instinkt-Dressur-Verschränkung. Heute wird Lernen (▶ s. S. 183) als eine auf Erfahrung basierende *Modifikation des Verhaltens* bezeichnet. Der angeborene Auslösemechanismus (AAM) wird zu einem durch Erfahrung ergänzten *EAAM*.

Vogelkundler in England beobachteten 1821 erstmals Blaumeisen, wie sie die Verschlüsse von Milchflaschen aufpickten und von der Rahmschicht nippten. Offensichtlich hatte eine Meise zufällig einen Verschluss geöffnet, wie Blaumeisen auch bei der Beutesuche Rinde anheben. Da sie Nahrung fand, wiederholte sie das Aufpicken an den glänzenden Folien. Durch das Lernen wird eine sinnvolle Anpassung des individuellen Verhaltens an die spezielle Umweltgegebenheiten ermöglicht. Die Rahmschicht aus einer Milchflasche zu holen, ist für die einzelne Meise vorteilhaft, jedoch nicht lebensnotwendig. Es handelt sich um *fakultatives Lernen*.

Jedes Eichhörnchen muss die geeignete Sprengtechnik für Nüsse notwendigerweise erlernen. Nur so können sie im Winter von dem zuvor versteckten Futter leben. In diesem Fall ist Lernen lebensnotwendig *(obligatorisches Lernen)*, die Technik des Öffnens einer Haselnuss jedoch ist fakultativ (Zettelkasten).

Bei Vögeln lässt sich beobachten, dass eine neu aufgestellte Vogelscheuche zunächst Fluchtverhalten auslöst. Bald jedoch nimmt die Reaktion auf den immer gleich bleibenden Reiz ab und bleibt schließlich völlig aus. Ein anderer Reiz, z. B. ein lauter Knall, vermag dann aber wieder das Fluchtverhalten mit der ursprünglichen Intensität auszulösen. Die Abnahme der Reaktionsintensität lässt sich also nicht mit einer Ermüdung der zur Reaktion benötigten Muskeln erklären. Auch eine zu geringe Handlungsbereitschaft für Fluchtverhalten ist ausgeschlossen. Da die Vogelscheuche keine positiven oder negativen Folgen hat, lernt das Tier, sein Antwortverhalten anzupassen. Eine derartige Abnahme der Reaktionsintensität auf einen immer wiederkehrenden Reiz hin nennt man *Gewöhnung* bzw. *Habituation*. Sie ist reizspezifisch.

Lässt man Tauben in Käfigen aufwachsen, in denen sie das Fliegen nicht üben können, so fliegen sie später genauso wie ihre Artgenossen, die in freier Natur aufgewachsen sind. Die Fähigkeit des Fliegens hängt nicht vom Erproben der Flugmuskulatur, sondern von der *Reifung* neuromuskulärer Strukturen ab.

Zettelkasten

Abwandlung genetisch bedingter Reaktionen durch Lernen

Gibt man einem zwei Monate alten unerfahrenen Eichhörnchen *(Kaspar-Hauser-Tier)* zum ersten Mal eine Haselnuss, so benagt es diese sofort nach allen Richtungen. Erst später versucht es, die Nuss mit den Nagezähnen aufzuhebeln. Nussgroße Ton- und Holzkügelchen werden ebenfalls von allen Seiten benagt. Die Abbildung zeigt eine so benagte Nuss von der Basis (a) bzw. von der Spitze (b) her gesehen.

Für das Aufbrechen der ersten Nüsse benötigt ein Eichhörnchen viel Zeit. Die Nagespuren, die zu Beginn wahllos über die gesamte Nuss verteilt sind, werden erst allmählich, etwa nach der 12. Nuss (c), parallel zur Faserung der Nuss ausgerichtet, wodurch sich auch die Zeit bis zur Nahrungsaufnahme verkürzt. Erfahrene Eichhörnchen nagen sofort ein bis zwei Längsfurchen oder ein Loch an der Spitze oder der Basis der Nuss auf, ehe sie die Nuss mit ihren Nagezähnen aufhebeln oder aufbrechen. Je nach der Art der angewendeten Bewegungen lassen sich bei erfahrenen Eichhörnchen drei Techniken unterscheiden: Die Spreng-, die Lochnage- und die Lochsprengtechnik (d, e, f).

Jedes Eichhörnchen verfügt also über die genetisch bedingte Fähigkeit, nussgroße Gegenstände zu benagen und erlernt ergänzend seine eigene Öffnungstechnik.

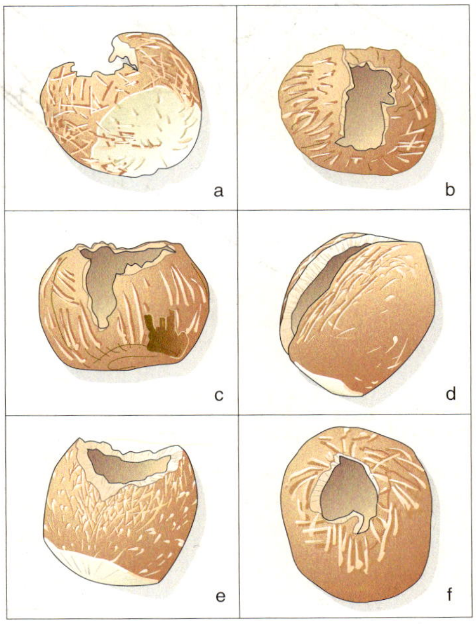

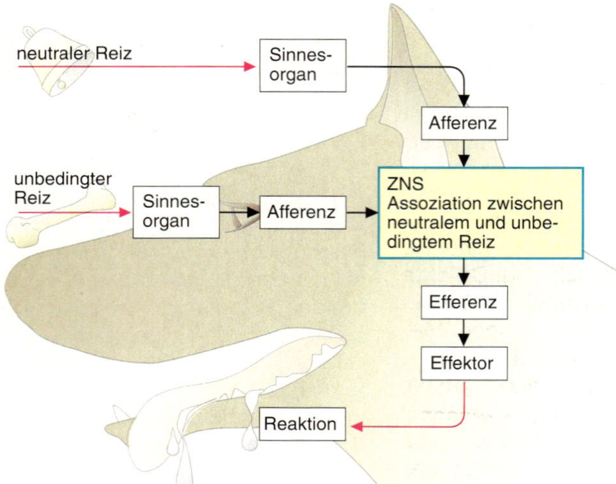

1 Funktionsdiagramm zur klassischen Konditionierung

Klassische Konditionierung

IWAN P. PAWLOW (1849 – 1936) erhielt 1904 für seine Erkenntnisse über Verdauungsorgane den Nobelpreis für Medizin. Bei seinen Untersuchungen bei Hunden entdeckte er, dass diese bereits beim Anblick des Pflegers Speichel absonderten, ohne dass sie dabei Futter sahen.

PAWLOW untersuchte dieses Phänomen experimentell weiter. In einer ersten Versuchsreihe zeigte PAWLOW einem hungrigen Hund Futter. Sofort reagierte dieser mit Speichelfluss. Um den Speichelfluss exakt zu messen, leitete er den Speichel über ein Röhrchen aus dem Mund nach außen ab (siehe Randspalte). Bei wiederholten Versuchen trat unmittelbar auf diesen Reiz stets die gleiche Reaktion auf. Sie beruht auf einem genetisch vorprogrammierten Reiz-Reaktions-Zusammenhang, einem *unbedingten Reflex*. Der Anblick bzw. der Geruch des Futters stellt für den Hund einen *unbedingten Reiz* (▶ s. S. 183) dar, auf den er sofort ohne Lernprozess reagiert. Auf einen anderen *neutralen Reiz*, z. B. das Läuten einer Glocke ohne anschließende Fütterung, floss kein Speichel. In einer zweiten Versuchsreihe erklang kurz vor dem Futterangebot jedes Mal eine Glocke. Auch in diesem Fall wurde – auf den unbedingten Reiz (Futter) hin – immer Speichel abgesondert. Diesen Tieren wurde nach mehreren solchen Versuchen nur noch der Glockenton geboten. Er allein war nun in der Lage, den Speichelfluss auszulösen. Die Tiere hatten also durch die mehrfache Kombination von neutralem Reiz (Glockenton) und unbedingtem Reiz (Futter) aufgrund der gleich bleibend engen Beziehung immer stärker einen Zusammenhang zwischen beiden Reizen hergestellt. Zwischen der afferenten Nervenbahn, die den ehemals neutralen Reiz „Glockenton" meldet, und den zentralnervösen Instanzen, die den Speichelfluss steuern, bildet sich eine immer stärkere Verknüpfung heraus (s. Abb. 1). In der *Lernphase* wird der *neutrale Reiz* immer mehr zum *bedingten Reiz*, der bereits für sich allein ohne den unbedingten die genetisch programmierte Verhaltensweise als bedingte Reaktion auslöst. In der *Kannphase* ist der Speichelfluss zuverlässig immer durch den bedingten Reiz allein auslösbar. Aus dem unbedingten Reflex der Speichelabsonderung wurden durch den Glockenton ein *bedingter Reflex*.

Kontiguität
lat. *contiguus*: berührend, angrenzend

Eine derartige Lernform bezeichnet man als *klassische Konditionierung* (▶ s. S. 183). Grundlage dafür ist eine angeborene Verhaltensweise, die durch Lernen mit einem neuen Reiz verknüpft wird. Voraussetzung ist der enge zeitliche Zusammenhang *(Kontiguität)* zwischen bedingtem und unbedingtem Reiz in der Lernphase.

In den Versuchen wurde die Speichelsekretion eines festgegurteten Hundes gemessen. Ein frei beweglicher Hund würde zur Glocke laufen, das angebotene Futter fressen und dabei den Glockenton mit der Belohnung Futter assoziieren. Heute bezeichnet man daher den Lernprozess als *bedingte Appetenz*, da sich eine Verhaltensänderung infolge positiver Erfahrung auf eine Reizsituation ergibt. Folgt auf eine zuvor neutrale Situation eine schlechte Erfahrung (z. B. Bestrafung), wird diese Situation anschließend gemieden. Die angeborene Aversion gegen Schmerz wurde mit einem vorher neutralen Reiz verknüpft. Man nennt diese Lernform *bedingte Aversion*. Sie kann häufig auf nur eine schlechte Erfahrung zurückgehen.

Bietet man einem Hund mehrfach den Glockenton, ohne dass der unbedingte Reiz Futter folgt, so werden Appetenzverhalten und Speichelfluss immer schwächer. Man spricht von *Extinktion* (Auslöschung) im Unterschied zum passiven Vergessen.

Aufgabe

① Bienen zeigen Blütentreue, d. h. sie fliegen zu einer bestimmten Zeit nur Blüten einer Art an bis dieser Nektarvorrat erschöpft ist. Interpretieren Sie dieses Verhalten aus ethologischer Sicht.

Operante Konditionierung

BURRHUS F. SKINNER (1904 – 1990) führte Lernversuche mit Ratten und Tauben in standardisierten Versuchsanordnungen durch. Diese bestanden aus Käfigen, in denen sich ein Hebel und eine Futterschale befanden *(Skinner-Box)*. Setzte man z. B. eine hungrige Ratte in die Skinner-Box, so orientierte sie sich und suchte nach Nahrung. Drückte sie dabei zufällig auf den Hebel, so fiel ein Futterkorn in die Schale. Nach einigen Wiederholungen führte die Ratte die Handlung in immer kürzeren Abständen aus (Abb. 1). Sie hatte gelernt, dass einer – zunächst zufälligen – Handlung (Hebeldrücken) eine Belohnung (Futterkorn) folgte. Heute bezeichnet man dieses Verhalten als *bedingte Aktion*. Zwei Voraussetzungen sind zur Ausbildung dieses Verhaltens erforderlich: Ratten beriechen, beäugen und betasten eine neue Umgebung immer *(Erkundungsverhalten)*. Außerdem müssen die Versuchstiere hungrig sein. Der Lernerfolg ist dabei umso höher, je größer die Handlungsbereitschaft ist.

Die Futterkörner sind für Ratten eine *positive Verstärkung*, da das Futter eine Belohnung darstellt. Wenn dagegen das Drahtgitter am Käfigboden unter Strom steht und die Ratte dies durch Hebeldrücken abstellen kann, lernt sie diese Reaktion, weil sie den Stromschlag vermeiden will. Der Stromschlag ist eine negative Verstärkung. Unter einer Verstärkung verstand SKINNER also alle Reize, welche die Wahrscheinlichkeit des Auftretens einer Verhaltensweise erhöhen.

Wird eine Verhaltenweise stets von negativen Folgen begleitet, so wird das Verhalten auf Dauer unterdrückt. Man spricht man von *Lernen aus schlechter Erfahrung* oder *bedingter Hemmung*. Die Lernform, bei der eine zufällige Handlung eine nachfolgende Verstärkung oder Hemmung bedingt, bezeichnete Skinner als *operante* bzw. *instrumentelle Konditionierung* (▶ s. S. 183).

	Klassische Konditionierung	Instrumentelle/ operante Konditionierung
erlernt / Art der Erfahrung	Auslösende Reizsituation	Verhaltenselement
Belohnung	Bedingte Appetenz	Bedingte Aktion
Bestrafung	Bedingte Aversion	Bedingte Hemmung

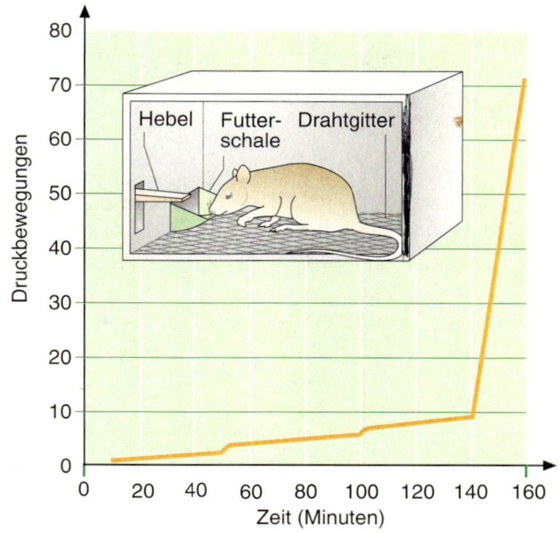

1 Operante Konditionierung einer Ratte

Will man einer Ratte durch Konditionierung eine Abfolge von Handlungen beibringen, muss der Lernvorgang in mehrere Teilstücke zerlegt werden, z. B. Hebeldrücken und eine Treppe ersteigen: In einer auf zwei Etagen ausgeweiteten Skinner-Box drückt die Ratte zufällig auf den Hebel in der oberen Ebene und erhält dort in einer Schale Futter als Belohnung. Durch mehrfaches Wiederholen lernt sie die Handlung. Danach installiert man den Hebel in der unteren Drahtgitterebene, die Futterschale bleibt oben. Die Ratte wiederholt das Hebeldrücken mehrmals. Hebt sie der Versuchsleiter in der zweiten Versuchsphase einige Male nach dem Hebeldrücken vor die Futterschale und lässt sie fressen, so beginnt die Ratte zögernd, dann aber gezielt, nach jedem Hebeldrücken die Treppe zur Futterschale nach oben zu laufen. Das Lernen der Handlungsfolge „Hebeldrücken – Treppensteigen" wurde durch Verstärkung der einzelnen Handlungen erreicht.

Aufgaben

① Nach einem schmerzhaften Arztbesuch beginnt ein dreijähriges Kind an zu schreien, als es einige Tage später im Supermarkt einem Verkäufer im weißen Kittel begegnet. Interpretieren Sie dieses Verhalten aus ethologischer Sicht.

② Erstellen Sie eine Dressuranleitung, um einer Ratte beizubringen, dass sie nur auf einen runden Hebel, nicht aber auf einen eckigen Hebel drückt.

③ Überlegen Sie sich zu den vier Konditionierungsarten der nebenstehenden Tabelle anschauliche Beispiele.

Online-Link
045570-0112
045570-0112a

1 Orang-Utan im Kastenexperiment

2 Waschender Rotgesichtsmakake

Komplexes Lernen

Kognitiv
lat. *conescere* = erkennen, erfahren, kennen lernen

Früher nahm man an, dass komplexere Lernleistungen dem Menschen vorbehalten sind. Inzwischen kennt man aber eine Reihe von Beispielen für solche Fähigkeiten bei Tieren.

Werkzeuggebrauch

Schimpanse stochert nach Termiten

Schimpansen wurden in der Natur dabei beobachtet, wie sie Termitenhügel mit den Fingern aufkratzen und dann einen festen Halm oder Stock, den sie in der Umgebung suchen und mit den Zähnen für den Gebrauch herrichten, so lange in das Loch halten, bis sich Termiten daran festgebissen haben. Sie ziehen dann das Werkzeug heraus und fressen die Termiten. Andere tauchen durchgekautes Laub wie einen Schwamm in wassergefüllte Astlöcher und trinken dann, indem sie die Flüssigkeit heraussaugen. Auffällig ist, dass die Tiere diese Techniken nur zeigen, wenn sich ihnen ein entsprechendes Problem stellt. Davon zu unterscheiden sind Fälle von Werkzeuggebrauch, bei denen eine genetisch bedingte Disposition besteht. So verwenden Spechtfinken kleine Zweige, um Insektenlarven unter der Baumrinde zu erreichen. Jungtiere nehmen solche Gegenstände selbst dann auf, wenn die Larven frei zugänglich sind.

Kognitives Lernen

Wolfgang Köhler beschrieb 1917 ein Experiment mit Schimpansen, die sich in einem Raum befanden, an dessen Decke für sie unerreichbar eine Banane hing. Im Raum standen einige Holzkisten. Zuerst versuchten die Tiere, das Ziel im Sprung vom Boden aus zu erreichen. Ein Schimpanse gab das bald auf, ging unruhig umher, blieb kurz vor den Kisten stehen, ergriff sie dann und stapelte sie direkt unter der Banane aufeinander, so dass er an das Obst kam. Der Vorgang dauerte nur wenige Sekunden. Das Tier hatte die neue Aufgabe bewältigt. Es schien dazu in Gedanken die Lösung des Problems durchgespielt zu haben, ehe es den Lösungsweg auf einmal ausführte. Dies wird als Lernen durch *Einsicht* oder als *Kognitives Lernen* bezeichnet (s. Abb. 1). Wesentliches Kriterium ist dabei nicht die Komplexität des Problems, sondern dass die Lösung ohne entsprechende Vorerfahrungen und nicht durch Versuch und Irrtum gefunden wird. Als äußere Anzeichen gelten, dass Planungs- und Handlungsphase deutlich voneinander abgegrenzt und häufig durch eine Pause getrennt sind. Die Handlung erfolgt dann rasch und zielstrebig.

Soziales Lernen und Tradition

Rotgesichtsmakaken wurden auf einer japanischen Insel über längere Zeit beobachtet. 1953 sah man erstmals, wie ein Jungtier Bataten (Süßkartoffeln) in einem Fluss wusch und sie so von Sand befreite. Zuerst ahmten Gleichaltrige das Verhalten nach, später wuschen nahezu alle Tiere der Gruppe die Bataten vor dem Fressen. Auch Tiere der nachfolgenden Generationen zeigten dieses Verhalten (s. Abb. 2). Das *Lernen durch Nachahmung* führt zum Entstehen von Traditionen, die ihrerseits Bestandteil einer Kultur sind.

Online-Link 045570-0113

Weitere Lernformen

Kongnitives Lernen

Erste Versuche zur Kognition hatten BERNHARD RENSCH und JÜRGEN DÖHL 1986 mit einer Schimpansin gemacht. Sie musste mit einem Magneten, den sie in der Hand hielt, einen flachen Eisenring durch ein Ganglabyrinth bewegen, nachdem sie gelernt hatte, sich mit dem Ring Futter zu besorgen. Das Ganglabyrinth war durch eine Plexiglasscheibe abgedeckt und ließ nach dem Startpunkt keine Korrektur mehr zu. Es konnte zunehmend schwieriger gestaltet werden. Bei den komplexen Aufgaben setzte sich die Schimpansin zunächst bis zu 75 s lang vor die Versuchsanordnung, führte Blick- und Kopfbewegungen aus und zog dann in weniger als 61 s den Magnet über die richtige Strecke. Studenten benötigten durchschnittlich etwa die Hälfte der Zeit. Später durchgeführte Versuche mit Fünf- und Sechsjährigen zeigten große Unterschiede in den Strategien.

Schimpansenkind beim Problemlösen

Abstraktion und Generalisieren

Um das Unterscheidungsvermögen von Ratten zu überprüfen, bot man ihnen in einem Experiment jeweils drei Klappen mit unterschiedlichen Streifenmustern an. Zwei Muster stimmten überein, das dritte wich ab. Hob die Ratte die Klappe mit dem abweichenden Muster an, wurde sie belohnt. Wiederholte man den Versuch mit anderen Mustern, aber entsprechender Wahlsituation, so entschied sich die Ratte überwiegend für das abweichende Muster, da dies verstärkt wurde.

Man deutet das Verhalten der Ratte so, dass sie nicht auf ein konkretes Reizmuster konditioniert ist, sondern auf das Merkmal „abweichend von den mehrfach vorhandenen Mustern“ *(Abstraktion)*. Sie wendet dieses Prinzip beim Wahlverhalten in weiteren Versuchen ebenfalls an *(Generalisation)*. Das gemeinsame Merkmal „abweichendes Muster“ wird in Form eines Bildes oder Schemas zu einem Begriff *(averbale Begriffsbildung)*.

Averbale und verbale Begriffe

OTTO KOEHLER bot einer Dohle mehrere Futterschüsselchen, die mit Deckeln verschlossen waren, und von denen jede eine unterschiedliche Anzahl von Punkten aufwies, an. Die Dohle lernte, den Deckel desjenigen Schälchens abzuheben, bei dem die Anzahl der Punkte mit der Vorgabe der Anweisertafel übereinstimmte. Nur in diesem Schälchen wurde sie mit Futterkörnern belohnt. Die Dohle konnte bei bis zu 8 Punkten auf der Anweisertafel die Anzahl bildlich erfassen *(averbale Zahlbegriffe)*. Die verbale Begriffsbildung bleibt Menschen vorbehalten; sie können Begriffe in einem Denkvorgang bilden und in Worten (z. B. Zahlen) ausdrücken.

Spielverhalten

Spielverhalten besitzt keinen erkennbaren äußeren Zweck, beinhaltet aber viele Bewegungen, die zielgerichtet erscheinen. Junge Katzen schleichen sich in typischer Körperhaltung an Artgenossen an und packen sie mit Bewegungen, die dem Fangen und Töten der Beute ähneln. Sie fügen ihren Artgenossen dabei zwar keine ernsthaften Verletzungen zu, das Spiel ist aber trotzdem mit Energieaufwand verbunden. Das junge Tier übt so Verhaltensweisen „für später“ ein und perfektioniert sie. Sind die Tiere geschützt und versorgt, trainieren sie so ihre Muskulatur und stärken ihr Herz-Kreislauf-System.

Selbsterkenntnis

Gibt man Schimpansen die Möglichkeit, sich in einem Spiegel zu sehen, so manipulieren sie an sich und entfernen Farbflecken, die man im Schlaf aufgetragen hatte. Die Schimpansen erkennen also das Spiegelbild als ihr Abbild. Das Verhalten zeigt, dass Menschenaffen über einen *averbalen Ich-Begriff* verfügen. Dies wirft die Frage auf, ob sie ein Bewusstsein im menschlichen Sinne haben.

Verhalten von Buntbarschen

Buntbarsche sind beliebte Aquarienfische und eignen sich zur Beobachtung zahlreicher Verhaltensweisen. Untersuchungen an einzelnen Individuen und die objektive Erfassung der wiedererkennbaren und typisierbaren Verhaltenseinheiten können den Ausgangspunkt methodischer Arbeit bilden. Werden alle beobachteten Verhaltensweisen in ihrer Reihenfolge und Häufigkeit protokolliert, erhält man Aussagen über bestimmte Teilbereiche wie z. B. zur Balz, Brutpflege, Ernährung oder zum Revierverhalten.

Ethogramm

Information:
Beginnt man die Erforschung unbekannter Verhaltensweisen von Tieren, so besteht die erste Aufgabe darin, möglichst alle Verhaltenselemente zu beschreiben und in einem Katalog zusammenzufassen (Ethogramm).

Material:
Mehrere Buntbarsche (Männchen und Weibchen zweier territorialer Gruppen), Aquarium (ab 100 Liter):

Aufgaben

① So groß die Formenvielfalt der Buntbarsche ist, so groß ist auch die Vielfalt ihrer Verhaltensweisen. Erstellen Sie ein einfaches Ethogramm über die von Ihnen beobachteten Verhaltensweisen (Revierverhalten, Fressverhalten, Paarungsverhalten ...) über einen bestimmten Zeitraum.

② Gibt es Unterschiede in der Häufigkeit territorialer Verhaltensweisen in der Gruppe?

③ Ermitteln Sie die Häufigkeit von Verhaltensweisen zur Territoriumspflege. Treten Unterschiede zwischen den Tieren der Gruppe auf?

Paarbindung

Information:
Die ursprünglich aus Afrika, Mittel- und Südamerika sowie aus Vorderindien stammenden Buntbarsche werden in vielen Arten weltweit gezüchtet. In hinreichend großen Aquarien lassen sich verschiedene Verhaltensweisen gut beobachten.

Material:
4 junge Buntbarsche, (zwei Männchen und zwei Weibchen, die sich gut unterscheiden lassen), Aquarium (ab 100 Liter), Folienstift, Stoppuhr

Das Aquarium wird an der Frontscheibe mit einem Folienstift in zehn Sektoren unterteilt. Jedem Beobachter wird ein Fisch zugeordnet. Die Beobachter protokollieren in einem Zeitraum von 30 Sekunden in welchem der Sektoren sich „ihr" Fisch aufhält.

Aufgaben

④ Planen Sie innerhalb einer Vierergruppe wie der Versuch ablaufen soll. Legen Sie auch die Art der Protokollierung fest.

⑤ Vergleichen Sie Ihre Daten mit der folgenden Abbildung. Erläutern Sie die sich daraus ergebenden Schlussfolgerungen.

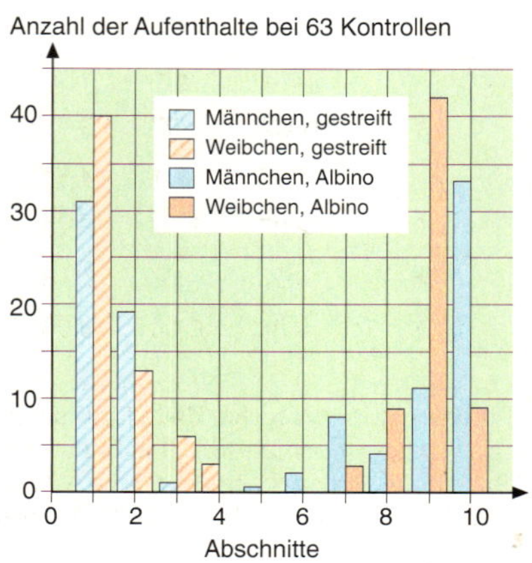

⑥ Überlegen Sie sich eine theoretische Versuchsanordnung, in der sich überprüfen lässt, ob diese Verhaltensweise angeboren oder erlernt ist.

⑦ Variieren Sie den Versuchsaufbau, um weitere Aussagen zur Erklärung des beobachteten Verhaltens zu erhalten.

Wahlversuche

Information:
Bauen Sie die im folgenden abgebildete Versuchsanordnung nach, um zu überprüfen, nach welchen Kriterien Buntbarsche den Fortpflanzungspartner auswählen.

Material:
Zwei Buntbarschmännchen (ein großes und ein kleines), mehrere laichbereite Buntbarschweibchen, Aquarium (ab 100 Liter), zwei durchsichtige Trennscheiben, zwei undurchsichtige kleinere Scheiben, zwei kleine Blumentöpfe mit kleiner Aussparung.

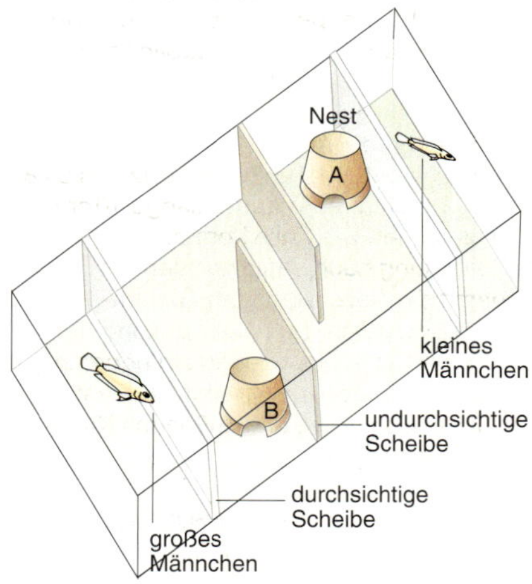

Hinter die eine Glasscheibe geben Sie das große Männchen, hinter die andere Glasscheibe das kleine Männchen. Vor jede Glasscheibe stellen Sie einen Blumentopf, der als Nest verwendet werden kann. Die undurchsichtigen Scheiben sollen garantieren, dass von jedem Nest aus nur ein Männchen wahrgenommen werden kann.

Aufgaben

⑧ Geben Sie nun wiederholt laichbereite Weibchen in das Aquarium und beobachten Sie in welches der beiden Nester sie ablaichen.

⑨ Erläutern Sie das Ergebnis aus ethologischer Sicht.

Wandkontakt bei Mäusen

Beobachtet man Mäuse in der Natur, so scheinen sie die Durchquerung freier Flächen zu vermeiden. Diese Hypothese lässt sich experimentell überprüfen.

Versuch 1

Material: Kunststofffolie, langes Lineal, Folienstift, Pappe, 1 Stoppuhr, pro Gruppe eine Labormaus, Protokollbogen mit 8 · 8 Kästchen

Vorbereitung:
Auf die Folie wird ein Gitternetz aus 8 · 8 Quadraten mit der Kantenlänge 10 cm gezeichnet. Die Folie kommt mit der Zeichnung nach unten auf den Tisch, damit die Tiere nicht vom Geruch des Stiftes abgelenkt werden. Entlang der äußeren Linien werden 20 cm hohe und mit Folie bezogene Streifen aus fester Pappe aufgestellt und außen mit Klebeband verbunden.

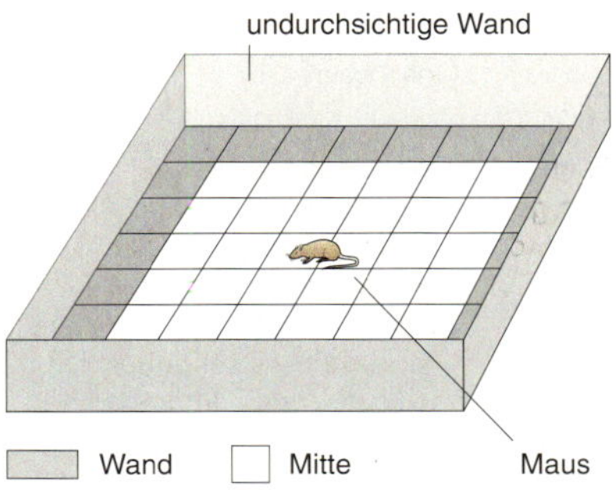

Durchführung:
Die Maus wird eingesetzt. Nach drei Minuten Eingewöhnungszeit gibt ein Gruppenmitglied alle drei Sekunden ein Zeichen. Der Protokollant notiert in diesen Zeitintervallen 5 Minuten lang in dem Protokollbogen jeweils den Aufenthaltsort der Maus. Für die Zuordnung ist stets die Nasenspitze des Tieres entscheidend. Um Duftmarken zu entfernen, sollte nach jeder Versuchsdurchführung die Folie abgewischt werden.

Aufgaben

① Ermitteln Sie die Anzahl der Fälle, in denen sich die Maus in Quadraten mit bzw. ohne Wandkontakt aufhält (Messwert f_M).

② Der Erwartungswert f_E (siehe statistische Auswertung) ergibt sich aus der Anzahl der Rasterquadrate für die beiden Bereiche (zu beachten: 5 · 20 Messwerte).

③ Werten Sie die Versuche mit dem χ^2-Test aus (siehe Kasten).

Versuch 2

Möglicherweise wird ein relativ häufiger Aufenthalt der Mäuse im Wandbereich festgestellt. Dies kann unterschiedliche Gründe haben, die durch Variation der Versuchsbedingungen weiter untersucht werden.

— Dazu wird die Folie auf eine Platte (80 · 80 cm) gelegt, die so aufgestellt wird, dass sich die Ränder mindestens 70 cm über dem Boden befinden. Eine äußere Begrenzung wird nicht angebracht. Eine weitere Veränderung der Versuchsanordnung kann ein Kasten sein, der vier mittlere Felder bedeckt. Die Auswertung der beiden Versuchsvariationen erfolgt wie in Versuch 1.

— Ein weitere Variante des Versuchsaufbaus liefert folgende Ergebnisse:

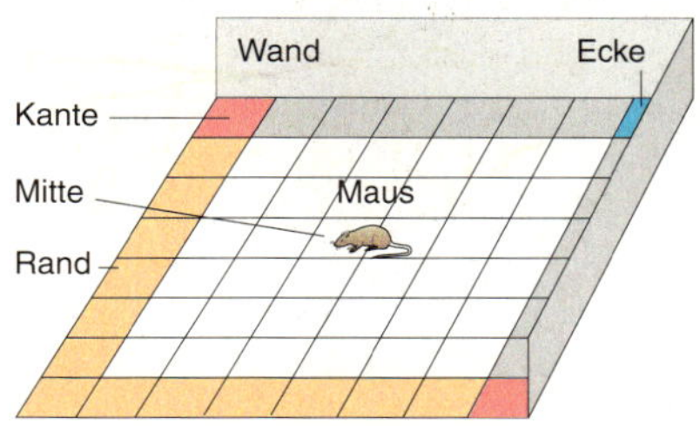

M	W	R	K	E
38	27	26	5	4

Aufgaben

④ Überprüfen Sie mit dem χ^2-Test, ob die Abweichung von der Erwartung in diesem Versuch signifikant ist.

⑤ Erläutern Sie die biologische Bedeutung im Verhalten der Mäuse bei beiden Versuchsanordnungen? Beschreiben Sie jeweils proximate und ultimate Ursachen.

Statistische Auswertung

Der χ^2-Test ist ein statistisches Verfahren, mit dem sich feststellen lässt, ob eine Hypothese mit einer bestimmten Wahrscheinlichkeit zutrifft bzw. falsch ist. Zur Ermittlung der Wahrscheinlichkeit (P) legt man zunächst eine Tabelle entsprechend dem nebenstehenden Muster an und berechnet aus dem Erwartungswert f_E und dem Messwert f_M den χ^2-Wert. Die Zahl der Freiheitsgrade (F) ergibt sich aus der Anzahl der Variablen minus 1.

	f_E	f_M	$\frac{(f_M - f_E)^2}{f_E}$
Wand			
Mitte			
χ^2-Wert			$\Sigma =$

Beispiel: In Versuch 1 ist der Freiheitsgrad F = 1, da die Variablen Wand oder Mitte vorhanden sind.

Freiheitsgrade (F)	**P**							
	0,5	**0,3**	**0,1**	**0,05**	**0,025**	**0,01**	**0,005**	**0,001**
1	0,455	1,07	2,71	3,84	5,02	6,64	7,88	10,8
2	1,39	2,41	4,61	5,99	7,38	9,21	10,6	13,8
3	2,37	3,67	6,25	7,82	9,35	11,3	12,8	16,3
4	3,36	4,88	7,78	9,49	11,1	13,3	14,9	18,5
5	4,35	6,06	9,24	11,1	12,8	15,1	16,8	20,5

In der entsprechenden Zeile für F sucht man den Wert auf, der dem errechneten entspricht oder ihn gerade unterschreitet. Oben in der Spalte findet man die Wahrscheinlichkeit dafür, dass die Abweichung von der Erwartung nur zufällig ist. Für $P \leq 0{,}05$ gilt die Abweichung als signifikant.

Vorteile des Zusammenlebens

Zwergmangusten am Bau

Während Individuen einiger Tierarten als Einzelgänger leben, schließen sich andere, zumindest teilweise, zu kleineren oder größeren Gruppen zusammen. Arbeiten die Individuen, die sich in einer Gruppe zusammenfinden, mehr oder weniger stark zusammen, spricht man von Verbänden (s. Abb. 117. 3). Welche Vorteile bringt es einem Individuum, sich mit Artgenossen zusammenzuschließen?

Feindvermeidung bzw. -abwehr

Eine Antwort geben Befunde von Forschern, die in Ostafrika *Zwergmangusten* beobachteten. Diese kleinen Raubtiere aus der Verwandtschaft der Schleichkatzen haben viele Feinde, von denen sie aus der Luft oder auch vom Boden aus angegriffen werden können. Die meisten Angriffe erfolgen von Greifvögeln. Vor diesen können die Mangusten sich in ihren Bau flüchten.

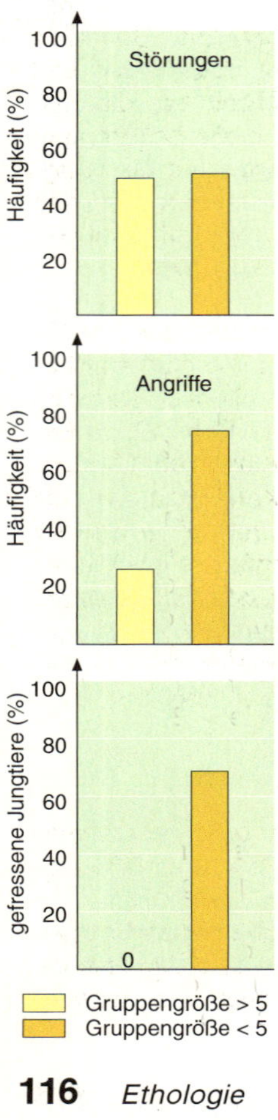

Während der eigenen Nahrungssuche muss die Gruppe vor Angriffen geschützt werden. In den meisten Gruppen gibt es daher einen Wächter, der aufpasst, während die anderen fressen. Nach einer bestimmten Zeit wird er abgelöst. Gruppen verschiedener Größen werden gleich häufig von Greifvögeln gestört. Kleine Gruppen werden aber fast dreimal so häufig angegriffen und verlieren dabei annähernd zwei Drittel aller Jungtiere innerhalb der ersten vier Lebensmonate (s. Randspalte). Alle kleineren Gruppen (5 oder weniger) wurden innerhalb von zwei Jahren ausgelöscht, da sie nicht in der Lage waren, sich ausreichend zu schützen.

Normalerweise übernehmen rangniedere Männchen die Wächterposition. Fehlen diese in kleineren Gruppen, nimmt die Erfolgsrate der angreifenden Raubtiere zu. Größere Gruppen sind besser in der Lage, ihr Revier gegenüber Nachbargruppen zu verteidigen und Bodenfeinde, wie beispielsweise Schlangen zu bekämpfen.

Neben der erhöhten Wachsamkeit gibt es noch weitere Vorteile einer Gruppe gegenüber einem Räuber. Wird ein Verbund vieler Tiere angegriffen, schließen sie sich während der Flucht eng zusammen. Dies hat für das Individuum Vorteile. So kann sich der Angreifer nicht auf ein Einzeltier konzentrieren (Verwirrungseffekt) und die Wahrscheinlichkeit sinkt, dass dieses zur Beute wird.

Einige Tierarten nutzen die Stärke der Gruppe sogar, um den Räuber ihrerseits anzugreifen. Brutpaare in Lachmöwenkolonien (s. Abb. 2) verteidigen sich gegen Feinde, z. B. Krähen oder Igel, durch Scheinangriffe. Die Rufe der Vögel warnen andere Artgenossen, so dass dem Räuber der Erfolg deutlich erschwert wird. Bei einigen Affenarten, vor allem bei Pavianen, kann man beobachten, dass sie in der Gruppe sehr aggressiv gegen ein Raubtier vorgehen und dieses im Extremfall sogar töten (s. Abb. 1).

Untersuchungen bei Piranhas ergaben, dass Tiere, die einzeln oder paarweise vom Schwarm abgesondert wurden, deutliche Anzeichen von Stress zeigten. Bei simulierten Angriffen durch Kormorane gerieten die isolierten Tiere in Panik.

1 Gruppe bei der Feindabwehr

2 Lachmöwenkolonie

1 Afrikanische Wildhunde töten ein Gnu

2 „Sardine Run“

Nahrungssuche

In Gruppen auf Nahrungssuche zu gehen, erhöht die Wahrscheinlichkeit, Nahrungsquellen zu finden. Dies gilt vor allem in offenen Landschaften, wenn bei Nahrungsknappheit lange Wanderungen für einen Fund unternommen werden müssen. Eine geeignete Nahrungsquelle ernährt unter Umständen dann nicht nur einzelne Individuen, sie kann von der ganzen Gruppe genutzt werden. Der Erfolg erhöht sich zudem, wenn innerhalb einer Gruppe kommuniziert wird. Beispiele hierfür sind die Rudel der Wölfe, Löwen oder Afrikanischen Wildhunde (Abb.1).

Außergewöhnliche Kooperation beim Jagdverhalten zeigen Delfine beim sogenannten „Sardine Run“. Dabei treiben sie riesige Fischschwärme so geschickt zusammen, dass sogar andere Räuber (Haie, Wale) ebenfalls davon profitieren (Abb. 2).

Formen sozialer Verbände

Aggregation:
Zufällige Ansammlung von Tieren der gleichen Art, z. B. Gnus an einem Wasserloch

anonyme Verbände:
die Gruppenmitglieder kennen sich untereinander nicht individuell

Offen anonym:
lockere Vergesellschaftung; Artgenossen können sich jederzeit anschließen (Fisch und Vogelschwärme)

Geschlossen anonym:
Mitglieder erkennen sich an bestimmten allgemeinen Merkmalen, z. B. am Geruch (Bienenstaat), fremde Tiere haben keinen Zugang

Individualisierte, geschlossene Verbände:
die Mitglieder kennen sich untereinander, sie können sich untereinander unterscheiden (Affen, Wolfsrudel, Pferde, Elefantenherde)

3 Formen sozialer Verbände

Brutpflege

Bei einigen Tierarten sind neben den Eltern auch andere Mitglieder der Gruppe an der Aufzucht der Jungen beteiligt. Beispiele hierfür sind Buntbarsche, viele Vögel und Säugetiere. Ältere Elefantenkühe, die keinen eigenen Nachwuchs mehr bekommen, kümmern sich in der Gruppe um die Jungtiere. Bei staatenbildenden Insekten werden sämtliche Aufgaben der Larvenaufzucht von älteren Geschwistern übernommen.

Brandgänse sind Küstenbrüter, die ihre Eier in Höhlen ablegen. Wenn Mangel an Nisthöhlen besteht, werden mitunter Gemeinschaftsnester angelegt, die über 12, im Extremfall bis zu 50 Eier umfassen können. Um die geschlüpften Küken kümmern sich zunächst die beiden Altvögel, später werden die Jungvögel zu „Kindergärten“ von bis zu 100 Tieren zusammengefasst, die von einem Paar, später von einem Altvogel betreut werden. Oft hatten diese „Erzieher“ im entsprechenden Jahr selbst keine eigene Brut.

Aufgaben

(1) Finden Sie Nachteile des Zusammenlebens, welche die Gruppengröße beschränken.

(2) Ordnen Sie den verschiedenen Formen sozialer Verbände (Abb. 3) einige analoge Beispiele aus dem Bereich des menschlichen Verhaltens zu.

1 Optimale Gruppengröße?

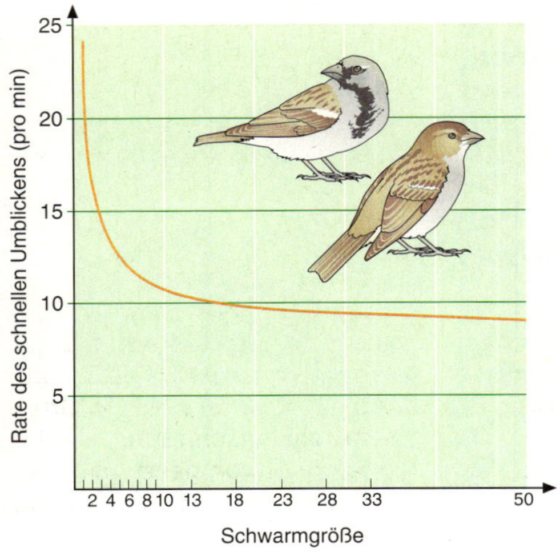

2 Haussperling – Gruppengröße sichern

Ökologie der Gruppenbildung

Soziobiologie
Die Soziobiologie ist die Wissenschaft von der biologischen Angepasstheit sozialen Verhaltens. Sie misst den Anpassungsgrad bestimmter Verhaltensweisen am Lebensfortpflanzungserfolg der jeweiligen Individuen

engl.: *kin* = Sippe, Verwandtschaft

Lange Zeit waren Wissenschaftler der Meinung, dass das Verhalten eines Tieres der Erhaltung seiner Art dient. Die Vertreter der Soziobiologie gehen heute davon aus, dass die Fitness von Individuen einer Art davon abhängt, inwieweit sie die eigenen Gene an die nächste Generation weitergeben können. Dies kann sowohl durch die eigene Fortpflanzung *(direkte Fitness)* als auch durch die Verbreitung der Gene über Verwandte *(indirekte Fitness)* geschehen (▶ s. S. 182). Man spricht von Verwandtenselektion *(kin selection)*.

Jede Entscheidung, wie sich ein Tier in einer bestimmten Situation verhält, unterliegt dabei einer „unbewussten" Kosten-Nutzen-Rechnung zur Erhöhung der eigenen Fitness. Der für die Gene der Individuen gewonnene Nutzen muss dabei größer sein als die investierten Kosten. Dies gilt auch für das Gruppenleben: Nur wenn die Vorteile (s. S. 116/117) gegenüber den Nachteilen, wie z. B. der Konkurrenz um Nahrung, überwiegen, werden sich Tiere freiwillig in Gruppen zusammenschließen.

Bei waldbewohnenden Arten zeigt sich eher die Tendenz zu solitärer (einzelner) Lebensweise oder zu Kleingruppen, während bei Steppenbewohnern größere Gruppen zu finden sind. Im Wald sind die Nahrungsquellen leichter auffindbar, der Aufwand für die Nahrungssuche damit also deutlich geringer. Folglich ist der Nutzen einer Gruppe für die Nahrungssuche in bewaldeten Gebieten nicht mehr so groß.

Nahrungssuche und Räuberdruck

Bei der Nahrungssuche sind Tiere in der Regel Räubern ausgesetzt. Auf der einen Seite steht somit der durch den Nahrungserwerb verbundene Nutzen gewonnener Energie. Gleichzeitig fallen aber Kosten für Aufwand und Zeit, die z. B. für das Suchen der Nahrung sowie dem Sichern vor Raubfeinden aufgewendet werden müssen, an.

In „Optimalitätsmodellen" (▶ s. S. 183) versucht man mathematisch zu beschreiben, wie sich die Tiere optimal verhalten würden. Dabei arbeitet man mit dem Zeitbudget als „Währung", um Kosten und Nutzen zu berechnen. In einer Gruppe nimmt die Häufigkeit, mit der ein Tier sichern muss, ab, je größer die Gruppe ist (Abb. 2). Dafür steigt mit der Größe der Gruppe aber auch die Anzahl der Konkurrenten und damit die Zeit, die für den Kampf um Ressourcen aufgewendet werden muss. Dieses Modell ist zwar sehr vereinfacht, zeigt aber, dass man mit Zeitbudgets die Auswirkungen von Kosten und Nutzen auf die Gruppengröße analysieren kann. Falls diese zwei Faktoren die einzigen wären, die auf eine Art einwirken, würde es eine optimale Gruppengröße geben, da die Zeit für die Nahrungsaufnahme in mittelgroßen Schwärmen maximal sein würde. Nimmt aber z. B. die Zahl von Raubfeinden zu, wird mehr Zeit für das Sichern benötigt.

Mit einem gezähmten Habicht hat man das Verhalten von Taubenschwärmen untersucht. Bei Anwesenheit des Räubers bildeten die Tiere dichtere Schwärme. Dies kann man im Freiland auch bei Staren beobachten, wenn ein Falke erscheint. In der Praxis wirken daneben noch weitere Selektionsdrücke (s. Abb. 3) auf ein Tier ein. Letztendlich ist es schwer, die optimale Gruppengröße zu berechnen.

Brutkolonien

Charles und Mary Brown haben das Verhalten von Klippenschwalben untersucht. Diese brüten in Kolonien bis zu 3000 Paaren. Zur Nahrungssuche sammeln sie sich in Gruppen und treiben Insektenschwärme vor sich her. Tiere, die erfolglos von dieser Jagd zurückkehren, folgten beim nächsten Ausflug häufig Tieren mit großem Jagderfolg. Der Schwarm bringt so allen Tieren den Vorteil, dass er Informationen über lohnende Nahrungsquellen bietet.

Große Kolonien haben auch Nachteile in der Kosten-Nutzen-Analyse. So befallen Ektoparasiten, wie z.B. blutsaugende Schwalbenwanzen, die Nester mit höherer Wahrscheinlichkeit (Abb. 1). Um zu prüfen, ob die Wanzen der Grund für das schlechtere Wachstum der Küken waren, wurde ein Teil der Nester mit Insektiziden behandelt. Die Nestlinge aus diesen Nestern nahmen dann tatsächlich schneller an Gewicht zu. Wenn alle Nester mit Insektiziden behandelt werden, wachsen die Küken in größeren Kolonien schneller. Um die Frage zu klären, ob das an den ergiebigeren Nahrungsquellen liegt, verkleinerten die Forscher eine Kolonie künstlich. Diese Jungtiere wachsen mit der Rate, die für kleine Kolonien typisch ist. Daraus konnten sie folgern, dass die höhere Wachstumsrate bei großen Kolonien auf Grund des höheren Erfolgs durch die größere Gruppe bei der Nahrungssuche bedingt ist.

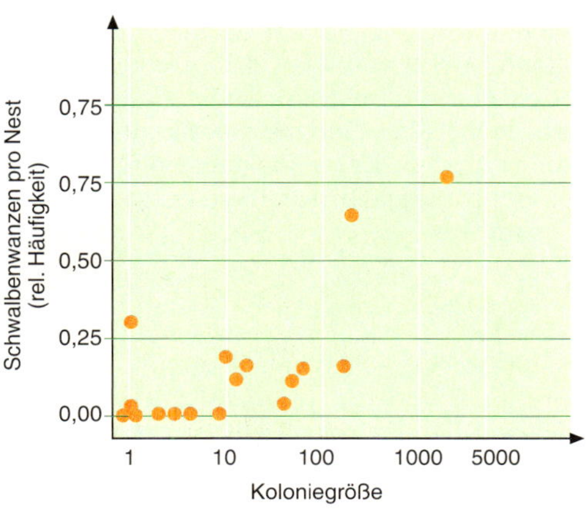

1 Befall der Schwalbennester mit Ektoparasiten

Starenschwarm

Aufgaben

① Formulieren Sie eine begründete Aussage über die Veränderung der Gruppengröße bei Vögeln, wenn einer Gruppe künstlich Versteckmöglichkeiten angeboten werden.

② Bachstelzen, Krähen, Häher und Elstern verlassen ihre Territorien und bilden Schwärme, wenn die Nahrungsbedingungen in ihren Territorien schlechter werden. Finden Sie eine Erklärung für dieses Verhalten.

2 Brütendes Klippenschwalbenpaar

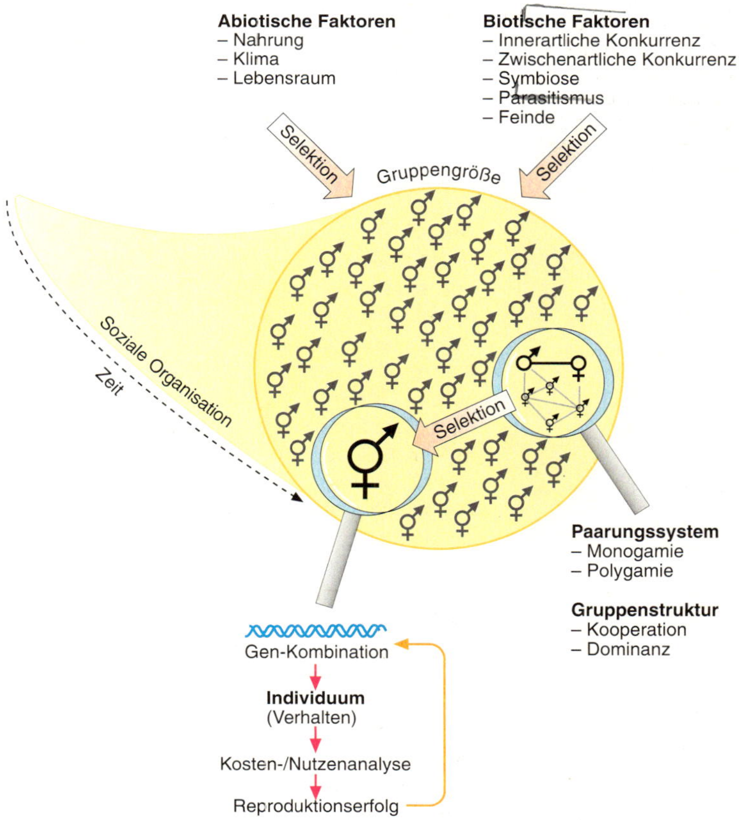

3 Einflussfaktoren auf die Gruppengöße

1 Buschblauhäher

Uneigennütziges Verhalten

Altruismus
Uneigennütziges Verhalten, bei dem ein Tier einem anderen hilft und dabei selbst im Nachteil ist.

Schon Darwin hatte im letzten Jahrhundert Mühe, uneigennützige Verhaltensweisen *(Altruismus)* (▶ s. S. 182) als Ergebnis der Evolution zu erklären. Sein Problem steckte vereinfacht in der Frage: Wie können sich Erbanlagen eines Tieres, die permanent oder zeitweilig zu einem Verzicht auf eigene Fortpflanzung führen, trotzdem in einer Population ausbreiten?

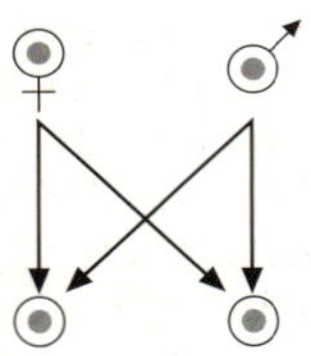

Geschwister

r

0,5 · 0,5
+ 0,5 · 0,5
= **0,5**

Verwandtschaftskoeffizient (r)

Eltern – Kinder	0,50
Vollgeschwister	0,50
Halbgeschwister	0,25
Großeltern – Enkel	0,25

Bei *Buschblauhähern* unterstützen Bruthelfer (meist Jungtiere vorangegangener Bruten) Eltern bei der Aufzucht der Geschwister. Die Helfer bringen bis zu 30 % des Futters für die Jungen ins Nest. Dies trägt nicht viel zum Überleben der Geschwister bei, da diese insgesamt nicht mehr Futter bekommen als ohne Helfer. Es entlastet aber die Eltern bei der Futtersuche. Dadurch steigt deren Überlebensrate von 80 % auf 87 %. Bedeutsamer für das Überleben der Geschwister ist, dass sie durch die Helfer vor Räubern (Greifvögel, Schlangen) gewarnt und teilweise sogar verteidigt werden. Ohne Helfer überleben nur 10% der Jungen das erste Jahr, mit Helfern steigt dieser Wert auf 15 %. Aufgrund einer hohen Populationsdichte sind Reviere, die von Männchen gehalten werden, knapp. Während Männchen die Reviere teilweise von den Eltern erben, wandern die Weibchen aus. Frei werdende Reviere werden sofort von Helfern besetzt, die ihre Helferrolle dann aufgeben.

Warum zeigen diese Helfer altruistisches Verhalten? Aus der Reaktion, ein frei werdendes Revier sofort zu besetzen und das Helferverhalten aufzugeben, ist ersichtlich, dass viele junge Männchen durch den Reviermangel an der Fortpflanzung gehindert werden.

Genetisch gesehen können die Männchen aber ihre Fitness auch erhöhen, wenn sie durch altruistisches Verhalten den Fortpflanzungserfolg von nahen Verwandten, in denen Kopien der eigenen Gene vorhanden sind, steigern (indirekte Fitness). Helfer erhöhen die Wahrscheinlichkeit, dass jüngere Geschwister am Leben bleiben. Erbanlagen, die Helferverhalten bedingen, werden also indirekt stärker in der Folgegeneration vertreten sein als solche, die dies nicht tun.

Je näher der Helfer mit den Jungtieren verwandt ist, desto höher ist der Beitrag zur eigenen Fitness. Man drückt den Verwandtschaftsgrad im *Verwandtschaftskoeffizienten (r)* aus. Er gibt an, mit welcher Wahrscheinlichkeit man ein Allel eines Individuums in einem Verwandten wiederfinden kann. Da jedes diploide Individuum normalerweise aus der Verschmelzung zweier haploider Gameten entsteht, hat es je 50 % (r = 0,5) seiner Allele mit jedem seiner Eltern gemeinsam. Die Wahrscheinlichkeit, dass ein gesuchtes Allel bei der Meiose weitergegeben wird, ist 0,5. Geschwister haben somit die Hälfte des Erbgutes gemeinsam, Großeltern und Enkel noch ein Viertel aller Allele. (s. Randspalte).

Uneigennütziges Verhalten ist besonders dann zu erwarten, wenn die Kosten (K) für den Altruisten kleiner sind als der Nutzen (N) für den Empfänger. Zusätzlich spielt der Verwandtschaftskoeffizient eine Rolle. Dies wird in der sogenannten Hamilton-Ungleichung ($K < r \times N$) zusammengefasst (▶ s. S. 182). Je näher der Empfänger mit dem Altruisten verwandt ist, umso eher ist – bei ansonsten gleichen Kosten und Nutzen – der Altruismus von reproduktivem Vorteil. Ein altruistisches Verhalten kann sich somit in einer Population nur unter der Bedingung ausbreiten, dass für die Gene des Helfers ein Selektionsvorteil besteht. Die Gesamtfitness ist somit ein Maßstab, ob ein Verhalten evolutionsstabil ist.

Aufgabe

① „Würde ich mein Leben opfern, um meinen Bruder zu retten? Nein. Aber für zwei Brüder oder acht Cousins würde ich es tun", Begründen Sie, warum der britische Genetiker J. B. S Haldane diese Antwort gegeben hat.

1 Vampir

Gegenseitigkeit bei Vampiren

Vampire leben von Blut, das sie bei nächtlichen Nahrungsflügen z. B. von Pferden, Eseln oder Rindern erbeuten. Sie fügen ihren Beutetieren durch Bisse mit den oberen Schneidezähnen stark blutende Wunden zu und lecken das austretende Blut auf. Pro Nacht kann eine Vampirfledermaus bis zu 100 % des Eigengewichtes an Blutnahrung auf nehmen.

Weibchen bilden feste Verbände, die z. B. in hohlen Bäumen ihre Quartiere haben. 30 % der Jungtiere, aber nur 7 % der Alttiere kehren in der Morgendämmerung erfolglos von der Jagd zurück. Bekommen Vampire länger als zwei Nächte kein Futter, verhungern sie. Hungrige Tiere betteln am Schlafplatz ihre Nachbarn an. Diese sind in vielen Fällen, aber nicht immer, Verwandte.

Altruismus unter Verwandten ist durch einen Gewinn an *indirekter Fitness* erklärbar. Findet man jedoch altruistisches Verhalten unter nicht verwandten Artgenossen, muss man nach anderen Erklärungen suchen. Der Verlust für einen Blut abgebenden Partner ist geringer als der Nutzen für den Hungernden, da dieser durch die Spende in der nächsten Nacht auf Nahrungssuche gehen kann. Für den Spender entstehen Nachteile, die nur dadurch ausgeglichen werden können, dass der derzeitige Empfänger bei umgekehrtem Versorgungszustand auch bereit ist, Futter abzugeben. Nicht verwandte Altruisten, deren Hilfe nicht erwidert wird, müssen dauernd Verluste einstecken und werden eine Nahrungsabgabe verweigern.

Der folgende Versuch zeigte, nach welcher Methode Vampire Nahrung teilen: Im Labor ließ man ein Tier hungern und setzte es anschließend in eine Gruppe von satten Artgenossen. Dabei kannte ein Teil den Hungernden, war aber nicht verwandt mit ihm, der andere bestand aus fremden Tieren. Das bettelnde Tier bekam, bis auf eine Ausnahme, nur von seinen Bekannten Nahrung. Hungrige Vampire, die von einem Spender Blut erhalten hatten, gaben bei umgekehrtem Versorgungszustand dem ehemaligen Spender bereitwilliger Blut ab, als es bei einer zufälligen Verteilung des Futters in der Gruppe zu erwarten gewesen wäre. Ohne individuelles Erkennen wäre diese Bevorzugung nicht möglich. Auch Beobachtungsergebnisse aus dem Freiland zeigen diesen Zusammenhang. Da diese Form von Altruismus nur funktioniert, wenn der Partner sich revanchiert, nennt man ihn *reziproken Altruismus*. Es zeigt sich, dass für altruistisches Verhalten Verwandtenerkennung und individuelles Erkennen vorausgesetzt werden müssen.

Eusozialität

Eine besondere Form sozialen Zusammenlebens findet man bei staatenbildenden Insekten. In diesen hoch entwickelten Familienverbänden teilen sich die Individuen die Aufzucht der Larven, die Mutter verbleibt bei ihren Nachkommen und die meisten Mitglieder des Staates sind nicht fortpflanzungsfähig. Sind diese Bedingungen erfüllt, spricht man von eusozialem Verhalten (▶ s. S. 182). Bei den Honigbienen stellen die Arbeiterinnen nicht ihr eigenes Überleben, sondern das des Staates in den Vordergrund. Sie nehmen daher bei Auseinandersetzungen keine Rücksicht auf eigene Verletzungen oder Tod. Die *Haplo-Diploid-Hypothese* (s. Randspalte) von HAMILTON führt diesen Altruismus darauf zurück, dass die Männchen haploid sind, da sie aus unbefruchteten Eiern hervorgehen. Somit sind alle Spermien, die von einem Männchen erzeugt werden, genetisch identisch. Alle Arbeiterinnen, die aus der Befruchtung hervorgehen, erhalten vom Vater dasselbe Erbgut. Daher sind 50 % ihres Genoms identisch (0,5 x 1). Von der Mutter stammendes Erbgut ist bei Arbeiterinnen im Mittel 50% gemeinsam. Arbeiterinnen sind daher enger mit ihren Schwestern verwandt (r = 0,75), als sie es mit ihren eigenen Nachkommen wären (r = 0,5). Diese Theorie kann aber nicht erklären, warum diploide Termiten solche Staaten bilden. Andere Gesichtspunkte müssen zusätzlich eine Rolle spielen.

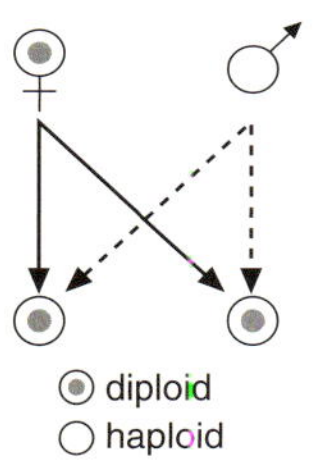

Arbeiterinnen

r

0,5 · 0,5
+ 0,5 · 1
= **0,75**

—► mit Meiose
---► ohne Meiose

Verwandtschaftskoeffizient bei Haplo-Diploidie

Altruismus bei Primaten

In der menschlichen Gesellschaft ist Altruismus sehr verbreitet. Menschen spenden Blut und Geld oder geben Bedürftigen Kleider. Fragestellungen zum altruistischen Verhalten von Menschen untersuchen Soziobiologen und Anthropologen nicht nur in unterschiedlichen menschlichen Kulturen, sondern auch durch Beobachtung bei nahe verwandten Primaten. Ziel ist es, herauszufinden, warum wir Werten wie *Fairness* und *Altruismus* unter bestimmten Bedingungen den Vorzug vor *Eigennutz* geben. Wie kann ein solches Verhalten in der Stammesgeschichte entstehen und Bestand haben, wenn die Evolutionsmechanismen nur denjenigen unterstützen, der sich durchsetzt?

Gefangenendilemma

Spieltheorie
Teilgebiet der Mathematik; durch theoretische Versuchsansätze werden Entscheidungen in Konfliktsituationen abgeleitet.

Ansätze dazu liefert die Spieltheorie. Das berühmte Gefangenendilemma (s. Zettelkasten) ist zwar eine hypothetische Situation im Sinne der Spieltheorie. Dennoch lässt es sich auch auf alltägliche Situationen übertragen: Nehmen wir an, zwei große Autohäuser möchten in einer Krisensituation den Sonntagsverkauf einstellen, um Personalkosten zu sparen. Würden beide am Sonntag den Laden schließen, könnten sie ihren Verlust beide minimieren. Öffnet jedoch einer den Laden, während der andere schließt, kann dieser sein Ergebnis steigern, während der andere Verlust erleiden muss. Öffnen dagegen beide, ändert sich nichts an der Situation, und der Verlust bleibt in der aktuellen Höhe bestehen. Aufgrund des Gefangenendilemmas werden also beide öffnen.

Diese Spielsituation lässt sich z. B. auch auf das atomare Wettrüsten während des Kalten Krieges übertragen. Allerdings muss man bei realen Situationen davon ausgehen, dass sich Personen mehrmals begegnen bzw. der Autohändler auf den „Verrat“ des anderen in der nächsten Woche reagieren kann. Dabei kann jeder natürlich mit unterschiedlichen Strategien handeln, z. B. „Ich werde erst mal öffnen, aber wenn andere schließen, kann ich ja nachziehen ...“ bzw. „Wenn einer diesen Sonntag seinen Laden aufmacht, dann öffne ich nächste Woche auch...“ Wenn ein Spieler zunächst einmal kooperiert und in den nächsten Runden den Zug des Partners kopiert, nennt man dies „Tit for tat“ oder „wie du mir, so ich dir“-Strategie. In Computerturnieren zeigte sich, dass das Handeln nach diesem Prinzip den größten Erfolg bringt. Um „Tit for tat“ anwenden zu können, müssen Tiere allerdings über kognitive Fähigkeiten verfügen, die ihnen erlauben, Partner zu erkennen und sich zu erinnern, wer ihnen zuletzt geholfen hat und wer nicht.

Kooperation oder Altruismus?

Kooperation kann spontan erfolgen, ist immer zum allseitigen Vorteil der Beteiligten und enthält keine altruistischen Komponenten. Beispiele im Tierreich sind Männchen-Allianzen zur Verteidigung eines Weibchenrudels. Menschen investieren z. B. in ein gemeinsames Projekt am Arbeitsplatz in der Erwartung eines größeren Gewinns. *Altruismus* hingegen bringt dem Empfänger einen Vorteil, verursacht dem Helfer Kosten und

Zettelkasten

Gefangenendilemma

Die Bezeichnung Gefangenendilemma stammt von der ursprünglichen Spielsituation. Hierbei geht es um zwei Straftäter, die von der Polizei festgenommen werden. Da für beide die Indizien für eine Verurteilung mit der Höchststrafe nicht ausreichen, bietet der Staatsanwalt jedem von beiden Folgendes an. Wenn sich nur einer als Kronzeuge gegen den anderen zur Verfügung stellt, kommt er frei, der andere aber muss die volle Strafe von 7 Jahren absitzen. Wenn beide schweigen, wird jeder zu drei Jahren Haft verurteilt. Nutzen beide die Kronzeugenregelung, so muss jeder vier Jahre absitzen. Die Gefangenen können sich nicht absprechen und stecken somit in folgendem Dilemma:

Sollten beide Gefangenen „ehrenvoll“ handeln und schweigen, so ist die Gesamtstrafe am geringsten. Verrät aber nur einer den anderen, erhält er den größten „Gewinn“, der andere hingegen die größte Strafe. Verraten sich beide gegenseitig, ist die Haftstrafe in der Summe am höchsten. Gleich, was der andere tut, der Verrat erspart mindestens drei Jahre Gefängnis. Es wird also wahrscheinlich die in der Summe schlechteste Lösung gewählt, der Fall des doppelten Geständnisses.

		Spieler 2	
		Kooperation	Betrügen
Spieler 1	Kooperation	Belohnung für beide	maximale Bestrafung für Spieler 1
	Betrügen	maximale Belohnung für Spieler 1	Bestrafung für beide

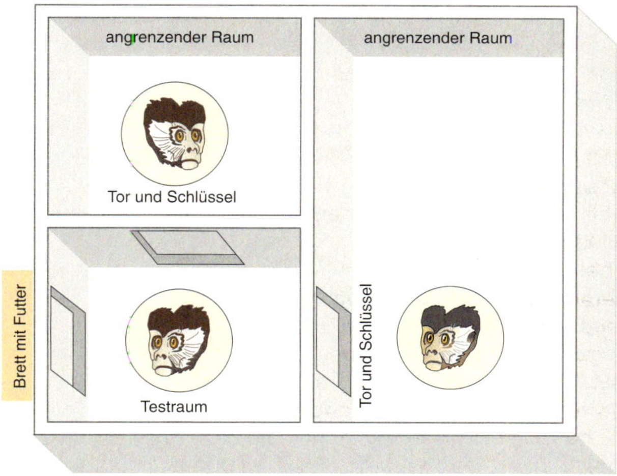

1 Ziehen Affen an einem Strang?

2 Großeltern als „Altruisten"

die geleistete Hilfe wird, wenn überhaupt, zeitverzögert erwidert. Die gegenseitige Fellpflege der Schimpansen oder Nachbarschaftshilfe beim Hausbau unter Menschen sind Beispiele hierfür. Ausgeklügelte Untersuchungen zur Kooperation bei Schimpansen zeigten, dass diese Tiere in der Regel nur kooperieren, wenn sie davon profitieren. In einer Versuchsanordnung musste z. B. an beiden Enden eines Seils gezogen werden, um ein Holzbrett mit Futter zu erreichen.

Die Tiere konnten sich aus den Nachbarkäfigen entsprechende Hilfe holen, mussten dann aber das Futter auch teilen. Ein Schimpanse holte beispielsweise nur dann einen zweiten zur Hilfe, wenn die Enden des Seils für ihn unerreichbar weit auseinander lagen. Und schon nach wenigen Versuchen wählte er stets denjenigen als Helfer aus, der sich auch als geschickter Seilzieher erwies. Kapuzineraffen arbeiteten bei einer solchen Versuchsanordnung nur dann zusammen, wenn beide Futterschalen gefüllt waren. Blieb eine Futterschale leer, half das zweite Tier nur dann, wenn der Partner das Futter mit ihm teilte.

Altruismus

Leipziger Anthropologen wollten herausfinden, ob altruistisches Verhalten schon bei Kleinkindern vorhanden ist. Um deren Hilfsbereitschaft zu testen, stellten ihnen die Forscher verschiedene Aufgaben. Schon 18 Monate alte Kinder „helfen" bei einem offensichtlichen Missgeschick. Fiel im Labor anscheinend versehentlich etwas zu Boden, hoben die Kleinen den Gegenstand auf und brachten ihn dem Versuchsleiter. Der wartete jedoch vergeblich auf Hilfe, wenn er etwas absichtlich zu Boden geworfen hatte. Das gleiche Verhalten beobachteten die Forscher auch bei Schimpansen. Um herauszufinden, ob die Affen auch gegenüber Artgenossen (die Gegenstände wurden ja dem Versuchsleiter gebracht) altruistisches Verhalten zeigen, wurde Futter hinter einer Tür platziert, die versperrt war.

Ein Affe stand vor der Tür, konnte sie aber nicht öffnen. Der potenzielle Helfer war in einem anderen Käfig ohne Zugang zum Futter, konnte aber dem Artgenossen Zugang zum Futter ermöglichen. Knapp 80 Prozent der Schimpansen halfen ihren Artgenossen dabei, zum Futter zu gelangen, obwohl sie selbst dieses Futter nicht erreichen konnten (Abb. 1).

Großmutter-Hypothese

Im Tierreich endet mit der Fortpflanzungsfähigkeit meist auch das Leben. Beim Menschen aber leben Frauen lange über das gebärfähige Alter hinaus. Diese Tatsache wirft die Frage auf, welchen evolutionären Nutzen dies haben könnte. Die „Großmutter-Hypothese" besagt, dass ältere Frauen durch die Betreuung der Enkel die eigene indirekte Fitness maximieren.

Aufgabe

① Die Leipziger Wissenschafter wollten untersuchen, ob altruistisches Verhalten angeboren ist. Interpretieren Sie die Ergebnisse dahingehend.

Signale und Kommunikation

Jedes Tier sendet durch seine bloße Existenz Signale in die Umwelt aus. Es reflektiert Licht, sodass möglicherweise Farbe und Bewegung erkennbar sind und es gibt Duftstoffe oder Geräusche ab.

Wenn ein Tier als Sender ein Signal abgibt, das von einem anderen Tier, dem Empfänger, aufgenommen, verarbeitet und für eine eigene Reaktion verwendet wird, liegt normalerweise Kommunikation vor (▶ s. S. 183). Derartige Kommunikationssysteme können innerartlich oder zwischenartlich sein, wie z. B. zwischen Räuber und Beute.

Signale werden nur wirksam, wenn sie von den Sinnesorganen des Senders und Empfängers empfangen, sowie im Nervensystem des Empfängers decodiert und verstanden werden (Abb. 1).

Sie sind im Laufe der Evolution so ausgelesen worden, dass ein gemeinsamer Code für die Angehörigen einer Art besteht. Tiere verwenden sehr artspezifische Signale. Signale enthalten fast immer Information über die Motivation des Senders *(z. B. Fortpflanzungs- oder Alarmbereitschaft, Aggressivität)*.

Welche Art von Signalen zum Einsatz kommt, hängt von den ökologischen Bedingungen ab. Man kann verschiedene Signalformen unterscheiden:

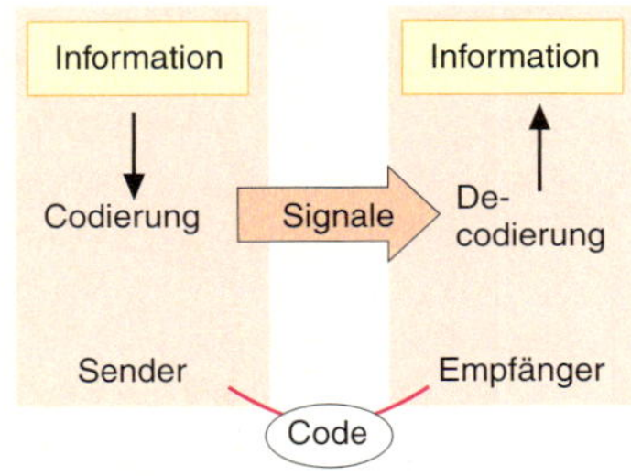

1 Sender — Empfänger — Modell

Chemische Signale werden zwar langsam übertragen, bleiben dafür aber lange Zeit wirksam. Sie erfordern einen geringen Energieaufwand, können aber nur langsam als Signal geändert werden. Tiere warnen mögliche Eindringlinge durch das Markieren ihres Reviers mittels Duftsignalen (chemisches Markieren) und schrecken diese somit ab. Die Pheromone fungieren aber auch als Sexual-Lockstoffe, die Insekten und Tiere abgeben, um das andere Geschlecht anzuziehen. So können zum Beispiel Schmetterlinge mithilfe ihrer Pheromone über größte Distanzen hinweg ihren Partner finden. Die Königinnensubstanz der Honigbiene hemmt über lange Zeit die Ovarienentwicklung der Arbeiterinnen.

Optische Signale, wie z. B. der Kehlfleck des Rotkehlchens oder die Drohhaltung der Wölfe wirken meist im Nahbereich. Ausdrucksbewegungen des Körpers und die

Zettelkasten

Ritualisierung

Der *Jagdfasan* scharrt während der Balz, tritt zurück und pickt mit Futterlockrufen gegen den Boden. Die Henne läuft herbei. Der Glanzfasan entwickelt zur Balzzeit einen fächerartigen Schwanz. Er verbeugt sich mit leicht gefächertem Schwanz vor der Henne und hackt mit Schnabelschlägen in den Boden. Die Henne läuft herbei und sucht vergeblich nach Futter. Er spreizt jetzt seine Schwanzfedern und Schwingen maximal. Sein Schwanzgefieder bewegt sich langsam rhythmisch vor und zurück. Der *Pfaufasan* kratzt am Boden, verbeugt sich unter Flügelanheben und Schwanzfächern. Kommt ein Weibchen, bietet er ihm Futter an. Die Verhaltensweisen der Balz sind aus dem Futterlocken hervorgegangen. Hennen holen die Küken zum Futter, indem sie scharren, picken und Lockrufe ertönen lassen.

Der Vergleich der nahe verwandten Fasanarten zeigt, dass die Verhaltensweisen aus dem Zusammenhang des ursprünglichen Funktionskreises gelöst und in den des Fortpflanzungsverhaltens eingeordnet wurden. Dabei sind Ausdrucksbewegungen entstanden, die stark verlangsamt ausgeführt, durch auffällige Farben und häufige rhythmische Wiederholungen unterstrichen werden. Im Laufe der Evolution hat das Futterlocken eine neue Bedeutung bekommen. Es erhielt Signalfunktionen *(Ritualisierungen)* und dient der innerartlichen Kommunikation.

Jagdfasan

Glanzfasan

1 Seidenspinnermännchen

Gesichtsmimik stellen in den sozialen Verbänden der Säugetiere ein hoch differenziertes Mitteilungssystem dar, mit dem Nachrichten schnell übertragen und verändert werden können. Schimpansen lesen wie wir Menschen an der Mimik des Sozialpartners sogar Stimmungen, wie z. B. Angst oder Aggressivität ab. In offenen Lebensräumen (Savannen, Wiesen und Felder) sind weithin sichtbare optische Signale wie z. B. die Fellfärbung oder die Fellzeichnung besonders geeignet.

Akustische Signale, wie die Territorialgesänge bei Gibbons, spielen vor allem in unübersichtlichem Gelände eine wichtige Rolle. Sie können also über weite Distanzen differenzierte Nachrichten übertragen. Auch unter Wasser ist die akustische Verständigung außerordentlich wichtig, da Lichtsignale unter Wasser nur eine begrenzte Reichweite besitzen und die Diffusion von Geruchsstoffen stark beeinträchtigt ist. Aber auch die Übertragung mittels Schallwellen ist schwierig, da diese häufig abgelenkt oder stark reflektiert werden. Delfine kommunizieren aus diesem Grunde mit Ultraschallwellen und ändern dabei häufig die Frequenz, um von ihren Artgenossen eindeutig identifiziert werden zu können. Wegen der hohen Lärmbelästigung durch die Schifffahrt und durch Bohrplattformen in den Ozeanen, ist die Kommunikation dieser Tiere stark gestört. Viele Tiere reagieren deshalb auch falsch und stranden an unseren Küsten.

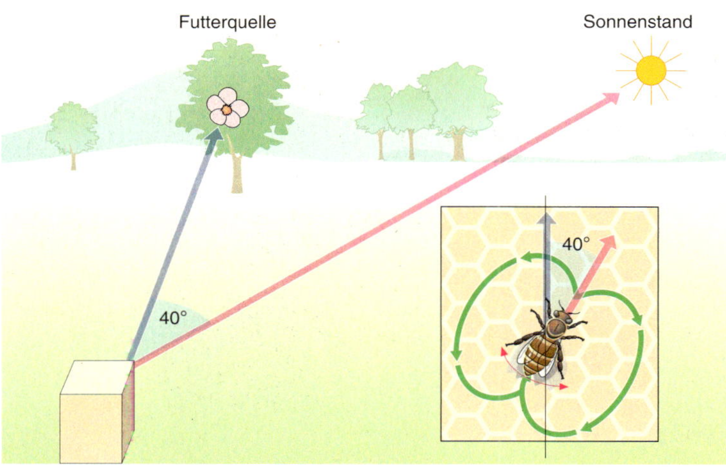

2 Tanzsprache der Honigbienen

Eine der kompliziertesten Kommunikationsformen im Tierreich ist die *Tanzsprache* der Bienen, mit der sie Informationen über Nahrungsquellen weitergeben. Mit einem Rundtanz informiert eine Sammlerin im Bienenstock über eine Futterquelle, die in einer Entfernung bis zu 80 m vom Stock entfernt liegt. Die Art der Futterquelle erschließen die Bienen aus dem Duft des Pollens und des Nektars. Bei größeren Entfernungen zeigen die Arbeiterinnen eine Futterquelle mit dem Schwänzeltanz an. Dabei gibt die Biene die Richtung mit Bewegungen des Hinterleibs an. Die Abweichung dieser Schwänzelstrecke von der Senkrechten im Stock gibt den Winkel der Futterquelle zur Sonne an (s. Abb. 2). Für nahe Entfernungen folgen diese Schwänzelläufe schnell und für weite langsam aufeinander. Sie werden durch Schnarrlaute mit bestimmter Dauer begleitet, die die Qualität und Rentabilität der Futterquelle anzeigen.

Die höchste Entwicklungsstufe akustischer Kommunikation erreicht die *menschliche Wortsprache*. Mit ihr können Gefühle, Einstellungen und Meinungen wiedergeben werden (sowie Aussagen über die Wirklichkeit gemacht werden. Weiterhin kann versucht werden, das Verhalten anderer Menschen zu steuern. Sie ist eine Lautsprache mit Worten als Zeichen, die nach einem System von Regeln zueinander in Beziehung gesetzt werden. Der Mensch setzt die Sprache situationsgerecht und zur Verwirklichung seiner sozialen Absichten ein.

Aufgabe

① „Ich weiß nicht, was ich gesagt habe, bevor ich die Antwort meines Gegenübers gehört habe.“ Diskutieren Sie die Aussage dieses Zitats.

Signalfälschung

Signale bilden die Basis für die Kommunikation im Tier- und Pflanzenreich. Sie werden aus den unterschiedlichsten Gründen ausgesendet. Nicht immer aber verbreitet der Sender Tatsachen. Signalfälschung ist häufig zu finden und tritt in vielen Formen auf. Wehrhafte Insekten wie die Hornisse tragen häufig Warnfarben und zeigen damit anderen Tieren die Gefahr an, die von ihnen ausgeht. Hornissenschwärmer gehören zur Familie der Schmetterlinge und ahmen diese Färbung nach und täuschen damit ihre Fressfeinde. Diese Form der Nachahmung wehrhafter oder ungenießbarer Tiere bezeichnet man als Mimikry (Abb. 1).

2 Seeteufel

1 Signal und Signalfälschung

Andere Tiere setzen Signalfälschung zur Täuschung ihrer Beute ein. Der Bandschwanzbussard ähnelt in Farbe und Form dem harmlosen Truthahngeier. Dadurch kann der Bussard aus einer Gruppe von Geiern heraus Echsen und Kleinsäuger erbeuten. Meeresfische wie der Seeteufel (Abb. 2) locken mit Hautlappen, die in Form von Würmern ausgebildet sind, kleine Fische an und verspeisen sie.

Nahezu perfekt ist die Täuschung der Fliegen-Ragwurz (Abb. 3). Diese Orchidee ahmt das Aussehen weiblicher Fliegen nach. Außerdem gibt sie Duftstoffe ab, die den weiblichen Sexuallockstoffen der Fliegen ähnlich sind. Dadurch werden männlichen Tieren potentielle Sexualpartner vorgetäuscht, die, davon angelockt, die Pollen übertragen. Somit ist die Fortpflanzung der Fliegen-Ragwurz gesichert.

Blattlauskolonien werden von Ameisen beschützt, da diese Honigtau absondern, den die Ameisen fressen. Einige Schlupfwespen überlisten das Abwehrsystem der Ameisen, in dem sie ähnliche Geruchstoffe produzieren wie Blattläuse. Sie können so als Parasiten in die Blattlauskolonien eindringen und ihre Eier ablegen. Auch akustisches Mimikry kann man finden. So ahmt beispielsweise die Meise das zischende Geräusch einer Schlange nach, wenn sie oder ihre Jungen im Nest bedroht werden.

3 Fliegen-Ragwurz

1 Spannerraupe — perfekte Tarnung

2 Rotgesichtsuakari

Auch die Annahme der Hintergrundfärbung (Tarnfarbe) oder das Imitieren der Umgebung (Mimese) ist eine Form der Signalfälschung (▶ s. S. 183). So tarnt sich z. B. die Spannerraupe als Teil einer Pflanze (Abb. 1).

Sehr früh hat man entdeckt, dass in der zwischenartlichen Kommunikation getäuscht und betrogen wird, meist sehr effektiv. Da man in der klassischen Ethologie davon ausging, dass Verhaltensweisen im Dienst der Arterhaltung stehen, hat man innerartlich weitgehend kooperatives Signalisieren erwartet. Aber auch innerartliches Täuschen kommt häufig vor. In Rauchschwalbenkolonien kommen durchaus „Seitensprünge" vor. Kehren Männchen zum Nest zurück und finden hier ihre Partnerin nicht vor, so stoßen sie häufig Warnrufe aus, auch wenn kein Feind vorhanden ist. Dies veranlasst normalerweise alle Schwalben dazu, zum Nest zurückzukehren.

Betrügerisches Signalisieren ist umso wahrscheinlicher:
- je leichter ein Signal zu fälschen ist
- je weniger gemeinsame Interessen Sender und Empfänger haben
- je weniger Sender und Empfänger miteinander verwandt sind
- je seltener zwei Partner sich treffen, da dann gegenseitige Vorteilsgewährung unwahrscheinlich wird.

Betrugsvermeidung

Betrug kann auf Empfängerseite auf zwei Weisen vermieden werden: Zum einen dadurch, dass der Empfänger nur auf schwer oder nicht fälschbare Signale achtet. Viele Weibchen im Tierreich bewerten die Überlebensfähigkeit der Männchen an Merkmalen, die von jüngeren oder weniger gesunden Konkurrenten nicht gefälscht werden können, wie z. B. der Besitz von Schmuckfedern, die beim Flug behindern *(Handicap-Prinzip)*. Die Gesänge von Meisenmännchen werden über Lernvorgänge mit zunehmendem Alter immer komplizierter und sind ein unfälschbares Zeichen für Überlebensfähigkeit. Die Gesichtsfarbe der südamerikanischen Rotgesichtsuakaris ist nur bei Männchen mit intaktem Immunsystem kräftig rot gefärbt (Abb. 2). Erkrankte Männchen sind blasser. Ähnliches gilt für den roten Bauch männlicher Stichlinge. Weibchen können so an der Farbe zuverlässig einen gesunden Partner auswählen.

Zum anderen kann der Empfänger Betrug vermeiden, indem er Misstrauen entwickelt. Die Evolution der Sprachfähigkeit des Menschen hatte sicherlich große Selektionsvorteile, brachte aber das Problem mit sich, dass sprachliche Informationen sehr leicht zu fälschen sind. Dies führte wahrscheinlich dazu, dass man hauptsächlich denjenigen Individuen traut, die am wahrscheinlichsten ehrlich sind, d.h. Verwandten und guten Bekannten, die man täglich sieht. Viele Forscher glauben, dass mit Entwicklung der menschlichen Sprache gleichzeitig Eigenschaften herausgearbeitet wurden, an denen Mitglieder der eigenen Gruppe erkennbar sind, wie z. B. Dialekte.

Aufgabe

① Beschreiben Sie, auf welche Weise Kosmetik, Mode und Schönheitschirurgie im Dienste der Signalfälschung stehen.

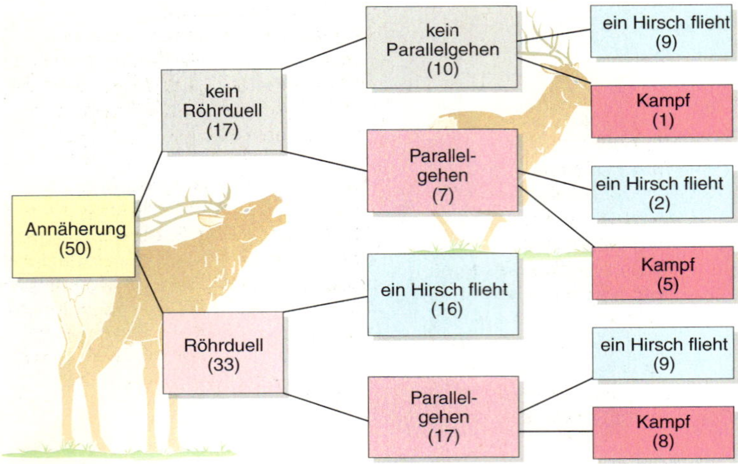

1 Beobachteter Verlauf von 50 Auseinandersetzungen

Konfliktverhalten

Kommentkampf
ritualisierter Kampf, der nach festen Regeln verläuft

Beschädigungskampf
Einsatz gefährlicher Waffen führt zu Verletzungen des Gegners

Wie bei vielen Tieren anderer Arten gibt es auch bei den Rothirschen zwei verschiedene Kampfsituationen: Einmal zur Verteidigung gegen Räuber und zum anderen im innerartlichen Konkurrenzkampf um Ressourcen oder Partner. Gegen Räuber wie Wölfe fliehen Hirsche oder verteidigen sich mit ihren Hufen. Beim Kampf gegen Artgenossen verwenden sie ebenfalls ihre Hufe, solange das Geweih noch nicht verwendbar ist. Dies ist erst im Herbst zur Brunft der Fall.

Während der meisten Zeit des Jahres streifen männliche und weibliche Tiere in getrennten Rudeln durch ihr Revier. Erst zur Brunft versammeln sie sich an traditionellen Brunftplätzen. Männliche Hirsche versuchen eine Gruppe weiblicher Tiere, einen Harem, um sich zu versammeln. Dies können bis zu 20 Weibchen sein. Mit diesen zeugt der Haremsbesitzer, der *Platzhirsch*, Nachkommen, sobald sie Empfängnisbereitschaft signalisieren.

Immer wieder versuchen Rivalen, einige oder sogar alle Hirschkühe in den eigenen Harem wegzulocken und diesen zu vergrößern. Auseinandersetzungen zwischen Rivalen sind daher stets möglich und entsprechend häufig zu beobachten. Die Hirsche zeigen dabei eine abgestufte Vorgehensweise, eine *Strategie*, die eine Steigerung der Auseinandersetzung ermöglicht *(Eskalationsstrategie)*. Allgemein lassen Hirsche bei der Brunft ein tiefes Brüllen, das sogenannte Röhren hören. Tonhöhe und Intensität hängen dabei von der Körpergröße und der Kondition des Tieres ab. Nähert sich ein Rivale, so beginnt meistens ein sich steigerndes Wechselspiel des Röhrens, ein Röhrduell. Offenbar können sich die Individuen schon auf dieser Stufe gegenseitig einschätzen, sodass einige Konflikte bereits hier beendet werden. Andernfalls beginnen die Rivalen im Abstand von 5 – 10 Metern nebeneinander zu stolzieren (Parallelgehen), wobei die Körpergröße des Gegners eingeschätzt werden kann. Auch auf dieser Stufe ist dann ein Abbruch der Auseinandersetzung möglich. Geschieht dies jedoch nicht, dann senken die Gegner ihre Geweihe und prallen krachend aneinander. Beide versuchen den Gegner wegzuschieben oder sogar zu verletzen. Die meisten Tiere sind offensichtlich geschickt genug, um eigene Verletzungen zu vermeiden, dennoch erleiden etwa 20 – 30% aller Hirsche dadurch im Laufe ihres Lebens dauerhafte Schäden. Ein Kampf ist beendet, wenn ein Gegner stark verletzt ist oder flieht.

Die Kämpfe der Hirsche beinhalten zwei prinzipielle Teilstrategien. Zum einen wird imponiert, geschoben und Kraft gemessen, ohne dass es zu Verletzungen kommt. Dieses Verhalten wird *Kommentkampf* genannt. Zum anderen sind aber schwere Verletzungen, auch mit tödlichem Ausgang, möglich. Man spricht in diesem Fall dann von *Beschädigungskampf*.

Diese Gesamtstrategie findet man nicht bei allen Tierarten. Bei einigen ist nur Kommentkampf zu beobachten, bei anderen vorwiegend Beschädigungskampf. Die Frage, welche Bedingungen die eine oder andere Verhaltensweise begünstigen, untersucht man mit mathematischen Modellen. (Spieltheorie, s. S. 139).

Konflikte entstehen meist, wenn Konkurrenz um den Lebensraum, die Nahrung oder den Geschlechtspartner auftritt und diese Ressourcen nur in begrenzter Anzahl vorhanden sind. Da Artgenossen die gleiche Nahrung aufnehmen, den gleichen Geschlechtspartner und den gleichen Schlaf- und Brutplatz beanspruchen, sind sie untereinander die größten Konkurrenten. Innerhalb eines individualisierten Verbandes kann der Wettbewerb um eine hohe Stellung in der Rangordnung hinzu kommen.

Angehörige verschiedener Arten kämpfen nur in Ausnahmefällen gegeneinander, da Tiere vor überlegenen Feinden eher die Flucht ergreifen.

Stufen der Aggression

Ein Konflikt beginnt wie bei den Hirschen in der Regel mit Imponiergehabe und Drohverhalten. Diese sollen dem Gegner die eigene Stärke demonstrieren und letztlich werden dadurch energie- und zeitaufwändige Kämpfe häufig vermieden. Lässt sich jedoch keiner der Rivalen in die Flucht schlagen, kommt es bei vielen Arten zur Aggression (▶ s. S. 182). Die Auseinandersetzung steigert sich somit allmählich (Eskalation).

„Ich habe schon durchaus riskanten Situationen mit Elefanten, Nilpferden und großen Raubtieren gearbeitet. Aber Tiere lassen es dich wissen, wenn du ihnen zu nahe kommst. Wenn man lernt, ihre Körpersprache zu lesen und gut aufpasst, erkennt man den Moment, an dem man sich zurückziehen muss.“
(Frans Lanting, Naturfotograf)

Beschädigungskampf:
Bei manchen Tierarten werden auch gegen Artgenossen alle Waffen eingesetzt und dabei in Kauf genommen, dass sich der Gegner ernsthaft verletzen oder getötet werden kann.

Häufig sind Beschädigungskämpfe zwischen Tieren aus unterschiedlichen Sozialverbänden. z. B. beim Eindringen eines Löwen in ein fremdes Revier. Dies zeigt, dass die Heftigkeit eines Kampfes mit dem Wert der Ressource steigt. Zur Tötung kommt es dennoch selten, da der Unterlegene in der Regel flüchtet, wenn zu große Gefahr droht.

Kommentkampf „Turnierkampf“:
Bei diesem Kampf zwischen Artgenossen werden *gefährliche Waffen*, sofern sie vorhanden sind, *nicht eingesetzt* (Gift bei Schlangen; Hufe bei Zebras). Hunde und Wölfe beißen in den dichten Pelz des Nackens, nicht in die Kehle wie bei Beutetieren. Bei vielen Arten bestehen die Kämpfe nur aus Geräuschen, Imponiergehabe oder Kräftemessen. Dabei ist das Ziel *nicht die Verletzung oder Tötung* des Gegners, sondern seine Unterwerfung. Der Kampf verläuft *ritualisiert* nach angeborenem Bewegungsmuster (arttypische „feste Regeln“), wobei jede Bewegung ein Signal für den Gegner darstellt. Bestimmte Verhaltensweisen bzw. Demutsverhalten des Unterlegenen beenden den Kampf (s. Seite. 130). Dieses Verhalten löst die Tötungshemmung beim Sieger aus.

Imponierverhalten
Durch bestimmte Gesten soll dem Rivalen die eigene Stärke demonstriert werden. Dabei werden oft die eigenen Körperumrisse vergrößert, z. B. durch Sträuben der Haare, Abspreizen der Flossen, Stemmen der Arme beim Menschen. Aber auch das Aufzeigen der Waffen soll den Gegner beeindrucken. Dazu zählen das Entblößen der Zähne, Aufrichten von Hörnern, Scheren bei Krabben sowie beim Menschen das Drohen mit der Faust. Oft wird hierdurch eine weitere Auseinandersetzung verhindert; in dem ein eingeschüchterter Rivale die Flucht ergreift.

Aggressionskontrolle

Drohverhalten bei Fischen

Formen der Aggressionskontrolle sind: Abgrenzung von Revieren, Ausbildung einer Rangordnung und aggressionshemmende Verhaltensweisen wie Imponier-, Droh- und Demutsverhalten (▶ s. S. 182). Aber auch das Aufsuchen andere Lebensräume bei Ressourcenknappheit (Migration) führt dazu, dass innerartliche Auseinandersetzungen auf ein Minimum reduziert werden.

Als *Demutshaltung* bezeichnet man eine ausgeprägte Gebärde, die dem Kontrahenten Unterlegenheit bekundet und einer Unterwerfung gleichkommt. Sie erfolgt vor oder nach einer Auseinandersetzung um die Rangstellung gegenüber einem Partner, der entweder angriffsbereit oder siegreich ist. Es verhindert oder beendet so die Aggressivität des ranghöheren Artgenossen.

Eine Demutshaltung kann als optisches Verhalten, aber auch auf akustische Weise (Angst-, Bettellaute) signalisiert werden. Dabei zeigt sich oft, dass Unterlegenheitsbekundung das Gegenteil einer kampfauslösenden Haltung (Drohverhalten) darstellt.

Bei einem Kampf können sich Wölfe sehr heftig beißen. Das unterlegene Tier kann sich *unterwerfen*, indem es sich kleiner macht, worauf der Artgenosse von ihm ablässt. Es kann sich aber auch auf den Rücken rollen, still verharren und dabei häufig Urin abgeben, worauf der Überlegene ihn beleckt — so wie eine Mutter ihr Junges. In Extremfällen rollt sich ein unterlegener Wolf auf den Rücken und entblößt so seine ungeschützte Kehle bzw. Bauchunterseite (Abb. 1). Dies ist eine Geste totaler Unterwerfung und löst beim Sieger einen Schutzinstinkt aus, der weitere Aggressionen verhindert. Diese Beispiele belegen, dass für Unterlegenheitsbekundungen häufig Handlungen aus dem Verhalten der Jungtiere eingesetzt werden (Ritualisierung s. Seite 124). Gegenüber Weibchen und Jungtieren besteht oft eine Aggressionshemmung.

Als *Beschwichtigungsverhalten* fasst man alle Verhaltensweisen zusammen, die dazu führen, dass innerartliche Aggression vermieden werden kann. Sie signalisieren „Friedfertigkeit" und werden beispielsweise während der „Begrüßung" von Gruppenmitgliedern gezeigt. Sie können als Gegenteil von Imponierverhalten gedeutet werden. So lecken rangniedere Tiere den Leitwolf, genau wie ein Welpe um Futter bettelt (s. Abb. 2).

Fische signalisieren durch Präsentation der Breitseite, steil gestellte mediane Flossen und ruckartige Bewegungsfolgen deutlich ihre Kampfbereitschaft. Demütig präsentieren sich Fische, die sich optisch schmal und klein machen. Sie legen sich oftmals auf die Seite, falten die Flossen und bewegen sich möglichst langsam. (s. Randspalte)

Bei Eidechsen führt das unterlegene Tier mit seinen Vorderbeinen trommelnde Bewegungen auf dem Erdboden aus, als wolle es fliehen und bewegt dabei den Kopf vor und zurück. Dies verhindert, dass das Tier von Artgenossen („ritualisierte Flucht") angegriffen wird.

Wird eine junge Ratte während eines spielerischen Zweikampfes zu stark gebissen, so fiept sie. Die andere Ratte geht daraufhin sofort zu *sozialer Fellpflege* über. Hier stellt die Fellpflege keine Beschwichtigungsgeste dar, sondern eine versichernde Gebärde: Das dominierende Tier kann mit diesem Verhalten den Unterlegenen von Flucht oder Kontaktscheue abhalten.

1 Unterwerfungsverhalten bei Wölfen

2 Beschwichtigungsverhalten bei Wölfen

1 Schimpansen

Rangordnungen

Ursprünglich galten Schimpansen als sehr friedlich, durch die Forschung der letzten Jahrzehnte hat sich das Gegenteil herausgestellt. Sie sind außergewöhnlich aggressiv und können für Artgenossen eine tödliche Gefahr darstellen. Kämpfe gegen Angehörige der Nachbargruppen finden fast ausschließlich unter Männchen statt, dauern länger als Auseinandersetzungen innerhalb einer Gruppe und sind besonders brutal. 30 % der Schimpansenmännchen sterben in derartigen Zwischengruppenkonflikten. Bei Kämpfen gegen Nachbarmännchen verhalten sich die Schimpansenmännchen eher wie bei ihrer Jagd auf Beutetiere.

Aber auch 30 % der Kämpfe innerhalb einer Gruppe führen zu Verletzungen. Während Weibchen besonders häufig um Futter kämpfen oder um ihre Jungen zu verteidigen, geht es bei den Männchen um paarungsbereite Weibchen oder um die Position in der Rangordnung. Da nach BATEMAN (s. Seite 147) die Fitnessunterschiede für Männchen viel größer sein können als für Weibchen, steht bei Auseinandersetzungen unter Männchen mehr auf dem Spiel. Daher kämpfen diese viel intensiver als die Weibchen.

Rangordnungen gibt es in vielen geschlossenen, individualisierten Gesellschaften. Sie sind manchmal linear, wobei die ranghöheren jeweils über die rangniederen Tiere dominieren. Nach dem griechischen Alphabet wird das ranghöchste Tier als α-Tier bezeichnet, dann folgt das β- Tier und am Ende der Rangordnung das Ω-Tier. Bei den anderen Rangordnungstypen treten Gruppen gleichrangiger Tiere oder auch Dreiecksbeziehungen mit teilweise umgekehrter Rangposition zwischen einzelnen Tieren auf. (s.Randspalte)

Rangordnungen führen zu Vorrechten im Zugang zu Ressourcen und dadurch zu unterschiedlich guten Erfolgen in der Zeugung bzw. in der Aufzucht der Jungen, d. h. zu Fitnessunterschieden. Je nachdem, wie groß Gewinne und Verluste bei Auseinandersetzungen sind, treten Rangordnungskämpe auf oder nicht. Wenn sich ein Kampf lohnen soll, so muss der Nutzen größer sein als die zu erwartenden Kosten des Kampfes. Somit bewirken Rangordnungen, dass aggressive Handlungen innerhalb der Gruppe auf ein Minimum beschränkt bleiben.

Während unter Männchen meist eine klar ausgeprägte Hierarchie besteht, fehlt diese bei Weibchen oft. Ranghohe Männchen haben Paarungsvorteile bei fortpflanzungsbereiten Weibchen, ranghohe Weibchen besseren Zugang zum Futter. Paarungsbereite Weibchen kopulieren mit vielen Männchen nacheinander, wobei die ranghöchsten Männchen zum Zeitpunkt des Eisprunges am häufigsten zum Zug kommen und so ihre Spermien mit größerer Wahrscheinlichkeit die Eizelle befruchten. Spermien verschiedener Männchen konkurrieren um die Eizelle, was evolutiv zur Ausbildung besonders großer Hoden führte. Schwächere Männchen sichern sich Nachwuchs, indem sie mit einem Weibchen die Gruppe verlassen, bevor dessen Paarungsbereitschaft sichtbar wird.

Innerhalb von Rangordnungen haben Verlierer Nachteile. Diese werden aber meist durch Vorteile des Lebens in der Gruppe aufgewogen. Einerseits nutzen Rangniedere den Schutz, den die Gruppe vor Feinden bietet, andererseits gehen Verlierer weniger Kosten und Risiken zu Zeiten ein, in denen ein Kampferfolg unwahrscheinlich ist. Sie warten ab, um später vielleicht einmal die Führungsrolle übernehmen zu können oder sie wechseln die Gruppe.

Aufgabe

① Begründen Sie auf der Grundlage einer Risikoabwägung, warum die Männchen häufiger Rangordnungen ausbilden als die Weibchen.

α
β
γ
ω
⋮
Ω

α ← γ
↘ ↗
β

Jane Goodall
Affenforscherin
„Ich vermute, wenn man ihnen Feuerwaffen gegeben und erklärt hätte, wie sie funktionieren, dass sie sie verwendet hätten, um ihre Nachbarn zu erschießen."

Revierverhalten

Im zeitigen Frühjahr sieht man häufig Amseln, die wie von imaginären Kräften geleitet, mit gesträubten Federn und gesenktem Schwanz nebeneinander hüpfen, bis sie plötzlich flügelschlagend voreinander hochfliegen und sich gegenseitig angreifen. Trägt man die Orte dieser Kämpfe auf einer Karte ein, stellt man fest, dass jedes Tier einen bestimmten Raum verteidigt. Ähnliche Beobachtungen machten Vogelkundler schon vor vielen Jahren. Sie nannten diesen verteidigten Raum *Revier*. Bei Säugetieren nennt man den verteidigten Raum *Territorium.*

Einige Tierarten sind zu manchen Zeiten überhaupt nicht bereit, ein Gebiet zu verteidigen. Sie nutzen dann große Gebiete friedlich gemeinsam und vertreiben Artgenossen nur aus bestimmten kleinen Kernräumen. Diese enthalten aber nicht alle lebensnotwendigen Ressourcen. Es gibt also neben den Territorien sich *überlappende Aktionsräume*, in denen Artgenossen friedlich koexistieren. Die Verteidigung von Landflächen wird von den Tieren oft nur zu bestimmten Zeiten durchgeführt. Man schließt daraus, dass der Grund für Territorialität nicht allgemeine Ressourcensicherung ist.

Heute weiß man, dass die Grundlage der Weibchenterritorialität hauptsächlich Nahrungskonkurrenz ist. Weibchen brauchen für die Jungenaufzucht, d.h. ihren Lebensfortpflanzungserfolg *(Fitness)*, optimale Futterbedingungen. Männchen dagegen können ihre Fitness durch Zugang zu mehreren Weibchen erhöhen. Ist die Konkurrenz um diese größer als um Futter, zeigen die Männchen ein ausgeprägtes Territorialverhalten. Weibchen haben daher je nach den ökologischen Bedingungen größere oder kleinere Territorien als Männchen oder sind gar nicht territorial. Männchen verteidigen je nach der Verteilung der Weibchen meist größere Flächen. Aus der räumlichen und zeitlichen Überlagerung dieser Reviere ergeben sich komplizierte Muster (s. Mittelspalte).

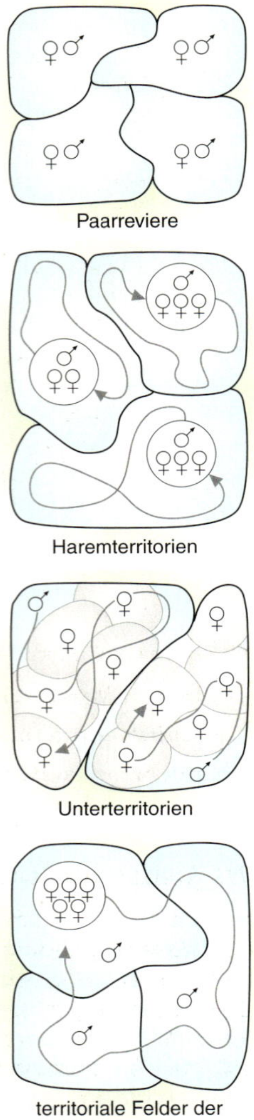

Ob ein Individuum sich zu einem bestimmten Zeitpunkt territorial verhält oder nicht, hängt von mehreren Faktoren ab. Die Verteidigung der Territorien folgt gleichsam einer Kosten-Nutzen-Berechnung. Abbildung 2 zeigt die Berechnung der optimalen Reviergröße.

Bei einigen Tierarten kommen sogenannte Floater vor, die sich im Revier von Artgenossen unauffällig verhalten und Auseinandersetzungen mit dem Revierbesitzer vermeiden. Meist sind dies Männchen, die dann das Territorium vom Vorgänger übernehmen, wenn dieser aus irgendeinem Grunde verschwindet. Bei Kohlmeisen entdeckte man sogar männliche und weibliche Floater, die sich zu Paaren zusammenfanden und versuchten, heimlich im Randgebiet eines fremden Reviers zu brüten, dies jedoch mit geringerem Bruterfolg.

Revierlose Tiere werden in der Regel in Gebiete mit noch schlechteren Ernährungsbedingungen und größerem Räuberdruck abgedrängt, wodurch sie häufiger Opfer von Räubern werden.

2 Amselrevier

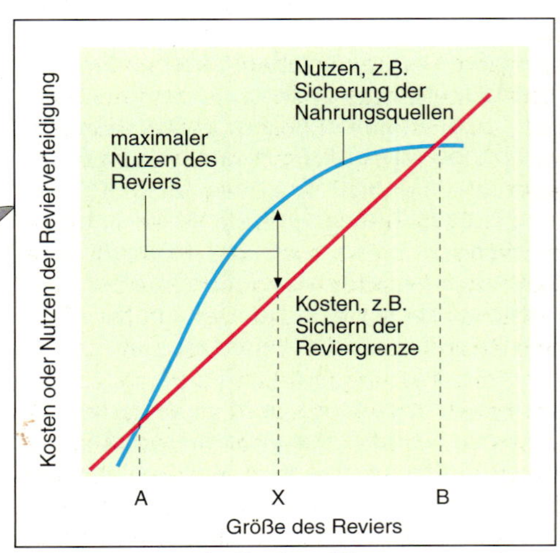

2 Bedingungen der Reviergröße

Migration

Viele in unseren Breiten heimische Vogelarten ziehen in den Wintermonaten in wärmere Gegenden Südeuropas oder Afrikas. Typische Vertreter der Zugvögel sind Störche, Kraniche, Schwalben und Wildgänse. Aber auch manche Schmetterlinge legen derart weite Strecken zurück. Der bekannteste Wanderfalter ist wohl der amerikanische Monarch, ein fast 10 cm großer Schmetterling, der im Spätsommer in Schwärmen von mehreren Billionen Tieren tausende von Kilometern zurücklegt (s. Abb. 1).

In Europa gibt es ebenfalls Wanderfalter wie den Admiral, die allerdings nicht in Schwärmen auftreten, so dass ihre Wanderung in den Süden weniger auffällig ist. Auch viele Robben- und Walarten, Schildkröten, Bisons und Gnus unternehmen jahreszeitliche Wanderungen. Die Wanderung der Gnus ist einer der auffälligsten Tierzüge der Welt.

Große Strecken zurückzulegen ist energieaufwändig und gefährlich. Ein Gnu z. B. läuft rund 2000 km durch die Serengeti. Bei der notwendigen Überquerung des Mara-Flusses werden die Gnus von Krokodilen erwartet, die hunderte von ihnen erbeuten (s. Randspalte). Die riesigen Herden folgen dem Lauf von Trocken- und Regenzeiten, immer auf der Suche nach neuen Weidegründen. Sie ziehen nicht allein, viele Vogelschwärme folgen ihnen. Es kann sogar vorkommen, dass Stare auf den Gnus durch die Landschaft reiten. Viele Weißstörche wandern mit den Herden, weil die Hufe der Vierbeiner vielerlei Nahrung aufscheuchen.

Allgemein ziehen Tiere oft aus Regionen mit schlechter Nahrungsverfügbarkeit in Gebiete, in denen das Futter nahrhaft, gut zugänglich und ausreichend vorhanden ist. Häufig steht dies auch im Zusammenhang mit ungünstigen Witterungsbedingungen, wie z. B. häufigen Überschwemmungen oder aber im Gegenteil lang anhaltende Dürren für die Tiere. Neben veränderlichen Lebensgrundlagen spielt auch die Paarung eine Rolle bei Wanderbewegungen. Individuen mancher Tierarten leben den größten Teil des Jahres verstreut, aber müssen, um ihren Fortpflanzungserfolg zu sichern, an bestimmten Plätzen zusammenkommen, z. B. in riesigen Brutkolonien oder an bestimmten Orten, an denen Paarungsrituale stattfinden. Durch Migration stehen Ressourcen in ausreichender Menge zur Verfügung und somit wird innerartliche Aggression vermieden.

1 Wanderwege der Monarchfalter

Monarchfalter

Das Wanderverhalten ändert sich

Neuere Studien zum Wanderverhalten zeigen, dass Migrationen signifikant abgenommen haben, viele sind ganz verschwunden. Zum einen zeigen Tiere das Wanderverhalten nicht mehr, wenn ihre Bestandszahlen schrumpfen, zum anderen wird den Migrationen vermehrt der Weg abgeschnitten, indem die Zuggebiete verbaut, landwirtschaftlich genutzt, mit Zäunen versehen und besiedelt werden. Eine zentrale Rolle für die Wanderung der Gnus spielt der 395 km lange Fluss Mara. Er droht zu versiegen, weil die Wälder im Quellgebiet abgeholzt werden und der Boden damit seine Fähigkeit verliert, Regenwasser zu speichern. Sein Wasser ist aber Grundlage für die wandernden Tiere.

Der Mensch verändert z. T. auch die Wanderrichtung. Einige Starenpopulationen ziehen jetzt in große Städte, in denen sie auch in der kalten Jahreszeit ein ausreichendes Nahrungsangebot vorfinden.

Aufgabe

① In der Geschichte der Menschheit gab es auch große Migrationen. Informieren Sie sich darüber und vergleichen Sie die Gründe mit denen der Tierwanderungen.

Krokodil reißt Gnu

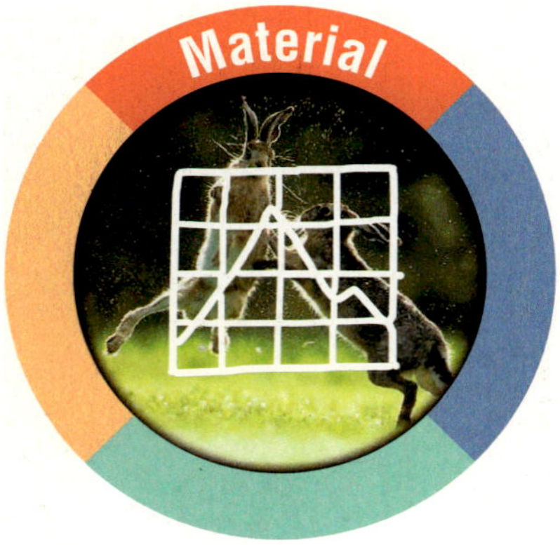

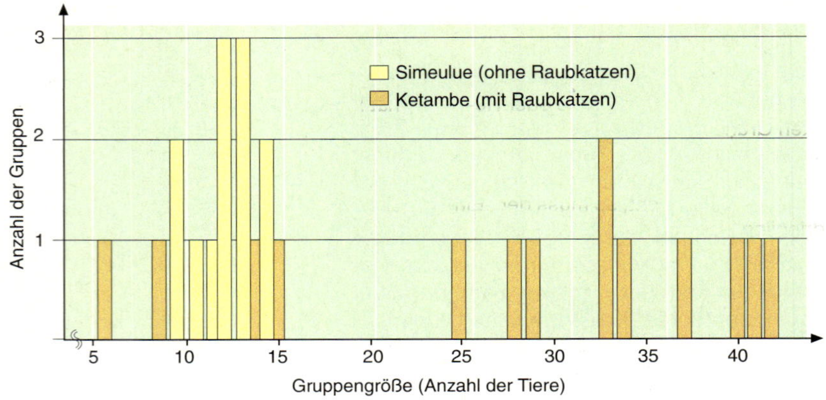

Aggressionsverhalten

Im Laufe der Evolution haben sich Strategien und Verhaltensweisen entwickelt, mit denen aggressives Verhalten kontrolliert werden kann. Die innerartliche Aggression ist häufig vom Nahrungsangebot abhängig. Ist genügend Nahrung vorhanden oder der Räuberdruck sehr groß, zeigen viele Tiere eine höhere soziale Toleranz gegenüber ihren Artgenossen. Dagegen zeigt sich beim Schutz der Nachkommen oft eine größere Aggressionsbereitschaft.

Die optimale Gruppengröße

Ökologen haben die in der Abbildung dargestellten Zusammenhänge nach theoretischen Überlegungen aufgestellt und einen dieser Aspekte an Javamakaken – einer Affenart – genauer betrachtet. Man untersuchte die Gruppengrößen auf Simeulue, einer Insel vor der Küste Sumatras, auf der es keine Raubkatzen gibt, sowie im Schutzgebiet Ketambe auf Sumatra. Hier gibt es neben leopardenähnlichen Raubkatzen auch Tiger.

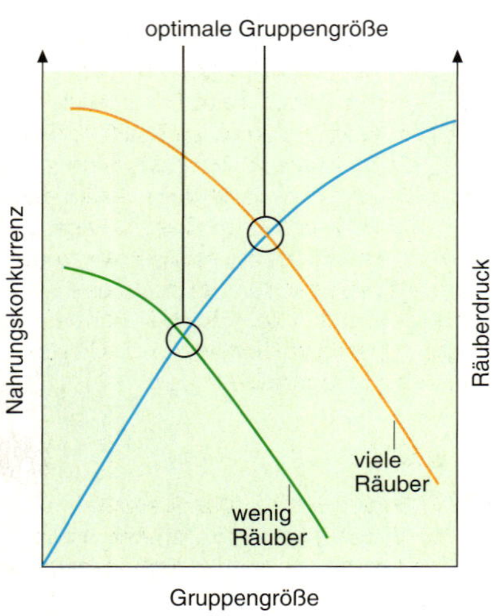

Aufgaben

① Begründen Sie die in der Abbildung oben angegebenen optimalen Gruppengrößen.

② Stellen Sie einen Zusammenhang zu den Untersuchungsergebnissen in der Abbildung links unten dar.

Lemminge auf Wanderschaft

Berglemminge sind kleine Nagetiere, die 12 bis 15 cm groß werden. Sie erinnern mit ihrem Aussehen an langfellige Meerschweinchen und sind in den Gebirgen Skandinaviens weit verbreitet.

Alle 3 bis 4 Jahre vermehren sich Lemminge aufgrund günstiger Lebensbedingungen massenhaft. Dabei kann ein Paar in einem Winter 40 bis 50 Junge gebären. Bekannt geworden sind die Lemminge durch ihre angeblichen „Massenselbstmorde“. Dies beruht auf den Beobachtungen, dass von Zeit zu Zeit ganze Scharen dieser Tiere ans Meer wandern. Dort kommen die Tiere durch immer mehr nachrückende Artgenossen derart unter Stress, dass sich viele schließlich in die Fluten stürzen, um durch das Wasser an das andere Ufer zu gelangen. Obwohl Lemminge hervorragende Schwimmer sind, ertrinken sie dabei in großer Zahl, vor allem, wenn sie auf das offene Meer getrieben werden.

Vor den Wanderungen kann man bei den Tieren Aggressionen beobachten, sie beißen und verletzen sich gegenseitig.

Aufgaben

③ Erläutern Sie, warum die Lemminge auf Wanderschaft gehen.

④ Informieren Sie sich über andere Tierwanderungen und ihre Gründe.

Die Gemeinschaft der Schimpansen

Schimpansen leben in Gruppen mit bis zu 50 Tieren. Sie fressen bevorzugt Früchte. Je nach Lebensraum wechselt die Dichte der reifen Fruchtbäume stark. So zerfällt die Schimpansengemeinschaft je nach Nahrungsangebot und der Häufigkeit brünstiger Weibchen in Männertrupps, Mutter-Kinder-Trupps und gemischtgeschlechtliche Trupps. Dieses Gruppenverhalten kennzeichnet die *Sammlungs-Trennungs-Gesellschaft.*

Aufgabe

⑤ Nennen Sie mögliche Gründe für die Zusammenschlüsse, aber auch Ursachen dafür, dass die Gemeinschaft wieder in kleinere Gruppen zerfällt.

Fremde Weibchen werden in den Sozialverband aufgenommen, Männchen jedoch nicht. In der Gruppe geborene Weibchen verlassen diese vor der Geschlechtsreife, die Männchen bleiben in der Gruppe. Schimpansenweibchen kopulieren mit möglichst allen Männchen in einer Gruppe. Daher könnten alle Männchen Vater ihres Nachwuchses sein.

Aufgabe

⑥ Erläutern Sie aus der Sicht der Soziobiologie, welche Ursache das Verhalten der Schimpansenweibchen haben könnte.

Aggressionshemmung

Auch beim Menschen werden Reviere markiert. Oft grenzen Zäune oder Hecken Grundstücke deutlich voneinander ab. Die so festgelegten Grenzen werden von anderen Menschen respektiert. Geschieht dies nicht, so muss der „Eindringling“ mit aggressivem Verhalten rechnen.

Im Wartezimmer eines Arztes oder am Strand wird in der Regel der Platz aufgesucht, der am weitesten von den besetzten Stühlen bzw. Strandkörben entfernt liegt. Die Unterschreitung dieser Individualdistanz durch nicht vertraute Personen wird als störend empfunden. Setzt sich doch jemand direkt neben eine ihm fremde Person, so ist es dieser oft unangenehm und sie rückt dann häufig ein Stück von dem Neuankömmling weg.

Aufgaben

⑦ Nennen Sie weitere Beispiele für Revierverhalten beim Menschen.

⑧ Diskutieren Sie, wie ein Boxkampf aus ethologischer Sicht bewertet werden müsste.

⑨ Bei Besuchen ist es oft üblich, Geschenke mitzubringen. Informieren Sie sich über den Hintergrund dieses Verhaltens.

Reviere und Konkurrenz

In den Revieren des Sichel-Nektarvogels hat man jeweils die Anzahl der Leonotisblüten gezählt. Diese sind seine bevorzugte Nahrungsquelle und decken somit seinen Energiebedarf vollständig. Das Ergebnis stellt die folgende Grafik dar.

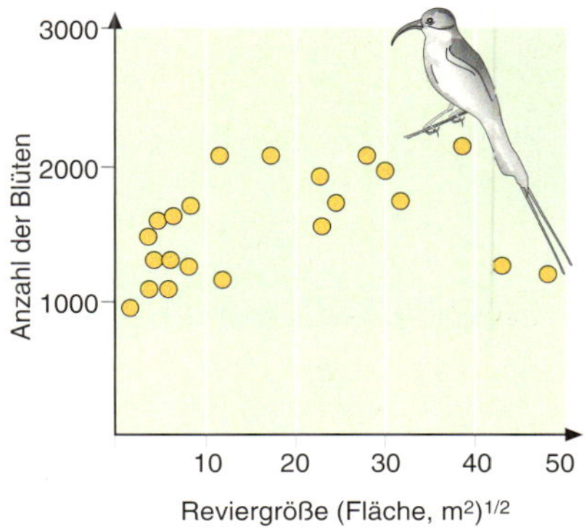

Aufgaben

⑩ Interpretieren Sie die Versuchsergebnisse auf Basis einer Kosten-Nutzen-Analyse für die Revierbildung.

Kämpfe in der „Arena“

In großen Teilen der Welt verboten, finden Hahnenkämpfe dennoch auf allen Kontinenten statt. Für den Kampf werden in Arenen zwei Hähne aufeinander gehetzt, die durch ihr natürliches Revierverhalten den Gegner auszuschalten versuchen. In der Natur verlaufen diese Kämpfe meist sehr glimpflich, in der Arena kämpfen die beiden Tiere bis zum Tod.

Aufgabe

⑪ Erläutern Sie, warum die Kämpfe in den Arenen sehr viel heftiger ausgeführt werden als in der Natur.

„Hahnenkampf“ im englischen Parlament

Aufgabe

⑫ Diskutieren Sie die Bedeutung des Begriffes „Hahnenkampf“ beim Menschen.

„Anklopfen“ bei Spinnentieren

Die Gartenkreuzspinne jagt ihre Beute mithilfe eines Radnetzes. Dort lauert sie auf Beute, indem sie Vibrationen im Netz über die Beine wahrnimmt. Dabei lauert sie in der Mitte des Netzes, bis sich kleine Insekten im Netz verfangen. Die Paarung der Gartenkreuzspinne erfolgt in der Regel im August. Das kleinere geschlechtsreife Männchen webt dabei zunächst einen Balzfaden am Netz des Weibchens. Dann zupft es in einem bestimmten Rhythmus – den das Weibchen erkennt – an diesem Faden, um das Weibchen anzulocken. Während sich dieses annähert, weicht es des Öfteren zurück. Auch das Männchen zuckt blitzartig zurück, wenn das Weibchen sich zu schnell bewegt.

Aufgabe

⑬ Erläutern Sie, warum das Männchen der Gartenkreuzspinne diese aufwendige Form des Balzverhaltens zeigt.

Warum?

Proximate Ursachen (Wirkursachen)

Hormonspiegel
Entwicklungszustand (jugendliche/männliche Risikobereitschaft)
Vorbild (Rennfahrer)
Erfahrungen, Erlebnisse,
Frustrationen, Ängste

PKW-Insassen 2006 in %	Männer	Frauen
Gesamtzahl verunglückter 18- bis 24-jährige Personen	52 %	48 %
Gesamtzahl der tödlich verunglückten 18- bis 24-jährigen PKW-Insassen 2006	76 %	24 %
Gesamtzahl der tödlich verunglückten 18- bis 24-jährigen als Mitfahrer im PKW	23 %	36 %

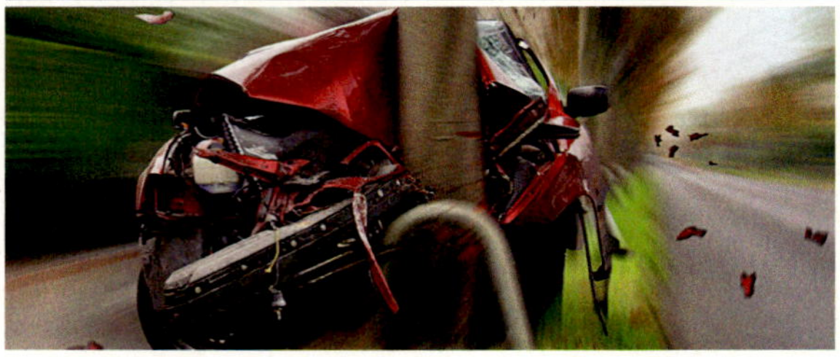

Wozu?

Ultimate Ursachen (Zweckursachen)

Stammesgeschichtlich:
Aggressionen sind bzw. waren nützlich

Kulturell:
Aggressives Verhalten ist durch Ritualisierung kulturell überformt

1 Ursachen der Aggression im Straßenverkehr

Ursachen der Aggression

"Nurture depends on genes and genes need nurture."
MATT RIDLEY, Soziobiologe

In der Statistik der Ursachen für Autounfälle steht überhöhte Geschwindigkeit alljährlich an erster Stelle. Außerdem sind die Unfallverursacher sehr viel häufiger Männer. Warum fahren Männer aggressiver und risikobereiter als Frauen?

Verhaltensphysiologen untersuchen bei dieser Fragestellung, welche inneren (physiologischen, hormonellen, psychischen usw.) Bedingungen, aggressives Verhalten auslösen bzw. beeinflussen könnten. Sie suchen nach den kausalen Erklärungen für ein Verhalten (proximate Ursachen, ▶ s. S. 182).

lat. proxima: das nächste

lat. ultima: das letzte

Die Verhaltensökologie dagegen interessiert sich dafür, wozu eine Verhaltenweise nützlich ist oder war. Sie untersucht, warum sich ein Verhalten in der Stammesgeschichte ausgebildet hat. Es sollen ultimate Ursachen (Zweckursachen) (▶ s. S. 182) aufgezeigt werden, die durch Nahrungsbedürfnisse, Konkurrenzdruck und andere ökologische Faktoren begründet sind (s. Seite 138).

Limbisches System
Teile des Groß- und Zwischenhirns, die u. a. für die Verarbeitung von Emotionen zuständig sind.

Aggressives Verhalten wird durch ein sehr komplexes Zusammenwirken von genetischen Faktoren und Umweltbedingungen bestimmt. Die Erbanlagen können z. B. das Temperament eines Menschen oder seinen Umgang mit Stress beeinflussen. Ein Mensch kann daher aggressiv oder friedfertig veranlagt sein. In welchem Maße die Neigung zur Aggression durch Vorbild oder Vererbung bzw. Erziehung weitergegeben wird, ist noch nicht geklärt. Sie wird aber von Generation zu Generation anteilig übertragen.

Neurologische Hintergründe

Das Gehirn von PHINEAS GAGE, einem Vorarbeiter einer Eisenbahngesellschaft, wurde durch einen Unfall mit einer Eisenstange im Stirnbereich stark geschädigt. Dies hatte zur Folge, dass sich seine Persönlichkeit stark veränderte, obwohl er körperlich sehr bald wieder hergestellt war. Vor allem zeigte er immer wieder aggressive Ausbrüche. Auch Kinder, bei denen der frontale Großhirnbereich von Geburt an fehlgebildet ist, können einfachste Streitregeln nicht erlernen. Ein klares Indiz dafür, dass bestimmte Hirnregionen an der Steuerung aggressiven Verhaltens beteiligt sind. Nach Ansicht vieler Neurowissenschaftler fungiert ein Teil der Großhirnrinde (Cortex) im Stirnlappen als Kontrollinstanz für das limbische System. Ausfälle führen dazu, dass u. a. Gefühle, die bei Belohnung und Bestrafung normalerweise entstehen, nicht empfunden werden können. Dies hat zur Folge, dass diese Menschen schwerer Beziehungen aufbauen können und häufig aggressiv reagieren.

Hormonelle Einflüsse

Es konnte nachgewiesen werden, dass zwischen den Kontrollzentren für Aggression im Gehirn und den Stresshormonen wechselseitige Beziehungen bestehen. Bei Nagetieren, deren Neurophysiologie dem Menschen sehr ähnlich ist, beeinflussen Hormone bei der Entwicklung des Gehirns die Ausbildung von bestimmten Bereichen, die bei den Geschlechtern unterschiedlich sind.

1 „Grimmiger Gorilla“ – niedriger Serotoninspiegel

Durch Kastrationen oder Hormongaben konnte man bestimmte Verhaltensweisen, die bei der Paarung von Ratten auftreten, verstärken oder abschwächen. Vor allem hat das Sexualhormon Testosteron Einfluss auf die Aggressivität gegenüber konkurrierenden Männchen. In Versuchen mit Tieren, denen man männliche Geschlechtshormone injizierte, konnte deren Aggression erhöht werden.

Bei der Kontrolle von Aggressionen spielt vor allem der *Serotoninspiegel* eine Rolle. Mehrere Studien haben nachgewiesen, dass er bei aggressiven Menschen vermindert ist. Pharmakologen züchteten Mäuse, bei denen im Gehirn Rezeptoren für Serotonin ausgeschaltet wurden. Diese Tiere waren nicht mehr fähig, ihre Aggressionen zu unterdrücken.

Umweltbedingungen

Vor allem Nahrungsknappheit führt bei den meisten Tieren dazu, dass sie sich aggressiver als normalerweise verhalten (s. Zeitungsmeldung). Bären vergraben manchmal ihre Nahrung, um sie vor Nahrungskonkurrenten zu verbergen und legen sich zur Bewachung daneben. Dieses Verhalten kommt bei reichhaltigem Nahrungsangebot nicht vor. Tiere, die ihre Nahrung bewachen, gelten als besonders aggressiv, weil sie jeden Eindringling angreifen, auch Menschen. Auch während der Aufzucht der Jungen reagieren viele Tiere deutlich aggressiver als sonst. So gehen z. B. die meisten Attacken gegen Menschen auf das Konto von Müttern mit Jungtieren.

Hungriges Känguru ertränkt Hund

(Canberra) Im dürregeplagten Australien mehren sich die Berichte, dass hungrige Kängurus Menschen und Tiere angreifen. Auf der Suche nach Futter zieht es die Grasfresser auf Golfplätze, in Sportanlagen und Parks. Fühlen sie sich bedroht, werden die sonst harmlosen Tiere aggressiv. (zitiert Spiegel online)

Bei einer Verhaltensstudie an Laborratten untersuchte man Veränderungen im Aggressionsverhalten in Abhängigkeit vom Platz, der den Tieren zur Verfügung stand. Dazu ließ man einer Gruppe zunächst genügend Platz, vergrößerte diesen aber nicht, als sich die Tiere vermehrten. Am Ende zeigten viele Tiere nicht artgerechtes Verhalten und auch Kannibalismus. Setzt man jedoch Primaten gleichen Bedingungen aus, so zeigen sie kein vergleichbares Verhalten. Sie weichen einander aus und zeigen öfter unterwürfiges Verhalten gegenüber stärkeren Tieren.

Beim Menschen übernehmen Kinder häufig die Verhaltensmuster der Eltern. Sie können erlernen, dass Aggression zum Erfolg führen kann, z. B. wenn Eltern nach einem Wutausbruch der Kinder einlenken. Des Weiteren beeinflussen Erinnerungen an traumatische Ereignisse und positive oder negative Erlebnisse die Neigung zur Aggression.

Diese wird offensichtlich auch durch zahlreiche Stimuli bei Computerspielen oder durch Konsum von Gewalt in den Medien gefördert. Untersuchungen zeigen, dass erlernte Normen und Werte, die eine Aggressionshemmung bewirken, durch die Erfahrungen im Spiel an Verbindlichkeit verlieren. Im Spiel bleibt keine Zeit für Mitleid und die Belohnung erfolgt z. B. beim Töten eines Gegners. Natürlich wird nicht jeder „Gamer“ ein Amokläufer. Eine Studie der Universität Potsdam unter Schülern der 7. und 8. Klasse ergab, dass Gewaltspiele vor allem von Kindern und Jugendlichen gespielt wurden, die schon eine Neigung zur Aggression zeigten. Aber diese Neigung wurde längerfristig durch regelmäßigen Konsum der Spiele verstärkt.

Serotonin
Hormon und Botenstoff in verschiedenen Gehirnregion, im Darm und im Blut. Es verursacht eine Verengung der Blutgefäße. Außerdem steuert es beim Menschen u. a. den Gemütszustand

1 Gewaltbereite Hooligans

„Das Tier im Menschen"

Evolution der Aggression

Proximate Ursachen als unmittelbare Gründe für aggressives Verhalten kann man in der Regel experimentell nachweisen. Viel problematischer ist es, evolutionsbiologische Zusammenhänge zu belegen. Die natürliche Auslese begünstigt eine Verhaltensweise dann, wenn sie sich gegenüber einem anderen denkbaren Mechanismus als vorteilhaft erweist. Wenn man nach den ultimaten Ursachen (▶ s. S. 183) für aggressives Verhalten sucht, muss man daher fragen, welchen Fortpflanzungsvorteil sie gegenüber anderen Verhaltensweisen erbracht hat oder erbringt.

Bei einer Räuber-Beute-Beziehung ist der Zweck der Aggression eindeutig. Der Räuber tötet für den Nahrungserwerb. So kann er durch die optimale Versorgung seiner Nachkommen seinen Fortpflanzungserfolg (direkte Fitness) steigern. Aus demselben Grund treten aggressive Verhaltensweisen häufig auf, wenn Tiere untereinander in Konkurrenz um Nahrung oder Geschlechtspartner stehen. Damit Aggression sich in der Evolution manifestiert, muss sie erfolgreich sein und vererbt werden.

In Costa Rica hat man fünf koexistierende Bienenarten gefunden. Die größte war zugleich die aggressivste und verdrängte die anderen Arten häufig von den Futterstellen. Für den Erfolg der Aggression ist die Größe vorteilhaft, sie hat aber auch Nachteile. So muss z. B. mehr Energie für den Flug aufgewendet werden. Die anderen nicht aggressiven Arten konnten im Laufe der Evolution bestehen, weil sie sich spezialisiert haben. So erschließt eine Art ständig neue Nahrungsquellen, bevor sie von der aggressiveren Biene verdrängt wird, eine andere sucht Nahrung auf andere Pflanzen.

Auch beim Menschen sind aggressive Verhaltensweisen recht weit verbreitet. Die Diskussion um die biologischen Wurzeln der Aggression geht schon auf KONRAD LORENZ zurück. Er ging davon aus, dass dem Menschen aggressives Verhalten „in die Wiege gelegt worden sei", sie also genetisch bedingt sei.

Unterstützt wird diese These dadurch, dass aggressive Verhaltensweisen bei allen Völkern vorkommen. Der Mensch besitzt genauso wie seine tierischen Vorfahren die Neigung, Reviere abzugrenzen und eine Individualdistanz einzuhalten. Kleinkinder verteidigen bereits im Alter von 1 bis 1,5 Jahren ihre Plätze gegen gleichaltrige. Bewegungsweisen des Drohens und Kämpfens gibt es auch bei den heutigen Jäger- und Sammlervölkern, z. B. den Inuit, die als sehr friedliebend gelten. Konflikte werden hier oft in ritualisierter Form als Wettsingkämpfe oder Drohstarrduelle ausgetragen. Der Mensch bildet zudem soziale Rangordnungen wie andere höher entwickelte Wirbeltiere, die in individualisierten Verbänden leben, aus.

Es gibt somit eine Reihe von Indizien dafür, dass menschliches Aggressionsverhalten durch stammesgeschichtliche Anpassung vorprogrammiert ist und in jedem Menschen eine Neigung zur Aggression vorhanden ist. In der Adoleszenz ist sie besonders ausgeprägt, da es in dieser Phase darum geht, einen Platz in der Gesellschaft zu finden und Selbstwertgefühl aufzubauen. Je höher aber die menschliche Kultur entwickelt ist, desto eher gibt es Kontrollmechanismen, die aggressives Verhalten verhindern.

Aufgaben

① Hooligans sind in allen Stadien Europas eine Begleiterscheinung des Fußballs. Allerdings belegen Studien, dass in den verschiedenen Ländern Persönlichkeitsmerkmale und soziale Herkunft sehr unterschiedlich sind. Finden Sie Informationen aus diesen Studien und bewerten Sie die Ergebnisse.

② Die Statistik (s. S. 136, Abb. 1) belegt, dass Männer aggressiver Auto fahren. Auch sonst sind sie gewaltbereiter. Überlegen Sie mögliche Ursachen.

Online-Link
045570-0139

Spieltheorie

Da in der Soziobiologie die Weitergabe der Gene eines Individuums mit der größten Gesamtfitness im Mittelpunkt steht, muss man fragen: Warum wird der unterlegene Rivale überhaupt verschont? Gibt es Vorteile, wenn der Gegner überlebt? Solche Überlegungen werden durch mathematische Modelle beschrieben und liefern mögliche Erklärungen für das Verhalten der Tiere.

Im einfachsten Modell werden Tiere, die jederzeit sofort angreifen, als „Falken" (F) bezeichnet. Sie eskalieren die Kämpfe und setzen den Beschädigungskampf ein, um den Gegner zu verletzen oder zu töten. Dagegen stehen die „Tauben" (T), deren Strategie der Schutz des eigenen Lebens durch das Vermeiden einer Auseinandersetzung, z. B. durch Drohen, ist.

Die Kosten und Nutzen der Konflikte werden im spieltheoretischen Modell mit Zahlenwerten simuliert.

Verletzungen: -100; Sieg: +50
Kosten für Drohen: -10; Niederlage: 0

Angreifer	Gegner	
	Falke	Taube
Falke	$^1/_2 \cdot 50 + {}^1/_2(-100) = -25$	+ 50
Taube	0	$^1/_2(50 - 10) + {}^1/_2(-10) = +15$

Treffen Tauben auf Falken, werden sie dem Konflikt durch Flucht ausweichen. In dem Fall gewinnt der Falke 50 Siegpunkte, die Taube geht leer aus. Im Konflikt zweier Tauben bleibt der Verlierer unverletzt, da es zu keinem Beschädigungskampf kommt. Jeder hat aber für das Drohen Zeit und Energie aufgewendet, die 10 Punkte kosten. Der Sieger des Konfliktes erhält 40, der Verlierer verliert 10 Punkte. Im Durchschnitt können pro Konflikt 15 Punkte erzielt werden.

Beim Kampf zweier Falken kann der Gewinner verletzt werden, während der Verlierer sicher großen Schaden nimmt. Jeder Falke hat dabei eine 50%ige Wahrscheinlichkeit zum Gewinnen (50 Punkte) bzw. Verlieren (-100 Punkte). Er würde also durchschnittlich (50 − 100)/2 = -25 Punkte bekommen.

Nehmen wir nun an, in einer reinen Taubenpopulation findet eine Mutation statt und eine kleine Anzahl Falken kommt hinzu. Da ihre

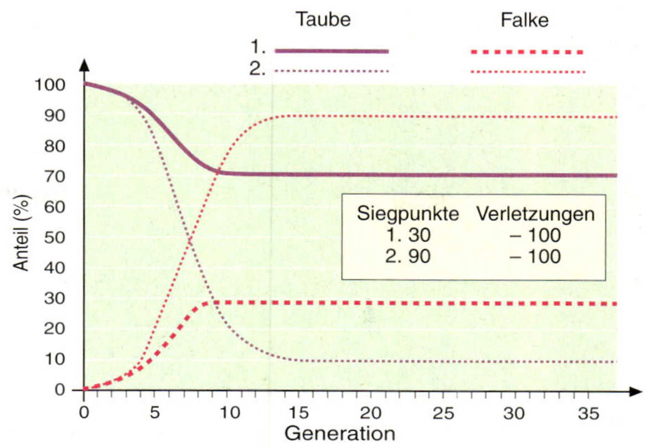

1 Simulationsergebnis mit zwei Strategien

Gewinnchancen bei den Konflikten gegen Tauben 100 Prozent betragen, werden sie sich zunächst stark vermehren. Allerdings führt dies zu einer immer höheren Anzahl von Konflikten untereinander, womit hohe Kosten (durchschnittlich 25 Punkte) verbunden sind. Dies führt dazu, dass schließlich die Taubenstrategie wieder vorteilhafter wird. In der Evolution würde sich also in diesem Modell weder eine reine Falkenstrategie noch eine reine Taubenstrategie durchsetzen, sie wäre nicht evolutionsstabil.

Dieses Modell erklärt nun, warum es in einer Population nicht nur eine Strategie gibt, aber es berücksichtigt keine „Taktik-Wechsler". Daher kann das Falke-Taube-Modell durch die Bourgeois-Strategie erweitert werden. Sie besagt: „Verhalte dich wie ein Falke, wenn du Vorbesitzer der Ressource bist". Eindringlinge verhalten sich wie Tauben.

Wenn die ganze Population diese Strategie verfolgt, wird niemand in einen ernsthaften Kampf verwickelt, weil immer einer der Besitzer und der andere der Eindringling ist, der aufgeben wird. Der durchschnittliche Gewinn läge bei 25 Punkten (s. Randspalte). Die Bourgeois-Strategie ist in diesem Spiel evolutionsstabil, da einwanderende Falken oder Tauben weniger Auszahlung erhalten würden. Das Modell berücksichtigt, dass der Vorbesitzer mehr zu verlieren hat, wodurch die Kosten-Nutzen-Abwägung für beide Rivalen unterschiedlich ausfällt.

Aufgabe

① Interpretieren Sie mithilfe von Abb. 1, wie sich eine Veränderung der Sieg- und Niederlagenpunkte auf die Strategien auswirkt.

Angreifer	Gegner Falke
Falke	-25,0
Taube	0
Bourgeois	-12,5

Angreifer	Gegner Taube
Falke	+ 50,0
Taube	+ 15
Bourgeois	+ 32,5

Angreifer	Gegner Bourgeois
Falke	+ 12,5
Taube	+ 7,5
Bourgeois	+ 25,0

1 Leuchtkäfer

2 Fregattvogel

Sexualverhalten

Bei Tieren mit geschlechtlicher Fortpflanzung müssen die Partner zunächst zusammenfinden, damit es zur Befruchtung kommen kann. Bei manchen Arten finden sich die Partner daher zur Geschlechtsreife an bestimmten Orten ein. Dies ist bei einigen Zugvögeln der Fall, die bestimmte Brutreviere aufsuchen oder bei den Wanderungen der Lachse zu ihren Laichplätzen.

Bei anderen Arten wird das Zusammentreffen durch das Aussenden artspezifischer Signale ermöglicht. Grillen verwenden zur Partnerfindung in aller Regel eine besondere Form der Lauterzeugung, die *Stridulation*. Die gleiche Bedeutung haben die Gesänge der Vögel oder das Quaken der Frösche.

Stridulation
Lauterzeugung durch das Aneinanderreiben beweglicher Körperteile

Paarungsbereite Weibchen des Seidenspinners geben einen *Sexuallockstoff* (Bombykol) ab, der die Männchen über große Entfernungen anlockt. Diese können ein einziges Molekül wahrnehmen. Leuchtkäferweibchen sitzen im Dunkeln auf Halmen oder Stängeln und senden durch Biolumineszenz erzeugte arttypische Lichtsignale aus (Abb. 1). Die herumfliegenden Männchen werden von diesen *optisch* angelockt und lassen sich über einem leuchtenden Weibchen herunterfallen.

Viele Arten, vor allem bei Fischen und Vögeln, haben vor der Paarung auffällige Schaustellungen und Bewegungsmuster entwickelt. Dieses *Balzverhalten* lockt nicht nur den Geschlechtspartner an, es stellt sicher, dass er der richtigen Art und dem richtigen Geschlecht angehört. Dies ermöglicht die Abstimmung der Partner, sodass Begattung und Befruchtung möglich werden. Bei räuberischen Arten kann dieses Verhalten für den schwächeren Partner auch zum Überleben nützlich sein, da es die Aggressivität des stärkeren Partners zumindest für eine gewisse Zeit herabsetzt.

Auch die Auswahl eines Individuums aus einer Reihe von möglichen Partnern kann Teil des Balzverhaltens sein. Dies hat in der Evolution dazu geführt, dass Männchen sehr intensives Werbeverhalten zeigen, wenn sie dem Weibchen imponieren wollen. Besonders Männchen vieler Vogelarten tragen zur Balzzeit sehr auffällige *Prachtkleider*.

Der Pfau präsentiert sein farbenprächtiges Gefieder in einer Art Balztanz, um das Weibchen anzulocken. Dabei breitet er seine Schwanzfedern aus und bildet einen großen Fächer, um seine Schmuckfedern vorzuführen. Männliche Fregattvögel besitzen einen roten Kehlsack (Abb. 2), der bei der Balz zu einem riesigen „Ballon“ aufgeblasen werden kann. Zusätzlich erzeugt das Männchen ein

1 Balz des Haubentauchers

2 Nest eines Laubenvogels

Geräusch, in dem es mit dem Schnabel auf den Kehlsack trommelt (s. S. 140, Abb. 2). Die auffälligsten Männchen zeigen auf diese Weise an, dass sie ihren Artgenossen überlegen sind und eine höhere Fitness besitzen.

Haben Verhaltensweisen ursprünglich eine andere Funktion (Putzen, Füttern) besessen und sind im Laufe der Evolution in den Bereich des Fortpflanzungsverhaltens eingeordnet worden, spricht man von Ritualisierung. Dabei sind Ausdrucksbewegungen entstanden, die oft stark verlangsamt ausgeführt, durch auffällige Farben und häufige Wiederholungen unterstrichen werden.

Zur Balzzeit sind beim Haubentaucher beide Partner mit einem leuchtenden Gefieder, abstehender Haube und einer Halskrause ausgestattet (Abb. 1). Die „Hochzeitsspiele“ des Haubentauchers sind ein kompliziertes Ritual, das sich aus verschiedenen Bewegungen und Rufen zusammensetzt. Man unterscheidet verschiede Balzphasen: In der „Kopfschüttelzeremonie“ schütteln beide Partner in geringem Abstand zueinander mit steil nach oben gerecktem Hals ihre Köpfe. Beim „Pinguin-Tanz“ schwimmen beide Partner mit gesträubten Haubenfedern aufeinander zu, richten ihre Körper Brust an Brust aus dem Wasser auf und schlagen mit den Füßen auf das Wasser. Es kann dabei auch vorkommen, dass der Hals des Partners umschlungen wird. Abwechselndes Scheinputzen, das Präsentieren von ertauchtem Nistmaterial und ritualisierte Drohgesten z. B. das Abspreizen des Federkragens runden das Programm ab. Die symbolische Übergabe von Nahrung dient aber auch der Überwindung der innerartlichen Aggression. Jedes Tier besitzt seine Individualdistanz und somit muss der Partner diese durch beschwichtigende Gesten zu überwinden versuchen. Lachmöwen oder Kolkraben sehen demonstrativ vom Partner weg, Weißstörche drehen beim Klappern ihren Schnabel nach hinten, sie verbergen somit ihre Waffen.

Bei den Balzbewegungen sind oftmals Bewegungen integriert, die dem Partner oder den Rivalen imponieren sollen. Der Indische Flaggentrapphahn springt flügelschlagend und krähend bis zu 400-mal am Tag drei Meter hoch, um im hohen Gras auf sich aufmerksam zu machen. Andere setzen besondere Düfte, Beutegeschenke, Schmuckmerkmale oder Gesänge ein oder erkämpfen futterreiche Reviere. Aber auch das Vorzeigen von Waffen oder Kommentkämpfe gehören häufig zum Balzverhalten.

Laubenvögel aus Australien und Neuguinea bauen nicht nur ein Nest, sondern in der Paarungszeit auch noch eine Laube (Abb. 2). Diese wird häufig mit aufgesammelten Objekten verziert, z. B. mit Blättern, Blumen, Plastikteilen, Muscheln, Münzen oder Teelöffeln. Manche Männchen bemalen ihre Lauben sogar (z. B. mit Beerensaft), um sie für die Weibchen attraktiver zu gestalten. Das eigentliche Nest wird später in einem nahegelegenen Baum gebaut.

Aufgabe

① Finden Sie konkrete Beispielen für ritualisierte Verhaltensweisen zur Partnerfindung beim Menschen.

1 Paradiesvogel

Sexuelle Selektion

trade-off
engl. Abwägung, Kompromiss; in der Verhaltensökologie die intuitive Kosten-Nutzen-Analyse einer Merkmalsänderung, wenn die Verbesserung eines Merkmals automatisch die Verschlechterung eines anderen Merkmals nach sich zieht.

Tiere mit der größten direkten Fitness haben die meisten Nachkommen (bzw. den größten Fortpflanzungserfolg). Daher wird es das Ziel eines Individuums sein, einen Partner mit größtmöglicher Fitness zu finden. Aber woran wird dessen Qualität gemessen? Das Weibchen wird alle Männchenmerkmale beachten, die seinen Nachkommen über Vererbung, Brutpflege, Futterangebote zugute kommen. Ein Männchen, das z. B. ein großes Revier besitzt, muss Gene besitzen, die ihm diesen Erfolg ermöglicht haben. Somit üben die Weibchen einen hohen Selektionsdruck auf die Merkmale aus, die sie zur Entscheidung bei der Partnerwahl benutzen.

2 Kosten und Nutzen auffälliger Färbung beim Steinschmätzer

Dies hat bei den Männchen zum Beispiel zur Ausbildung besonderer Farben, Muster, Anhänge oder auch Verhaltensweisen geführt, die z.T. ausschließlich der Partnerfindung dienen (s. S. 140). Manchmal sind die Strukturen so übertrieben wie z. B. beim Geweihe der Hirsche oder dem Gefieder des Paradiesvogels (s. Abb. 1), das nicht mehr klar erkennbar ist, für welche vorteilhaften Eigenschaften diese Signale eigentlich stehen sollen.

Bei Experimenten mit Rauchschwalben fanden Forscher allerdings direkte Zusammenhänge heraus. Bei der Partnerwahl wurden Männchen mit künstlich verlängerten Schwanzfedern bevorzugt. Die Erklärung hierfür ist, dass die Schwanzlänge der Männchen den eigenen Milbenbefall anzeigt. Je länger die Schwanzfedern bei den Männchen waren, desto niedriger war später der Parasitenbefall im Gelege.

Wurden die Schwalben mit einem Milbenmittel behandelt, so waren die Schwanzfedern im folgenden Jahr deutlich länger.

In einem anderen Experiment wurden die Brustfedern der Schwalbenmännchen künstlich dunkelrot eingefärbt. Dies führte dazu, dass der Testosteronspiegel deutlich anstieg. Offensichtlich korrelieren äußere Merkmale mit inneren, physiologischen Bedingungen. Auch Menschen fühlen sich in einem neuen Outfit besser oder attraktiver. Dies hat vermutlich auch in diesem Falle biochemische Folgen.

Die Signale, die den Artgenossen zur Partnerfindung übermittelt werden, können aber auch von Räubern erkannt werden. Somit stehen Männchen im Konflikt zwischen dem Nutzen auffälliger Färbung und den damit verbundenen Kosten. Die Männchen der Guppies sind in der Regel sehr prächtig gefärbt. In Gewässern mit hohem Raubfeinddruck sind sie deutlich unscheinbarer, tragen weniger Farbpunkte und kleinere Farbflecken. In Flüssen, in denen Guppies von Garnelen gejagt werden, die rotes Licht schlecht wahrnehmen können, haben die Männchen eine auffällige Rotfärbung. Die Färbung hängt somit auch vom Raubfeindtyp ab.

Als weiteres Beispiel für diesen „trade-off" (s. Randspalte) sind bei vielen Vogelarten die Männchen während der Brutsaison prächtig gefärbt, nach der Fortpflanzung tragen sie jedoch ein deutlich unscheinbareres Gefieder (s. Abb. 2).

1 Paarungsverhalten bei Grillen

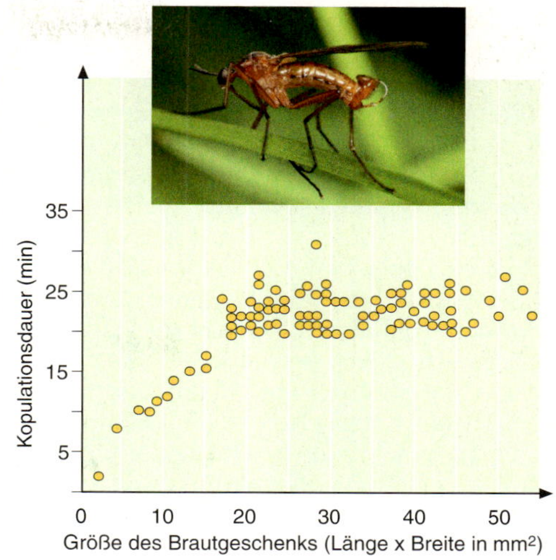

2 Paarung bei Tanzfliegen

Sexualstrategien

Für Tiere, die ihre Partner durch akustische Signale anlocken, besteht das Risiko, Feinde anzulocken. Untersuchungen zum Balzverhalten von Grillen ergaben, dass durch einen Lautsprecher ausgesandter Gesang männlicher Grillen mit zunehmender Lautstärke zwar mehr Weibchen anlockte, aber auch nicht singende Männchen (Satellitenmännchen), sowie parasitische Fliegen. Die Satellitenmännchen warten in der Nähe ihrer singenden Artgenossen und versuchen, paarungsbereite Weibchen abzufangen (Abb. 1). Die Fliegen legen ihre Larven auf den Grillen ab, die diese von innen auffressen. Satellitenmännchen werden dabei seltener befallen als Sänger.

Bei Tanzfliegen übergibt das Männchen ein möglichst großes Beuteinsekt als „Brautgeschenk". Das Weibchen verspeist dieses während der Paarung. Je größer das Beutestück, desto länger dauert die Paarung (Abb. 2). Daneben findet man Männchen, die ihren Konkurrenten die Beute entreißen, andere spinnen das Beuteinsekt vor der Übergabe in einen seidenen Faden ein, um es attraktiver zu machen. Schließlich gibt es Arten, die zuvor ausgesaugte Insekten einpacken oder gar eine leere Verpackung anbieten. In der Evolution haben sich bei vielen Arten unter dem hohen Konkurrenzdruck verschiedene Strategien entwickelt, um zur Fortpflanzung zu kommen. Dabei ist es das Ziel der Männchen, die Kosten für die Paarung mit einem Weibchen möglichst gering zu halten.

Paarungssysteme

Monogamie
Paarbindung zwischen einem Männchen und einem Weibchen über eine Fortpflanzungssaison oder bis zum Tod eines Partners.

Polygamie
Ein Individuum eines Geschlechts lebt mit mehr als einem Partner des anderen Geschlechts zusammen. Man unterscheidet 3 Formen:

Polygynie
Ein Männchen lebt mit mehreren Weibchen zusammen.

Polyandrie
Ein Weibchen lebt mit mehreren Männchen zusammen.

Polygynandrie
Mehrere Männchen und Weibchen bilden eine Gruppe.

Paarungssysteme

Die meisten Tiere trennen sich kurz nach der Paarung wieder. Lediglich bei den Vögeln ist das Zusammenleben nach der Begattung relativ weit verbreitet, selbst Säugetiere gehen, bis auf einige Ausnahmen, nur selten längere Partnerbindungen ein.

Die Population einer Tierart setzt sich oft aus ganz verschiedenen Gruppen zusammen, wie z. B. einzelgängerische Männchen, Junggesellenverbände, Haremgruppen, Familienverbände usw. Die arttypische Anzahl der Paarungspartner für Teile oder die ganze Brutsaison oder sogar das ganze Leben lang, nennt man das Paarungssystem (▶ s. S. 183). Dabei gibt es vier Kombinationsmöglichkeiten: Monogamie, Polygamie, Polygynie, Polyandrie und Polygynandrie. Dabei ist das Paarungssystem nicht artspezifisch festgelegt. So können Ringeltauben in der Fortpflanzungszeit monogam zusammenleben, im Winter aber in polyandrischen Gruppen umherziehen. Bei manchen Affenarten können auch in verschiedenen Ökosystemen unterschiedliche Paarungssysteme vorteilhaft sein. Lange Zeit hat man das Zustandekommen dieser Systeme nicht verstanden. Offensichtlich liegen ihnen verschiedene Verteilungsmuster der Männchen und Weibchen zugrunde. Dies hat nach neueren Erkenntnissen folgende Ursachen: Für die optimale Gruppengröße der Weibchen ist die Konkurrenz um Nahrung und der Räuberdruck entscheidend, während für die Männchen die Konkurrenz um Weibchen wichtiger ist als die um Nahrung.

Sozial- und Paarungssysteme der Primaten

Affen stellten in den letzten Jahrzehnten einen der Forschungsschwerpunkte dar, da sie unter anderem Modelle für die Deutung der menschlichen Evolution liefern. Während einige Affenarten ökologisch sehr anpassungsfähig sind und ein großes Verbreitungsgebiet mit verschiedenen Habitaten bewohnen, wie zum Beispiel die Hanuman-Languren Indiens, sind andere — wie der Gorilla — auf Habitate wie Wälder beschränkt. Da einige Arten leichter zu beobachten sind oder im besonderen Interesse der Forscher stehen, sind diese besser erforscht als andere. Die folgenden Fallbeispiele zeigen, dass man die verschiedensten Formen des Zusammenlebens in Gruppen sowie auch die unterschiedlichsten Formen von Paarungssysteme bei Primatengesellschaften vorfindet.

Die Ursache hierfür liegt darin, dass die Geschlechter unterschiedliche Interessen bei der Fortpflanzung bzw. der Brutpflege besitzen. Weibchen investieren mehr Zeit und Energie für die eigenen Nachkommen, während Männchen darauf aus sind, sich mit möglichst vielen Weibchen zu paaren, um den eigenen Fortpflanzungserfolg zu maximieren (Bateman-Prinzip, s. S. 147). Für diesen Geschlechterkonflikt gibt es je nach Art und ökologischen Randbedingungen unterschiedliche Lösungen.

1 Feldstudien an Hanuman-Languren

Hanuman-Languren — eine Frage der Ökologie

Die zu den Blätter fressenden Schlankaffen gehörenden *Hanuman-Languren* sind ökologisch sehr anpassungsfähig und können ganz unterschiedliche Vegetations- und Klimazonen besiedeln. Von den Großstädten Indiens über die Halbwüsten Rajasthans bis hin zu den Wäldern in nördlich gelegenen Himalaja-Ausläufern und denen in den südlich gelegenen Nilgiri-Bergen besiedeln sie fast den gesamten Subkontinent. Bei ihnen zeigte sich, dass man mindestens vier verschiedene Aspekte für ihr Zusammenleben unterscheiden muss:

1. das *Sozialsystem*, d. h. wer lebt mit wem zusammen?
2. die *Sozialstruktur*, d. h. wer hat mit wem Sozialkontakte?
3. das *Paarungssystem*, d. h. wer paart sich mit wem?
4. das *Fortpflanzungssystem*, d. h. wer pflanzt sich mit wem fort?

Die letzte Unterscheidung ist nötig, da Paarungen auch während der unfruchtbaren Tage der Weibchen stattfinden können.

Hanumans bilden im übersichtlichen Gelände der Halbwüsten Gruppen aus einem Haremshalter und mehreren Weibchen. Diese Form des Zusammenlebens wird *Polygynie* genannt. Das Paarungssystem ist dann aus der Sicht des Männchens *polygyn* und aus der Sicht der jeweiligen Weibchen *monogam*, denn sie paaren sich nur mit einem Männchen. Da Weibchen diese Gruppe nur selten verlassen und das Männchen fremde Rivalen über mehrere Jahre erfolgreich fernhalten kann, entspricht das Paarungssystem und das Fortpflanzungssystem dem Sozialsystem. Bricht das Sozialsystem jedoch zusammen, wenn der Haremshalter vertrieben wird, dringen sofort mehrere Konkurrenten in die Gruppe ein, mit denen sich die Weibchen gleich paaren. Das Paarungssystem ist dann *polygynandrisch*. Da die Waldhabitate zu unübersichtlich sind, ist kein Männchen in der Lage, permanent fremde Männchen

Harem
Ein Männchen lebt mit mehreren Weibchen zusammen.

fernzuhalten. Dies führt dazu, dass die waldbewohnenden Gruppen immer aus mehreren Männchen und mehreren Weibchen bestehen.

Gorillas — eine Frage des Alters

Gorillas leben normalerweise in polygynen Gruppen mit einem Männchen und mehreren Weibchen. Männchen können ihren Harem einige Jahre halten, bis sie ihn an einen Nachfolger verlieren, der dann meist alle Jungtiere, die noch gestillt werden, tötet. 30 % der Jungensterblichkeit ist darauf zurückzuführen. Gorillamännchen müssen durchschnittlich einmal pro Jahr einen Kampf um Alles oder Nichts mit einem starken Herausforderer aufnehmen. Mit zunehmendem Alter wird es wahrscheinlicher, einen solchen Kampf zu verlieren. Wie Freilandbeobachtungen zeigten, akzeptieren diese älteren Gorillamännchen die Anwesenheit eines erwachsenen Sohnes in der Gruppe. Da die Gruppe zu zweit erfolgreicher verteidigt werden kann, wird die Gruppe einige Jahre länger gehalten. Dies erhöht die Fitness des Haremshalters, obwohl er einige Nachkommen an seinen Sohn verliert. Diese „älteren" Gruppen sind vom Paarungs- und Fortpflanzungssystem her polygynandrisch.

Schimpansen — Geschlechterkonflikte

Schimpansen leben in polygynandrischen Gruppen. Die Männchen kooperieren bei der Verteidigung des Gruppenrevieres, in dem sich die Weibchen verstreut aufhalten. Geht es jedoch um die Paarungen mit Weibchen, hat hauptsächlich das ranghöchste Männchen Zugang zu paarungsbereiten Weibchen. Diese Männchen dulden es, dass Rangniedere in der unfruchtbaren Zeit der Weibchen mit diesen kopulieren. Sie können einem anderen Männchen aber auch Zugang zu fruchtbaren Weibchen gewähren, erwarten dafür aber Gegenleistungen in anderen Verhaltensbereichen, z. B. Hilfe bei Auseinandersetzungen mit anderen Männchen. Die Weibchen versuchen möglichst mit allen Männchen zu kopulieren. Man vermutet, dass dieses Verhalten das spätere Neugeborene davor schützt, von Männchen, die sich nicht paaren durften, getötet zu werden. Nach den Beobachtungen des Sexualverhaltens im Taï-Regenwald in Westafrika war zu erwarten, dass die ranghöchsten Männchen den meisten Nachwuchs gezeugt hatten, denn sie hatten sich am häufigsten und zur jeweils fruchtbarsten Zeit mit den Weibchen gepaart. Eine Vaterschaftszuordnung mit genetischen Fingerabdrücken brachte dann eine Überraschung: 55 % der Jungtiere einer Gruppe waren von Männchen aus Nachbargruppen gezeugt worden und das, obwohl nach den Beobachtungen der Forscher weniger als 1 % der Paarungen mit Nachbarmännchen stattfanden. Die Weibchen mussten einerseits die eigene Gruppe so heimlich und kurz verlassen haben, dass die Forscher es nicht bemerkten und andererseits einen Einfluss auf den Erfolg dieser Paarungen gehabt haben. Weibchen scheinen ihre Paarungspartner nach verschiedenen Kriterien auszuwählen: Zum einen bevorzugen sie in der eigenen Gruppe gesunde und starke Männchen, die einfühlsam mit den Gruppenmitgliedern umgehen, zum anderen wählen sie fremde starke Männchen und erhöhen so die genetische Vielfalt ihrer Nachkommen.

Menschen — eine Frage der Kultur

Die meisten Ehen weltweit sind monogam, die Mehrheit aller Kulturen erlaubt jedoch Polygynie. In einigen Kulturen ist Monogamie vorgeschrieben und selten ist nur Polyandrie vorherrschend.

In nahezu allen Sammler- und Jägerkulturen lebten alle Männer einer Gruppe in gleichen Besitzverhältnissen — Monogamie herrschte vor. Mit Ackerbau und Viehzucht entstanden soziale Schichten innerhalb der Gruppen. Besonders erfolgreiche Männer konnten jetzt aufgrund ihres Reichtums mit einer mehr oder weniger großen Zahl von Frauen verheiratet sein *(Harem)*.

Durchschnittlich besitzt der Mensch im Vergleich zu anderen Primaten ein höheres väterliches Investment, d. h. der Vater kümmert sich intensiver um den eigenen Nachwuchs. Die evolutionäre Ursache hierfür wird unter anderem auch in den schutzbedürftigen Neugeborenen gesehen, die auf die Fürsorge beider Eltern angewiesen sind. Ein monogamer Mann, der zum Überleben des Kindes beiträgt, hat daher eine größere Fitness.

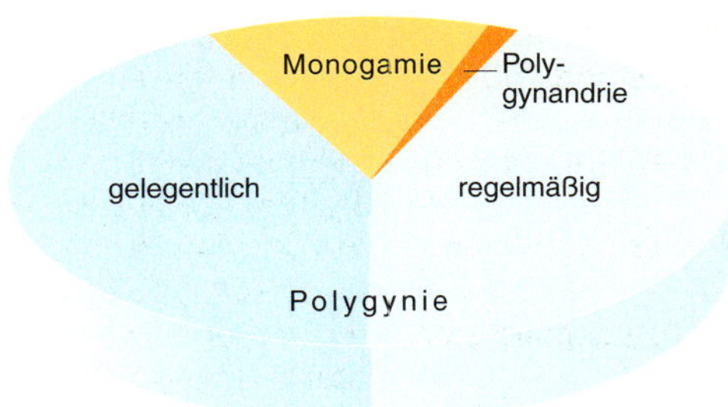

1 Ehen in 849 menschlichen Kulturen

Fortpflanzungserfolg

Ginge es bei der Fortpflanzung um die Erhaltung der Art, so würde es ausreichen, wenn alle Mitglieder einer Art sich gleich stark vermehren würden. Spätestens seit der Entdeckung der Evolution wissen wir aber, dass diejenigen das „Evolutionsspiel" gewinnen, die sich erfolgreicher fortpflanzen als andere. Ein Vergleich wird möglich, wenn man beim Tode verschiedener Individuen die Gesamtzahl aller ihrer überlebenden Nachkommen,

1 Seeelefanten

d. h. ihren jeweiligen Lebensfortpflanzungserfolg (ihre *Fitness*) kennt. Der Zusammenhang von Sozialverhalten und Fitness ist an einigen Arten besonders gut untersucht worden.

Fallbeispiel Seeelefanten

Seeelefanten sind hervorragend an das Leben im Wasser angepasst. Als Brutstrände bieten sich den Weibchen nur wenige raubtierfreie Küstenbereiche, meist auf Inseln, an. Sie gebären ihre Jungen innerhalb der ersten sechs Tage nach der Ankunft am Brutstrand. Danach stillen sie ihren Nachwuchs 28 Tage mit sehr fettreicher Milch. In den letzten vier Tagen am Strand sind die Weibchen wieder paarungsbereit.

Fortpflanzungsverhalten

Vor den Weibchen kommen die annähernd dreimal so schweren Bullen an die Wurfplätze und kämpfen eine *Rangordnung* aus. Ein Erfolg bei diesen Kämpfen setzt Körpergröße und Kampfkraft voraus, welche die Tiere jedoch erst spät erlangen. Männchen sind mit 8 Jahren geschlechtsreif, aber erst mit 10 bis 11 Jahren in der Partnersuche wirklich erfolgreich. Mit 13 gewinnen sie kaum noch einen Kampf. Die maximale Lebenserwartung liegt bei 14 Jahren.

Jüngere geschlechtsreife Männchen gehen gefährlichen Kämpfen möglichst aus dem Weg. Die erfolgreiche Taktik für junge Männchen heißt also abwarten. Ein Männchen von 10 bis 11 Jahren dagegen hat vielleicht die letzte Chance zur Fortpflanzung. Ältere Männchen setzen alles auf eine Karte. Derartige Gegner richten sich voreinander auf, schlagen den Konkurrenten mit Brust und Kopf und fügen sich so gegenseitig stark blutende Wunden mit ihren Eckzähnen zu *(Beschädigungskampf)*.

Auch die Weibchen werden maximal 14 Jahre alt. Sie können mit drei Jahren ihr erstes Junges gebären, tun dies aber oft erst mit 4 oder 5 Jahren. Danach bekommen sie jedes Jahr ein Junges. Wenn sie alt genug werden, gebären sie in ihrem Leben maximal 10 Junge. Alle Weibchen, die die Geschlechtsreife erlangen, bekommen Junge, während viele Männchen sich nicht fortpflanzen können, da die ranghohen Männchen sie daran hindern.

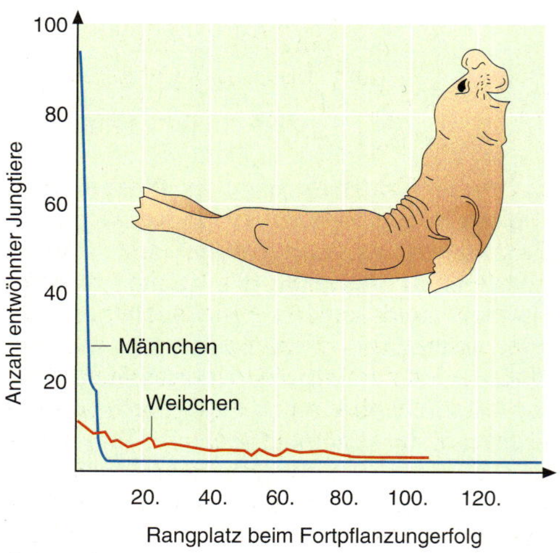

2 Fortpflanzungserfolg bei Seeelefanten

1 Blaumeise

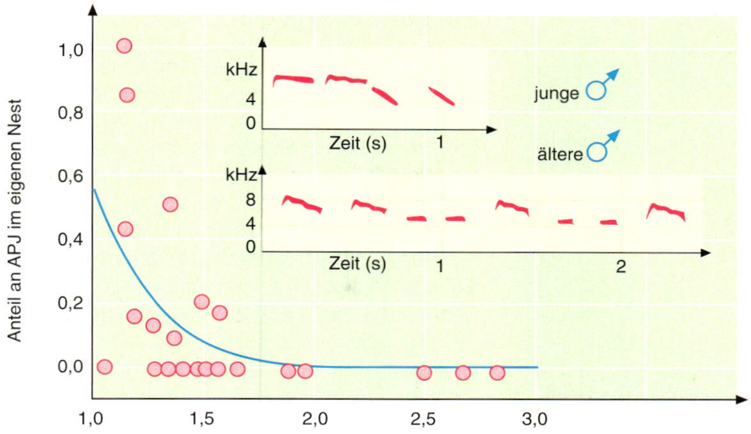

2 Außer-Paar-Junge (APJ) und Gesangslänge des eigenen Partners

Partnerwahl und Geschlechterkonflikte

Schon Jahrzehnte vor den Untersuchungen an Seeelefanten hatte der englische Forscher ANGUS JOHN BATEMAN ähnliche Zusammenhänge entdeckt. Die Bedeutung seiner Ergebnisse wurde vielen Wissenschaftlern aber erst Jahrzehnte später wirklich klar. BATEMAN stellte durch Versuche mit Drosophila schon 1948 fest, dass zwischen den Geschlechtern eine Asymmetrie existiert. Männchen können durch Kopulationen mit mehreren Weibchen ihre Fitness direkt erhöhen, Weibchen jedoch nicht (s. Randspalte). BATEMAN folgerte aus evolutionsbiologischer Sicht daraus u.a., dass Männchen, wenn möglich, Zugang zu vielen Weibchen suchen werden. Da die Fitness der Weibchen dagegen hauptsächlich vom Fortpflanzungserfolg und dem Überleben ihrer Jungtiere abhängt, sagte er voraus, dass die Weibchen besonderen Wert auf die „Qualität" ihrer Paarungspartner, d.h. auf „gute Gene" legen werden. Zeichen für gute Überlebensfähigkeit der Männchen könnten u.a. hohes Lebensalter und Gesundheit sein.

Bei vielen Tierarten, wie z.B. bei den monogamen Singvögeln, kommt es zwischen Partnern häufig zu Konflikten. Ein Konflikt entsteht dann, wenn das Verhalten eines Partners seine eigene Fitness steigert, die des anderen jedoch senkt. Dies ist z.B. bei Blaumeisen der Fall, die in monogamen Paaren brüten, wobei beide Partner die Jungen füttern. Mithilfe des Männchens bekommt das Weibchen durchschnittlich 7,5 Jungtiere groß, hilft kein Männchen mit, sind es nur 5,4. Weibchen sind also auf männliche Unterstützung angewiesen. Haben sie jedoch im Frühjahr bei der Partnerverteilung ein weniger attraktives Männchen abbekommen, besitzen andere Männchen in der Nachbarschaft „bessere Gene". Weibchen können dann den Überlebenserfolg des eigenen Nachwuchses erhöhen, wenn sie Gene vom attraktiveren Nachbarn bekommen. Dies würde die eigene Fitness steigern, die des Partners jedoch senken. Blaumeisenmännchen – besonders die weniger attraktiven – bewachen daher ihre Partnerin in der fruchtbaren Zeit kurz vor der Eiablage intensiv.

Wie DNA-Untersuchungen (genetische Fingerabdrücke) belegten, stammen bei manchen Blaumeisenweibchen trotzdem rund 10 bis 15% der Nachkommen nicht vom eigenen Partner, sondern von Männchen aus Nachbarrevieren. Dabei bevorzugen benachbarte untreue Weibchen fast alle dasselbe Männchen, das anscheinend besonders attraktiv ist. Dessen Weibchen macht jedoch normalerweise keine Seitensprünge.

Die Gesangslänge von Blaumeisenmännchen nimmt mit dem Alter und der Erfahrung zu (Abb. 2). Je „schlechter" das eigene Männchen singt, desto wahrscheinlicher begeht das Weibchen Seitensprünge mit Nachbarmännchen, die durch längeren Gesang belegen, dass sie gut überlebensfähig sind.

Aufgabe

① Begründen Sie die Entscheidungen der Blaumeisenweibchen aus der Sicht der Soziobiologie.

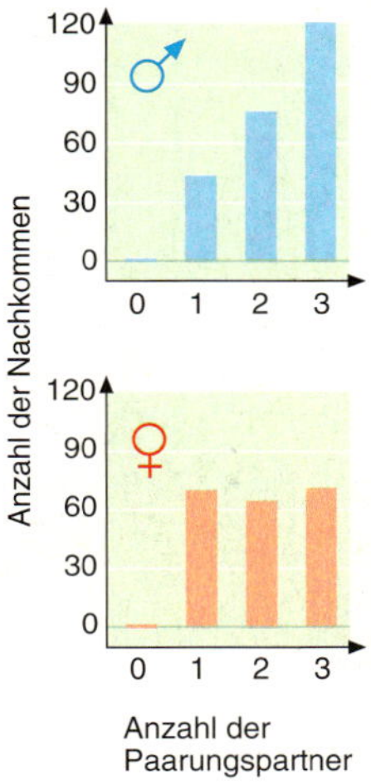

Nachkommenzahlen bei Drosophila

Bateman-Prinzip
Mit jedem zusätzlichen Paarungspartner steigt der Fortpflanzungserfolg der Männchen, aber nicht derjenige der Weibchen.

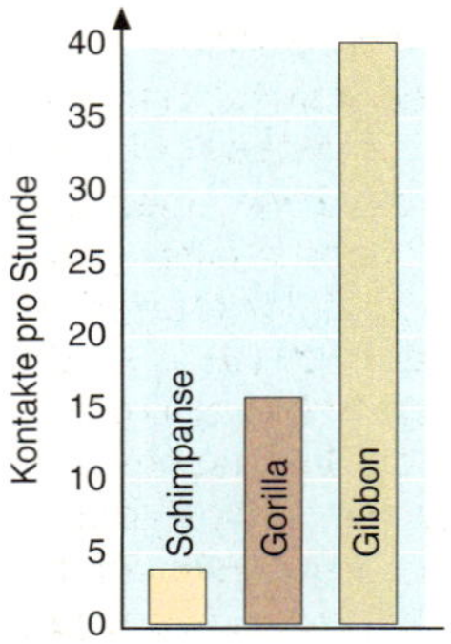

Väterliches Investment bei verschiedenen Menschenaffen.

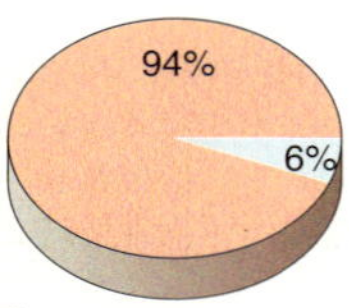

Schimpanse

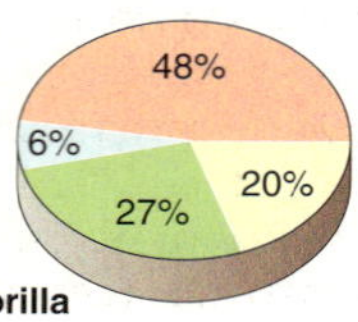

Gorilla

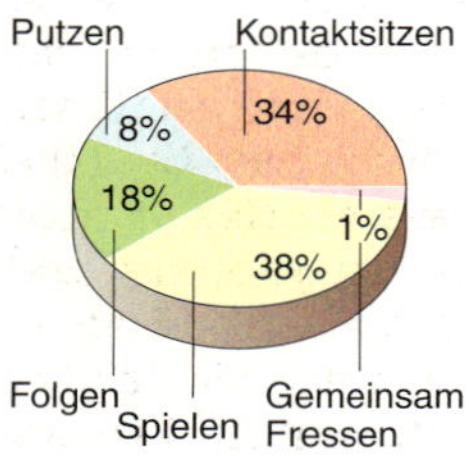

Gibbon

Eltern investieren in ihre Nachkommen

Jeglicher Aufwand eines Elternteils in einen Nachkommen, der dessen Überlebenswahrscheinlichkeit erhöht, das Elterntier aber daran hindert, weitere Nachkommen groß zu ziehen, definierte der Soziobiologe ROBERT L. TRIVERS als *Elterninvestment*. Man kann mütterliches und väterliches Investment unterscheiden. Säugetiermütter investieren mit Schwangerschaft und Stillen sehr intensiv, können in dieser Zeit aber kein neues Jungtier austragen. Je besser Jungtiere mit zunehmendem Alter alleine überleben können, desto weniger investiert die Mutter in den Nachwuchs. Stattdessen strebt sie durch erneute Paarung weitere Junge an. Dadurch kommt es zu Entwöhnungskonflikten (siehe Abb. Zettelkasten).

Während mütterliches Investment bei den meisten Säugetieren weitgehend übereinstimmt, zeigen Väter verschiedener Arten grundlegende Unterschiede. Ihr Verhalten ist, besonders im Bereich der Primatenforschung, erst in jüngster Zeit in das Interesse der Wissenschaftler gerückt. Die Abbildung in der Randspalte zeigt die durchschnittlichen im Zoo gemessenen Häufigkeiten von Kontakten zwischen Vätern und Jungtieren bei Schimpanse, Gorilla und Gibbon pro Stunde und schlüsselt die Kontakte qualitativ auf. Väter können sich in der Nähe eines Jungtieres aufhalten *(Kontaktabstand)*, es putzen, mit ihm spielen, es tragen oder mit ihm Futter teilen. Ein Vergleich zeigt, dass Schimpansenmännchen sich am wenigsten um Jungtiere kümmern, während Gorillaväter aktivere und Gibbonmännchen die aktivsten Väter sind.

Man nimmt an, dass nur Männchen, die mit hoher Wahrscheinlichkeit Vater des Nachwuchses sind, sich auch um diesen kümmern. Bei hoher Vaterschaftsunsicherheit würde intensives Investment in Jungtiere nur Kosten verursachen.

Die Evolution fürsorglicher Väter ist unter den Bedingungen der Monogamie am besten zu verstehen. Durch Übernahme eines Großteils der Brutpflege kann das Männchen sein Weibchen entlasten, sodass dieses sich schneller von der letzten Schwangerschafts-, Geburts- und Brutpflegephase erholt. Durch die Mithilfe des Männchens verkürzt sich der Geburtenabstand, sodass die Fitness von Männchen und Weibchen (beide Werte sind bei Monogamie identisch) gesteigert wird.

Weibchen können durch Kopulationen mit mehreren Männchen die Vaterschaftssicherheit senken. Als Reaktion auf diesen Selektionsdruck ist bei vielen Arten eine Verhaltensweise bei Männchen entstanden, die „Seitensprünge" verhindert, die *Partnerbewachung*. Partner bewachende Männchen verfolgen, insbesondere in der fruchtbaren Zeit, ihre Weibchen auf Schritt und Tritt. Männchen können jedoch nicht immer verhindern, dass Weibchen sich mit weiteren Männchen paaren. In den Geschlechtsorganen der Weibchen kommt es dann zur „Konkurrenz" der Spermien um die Eizelle. Diese sogenannte *Spermienkonkurrenz* führte in der Evolution zur Ausbildung besonders großer Hoden, als Zeichen für besonders kräftige Spermien.

Zettelkasten

Konflikte

Konflikte können innerhalb eines Individuums auftreten, wenn zwei sich widersprechende Verhaltensweisen, wie z. B. Angreifen und Fliehen, gleich stark ausgelöst werden. Konflikte zwischen verschiedenen Individuen müssen zwangsläufig auftreten, wenn das Verhalten eines Partners seine eigene reproduktive Fitness steigert, aber die des anderen senkt. Wie im rechten Bild gezeigt, kommt es regelmäßig zu Entwöhnungskonflikten zwischen Mutter und Nachwuchs. Genauso häufig finden sich Konflikte zwischen Paarungspartnern und zwischen Geschwistern, die bei vielen Tierarten, wie z. B. bei einigen Adlerarten, sogar bis zum regelmäßigen Töten der Geschwister führt.

Entwöhnungskonflikt bei Berberaffen

1 Infantizid

Resident
Haremshalter

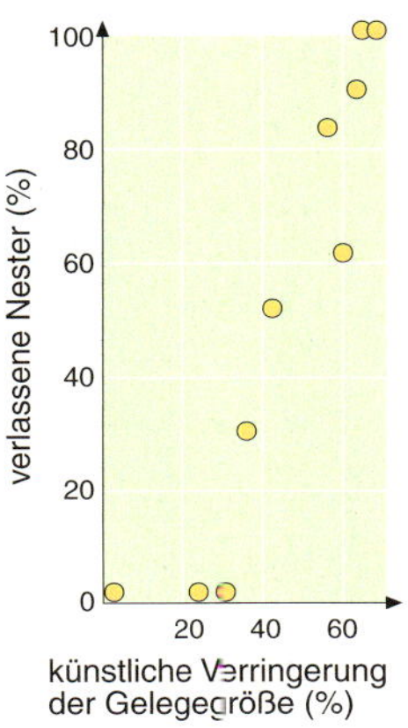

Infantizid und Fortpflanzungserfolg

„Elf greift das Jungtier Vierfünf mehrfach an und stellt auch seiner Mutter nach. ... Diese flieht im höchsten Tempo, während sich die ältere Tochter dem Verfolger in den Weg stellt. Elf holt das Weibchen jedoch ein und reißt es zu Boden. Augenblicke später stürzen sich sechs Weibchen auf das Männchen. Die Mutter entreißt dem *Residenten* ihr Baby und setzt die Flucht fort. Die Eckzähne des Männchens haben den linken Oberschenkel des Jungen aufgerissen, die Sitzhöcker gespalten und die Schwanzunterseite bis nahe zur Wurzel aufgeschnitten. Völlig entkräftet stirbt das Junge am Abend des nächsten Tages." Beschreibungen wie diese über das Aggressionsverhalten indischer Affen, den *Hanuman-Languren*, interpretierte man lange als krankhafte Abweichungen vom Normalverhalten. Heute sehen Soziobiologen darin eine Angepasstheit im Sinne des genetischen Egoismus, denn der Tötende erhöht die eigene Fitness.

Hanuman-Languren (s. Seite 142) leben in Gruppen von durchschnittlich 14 erwachsenen Weibchen und einem Männchen. Die restlichen Männchen leben in Junggesellenverbänden. Der Haremshalter wird immer wieder von diesen nachwachsenden Männchen herausgefordert. Die permanenten Verteidigungsanstrengungen zehren an den Kräften, sodass er nach ungefähr 26 Monaten von einem stärkeren Nachfolger abgelöst wird, dem wiederum annähernd die gleiche Zeit zur Verfügung steht, sich fortzupflanzen. Zum Zeitpunkt der Übernahme der Gruppe sind einige Weibchen noch trächtig, andere stillen und bekommen keinen Eisprung. Verlieren sie ihr Junges, kommt der nächste Eisprung früher. In diesem Zusammenhang wird das Verhalten der Haremshalter gesehen, gegen den Widerstand der Mütter deren Junge zu töten *(Infantizid)* (▶ s. S. 182). Dadurch können sie sich früher erfolgreich mit dem Weibchen paaren. Inzwischen liegt eine Fülle von Daten vor, die diese Hypothese belegen. So töten neue Haremshalter fast immer Jungtiere, die nicht von ihnen gezeugt wurden. Die Mütter paaren sich kurz danach mit ihm. Der Abstand zwischen Haremsübernahme und eigenen Nachkommen wird so deutlich verkürzt.

Beobachtungen lassen vermuten, dass die schwangeren Weibchen vom neuen Männchen solange bedrängt werden, bis sie ihr ungeborenes Junges verlieren *(Fetizid)*.

Die Interpretation des Infantizids und Fetizids als angepasstes Verhalten lässt sich im Versuch überprüfen. So entnahm man in einem Experiment Entennestern unterschiedlich viele Eier und beobachtete, ob die Tiere auf dem restlichen Gelege weiter brüteten. In Kontrollversuchen legte man die Eier wieder zurück. Für den Fall, dass die Tiere das Nest verlassen und nicht weiter brüten, hatte man zwei Erklärungshypothesen. Einerseits könnte die Veränderung am Nest und Eiverluste bedeuten, dass der Neststandort und damit das brütende Tier gefährdet sind. Andererseits könnte der Verlust an Eiern so groß sein, dass Tiere, die weiterhin Zeit und Energie in die verminderte Brut stecken, weniger Nachkommen großziehen als Tiere, die das Nest verlassen und eine neue Brut mit mehr Eiern beginnen. Der Zeitgewinn durch den Abbruch würde so zu einem *Fitnessgewinn* und nicht zu einem *Fitnessverlust* führen. Von den Kontrollnestern ohne Eiverlust wurde keines verlassen. Die Ergebnisse der Versuchsreihe sind in der Randspalte dargestellt.

Aufgaben

① Diskutieren Sie, welche Hypothese durch die Ergebnisse der Versuche an den Entennestern gestützt wird (siehe Randspalte).
② Beschreiben Sie mithilfe des Fitnessbegriffs den Konflikt zwischen Langurenmännchen und ihren Weibchen.
③ Begründen Sie aus der Sicht der Soziobiologie, warum die Weibchen sich mit den neuen Männchen paaren.

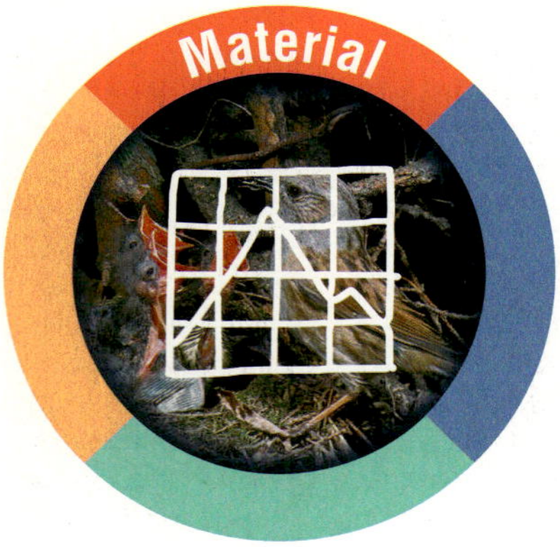

Fortpflanzungstaktiken der Heckenbraunelle

Heckenbraunellen (kleine Singvögel) leben im dichten Unterwuchs von Wäldern, Gärten und Parkanlagen. Die Weibchen bauen napfförmige Nester in Hecken oder immergrünen Sträuchern.

Geschlechterverhalten und Paarung

1 Brütende Heckenbraunelle

Die Weibchen besetzen im Frühjahr Reviere, deren Größe vom Nahrungsangebot abhängt. Legt man eine Futterstelle an, so wird ein kleineres Revier verteidigt. Den Weibchenrevieren sind diejenigen der Männchen überlagert. Männchen erkämpfen sich Reviere, die sie bis zu einer Größe von 3000 m² verteidigen können. Die Größe ist bei ihnen nicht vom Nahrungsangebot abhängig.

Stirbt bei einem monogamen Paar das Weibchen, wandert das Männchen meist aus. Stirbt das Männchen, bleibt das Weibchen in der Regel im Revier. Benachbarte Männchen, deren Reviere in ein Weibchenrevier hineinreichen, versuchen ihren Bereich auf das gesamte Weibchenrevier auszudehnen. Können sie ihren Bereich bei zunehmender Größe nicht mehr verteidigen, nutzen die Männchen den gleichen Raum und bilden eine Rangordnung aus. Das ranghöchste ist das α-Männchen.

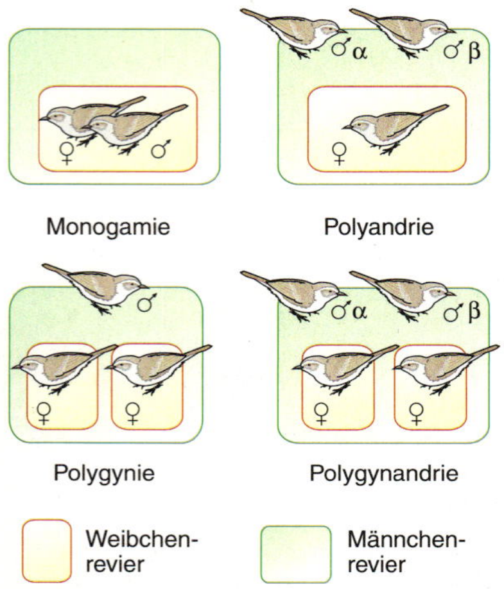

2 Mögliche Paarungssysteme

Aus den unterschiedlichen Überlappungen von Männchen- und Weibchenrevieren ergeben sich vier verschiedene Kombinationen: *Monogamie, Polygynie, Polyandrie* und *Polygynandrie.* Bei Polygynandrie überlappen die Reviere von zwei zusammenlebenden Männchen mehrere Weibchenreviere.

Aufgabe

① Fassen Sie anhand der Informationen aus Text und Grafiken (Abbildung 2 und 3) zusammen, unter welchen Bedingungen die verschiedenen Paarungssysteme entstehen.

Abbildung 4 zeigt die Abhängigkeit der Sterblichkeit von der Anzahl der Schneetage im Winter.

Abbildung 5 stellt den Zusammenhang zwischen der Anzahl der Männchen und der polyandren Weibchen dar.

Aufgabe

② Beschreiben Sie anhand der Informationen, wie die Häufigkeit der Paarungssysteme von Jahr zu Jahr wechseln kann.

Konkurrenz zwischen Männchen

Männchen versuchen durch Revierbesitz oder eine Rangordnung alleinigen Zugang zu Weibchen zu erreichen.

Monogame Männchen führen pro Stunde durchschnittlich 0,47 Paarungen aus, Männchen in polyandren Systemen mit alleinigem Zugang zum Weibchen 0,87. In Systemen, in denen beide Männchen mit dem Weibchen kopulieren, erreichen beide Männchen ungefähr 2,4 Paarungen pro Stunde. Die Hoden von Heckenbraunellen sind ungefähr 64 % größer als man es von weitgehend monogamen Vögeln gleicher Größe kennt.

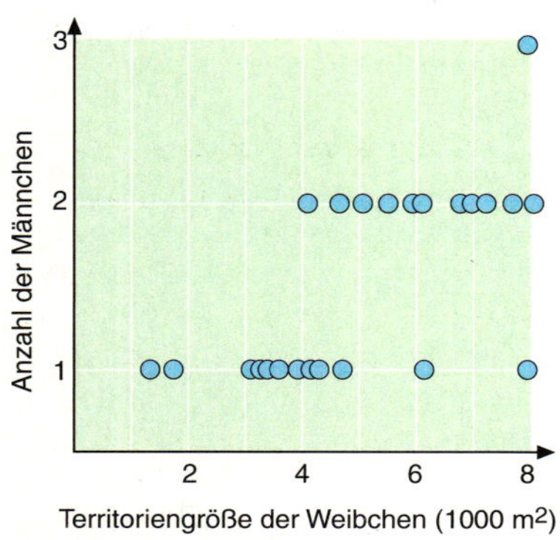

3 Territoriengröße

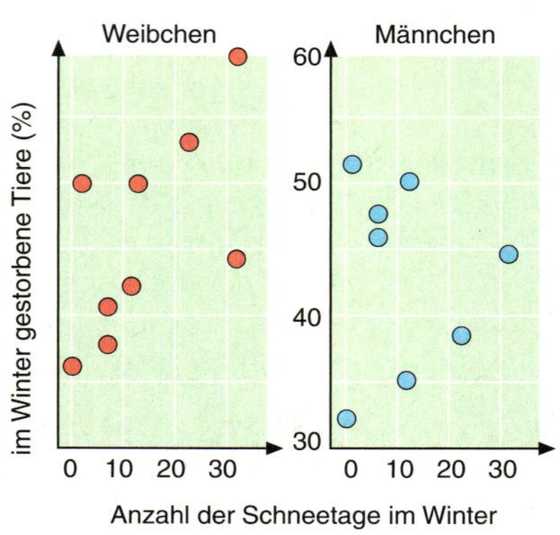

4 Wintersterblichkeit

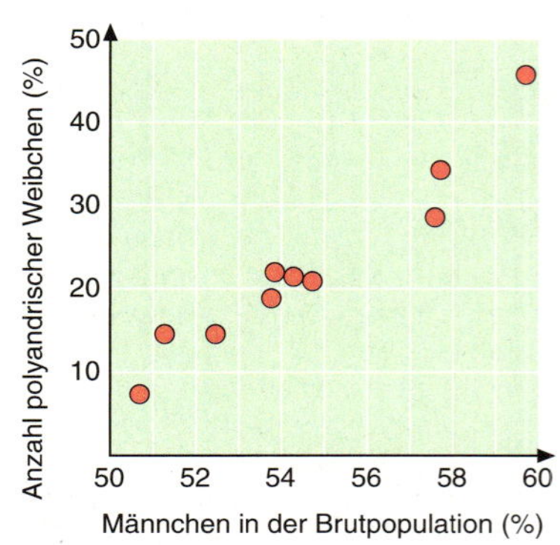

5 Brutdichte

Bei Vögeln mündet der Eileiter in den Enddarm, sodass die *Kloake* auch den Transportweg für die Geschlechtszellen darstellt. Schon 1902 hat der Ornithologe SCHONS ein seltsames Verhalten der Heckenbraunelle beschrieben: „Während das Weibchen flügelzitternd mit angehobenem Schwanz dasteht und die Kloake präsentiert, pickt das Männchen mehrfach dagegen. Das Weibchen vollführt daraufhin pumpende Bewegungen mit der Kloake und gibt einen Tropfen ab" (Abb. 1). Kurz danach findet die Kopulation statt. Mikroskopische Analysen zeigten, dass dieser Tropfen Spermien einer vorherigen Kopulation enthält.

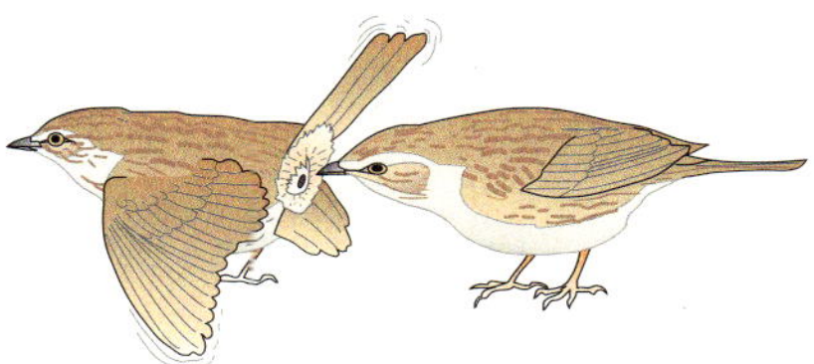

1 Kloakenpicken

Nur in polyandren und polygynandren Systemen, in denen die β-Männchen nicht kopulieren konnten, passierte es mehrfach, dass frisch geschlüpfte Junge verschwanden oder Eier so angepickt wurden, dass keine Jungen mehr schlüpfen konnten.

Es wird vermutet, dass hierfür die β-Männchen verantwortlich waren. Diese versuchten auch wiederholt, das brütende Weibchen vom Nest zu vertreiben, wenn sie sich nicht mit ihm paaren durften. In den meisten Fällen wurden sie jedoch erfolgreich vom ranghöheren α-Tier daran gehindert.

Interessanterweise traten derartige Fälle nur zum Beginn der Brutsaison auf, wenn das Weibchen noch weitere Bruten durchführen konnte und nicht, wenn Folgebruten unsicher waren. Bei einem Verlust des Geleges fangen die Weibchen nach spätestens 1 bis 2 Wochen an, neue Eier zu legen. Ziehen sie eine Brut groß, folgt das nächste Gelege erst nach rund 6 Wochen.

Aufgabe

③ Arbeiten Sie aus den geschilderten Sachverhalten die verschiedenen Mechanismen heraus, die
a) vor der Kopulation
b) nach der Kopulation, bzw.
c) nach der Eiablage
wirken und dadurch dem einzelnen Männchen Fortpflanzungsvorteile sichern.

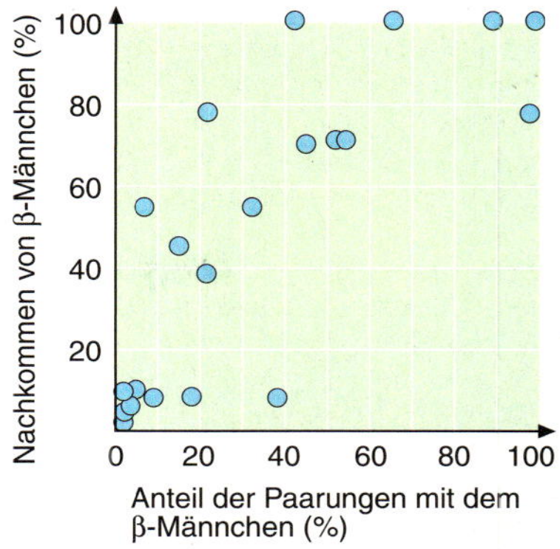

2 Bruterfolg von β-Männchen

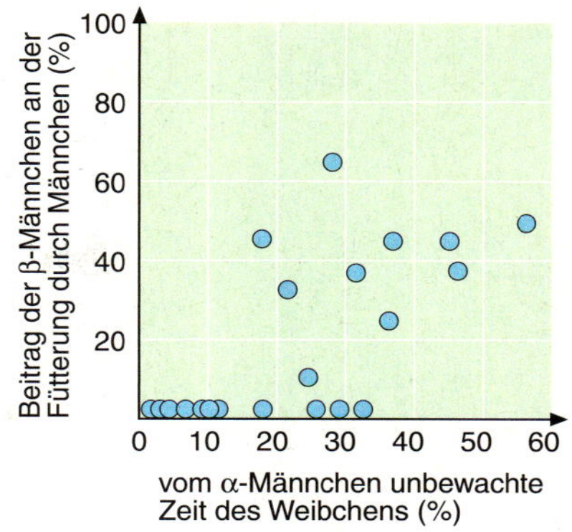

3 Brutpflegebeitrag von β-Männchen

Väterliches Investment

Männchen der Heckenbraunelle können ihren Weibchen entweder dadurch helfen, dass sie es übernehmen, die Eier zu bebrüten oder dass sie für die Aufzucht der Nestlinge Futter herbeischaffen. Dabei zeigte sich, dass sich durch Hilfe beim Brüten die Anzahl der aus den Eiern geschlüpften Jungen nicht änderte, durch Hilfe bei der Fütterung die Anzahl der das Nest erfolgreich verlassenden Jungen jedoch signifikant anstieg. Dieser Effekt war eine Folge davon, dass weniger Nestlinge im Nest verhungerten. Die Mithilfe von Männchen wurde umso wirksamer, je größer die Anzahl der Jungen war.

Während der Paarungszeit bewachen die Männchen ihre Weibchen. Bei monogamen Paaren (*Bewachungsmonogamie)* beschränkt sich das Männchen darauf, Eindringlinge, die eine zusätzliche Paarungsmöglichkeit suchen, zu vertreiben. Am intensivsten ist die Bewachung in polyandren Systemen. In diesen folgt das α-Männchen dem Weibchen auf Schritt und Tritt. Es verliert sein Weibchen aber häufig aus den Augen, während es das β-Männchen vertreibt. Dann versteckt sich das Weibchen sofort in dichter Vegetation, frisst hier in aller Ruhe und paart sich wiederholt mit dem β-Männchen, wenn es von diesem zuerst gefunden wird. Wird es vom α-Männchen entdeckt, kann das ganze Spiel von vorn beginnen.

Für soziobiologische Überlegungen war es wichtig zu wissen, wie erfolgreich die Paarungen des β-Männchens sind. Um dies zu erfassen, stellte man von allen beteiligten Partnern und den Jungtieren im Nest einen „genetischen Fingerabdruck" her und konnte so die Jungtiere den Vätern zuordnen. Das Ergebnis zeigt Abbildung 2. In Abbildung 3 ist der Zusammenhang zwischen der Fähigkeit des Weibchens, sich dem α-Männchen zu entziehen, und dem Beitrag des β-Männchens an der Brutpflege dargestellt.

Aufgaben

④ Stellen Sie einen Sachzusammenhang zwischen den Aussagen der Abb. 2 und 3 her.

⑤ Erläutern Sie, wodurch es zwischen verschiedenen Partnern zu Konflikten kommen muss, indem Sie aufzeigen, wie Fitnessgewinn beim einen zu Fitnessverlust beim anderen führt. Werten Sie in diesem Zusammenhang die Daten der Tabelle mit aus.

Paarungssystem	**Jungenanzahl pro Jahr**	
	pro Weibchen	pro Männchen
Polygynie	4,4	8,8
Monogamie	5,9	5,9
Polyandrie (nur α-Männchen paart sich)	4,9	α: 4,9
Polyandrie (α- und β-Männchen paaren sich und füttern beide)	8,9	α: 4,9; β: 4,0
Polygynandrie	4,0	α: 5,6, β: 2,4

Kindchenschema nach KONRAD LORENZ

1 Kindchenschema bei Looney Tunes

Schlüsselreize beim Menschen

In seinem Buch „Das Tier Mensch" schreibt der britische Zoologe und Verhaltensforscher DESMOND MORRIS über die Versuche des Kleinkinds, die Aufmerksamkeit seiner Eltern zu erlangen:

„Also kämpft das Kleine ununterbrochen um Beachtung. Seine erfolgreichste Waffe ist das Lächeln, das die Eltern so unwiderstehlich finden, dass sie sich in angenehmer Nähe aufhalten. Auch die Kopfform des Säuglings ist wichtig. Eltern reagieren stark auf das sogenannte Kindchenschema. Dieses besteht aus mehreren Hauptelementen:

1. große, runde Augen mit weiten Pupillen; 2. eine hohe, gewölbte Stirn; 3. Pausbacken mit einer abgerundeten Kieferlinie; 4. ein flaches Gesicht mit Stupsnase; 5. weiche, zarte Haut. Diese Merkmale wirken sich äußerst anziehend auf den elterlichen Blick aus. Vater und Mutter bleiben in der Nähe, nehmen das Baby hoch, streicheln, knuddeln, küssen es und sprechen zu ihm. Das Kind fühlt sich sicher. Die Bindung zwischen Eltern und Kind wird weiter verstärkt."

Der Begriff Kindchenschema (▶ s. S. 183) geht auf KONRAD LORENZ zurück, der 1943 noch weitere „angeborene Auslösemechanismen, mit denen wir auf Kleinkinder ansprechen" aufstellte, und ihnen damit die Funktion von Schlüsselreizen zusprach: Ein im Verhältnis zum Rumpf großer Kopf und dicke, kurze Gliedmaßen. Bei erwachsenen Menschen wird dadurch eine Zuwendung ausgelöst, ihr Brutpflegetrieb angesprochen und eine Beschützerfunktion aktiviert. Die kleinkindlichen Züge verschwinden beim Menschen erst nach und nach und machen etwa nach dem 10. Geburtstag dann individuelleren Merkmalen Platz.

Das Kindchenschema ist bei Trickfilm- und Comiczeichnern äußerst beliebt (Abb. 1). Seine Signale sind derart stark, dass wir auch bei unseren Haustieren entsprechend darauf reagieren. Gezielt wurden einige Hunderassen über mehrere Jahrhunderte hinweg durch Züchtung so verändert, dass sie mit ihren flachen Gesichtern, großen Augen und runden, von äußerst weichem Fell bedeckten Körpern zu einem perfekten Kinderersatz wurden.

Knut 80 Tage alt

Knut an seinem ersten Geburtstag

Auch der berühmte Eisbär Knut aus dem Berliner Zoo ist ein gutes Beispiel für das Kindchenschema. Große Augen, runde Ohren, schneeweiße Tatzen und eine bärige Stupsnase begeisterten Millionen Besucher im Berliner Zoo und weltweit. Doch seit Knut älter und größer geworden ist, wurden das Kindchenschema und damit auch der Medienrummel schwächer. Ein ausgewachsener Eisbär stellt keine besondere Attraktion für die Zoobesucher dar (s. Randspalte).

Weitere Auslöser im menschlichen Sozialverhalten sind das Mann- und das Frau-Schema (▶ s. S. 183), die u. a. die Zugehörigkeit zu einem Geschlecht bestimmen. Beim Mann betrifft dies breite Schultern, schmale Hüften (V-Form), einen muskulösen Körper sowie kantigere Körperformen und Gesichtszüge. Frauen gelten als attraktiv, wenn sie schmale Schultern, eine schmale Taille, breite Hüften, eine ausgeprägte Brustform und insgesamt rundere sowie jugendliche Merkmale besitzen. Junge Frauen besitzen nach der Pubertät aufgrund unterschiedlicher Wachstumsgeschwindigkeiten der Körperteile im Verhältnis zum Oberkörper die längsten Beine. Dies wird von Männern als attraktiv empfunden, da es Jugendlichkeit und damit Gebärfähigkeit signalisiert.

Aufgabe

① Bei den meisten Staatsbesuchen wird dem ausländischen Staatsgast von einem Kind ein Blumenstrauß überreicht. Erläutern Sie die Absicht der Gastgeber mit dieser Geste.

1 Orang-Utan

Schlüsselreize in Gesellschaft und Medien

Für alle tagaktiven Primaten ist der gegenseitige Blickkontakt besonders bedeutsam. Ein frontales Anstarren gilt bei fast allen höheren Affen als Drohung. Dementsprechend werden auch alle Menschen sofort aufmerksam, wenn sie den Blick auf sich gerichtet sehen. Dem Anblick eines anderen Menschen kann durch ein Lächeln und geöffnete Augen das Bedrohliche genommen werden. Zusätzlich kann man aus den Augenwinkeln schauen und den Kopf schräg halten, sodass die Augen ihre horizontale Stellung verlieren oder man schließt die Augen auf ritualisierte Weise mehrfach nacheinander und minimiert damit das Drohende. Die Blickrichtung wird beim Menschen durch den weißen Augapfel besonders gut erkennbar.

Bei vielen Affenarten sind die Augenlider anders gefärbt als das restliche Gesicht, sodass das Augenschließen besser erkennbar wird (s. Abb. 1). Beim Menschen wird der Augenschluss im Flirtverhalten eingesetzt und durch Kosmetik verstärkt.

Die Tatsache, dass Menschen automatisch ihren Blick auf Augenpaare oder andere Schlüsselreize richten, macht sich die Werbeindustrie zunutze, um die Aufmerksamkeit der Menschen auf Werbeannoncen zu ziehen. Am häufigsten werden als sogenannte „Eye-Catcher" (Blickfänger) dabei erotische Reize eingesetzt, die zusätzlich eine positive emotionale Stimmung hervorrufen (s. Abb. 2). Sex sells! Jeder Werbefachmann wird diese Aussage bestätigen. Problematisch sind bei dieser Art der Werbung jedoch die fließenden Grenzen zwischen tolerierbaren und sexistischen bzw. diskriminierenden Bildern.

Auch Kinder oder Babys begegnen uns oft in der Werbung und dies nicht nur in der Reklame für Babynahrung oder Pflegeprodukte für die Kleinen. Ganz gleich was verkauft werden soll, ob Autos, Waschmittel, Schokolade, vieles verkauft sich mithilfe eines Babys besser. Zunächst weckt das Kindchenschema unsere Aufmerksamkeit, zusätzlich dazu stehen Kinder noch für Zukunft, Verantwortungsbewusstsein und Innovationsbereitschaft, weshalb sie oft in Reklame für Versicherungen eingesetzt werden. Studien haben gezeigt, dass hauptsächlich Frauen auf „niedliche" Werbespots reagieren, wohingegen bei Männern erotische „Eye-Catcher" besser wirken.

Aufgaben

① Suchen Sie nach Beispielen für die Verwendung des Kindchenschemas in Comics und Spielzeugen.

② Die EU will sexistische Werbung verbieten, ähnlich wie es schon ein Verbot für Zigarettenwerbung gibt. Nehmen Sie zu diesem Plan begründet Stellung.

③ Stellen Sie aus mehreren Zeitschriften Annoncen zusammen, die mit verhaltensbiologischen Elementen werben.

④ Betrachten Sie Abbildung 2 und untersuchen Sie sie nach werbewirksamen Blickfängern. Beschreiben Sie die Wirkung dieser Reklame auf Sie.

2 Werbung

Zettelkasten

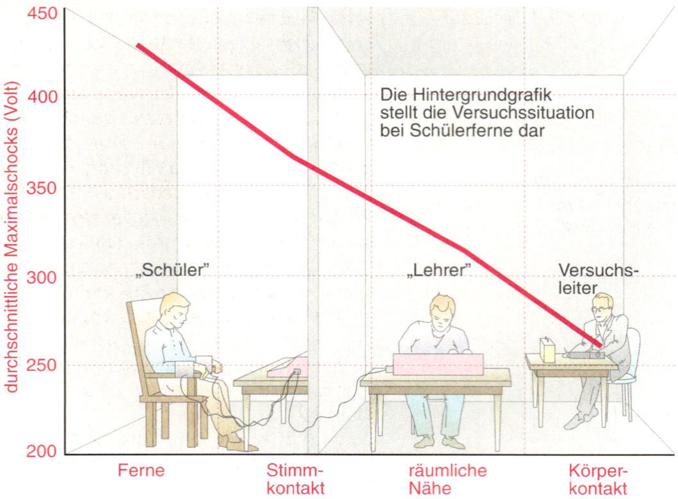

Verhalten des „Lehrers" bei unterschiedlichen „Schüler"-Entfernungen

Autorität und Gehorsam

STANLEY MILGRAM führte von 1960 bis 1963 folgende Versuche durch. Männer zwischen 20 und 50 Jahren wurden zufällig (Zeitungsanzeige oder Telefonbuch) – angeblich für eine Untersuchung über Gedächtnisleistung und Lernvermögen – von der psychologischen Fakultät der Yale Universität ausgesucht. Ein streng wirkender Versuchsleiter im grauen Kittel bat die eingeladenen Versuchspersonen („Lehrer"), einem angeblichen Schüler (ein Mitarbeiter Milgrams) Wortpaare zu lehren. Bei einem Fehler sollte dem Schüler jeweils steigernd ein Elektroschock verabreicht werden. Um die Versuchspersonen von der Echtheit des Schockgenerators zu überzeugen, wurde ihnen mit 45 Volt ein schmerzhafter Probeschock gegeben. Die Lehrer stellten ihre Aufgaben und konnten in 30 Schockstufen von 15 bis 450 Volt Strafen geben. Schilder kennzeichneten die Stufen 15 V leichter, 75 V gemäßigter, …, 195 V sehr starker, …, 375 V ernster Schock, Gefahr! Man schnallte den Schüler in einem Nebenraum an einen Stuhl fest, der an einen elektrischen Stuhl erinnerte. Über ein Tonband wurden standardisierte Reaktionen des Opfers eingespielt: Ab 75 V Grunzen und Stöhnen, ab 150 V verlangt das Opfer, freigelassen zu werden, ab 180 V Aufschrei, der Schmerz sei nicht länger zu ertragen, ab 300 V verweigert das Opfer Antworten auf Testfragen und besteht darauf, freigelassen zu werden. In Wirklichkeit erhielten die Schüler keine Schocks. Wollten die Versuchspersonen keine Schocks mehr verabreichen, reagierte der Versuchsleiter sehr bestimmt mit Anweisungen der Art: „Das Experiment fordert, dass Sie weitermachen!" – „Sie haben keine Wahl, Sie müssen weitermachen." Ergebnis: Während der Versuche gaben bis zu 64 % der Versuchspersonen Elektroschocks bis zu 450 V.

In einer weiteren Versuchsserie wurde der Abstand zwischen Lehrer und Opfer immer weiter verringert, bis der Lehrer im 4. Fall dem Opfer die Hand notfalls mit Gewalt auf die Elektrisierplatte legen sollte. Die Zahl der gehorsamen Versuchspersonen nahm ab, aber 30 % gaben immer noch Strafen bis zu 450 V (s. Abb.).

Aufgaben

① Erörtern Sie, ob angeborene Dispositionen für das Gehorsamverhalten des Menschen vorliegen.
② Erläutern Sie die Konsequenzen, die aus den Milgram-Versuchen für die Erziehung zu fordern sind.
③ Diskutieren Sie, ob derartige Versuche ethisch zu vertreten sind.

Aggressionsverhalten bei Menschen

Aggressionsverhalten schließt alle Verhaltensweisen zum Angriff, zur Verteidigung und zum Drohen ein. Beim Menschen tritt aggressives Verhalten in unterschiedlichen Funktionszusammenhängen auf, wie z. B. zur Verteidigung eines Eigentums, zum Erwerb oder zur Verteidigung einer Rangordnungsposition, beim Rivalisieren um Sexualpartner, bei Frustration oder zur Selbstverteidigung. Soziologen, Psychologen und Biologen haben aggressives Verhalten erforscht und Theorien zu den Ursachen aufgestellt.

In ihrer ursprünglichen Form geht die *Frustrations-Aggressions-Theorie* (▶ s. S. 182) aus dem Jahre 1939 auf die Vorstellungen eines Teams aus Soziologen und Psychologen zurück. Es wurde angenommen, dass Aggression immer eine Folge von Frustration ist und Frustrationen immer zu einer Form von Aggression führen. Unter einer Frustration versteht man beim Menschen die Störung einer zielgerichteten Aktivität. Aggression zielt auf die Verletzung eines Organismus. Das Ausführen einer Aggression verringert die Aggressionsbereitschaft. Die Hypothese wurde weiterentwickelt: Länger zurückliegende Frustrationen können sehr viel später zu Aggressionen führen. Als Ursache werden beispielsweise frühkindliche Entbehrungen, erzwungener Gehorsam oder Misserfolge in der beruflichen Konkurrenz angenommen. Problematisch bleibt an dieser Hypothese, warum Menschen mit ähnlichen Frustrationserlebnissen unterschiedlich aggressiv reagieren.

In der *Lerntheorie* (▶ s. S. 182) wird ausgesagt, dass aggressives Verhalten ausschließlich erlernt worden ist und durch Außenreize erworben wird. Aggressives Verhalten, das zum Erreichen von Zielen und zur Bedürfnisbefriedigung führt, ruft die Erwartung hervor, dass künftiges aggressives Verhalten ebenfalls Erfolg haben wird. Belohnungen und Lob wirken als Verstärkungen für aggressives Verhalten, das auch am Vorbild (Modell) erlernt werden kann.

In der *Triebtheorie* (▶ s. S. 182) *der Aggression* postuliert KONRAD LORENZ auch für den Menschen einen Aggressionstrieb, der von selbst Aggressionsbereitschaft aufbaut, d. h. auch zu Appetenzverhalten für aggressive Handlungen führt. Bei starker Handlungsbereitschaft wäre dann auch aggressives Verhalten als Leerlaufhandlung zu erwarten.

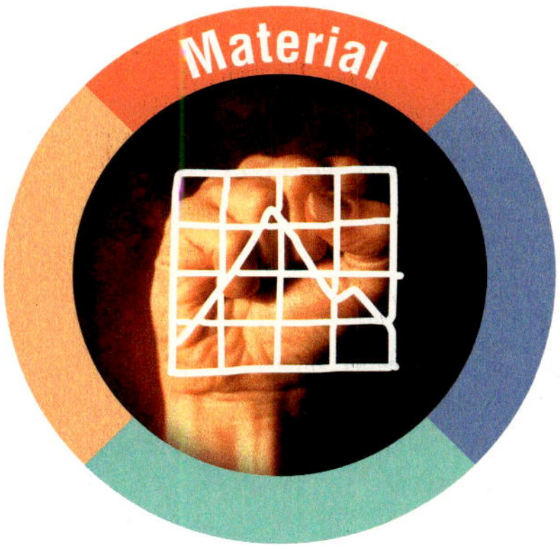

Aggressionsformen

Aggression bei Kindern

BANDURA, ROSS und ROSS verteilten Vorschulkinder im Alter von 3 — 5 Jahren zufallsgemäß auf 4 Gruppen:

- *Gruppe 1* beobachtete 10 Minuten einen Erwachsenen, der aggressives Verhalten zeigte. Er verprügelte und trat z. B. eine Spielzeugpuppe.
- *Gruppe 2* erlebte die gleiche Situation, allerdings nur als Film im Fernsehen.
- *Gruppe 3* bekam die identischen aggressiven Verhaltensweisen in einem Trickfilm mit einer Katze als Modell gezeigt.
- *Gruppe 4* beobachtete keine aggressiven Verhaltensweisen. Sie diente als Kontrolle.

Anschließend wurden alle als aggressiv klassifizierten Verhaltensweisen der Kinder über 20 Minuten protokolliert. Vor Protokollbeginn wurden die Kinder durch die Wegnahme eines beliebten Spielzeugs frustriert.

Mittlere Anzahl der Aggressionshandlungen:

	Gr. 1	Gr. 2	Gr. 3	Gr. 4
Jungen	131,8	85,0	117,2	72,2
Mädchen	57,3	79,7	80,9	36,4

Aufgaben

① Deuten Sie die oben angegebenen Ergebnisse der Gruppen 1 — 4 hinsichtlich der erkennbaren Lernformen und einer anwendbaren Aggressionstheorie.

② Versuchen Sie, Kriterien für aggressive Handlungen aufzustellen. Untersuchen Sie mit diesem Kriterienkatalog Fernsehsendungen mit besonders aggressivem Charakter. Berücksichtigen Sie bei Ihrer Auswahl auch sogenannte Trickfilme für Kinder. Diskutieren Sie Ihre Ergebnisse.

Aggressive Mäuse

SCOTT ließ Mäuse miteinander kämpfen. Er protokollierte das Kampfverhalten der Mäuse, die jeweils die Kämpfe für sich entschieden:

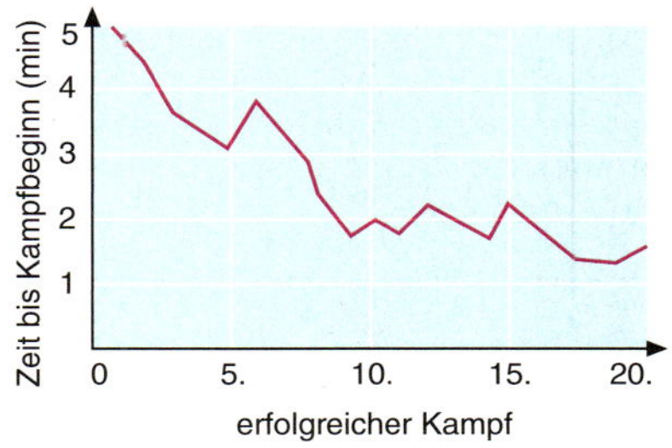

Aufgabe

③ Deuten Sie das Verhalten.

Aggressivität bei Buntbarschen

GOLDENBOGEN untersuchte das Aggressionsverhalten und die sexuelle Handlungsbereitschaft junger Männchen des Buntbarsches *Haplochromis burtonii* nach 2 Wochen Isolation. Die Ergebnisse zeigt die folgende Abbildung:

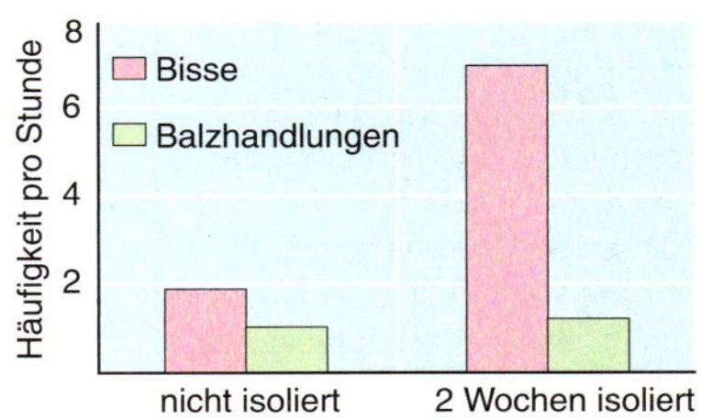

Alter: 5,5 – 6,5 Wochen (n = 30)

Aufgaben

④ Deuten Sie die Versuchsergebnisse im Sinne einer Aggressionstheorie.

⑤ Beurteilen Sie kritisch den Aussagewert des Versuches.

„Krieg im Stadion"

Nach den Ausschreitungen im Brüsseler Heysel-Stadion beim Europacup-Finale zwischen Juventus Turin und FC Liverpool, bei denen mehr als 35 Menschen starben und Hunderte verletzt wurden, kommentierte ein Reporter:

„Es gab einmal eine Vorstellung, der Sport könne so etwas wie der Ersatz sein für einen großen Krieg, könne Aggressionen kanalisieren, die sich sonst andere verhängnisvolle Wege suchen müssten. Es gab auch die Ansicht, gerade das Fußballstadion habe solch eine gleichsam reinigende Wirkung, sei ein Ort, an dem man folgenlos die über die Woche aufgestauten Aggressionen ablassen könne. Fragwürdig war das schon immer gewesen, aber am schrecklichen Mittwochabend von Brüssel wurde die Hoffnung vor den Augen Europas widerlegt: Da herrschte Krieg im Stadion selbst und auf den Rängen steigerten sich die Zuschauer in einen Rausch der Gewalt. [...]

Jugendliche sind seit mehr als 10 Jahren mehr und mehr das Stammpublikum im Stadion. Sie gehen dorthin, weil ihnen die Tribüne einen Freiraum bietet, den sie selbst gestalten und ausfüllen können. Jeder Lehrling kann hier inmitten einer Gesellschaft der Gleichaltrigen zu einer geachteten Persönlichkeit werden, sich ein Selbstwertgefühl schaffen, das der Alltag ihm vorenthält. Erwachsene gibt es kaum, Jugendliche schaffen sich ihre eigenen Sozialstrukturen, hierarchisch gegliedert, durchzogen von Laufbahnen und Karrieren. Wer sich hier durchsetzt, der ist ein Star, wie eine Untersuchung der Fankultur das nennt, ein Anführer, ein Anerkannter. [...]

Es ist kein Wunder, dass britische Fußballfans die Katastrophe von Brüssel auslösten: Die Jugendarbeitslosigkeit ist in Liverpool besonders hoch und meistens lang. Unter den Fans schafft das ein neues Sozialklima, eine Atmosphäre, in der man Rücksichten nicht mehr nehmen muss. [...]

Wer nun unter den Fans etwas gelten möchte, der bedient sich bedenkenlos der Gewalt — er glaubt sich ihrer sogar bedienen zu müssen, sonst gelte er nichts. [...]"

(Süddeutsche Zeitung 31.5.1985 nach W. HEINRICH: Sozialverhalten I: Aggression, DIFF Tübingen, 1985)

Aufgaben

⑥ Werten Sie den Artikel hinsichtlich angesprochener Aggressionstheorien aus.

⑦ Bewerten Sie in der Zusammenschau aller Materialien kritisch den jeweils alleinigen Erklärungsversuch der im Text aufgeführten Aggressionstheorien für die verschiedenen Aggressionsformen.

⑧ Erläutern Sie mögliche Konfliktkontrollen und Konfliktvermeidungen beim Menschen.

Haltungsbedingungen bei Tieren

Weltweit lebt eine Vielzahl von Tieren in landwirtschaftlichen Betrieben, Forschungseinrichtungen, Zirkus, Zoo und Privathaushalten und nicht in ihren natürlichen Biotopen. Die dadurch bedingten verschiedenen Formen der Tierhaltung standen und stehen ständig in der Kritik.

Kleingruppe statt Legebatterie

In Deutschland werden derzeit etwa 33 Millionen Hennen gehalten, die jährlich knapp zehn Milliarden Eier legen, etwa $^{2}/_{3}$ von ihnen leben in Käfigen. Seit Januar 2009 sind die bisherigen Legebatterien in Deutschland nicht mehr erlaubt. Die Käfige wurden durch Kleingruppen (siehe Abbildung) ersetzt.

IKL: Informationskreis Legehennenhaltung:
„Die deutsche Landwirtschaft setzt mit der Beendigung der Käfighaltung von Legehennen in Deutschland zum 1. Januar 2009 einen neuen Maßstab beim Tierschutz. Nach jahrelangen öffentlichen Diskussionen und Entwicklung neuer Haltungsformen nimmt Deutschland die führende Position im Tierschutz bei der Legehennenhaltung ein, da die „Kleingruppenhaltung“ über die EU-Vorgaben der Legehennenhaltungsrichtlinie hinausgeht und auch die Anforderungen an die Bodenhaltung strenger sind als in den übrigen Mitgliedstaaten.“

Deutscher Tierschutzbund e.V.:
„Der Kleingruppen-Käfig ist nur eine weitere Käfigvariante, die den herkömmlichen, ab 2009 verbotenen Käfig ersetzt. Die Hennen werden darin in Gruppen zusammengesperrt – haben aber nur geringfügig mehr Platz als bisher (statt bisher 500 cm^2 nun 800 cm^2 pro Henne, dies entspricht 1,5 DIN A4-Seiten). Eine artgerechte Haltung ist in keiner Form von Käfig möglich.“

Das Bundesverfassungsgericht hat 1999 festgestellt, dass die Verhaltensweisen Scharren, Picken, ungestörte und geschützte Eiablage, Sandbaden und erhöhtes Sitzen auf Stangen Grundbedürfnisse der Hennen sind, die mit Blick auf das Tierschutzgesetz nicht eingeschränkt werden dürfen.

Recherchieren Sie im Internet, ob diese Grundbedürfnisse in Kleingruppen-Haltung gedeckt werden können und nehmen Sie zu den Aussagen der beiden Organisationen Stellung.

„Blind-Hen-Problem“

Welche Aspekte aus tierethischer Sicht für unser Handeln bedeutsam sind, untersuchte Dr. Kirsten Schmidt in ihrer Doktorarbeit „Tierethische Probleme der Gentechnik“.

Dr. Schmidt: „Hühner ohne Sehvermögen wären unter Umständen besser für das Leben in der intensivierten Geflügelhaltung geeignet, denn diese Tiere neigen weniger zu Federpicken und zu Kannibalismus als ihre normalsichtigen Artgenossen. Das Wohlergehen der blinden Hühner wäre aller Voraussicht nach verbessert, weil das schmerzhafte Schnabelpicken wegfiele und die Tiere weniger Stress und Leid durch Angriffe von Artgenossen zu befürchten hätten. Dennoch würden wohl die meisten Menschen den Vorschlag spontan und entschieden ablehnen, durch biotechnische Manipulation oder gezielte Zucht blinde Hühner zu erzeugen.“

Blinde Hühner, so einige Forscher, sind in Käfighaltung „glücklicher“, da sie weniger Aggressionen ausgesetzt sind. Sammeln Sie Argumente für und gegen diese Manipulation und bilden Sie sich ihre eigene Meinung.

Versuchstier des Jahres

Seit 2003 ernennt der Bundesverband „Menschen für Tierrechte“ eine Tierart zum „Versuchstier des Jahres“.
2009 wurde das Kaninchen gekürt. Laut Bundeslandwirtschaftsministerium landen jährlich über 100 000 Kaninchen im Labor. Das sprichwörtliche „Versuchskaninchen“ ist nach Maus und Ratte das am häufigsten im Tierversuch eingesetzte Säugetier.

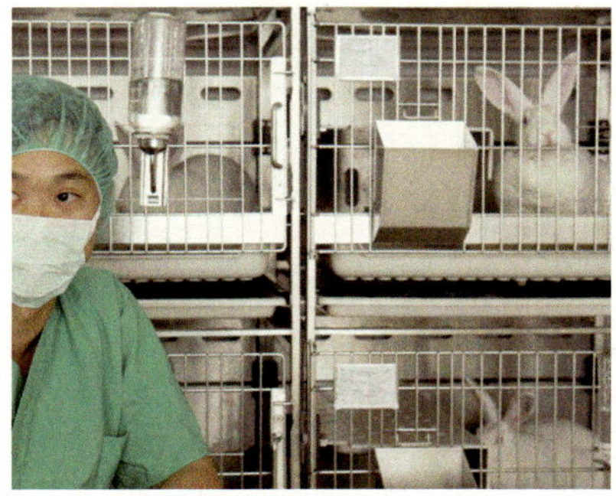

„Tierversuche sind ethisch und medizinisch fragwürdig und müssen so schnell wie möglich durch tierversuchsfreie Methoden ersetzt werden“, so Dr. Kurt Simons, Vorsitzender des Bundesverbandes.

Tierversuchen für Kosmetika sind ab dem 11. März 2009 EU-weit verboten. Gleichzeitig gilt auch ein EU-weites Verkaufsverbot von an Tieren getesteten Kosmetikprodukten.

Informieren Sie sich über weitere Einsatzbereiche von Versuchstieren und mögliche Alternativen.

Gefängnis oder Arche

30 Millionen Besucher verzeichnen deutsche Zoos jedes Jahr. Schon lange sind Zoos ein wichtiger Bestandteil unserer Kultur. Sie sollen neben Erholung und Unterhaltung auch der Bildung dienen. Tierschützer kritisieren jedoch, dass Zoos ein völlig falsches Bild der Tierwelt widerspiegeln.
Wildtiere sind in ihrem Verhalten und Körperbau auf ein Leben in der Wildnis angepasst. Anzeichen für Verhaltensstörungen sind sogenannte Stereotypien, etwa pausenloses Hin- und Herlaufen.

Gunther Nogge, Zoodirektor in Köln, beschreibt seine Erfolgsphilosophie: „Wenn die Tiere den Leuten Leid tun, haben wir etwas falsch gemacht.“

Nehmen Sie kritisch Stellung zu diesem Zitat.

Soziobiologie meets Philosophie

Die Soziobiologie, als neue Form der Verhaltensforschung, stellt den individuellen Fortpflanzungserfolg – die Weitergabe der eigenen Gene – in den Mittelpunkt ihrer Betrachtungen. Mit dem Versuch einer Übertragung dieser Erkenntnisse auf das Naturwesen Mensch und die menschliche Gesellschaft wuchs gleichzeitig auch eine scharfe Kritik an dieser Fachdisziplin.

Reziproker Altruismus?

„Was du nicht willst, das man dir tut, das füg auch keinem anderen zu." Diese goldene Regel findet sich in ähnlicher Form in allen Weltreligionen.

Christentum
„Alles nun, was ihr wollt, das Euch die Menschen tun sollen, das tut ihr ihnen auch!" [MATTHÄUS 7,12].

Islam
Keiner von Euch ist ein Gläubiger, so lange er nicht das für seinen Bruder wünscht, was er für sich selbst gewünscht hätte [MOHAMMED].

Judentum
Was dir weh tut, tue keinem anderen an. [Talmud, Shabbat]

Hinduismus
Dies ist die Summe aller Pflichten: tue keinem anderen das Leid an, was bei dir selbst Leid verursacht hätte [Mahabharata, V,1517].

Buddismus
Ein Zustand, der nicht angenehm oder erfreulich für mich ist, soll es auch nicht für ihn sein; und ein Zustand, der nicht angenehm oder erfreulich für mich ist, wie kann ich ihn einem anderen zumuten? [SAMYUTTA NIKAYA V]

Diese Goldene Regel als oberstes ethisches Prinzip der Gegenseitigkeit wurde von IMMANUEL KANT in seinem Kategorischen Imperativ konsequent ausgelegt und weiterentwickelt:

Immanuel Kant (1724 – 1804)

„Handle nur nach derjenigen Maxime, durch die du zugleich wollen kannst, dass sie ein allgemeines Gesetz werde."

Diskutieren Sie, ob man die goldene Regel der Weltreligionen und den Kategorischen Imperativ des Philosophen Kant als kulturelles Gegenstück zum reziproken Altruismus der Soziobiologie betrachten kann.

Xenophobie

Ablehnung des Fremden ist nicht nur ein Thema für Soziologen, Psychologen und Politikwissenschaftler, sondern nimmt auch in der Soziobiologie eine wichtige Rolle ein. „Schon Zellen können Verwandtschaft erkennen und Mediziner, die Organe verpflanzen, müssen mithilfe immunphysiologischer Techniken dieses Erkennungssystem unterlaufen, um ein Abstoßen des fremden Gewebes zu verhindern", erläutert PROF. DR. BERTHOLD HÖLLDOBLER. „Die Zellen unterscheiden also zwischen Selbst und Nicht-Selbst", sagt der Soziobiologe von der Universität Würzburg.

„Wir finden Verwandten-Erkennen und Diskriminieren von Nichtverwandten nicht nur bei Zellen und Geweben, sondern auch bei Organismen", so HÖLLDOBLER. „Wir schleppen offensichtlich ein archaisches, einstmals adaptives Merkmal mit uns herum: die Xenophobie, das Ablehnen solcher, die nicht in diese Gruppe passen, die anders sind. Ich bin überzeugt, dass dieses einstmals adaptive Verhalten – heute aber eine schwere evolutionsbiologische Belastung –, dass das eine angeborene Disposition ist, denn sie finden es weltweit." Die Aufgabe von ethischen Konzepten, wie z. B. der Religion und unserer Kultur sei es, uns diese archaischen Verhaltensweisen bewusst zu machen. Es dürfe keinesfalls der naturalistische Fehlschluss gezogen werden, dass die natürliche auch die erstrebenswerte Ordnung sei.

Jedoch kommen hier auch Gegenstimmen auf, die diese genetisch vorgegebene Tendenz, Fremdes abzulehnen, kritisieren. Neugier auf Unbekanntes oder eine Faszination der Exotik als ebenfalls genetisch vorgegebene Verhaltensmuster sprechen gegen die Aussagen HÖLLDOBLERS.

Informieren Sie sich über weitere Ursachen für die Entstehung von Xenophobie und die Weiterentwicklung zum Fremdenhass und suchen Sie nach geeigneten Maßnahmen diesen Ursachen entgegenzuwirken.

Sind wir frei?

„Genau das gleiche stelle ich an der menschlichen Maschine fest, nur mit dem Unterschied, dass bei der Bewegung der Tiere die Natur alles tut, während der Mensch bei den Seinen mithilft, insofern sein Wille frei ist," schrieb der französische Philosoph ROUSSEAU.

JEAN-JAQUES ROUSSEAU (1712 – 1788)

Vielfach gilt Moral, (Selbst)bewusstsein und freier Wille als Eigenschaften, die den Menschen von den Tieren abgrenzen. Neurowissenschaften und Soziobiologie haben uns in den vergangenen Jahren jedoch mit der Erkenntnis konfrontiert, dass unser Verhalten genetisch und neuronal determiniert und ein freier Wille eine reine Illusion sei. Denn unser Gehirn fange schon vor jeder bewussten Entscheidung zu einer Handlung an, diese Handlung zu initiieren.

Der Philosoph JÜRGEN HABERMAS warnt davor, dass dieses Weltbild die Grundlage des menschlichen Zusammenlebens gefährdet.

Nehmen Sie zu dieser Aussicht begründet Stellung.

Verhaltensbiologie

Brutpflegeverhalten

Die zu den Grabwespen gehörende *Dreiphasen-Sandwespe* überwintert als Dauerlarve in einem Kokon. Mitte Mai schlüpfen die Tiere. Die Weibchen zeigen nach der Begattung ein interessantes Brutpflegeverhalten. Dabei lassen sich drei Phasen deutlich unterscheiden:

1. Phase: Die Sandwespe gräbt ein Erdnest, das sie nach Fertigstellung mit Sandklümpchen und Holzstückchen vorläufig verschließt. Danach geht sie auf die Jagd nach einer Raupe. Diese wird durch einen Stich betäubt und ins Nest transportiert. Dort legt die Sandwespe ein Ei auf die Raupe, verlässt das Nest und verschließt es wieder. Die gelähmte Raupe dient der geschlüpften Larve als Nahrung.

2. Phase: In der Folgezeit besucht die Sandwespe das Nest mehrfach. Das geschieht entweder ohne Raupe („Inspektionsbesuch"), oder sie versorgt die geschlüpfte Larve mit ein bis drei weiteren Raupen („Proviantierbesuch"). Zwischendurch wird das Nest immer wieder verschlossen.

3. Phase: In diesem letzten Abschnitt wird die Larve kurz vor ihrer Verpuppung noch einmal mit bis zu zehn Raupen verproviantiert („Vielraupentag"). Danach wird das Nest endgültig verschlossen. Ein Sandwespenweibchen kann mehrere Nester im gleichen Zeitraum betreuen.

Das Verhalten von Grabwespen wurde vor allem von GERARD P. BAERENDS 1940 eingehend untersucht. Die untere Abbildung zeigt ein Protokoll der Beobachtungen zur Brutpflege einer Sandwespe an fünf Nestern.

Aufgaben

① Beschreiben Sie für jedes Nest, welche Phasen erkennbar sind.
② Beschreiben Sie den Zustand der Nester am Abend des 9. August.
③ Nennen Sie Gründe für die Annahme, dass das Brutpflegeverhalten genetisch festgelegt ist.

Störversuche

Ersetzt man in einem Nest eine junge Larve vor dem Inspektionsbesuch durch eine alte Larve, die sich gerade verpuppt, so verschließt die Sandwespe das Nest endgültig. Ersetzt man sie nach dem Inspizieren, so wird die Puppe entsprechend dem Entwicklungsgrad der weggenommenen Larve versorgt. Es werden also weitere Raupen eingetragen.

Aufgabe

④ Erläutern sie anhand der Störversuche die Bedeutung des Inspektionsbesuches.

Konditionierung bei Bienen

In einer Versuchsreihe wurden Bienen so in eine Apparatur eingeklemmt, dass sie nur noch Antennen und Rüssel bewegen konnten.

Wird nun eine Antenne der Biene mit einem Tropfen Zuckerlösung berührt, streckt das Tier den Rüssel heraus und versucht, die Zuckerlösung zu trinken. Wird zwei Sekunden vor der Zuckerlösung ein Duftreiz verabreicht, so ist nach wenigen Wiederholungen dieses Versuchsteils der Duftreiz allein in der Lage, das Herausstrecken des Rüssels auszulösen. Die Biene wurde auf diese Reizabfolge konditioniert.

In einem weiteren Versuch kann man das Verhalten der konditionierten Bienen in einem Y-Rohr untersuchen. Eine Bienengruppe wurde im vorangegangenen Experiment auf Nelkenduft konditioniert (Gruppe A) und eine zweite auf Rosenduft (Gruppe B).

— An den beiden Schenkeln des Rohrs werden die Düfte wechselweise geboten und die Wahl der eingesetzten Tiere wird jeweils registriert.
— In einer weiteren Versuchsreihe wird jedes einzelne Tier einer Gruppe mehrfach hintereinander mit den beiden Düften getestet, es erhält aber kein Zuckerwasser.
— In beiden Versuchsanordnungen verändert man die Auswahl der bedufteten Schenkelseite nach dem Zufallsprinzip.

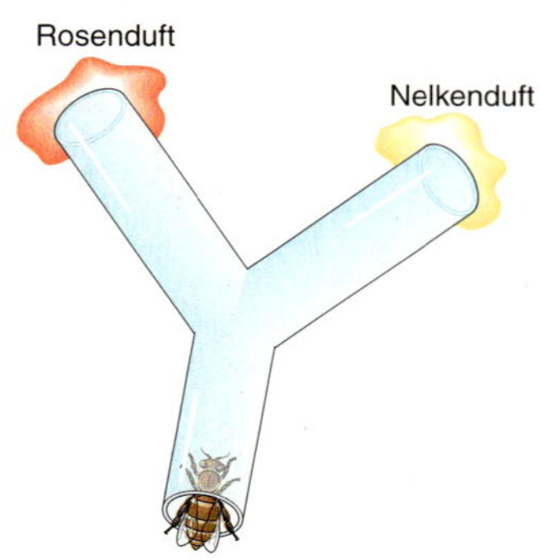

Aufgaben

⑤ Nennen sie die Art der Konditionierung und begründen Sie Ihre Entscheidung.
⑥ Beschreiben sie Ihre Erwartungen für Gruppe A beziehungsweise Gruppe B.
⑦ Erläutern Sie, warum der Nelkenduft nicht in allen Versuchen z. B. auf der linken Seite eingesetzt wurde.

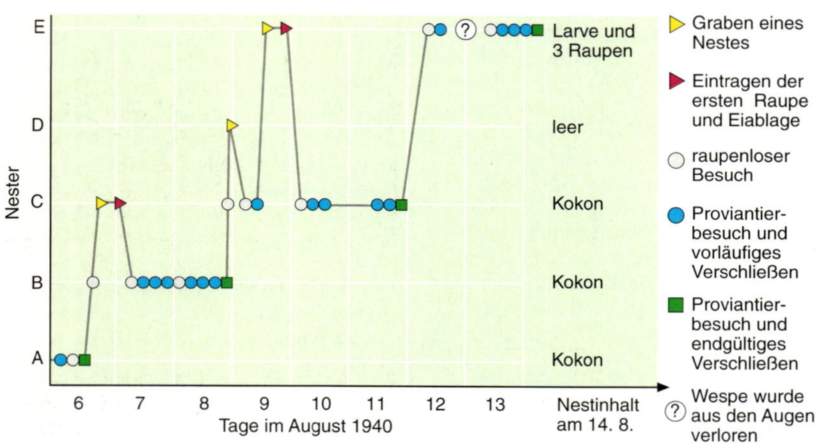

Fortpflanzung und Räuberdruck

Guppys, kleine Süßwasserfische, bewohnen in ihrem Verbreitungsgebiet ganz unterschiedliche Gewässer, in denen sie von ganz verschiedenen Raubfischen verfolgt werden. Bei einer Untersuchung fand man, dass sie in einem Gewässer (A) von einem Räuber verfolgt wurden, der besonders erfolgreich Jagd auf ausgewachsene große Guppys machte, in einem anderen Gewässer (B) erbeutete eine zweite Raubfischart besonders häufig die jüngeren, kleineren Guppys. In beiden Gewässern maß man die in den folgenden Grafiken dargestellten Zusammenhänge. Dabei ist der Reproduktionsaufwand der Anteil der Biomasse, den Weibchen in die Fortpflanzung stecken. Weibchen in Gewässer (A) wurden früher geschlechtsreif. Zuchtversuche in Aquarien ohne Raubfische zeigten, dass die verschiedenen Fortpflanzungsstrategien erblich bedingt sind.

Aufgabe

⑧ Fassen Sie die Aussagen der Abbildung zusammen und stellen Sie einen Zusammenhang zu den jeweiligen Räuberstrategien dar.

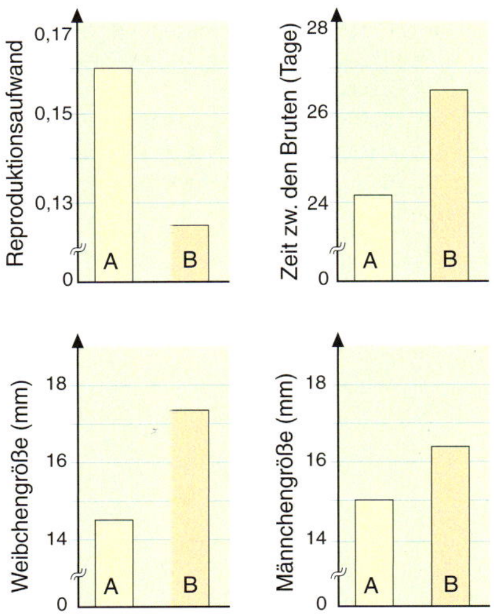

Fortpflanzung und Überlebensrate

Forscher untersuchten bei Kohlmeisen verschiedene Zusammenhänge, die in folgenden Abbildungen dargestellt sind. In Experimenten hat man Kohlmeisen zusätzliche Eier untergeschoben und so die durchschnittliche Gelegegröße von 8 auf 12 Eier erhöht. Später fing man die aus dem Nest ausgeflogenen Jungtiere wieder ein (c).

Abb. d zeigt den Zusammenhang zwischen der Anzahl aufgezogener Jungtiere und Überlebensrate der Eltern.

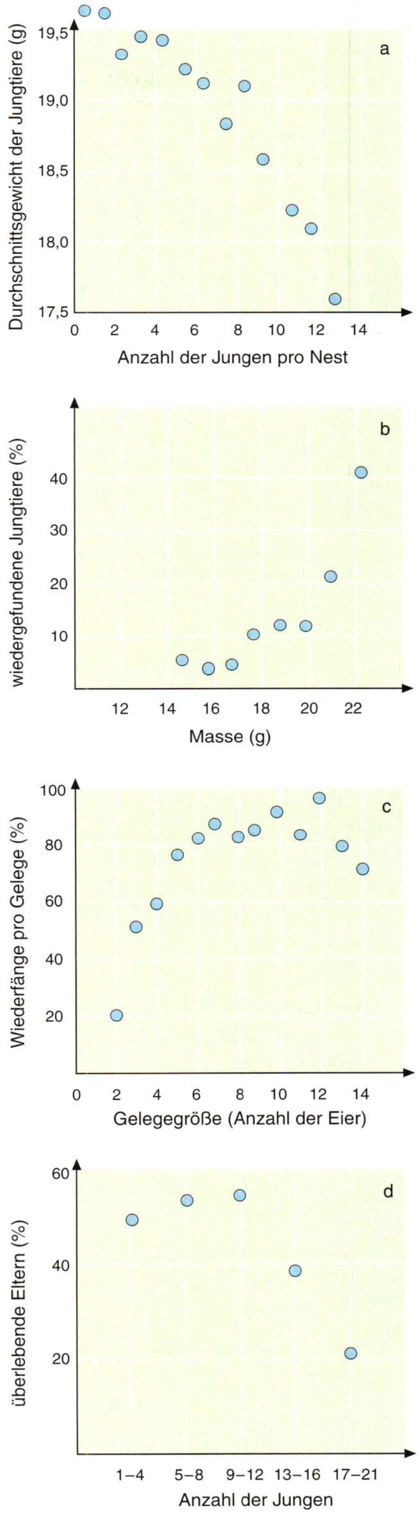

Fortpflanzung der Kohlmeise

Aufgaben

⑨ Fassen Sie die Ergebnisse der Abbildungen zusammen und stellen Sie Zusammenhänge zwischen den Einzelergebnissen her.

⑩ Erläutern Sie, welche Faktoren die optimale Gelegegröße bestimmen.

⑪ Erörtern Sie, welchen Einfluss ein gutes Futterangebot auf die Fortpflanzungsrate haben könnte.

Wachstum oder Fortpflanzung

Einsiedlerkrebse verbergen ihren empfindlichen Hinterleib in einem Schneckenhaus. Wird der Krebs größer, muss er eine neue Behausung finden, die etwas größer, aber nicht zu groß ist. Passende Schneckenhäuser sind selten. Ohne passendes Haus könnten sie nicht mehr weiter wachsen. Forscher hielten Einsiedlerkrebse mit einem begrenzten Angebot an Schneckenhäusern und in einem 2. Versuch mit einem unbegrenzten Angebot. Sie untersuchten die Größe der Krebse bei der Fortpflanzung und die entsprechende Gelegegröße. Sie stellten u. a. fest, dass Krebse mit unbegrenztem Angebot sich erst in höherem Alter fortpflanzten.

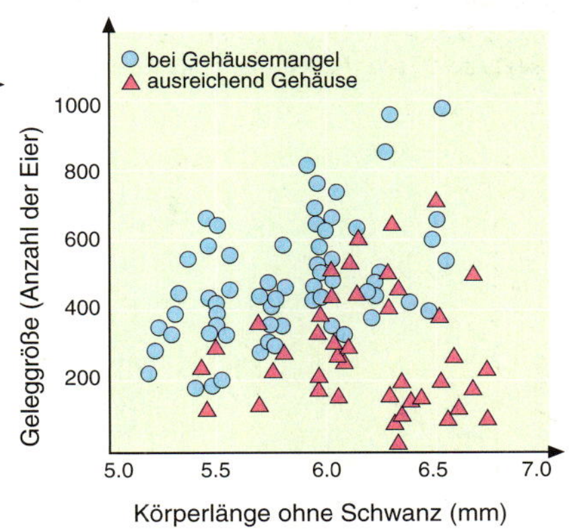

Aufgabe

⑫ Werten Sei den Text und die Abbildung aus. Deuten Sie das Ergebnis im Sinne einer Lebenslaufstrategie.

Basiskonzepte

Variabilität und Anpassung

Stoff- und Energieumwandlung

Struktur und Funktion

Entwicklung

in der Jahrgangsstufe 12

Reproduktion

Information und Kommunikation

Steuerung und Regelung

Organisationsebenen

Evolution

Ökologie

Ethologie

Basiskonzept Struktur und Funktion

Lebewesen und Lebensvorgänge sind an Strukturen gebunden. Immer wieder lässt sich ein Zusammenhang von Struktur und Funktion finden.
Diesen kann man durch Evolutionsprozesse erklären, also Anpassungsprozesse der Organismen an sich ändernde Umweltbedingungen.

Homologie und Analogie

Vergleicht man Strukturen oder Verhaltensweisen von Organismen, so kann man viele offensichtliche Homologien (Ähnlichkeiten aufgrund gleicher Herkunft) finden. Unterschiedliche Selektionsbedingungen führen schließlich zu vielfältigen Variationen. Die Beine der Insekten ermöglichen z. B. unterschiedliche Formen der Fortbewegung. Man findet bei den verschiedenen Insektenordnungen Laufbeine, Sprungbeine, Grabbeine und Schwimmbeine. Der Grundbauplan eines Insektenbeines besteht aus fünf Gliedern: Hüfte, Schenkelring, Schenkel, Schiene und Fußglieder. Das Fußende kann Krallen oder Haftbläschen aufweisen. Die Form der einzelnen Glieder ist unterschiedlich.

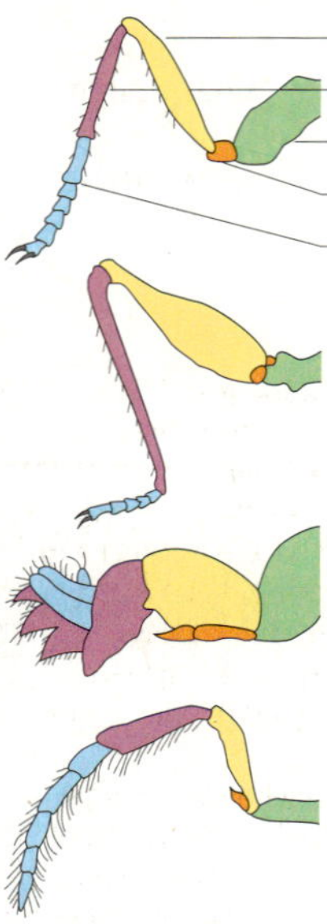

Strukturen können aber auch so abgewandelt sein, dass sie bei gleichem Selektionsdruck trotz eines ursprünglich unterschiedlichen Aufbaus gleichartige Aufgaben wahrnehmen (analoge Organe).

Koevolution

Verändert sich eine Art, beeinflusst dies auch die Umwelt der anderen Mitglieder der Biozönose. Eine solche wechselseitige Beeinflussung der Arten bezeichnet man als Koevolution. So sind z. B. der Bau einer Blüte und der Bau einer Tierart, welche den Pollen transportieren, meist exakt aufeinander abgestimmt.

Hominidenhand

Beim Menschen ist die Hand universell einsetzbar und erlaubt einen vielseitigen Werkzeuggebrauch. Der Daumen kann jedem Finger der Hand gegenübergestellt werden. Auf diese Weise ist ein Präzisionsgriff möglich. Das Hautleistenmuster mit den darunter liegenden Sinneszellen ermöglicht eine sehr feine Dosierung der Kraft. Im Unterschied zum Menschen halten Schimpansen den Gegenstand nur seitlich am Daumen, nicht mit der Daumenkuppe. Die Hände eignen sich somit nur zum einfachen Werkzeuggebrauch.

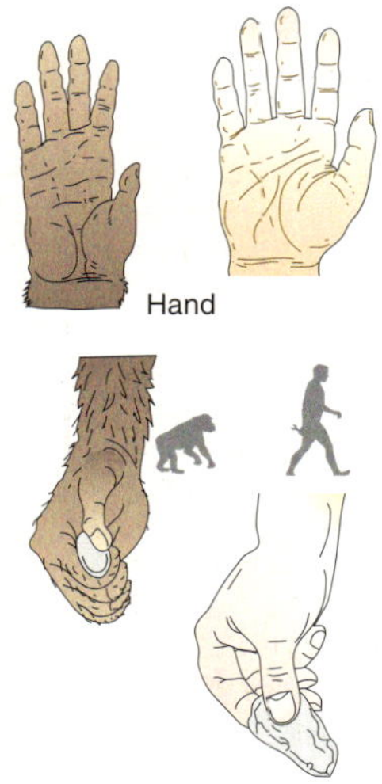

Schlüsselreiz

Der Begriff leitet sich von einem vereinfachenden Konzept ab. Eingehende Reize werden durch neuronale Mechanismen gefiltert und ein spezielles Reizmuster wird erkannt, worauf eine Reaktion erfolgt. Auch wenn die ablaufenden Mechanismen sicherlich komplexer sind als eine einfache Schlüssel-Schloss-Beziehung, so lassen sich doch gewisse Handlungen, wie z. B. das Revierverhalten des Stichlings damit gut beschreiben. Mithilfe von Attrappenversuchen lassen sich Schlüsselreize gezielt analysieren. Ausgehend von einer naturgetreuen Attrappe wird deren Struktur schrittweise reduziert bis die Reaktion nicht mehr ausgelöst wird.

Aufgaben

① Nennen Sie je zwei Beispiele für homologe und analoge Organe.
② Koevolution findet man auch bei Parasiten und deren Wirten. Beschreiben Sie mögliche Anpassungen der Parasiten und darauf folgende Gegenanpassungen der Wirte an Hand geeigneter Beispiele.
③ Vergleichen Sie Mensch und Schimpanse hinsichtlich der Anatomie und der Funktionsweise des Kehlkopfes.

Basiskonzept Reproduktion

Lebewesen haben im Gegensatz zur unbelebten Natur die Fähigkeit zur Reproduktion, d. h. zur Fortpflanzung. Dabei geben sie Erbinformationen weiter: Leben erzeugt Leben. Durch die individuell begrenzte Lebenszeit resultiert daraus eine Abfolge von Generationen, die Möglichkeit zur Veränderung und damit auch zur Evolution schafft.
Dazu tragen verschiedene Mechanismen bei, in die der Mensch zunehmend mehr in seinem Sinne verändernd eingreift. Als Beispiele seien hier die Fachgebiete Gentechnik oder die Reproduktionsmedizin genannt.

Rekombination und Vielfalt

Im Verlauf der Meiose werden die elterlichen Erbanlagen durch die zufällige Verteilung der homologen Chromosomen neu kombiniert. Innerhalb der Chromosomen können die Gene infolge eines Stückaustausches (Crossing over) umgruppiert werden. Daraus resultiert eine größere Vielfalt an Genotypen, die durch Selektion zu einer besseren Angepasstheit der Organismen an ihre Umwelt führt.

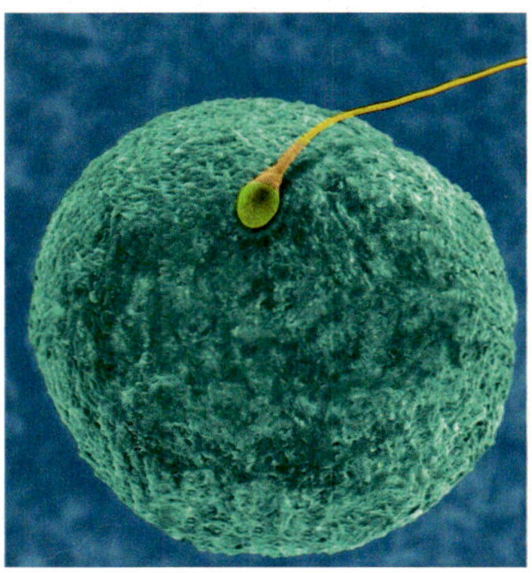

Replikation und Mutation

Die Replikation der DNA ist nicht immer ein perfektes Kopieren: Zufällige oder durch Mutagene verursachte Fehler in diesem Prozess führen zu Veränderungen der DNA (Mutationen oder Modifikationen). Diese Veränderungen sind bei gut angepassten Arten in den meisten Fällen negativ. In seltenen Fällen können dabei jedoch auch genetische Varianten erzeugt werden, die sozusagen „Probematerial" für die Evolution darstellen.

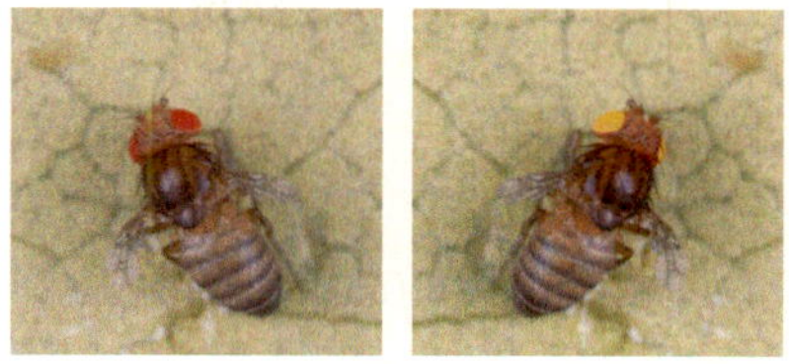

Ungeschlechtliche Fortpflanzung

Einzeller teilen sich, Pflanzen bilden Ausläufer, Brutknospen oder Tochterzwiebeln. Eine derartige ungeschlechtliche Fortpflanzung kommt bei höheren Tieren nicht vor. Jedoch können genetisch identische Organismen künstlich durch Klonen auch bei Säugetieren hergestellt werden. Ungeschlechtliche Fortpflanzung — in der keine Neukombination der Erbanlagen möglich ist — darf nicht verwechselt werden mit eingeschlechtlicher Fortpflanzung (Parthenogenese), die z. B. den Blattläusen eine Massenvermehrung ermöglicht.

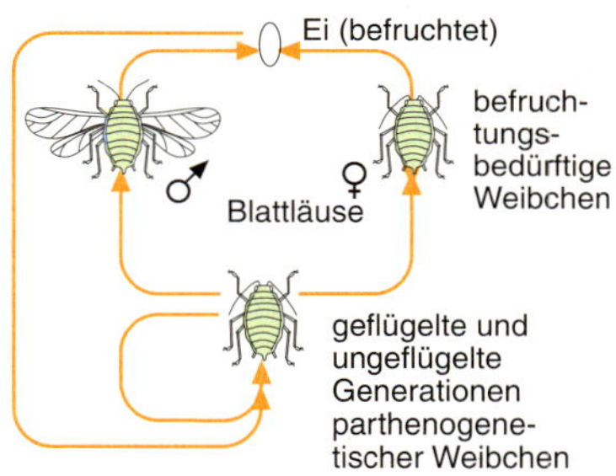

Fortpflanzungsstrategien

Eltern investieren in ihren Nachwuchs. Das verursacht Kosten. Bestimmte Verhaltensstrategien gewährleisten einen möglichst effektiven Einsatz der begrenzten Kapazitäten. Dies kann sich darin äußern, dass sich eine Organismenart im Verlauf ihres Lebens selten fortpflanzt, dabei aber zum Beispiel durch Brutpflege viel investiert (z. B. Elefanten). Eine andere Organismenart kann mit weniger Aufwand häufiger viele Nachkommen haben (z. B. Frösche). Durch die Selektion wird jeweils der bestmögliche Kompromiss begünstigt. Ausschlaggebend sind fast immer ökologische Faktoren.

Auch die Paarungssysteme können sehr unterschiedlich sein. Manche Organismenarten, wie z. B. die Heckenbraunelle, können je nach Bedingungen unterschiedliche Sozialsysteme bevorzugen.

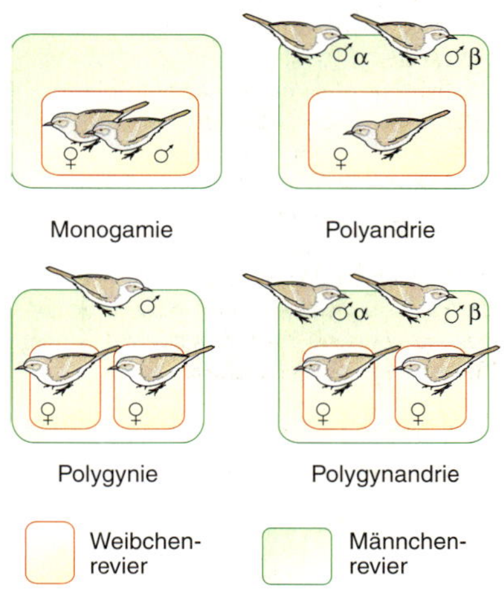

Aufgaben

1. Die sogenannte Big-Bang-Strategie wird z. B. von einigen Bambusgewächsen verfolgt: Die Organismen durchlaufen viele Jahre nur vegetative Wachstumsphasen, investieren dann ihre gesamte Energie in eine einzige sexuelle Reproduktionsphase und sterben danach ab. Nennen Sie Vor- und Nachteile dieser Strategie.
2. Buschblauhäher haben sogenannte „Helfer am Nest", die sich selbst nicht fortpflanzen. Unter welchen Bedingungen kann dieses auf den ersten Blick altruistische Verhalten einen reproduktiven Fitnessgewinn darstellen?
3. Stellen sie die Vor- und Nachteile der geschlechtlichen und ungeschlechtlichen Fortpflanzung dar.

Basiskonzept Stoff- und Energieumwandlung

Lebewesen können nur existieren, indem sie ihrer Umwelt ständig Stoffe und Energie entnehmen, diese umwandeln und in anderer Form wieder abgeben. Es sind offene Systeme in einem Fließgleichgewicht. Dabei sind die meisten natürlichen Prozesse darauf abgestimmt, keinen „Abfall“ zu erzeugen und „rückstandsfrei“ zu arbeiten. Viele Produktionsverfahren der Menschen bauen mit Energieaufwand Rohstoffressourcen ab und setzen sie — wieder unter großem Energieaufwand — in Konsumgüter um, die dann zumindest teilweise auf Müllhalden landen.

Ernährungsweisen

Im Verlauf der Evolution entwickelten sich verschiedene Ernährungsweisen. Die ersten Urzellen nahmen wahrscheinlich organische Stoffe aus der „Ursuppe“ auf und wandelten sie anaerob um. Sie waren also heterotroph. Zellen, die ihren Energiebedarf aus der Nutzung anorganischer Reaktionen decken konnten, hatten Vorteile gegenüber den Urzellen. Sie waren autotroph, benötigten dazu aber Verbindungen wie z. B. H_2S.
Nur eine Energiequelle war im Laufe der Evolution immer und in ausreichender Menge vorhanden, das Sonnenlicht. Diese Energiequelle in der Fotosynthese zu nutzen und dabei Sauerstoff freizusetzen, war ein ganz entscheidender Schritt in der Evolutionsgeschichte. Nun hatten heterotrophe Prokaryoten, die organische Stoffe aerob mit hoher Energieausbeute nutzen konnten, einen Vorteil.

Nachhaltigkeit

Das „Prinzip der Nachhaltigkeit“ bezog sich im 19. Jahrhundert nur auf die Forstwirtschaft. Es bedeutete, dass nur so viel Holz geerntet werden sollte, wie in dem jeweiligen Anbaugebiet nachwächst. Der Begriff steht heute für die Nutzung eines Ökosystems, ohne dessen Ressourcen zu erschöpfen. Da der Mensch dieses Prinzip häufig in bedrohlicher Weise verletzt, wurde erstmals 1992 auf der Umweltkonferenz in Rio de Janeiro eine „nachhaltige Entwicklung“ (sustainable development) eingefordert. Entsprechend der später formulierten Agenda 21 werden damit Produktionsmethoden bezeichnet, die neben sozialen und ökonomischen Aspekten auch an einem schonendem Umgang mit den Ressourcen der Erde orientiert sind, wozu auch die Vielfalt der Arten gehört.

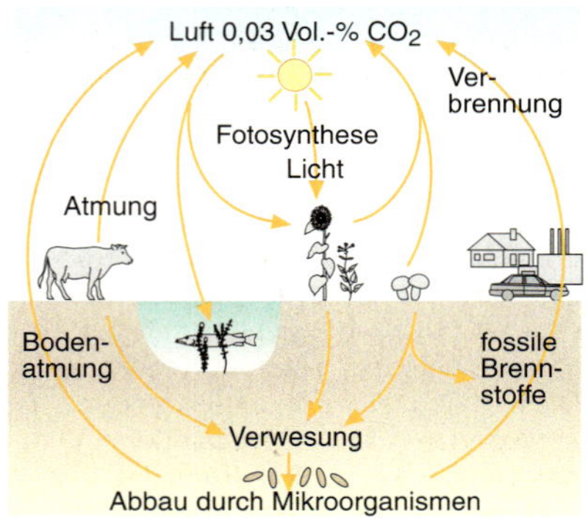

Energieumwandlung

Der durch Menschen verursachte, weltweite Energiekonsum ist in den letzten Jahren explosionsartig gestiegen. Entscheidend für unsere Zukunft ist eine Reduktion dieses Konsums auf der Erde. Wir verschwenden kostbare Energieformen und wandeln sie letztendlich in für uns nicht mehr nutzbare Wärmeenergie um.
Energie wird nicht nur beim Auf- und abbau organischer Substanzen, sondern auch bei Reaktionen und beim Umbau anorganischer Substanzen, wie z. B. dem Auf- und Abbau bodennahen Ozons, umgewandelt. Durch anthropogene Einflüsse ist auch dieser Kreislauf gestört.

Kosten-Nutzen-Analyse

Nach der Theorie der optimalen Lebensstrategie entwickelten sich Organismen dahingehend, ihre eigenen Energieressourcen so einzusetzen, dass sie unter Einsatz minimaler Kosten ihren eigenen Nutzen maximieren. Übersteigen z. B. die Kosten zur Sicherung der Reviergrenze den Nutzen, also den Energiegewinn durch die Sicherung der Nahrungsquelle, wird das Revier verkleinert.

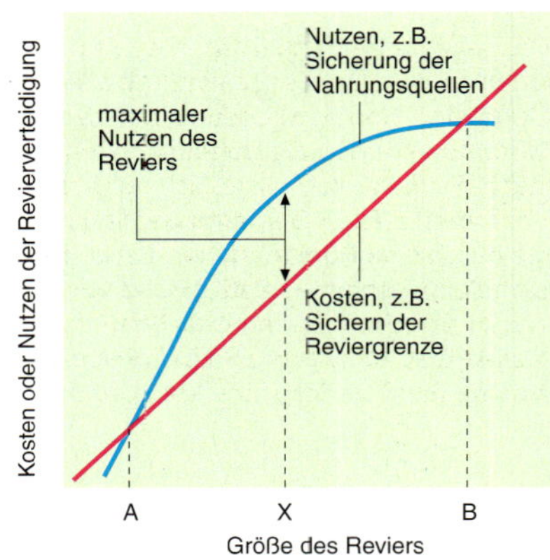

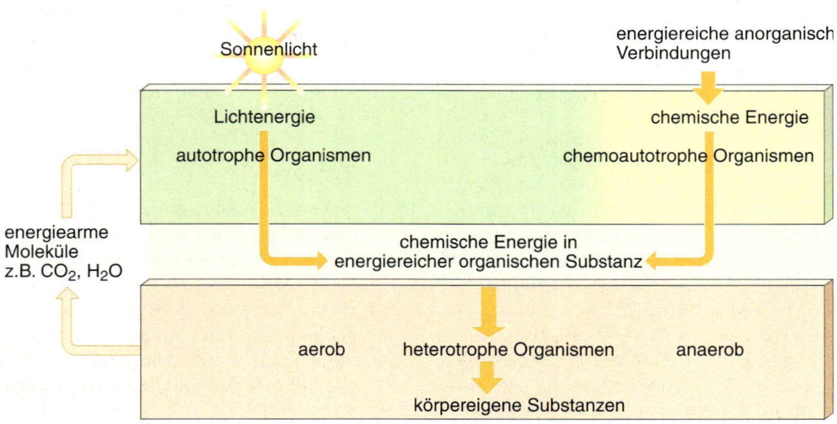

Aufgaben

① Die Reaktionsgeschwindigkeit-Temperatur-Regel (RGT-Regel) besagt, dass durch eine Temperaturerhöhung um 10 °C die Reaktionsgeschwindigkeit um das 2- bis 4-fache steigt. Zeigen Sie die Gültigkeit dieser Regel an Beispielen aus der Biologie.

② Die Zellatmung hat für die Energiegewinnung aerober Organismen eine zentrale Bedeutung. Informieren Sie sich, welche Stoffwechselwege in die Glycolyse, den Tricarbonsäurezyklus und die Atmungskette münden. Vergleichen Sie diese Vernetzungen mit einem geeigneten, technischen Beispiel.

Basiskonzept Organisationsebenen

Lebensphänomene lassen sich auf verschiedenen Organisationsebenen erklären. Jedes Lebewesen kann man als einzelnes Individuum oder als Mitglied einer Gruppe betrachten. Alle Mitglieder einer Gruppe gehören einer Art an und bilden eine Population. Diese steht wiederum in enger Beziehung zu anderen Populationen, zusammen bilden sie eine *Biozönose*. Alle Lebewesen bilden mit ihrer unbelebten Umwelt ein nicht trennbares Wirkungsgefüge, das Ökosystem.

Evolution

Mutation und Rekombination des genetischen Materials führen zu abgestuften Ähnlichkeiten unter Individuen. Alle Individuen einer Art sind verschieden. Diese Form der Vielfalt bezeichnet man als *genetische Variabilität*. Eine Selektion setzt auf Ebene der Individuen an.

Die genetische Variabilität einer Population wird durch die Gesamtheit aller Gene, den *Genpool*, bestimmt. Einzelne Mutanten können die genetische Variabilität in Populationen erheblich verändern. So kommt z. B. in Gebieten der Malaria die durch eine Punktmutation ausgelöste Sichelzellenanämie relativ häufig vor. Träger des Sichelzellenallels besitzen in diesen Gebieten einen Selektionsvorteil, weil sie nicht an Malaria erkrankten.

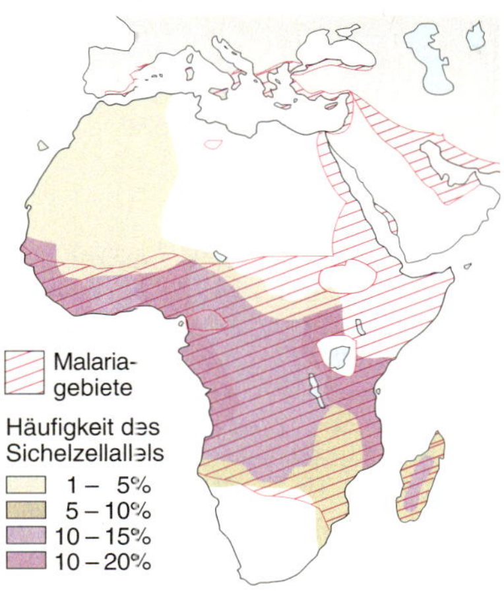

Die genetische Vielfalt innerhalb einer Art ist das Ausgangsmaterial der Evolution. Die Evolution der Organismen und die Anpassung an variable Umweltbedingungen sind die Hauptursache der Evolution von Ökosystemen.

Ökologie

Die *Autökologie* betrachtet die Beziehungen des einzelnen Individuums zu seiner Umwelt. Autökologische Untersuchungen benötigen die lange Verknüpfung vor allem zur Physiologie.

Zur Umwelt eines Individuums gehören neben den abiotischen Umweltfaktoren des *Biotops* auch Artgenossen und Individuen anderer Arten. Die *Populationsökologie* stellt diese Perspektive in den Mittelpunkt.

Die zwischenartlichen Beziehungen der Lebewesen können sehr unterschiedlich sein: so können Individuen anderer Arten die eigene Vitalität fördern (z. B. durch Symbiose), aber auch hemmen. Diese Wechselbeziehungen der verschiedenen Arten untereinander sind das Thema der *Synökologie* oder *Ökosystemforschung*. Sie hat viele Verknüpfungen an die Populationsökologie.

Alle im gleichen Lebensraum vorkommenden Organismen stehen in vielfältigen Wechselbeziehungen und bilden eine Lebensgemeinschaft oder *Biozönose*. Biotope und Biozönosen bilden gemeinsam eine große funktionelle Einheit, das Ökosystem. Die Ökosysteme auf der Erde sind sehr vielfältig: es gibt Meeresökosysteme, Süßwasserökosysteme und eine große Vielfalt von Landökosystemen. Die Gesamtheit der Ökosysteme der Erde bildet die *Biosphäre*.

Verhaltensbiologie

Die Verhaltensbiologie untersucht das Verhalten von Individuen und vergleicht es zwischen Individuen und Arten. Grundlage aller Verhaltensforschung ist die *Neurophysiologie*. Neuronale Signale steuern Körperfunktionen und Verhalten. Die *klassische Ethologie* bemüht sich vor allem um die Beschreibung der Verhaltensweisen einzelner Tiere.

„Welche Vor- und Nachteile haben Verhaltensunterschiede für die individuelle Fitness und wie wirken sie sich auf die gesamte Population aus? Aus welchem Grund bilden sich Sozialverbände und Hierarchien?“ Diese Fragestellungen sind Teil der Soziobiologie, die sich mit den evolutiven Ursachen des Sozialverhaltens von Tiergruppen beschäftigt.

Die Verhaltensökologie schließlich beschreibt und analysiert das Verhalten der Lebewesen in einer spezifischen Umwelt und untersucht deren Anpassung im Verlauf der Evolution.

Aufgaben

① Definieren Sie die Begriffe Biotop, Biozönose, Ökosystem und Biosphäre und geben Sie je ein passendes Beispiel an.

② Überlegen Sie sich zu jedem Teilgebiet der Verhaltensbiologie eine passende Fragestellung, die von Verhaltensforschern untersucht werden könnte.

Basiskonzept Information und Kommunikation

Lebewesen nehmen Informationen auf, speichern und verarbeiten sie und kommunizieren miteinander. Voraussetzungen sind eine gemeinsame „Sprache" und geeignete Aufnahme-, Speicher- und Abgabemechanismen.

Das Wort „Information" wird im Alltag unterschiedlich benutzt: Objekte wie z.B. eine CD *enthalten* Informationen. Organismen enthalten nicht nur Informationen, sondern *erhalten* sie auch. In der Ethologie kann man *Information* definieren als eine Mitteilung, die aus einer räumlichen oder zeitlichen Folge von Signalen besteht, die beim Empfänger eine bestimmte Reaktion hervorruft. *Kommunikation* ist eine wechselseitige, aufeinander abgestimmte Informationsübertragung. Sie kann sowohl zwischen Organismen als auch innerhalb eines Organismus und in der Zelle stattfinden.

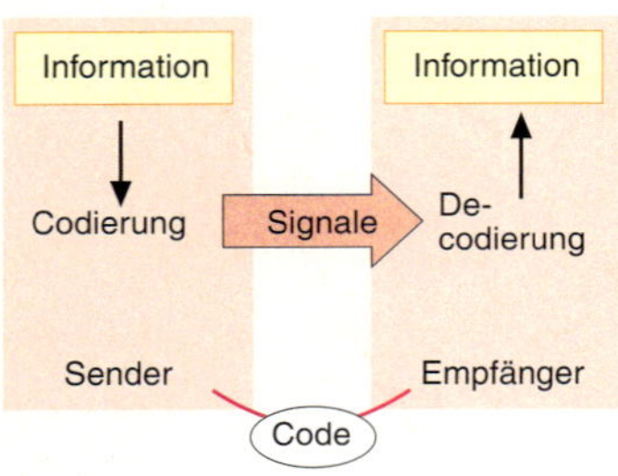

Sender und Empfänger

In einer Kommunikationskette geht vom Sender das verschlüsselte Signal aus, das beim Empfänger nicht nur ankommen, sondern auch entschlüsselt werden muss, d. h. Signale und Verarbeitungsmechanismen müssen aufeinander abgestimmt sein. Ein Beispiel dafür sind *Pheromone*. Diese Signalstoffe dienen der Kommunikation zwischen Individuen einer Art. *Bombykol* — der Sexuallockstoff des Seidenspinners — wird von den Weibchen produziert. Die entsprechenden chemischen Rezeptoren in den großen Antennen der männlichen Schmetterlinge reagieren noch auf äußerst geringe Konzentrationen der Substanz.

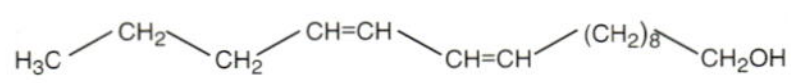

Strukturformel von Bombykol

Pheromonrezeptoren am Sinneshaar

Verständigung

Der Begriff „Sprache" bezieht sich im engeren Sinn nur auf die verbale Kommunikation zwischen Menschen. Im weiteren Sinn versteht man darunter auch die Symbolsprache (Zeichensprache) oder die Sprache der Tiere (z. B. Bienentanz oder Ausdrucksverhalten). In Sozialverbänden sind optische, chemische und akustische Signale zur Verständigung wichtig für den Zusammenhalt oder für gemeinsame Aktivitäten. Auch Pflanzen kommunizieren untereinander oder mit Tieren, wenn z. B. Alarmsubstanzen bei Schädlingsbefall abgegeben werden.

Genetische Information

Nach jahrzehntelanger molekulargenetischer Detektivarbeit wurde die Desoxyribonucleinsäure als Träger der Erbinformation identifiziert. In der DNA ist die Erbinformation in der Abfolge der Basen verschlüsselt. Der genetische Code ist fast universell. 61 der möglichen 64 Basentripletts werden in eine Aminosäure übersetzt. Drei Tripletts fungieren als Stopp-Signal, zwei Tripletts gleichzeitig als Start-Signal und als Signal für eine Aminosäure. Mit der Primärstruktur, der Abfolge der Aminosäuren, werden auch die Raumstruktur und damit die Funktionsweise eines Proteins wesentlich festgelegt.

Neue Allele entstehen ausschließlich durch Veränderungen der genetischen Information, durch sogenannte Mutationen. Somit lassen sich Mutationen als „Motor der Evolution" bezeichnen.

Codierung und Decodierung

Ein Code ist eine eindeutige Vorschrift zur Umwandlung von Information aus einer Sprache in eine andere. Morsealphabet, die Verschlüsselung von Texten in Bits und Bytes oder das Telefon illustrieren dies. Mit dem genetischen Code z. B. wird die Information aus der „Sprache der Nucleinsäuren" in die „Sprache der Aminosäuren" übersetzt.

Mit einer Codierung kann eine Informationsübertragung auch sicherer gemacht werden. Nervenzellen senden frequenzcodiert und rechnen amplitudenmoduliert.

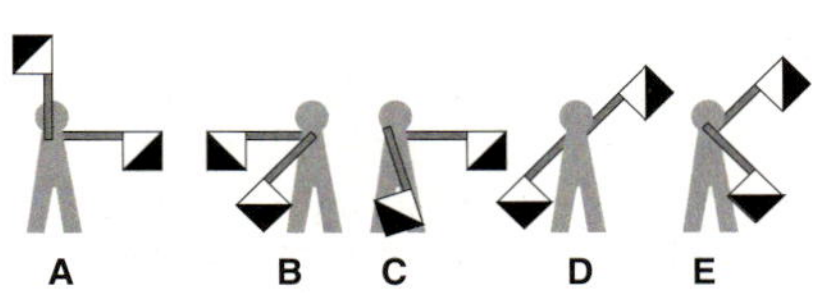

Aufgaben

① Bücher, Filme, eine CD oder DVD sind Beispiele für technische Speichermedien. Vergleichen Sie diese Datenträger mit verschiedenen biologischen Informationsträgern hinsichtlich der Art der Information, ihrer Speicherung und Weitergabe.

② Stellen Sie für je ein Beispiel aus der Verhaltensbiologie, Neurophysiologie, Genetik und Evolutionsbiologie dar, wie Sender und Empfänger aufeinander abgestimmt sind.

③ Diskutieren Sie die Bedeutung der Signalfarben in den Balztrachten vieler Tiere. Vergleichen Sie diese mit der Funktion von Warnfarben.

④ Informieren Sie sich über Fälle des „betrügerischen" Signalisierens im Tierreich und beschreiben Sie Beispiele dazu.

⑤ Diskutieren Sie, ob man die Lautäußerungen „sprechender" Papageien als Sprache bezeichnen kann.

⑥ Fertigen Sie eine Mindmap zum Thema „Körpersprache" an.

Basiskonzept Entwicklung

Lebendige Systeme verändern sich im Laufe der Zeit. Man kann hierbei zwischen der Individualentwicklung und der evolutionären Entwicklung unterscheiden.

„Nothing in biology makes sense except in the light of evolution." Dieser Satz von THEODOSIUS DOBZHANSKY (1900—1975) verdeutlicht, dass alle Beobachtungen in der Biologie letztlich durch Evolutionsprozesse erklärt werden können. Alle heute existierenden Arten einschließlich des Menschen haben einen gemeinsamen Ursprung. Über die Zeit betrachtet ist nur die Dauer der gemeinsamen Entwicklung unterschiedlich. Das Maß für diese gemeinsame Geschichte ist der Verwandtschaftsgrad.

Evolutionsschübe

Größere Katastrophen und andere Ereignisse mit zufälliger Auswahl der sterbenden Individuen können die Allelhäufigkeiten im Genpool einer Art verändern, auch ohne dass eine Selektion stattfindet. Dieses Phänomen bezeichnet man als Gendrift. So findet man nach größerem Massenaussterben meist einen offensichtlichen Evolutionsschub. Dies liegt auch an der großen Anzahl der nun freien ökologischen Nischen.

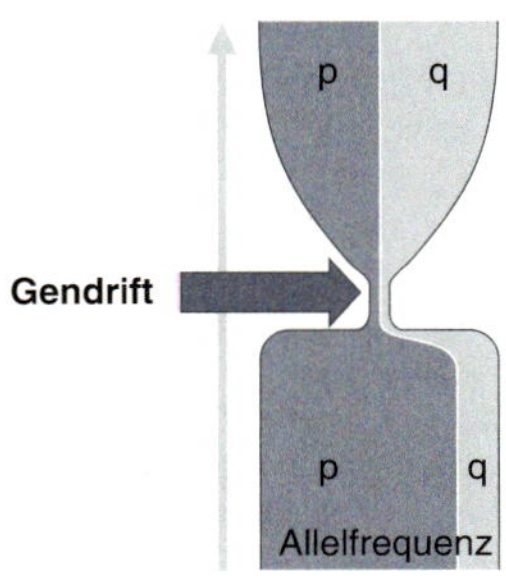

Isolation und Artbildung

Zwischen isolierten Teilpopulationen einer Art findet kein genetischer Austausch mehr statt. Die Genpools der getrennten Populationen verändern sich dann unabhängig voneinander und werden sich nach einiger Zeit unterscheiden. Auf diese Weise können sich Arten aufspalten. Oft ist dafür zunächst eine räumliche Isolation entscheidend, anschließend wird die genetische Isolation durch ökologische, ethologische, morphologische und andere Mechanismen aufrechterhalten.

Populationsentwicklung

Die Individuenzahl einer Population ist über einen längeren Zeitraum immer Schwankungen unterworfen. Die ursächlichen Faktoren können dichteabhängig (z. B. Nahrungsressourcen) oder dichteunabhängig (z. B. Katastrophen) sein.

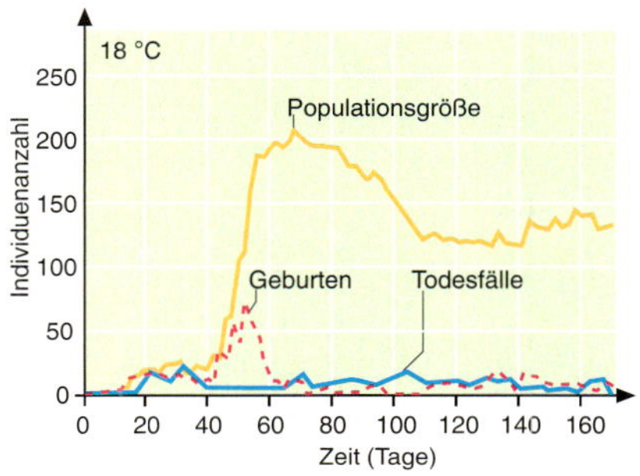

Ökologische Entwicklung

Eine Abfolge von Lebensgemeinschaften nennt man eine Sukzession. Man unterscheidet Sukzessionen, die sich zu einem neuen Ökosystem wieder herstellen von Sukzessionen, die mit dem Verbrach des Ökosystems enden.

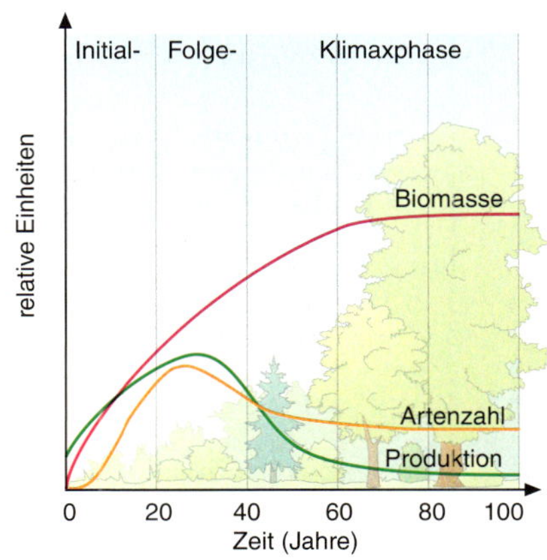

Homonidenentwicklung

Die Hominidenentwicklung ist ein interessantes Forschungsgebiet. Hypothetische Stammbäume haben jedoch wegen der relativ geringen Anzahl an Funden einen stark hypothetischen Charakter.

Der aufrechte Gang ermöglichte den Gebrauch der Hände. Das — so vermutet man — förderte zum einen die Entwicklung der Werkzeugherstellung, zum anderen die Entwicklung des Sozialverhaltens. Die Zunahme des Gehirnvolumens begünstigte die Entstehung menschlicher Gesellschaften mit komplizierten Sozialstrukturen, in denen Arbeitsteilung praktiziert wurde. Die Entwicklung einer abstrakten Wortsprache war Voraussetzung dafür, dass sich die menschliche Kultur entfalten konnte.

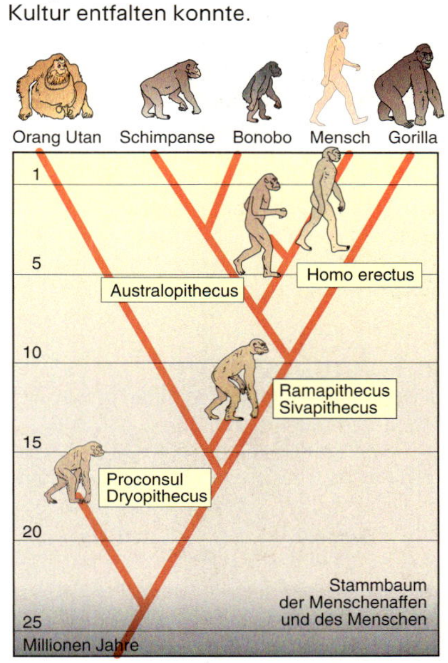

Aufgaben

① Informieren Sie sich über die Veränderung der Kontinente im Laufe der Erdgeschichte.

② Analysieren Sie die besonderen Einflüsse, denen Inselpopulationen ausgesetzt sind, unter genetischen und evolutionsbiologischen Aspekten.

③ Untersuchen Sie die Sukzession in einem selbst hergestellten Heuaufguss. Stellt dieses Beispiel eine autotrophe oder heterotrophe Sukzession dar? Begründen Sie Ihre Meinung.

④ Der Bestand an Rebhühnern ist in den letzten Jahrzehnten deutlich zurückgegangen. Entwerfen Sie eine Versuchsanordnung, um in einem Feldversuch nachzuweisen, ob die Dichte des Rebhuhns von Nahrung und Lebensraum oder von der Zahl ihrer Räuber abhängt.

Basiskonzept Variabilität und Anpassung

Betrachtet man die Gliedmaßen der Wirbeltiere und ihren Körperbau, so ergeben sich meist eindeutige Hinweise auf Lebensraum und Lebensweise. Eine derartige Beziehung zwischen Bau, Funktion und Umwelt gilt für alle Lebewesen. Als *Angepasstheit* wird sie dann bezeichnet, wenn eine Struktur und die damit verbundene Funktion das Überleben des Organismus fördert. Angepasstheit wird durch *Variabilität* ermöglicht und durch Selektion bewirkt. Einige Varianten erfüllen die Anforderungen der Lebensbedingungen besser als andere. Sind die Variationen genetisch fixiert, unterliegen sie der Selektion und bleiben bevorzugt erhalten oder sterben aus. Dadurch entsteht – im Verlauf vieler Schritte bzw. Generationen – die Angepasstheit bezüglich der augenblicklichen Umwelt.

Polymorphismus

Genetische Variabilität bedeutet, dass die Individuen in einer Population genetisch bedingt ein unterschiedliches Erscheinungsbild zeigen, aber keine Unterarten oder Rassen darstellen. Vergleicht man z. B. Hainbänderschnecken aus unterschiedlichen Lebensräumen, so stellt man fest, dass die verschiedenen Varianten in diesen Lebensräumen auch unterschiedlich oft vorkommen. Diese Entwicklungsstrategie erreicht durch ihre Vielfältigkeit eine Anpassung an verschiedenste Lebensräume.

Gestalt und Umwelt

Durch eine ähnliche Lebensweise können unabhängig von der Verwandtschaft der Arten weitgehende Übereinstimmungen in der Form und Gestalt des Körpers oder einzelner Organe entstehen. Ein bekanntes Beispiel für diese Konvergenz ist die strömungsgünstige Körperform verschiedener Wirbeltierarten. Umgekehrt können sich aber auch – wie die Darwinfinken zeigen – *Gründerpopulationen* in zahlreiche neue Arten auffächern, wenn die Umwelt dies zulässt *(adaptive Radiation)*.

Optimierung

Ziel einer Optimierung kann es sein, mit einem Minimum an Aufwand ein Maximum an Nutzen zu erreichen und unter dem Aspekt der Wirtschaftlichkeit die Ressourcen zu schonen. Biologen untersuchen ähnlich wie Wirtschaftswissenschaftler Gewinn und Verlust, in der Biologie, aber bezogen auf Kosten und Nutzen der in der Evolution entstandenen Angepasstheiten. Als Kosten gelten die Energiemengen, die investiert werden; der Nutzen bezieht sich auf Fitnessgewinn.

Tarnung

Merkmale, die vor Fressfeinden schützen, verschaffen einen Selektionsvorteil. In der Natur lassen sich viele erstaunliche und wirksame Schutzeinrichtungen beobachten. Zahlreiche Tierarten haben eine Körperfärbung, durch die sie gut getarnt sind.

Dieser im Verlauf der Evolution erreichte Zustand der Angepasstheit wird häufig von dem Prozess der Anpassung unterschieden. Damit ist nicht eine schrittweise genetische Veränderung über mehrere Generationen gemeint, sondern die individuelle Anpassung, wie sie z. B. das Chamäleon demonstriert bzw. wie sie durch Modifikation hervorgerufen wird.

Lernen macht variabel

Unter Lernen versteht man Vorgänge, bei denen sich Verhaltensweisen durch Erfahrung verändern. Durch Lernvorgänge können Lebewesen auf spezielle und bis zu einem gewissen Grade auch auf sich verändernde Umweltbedingungen variabel reagieren.

Aufgaben

1. Viele Krankheitserreger lassen sich durch Antibiotika nicht mehr bekämpfen. Beschreiben Sie den Prozess der Resistenzbildung und ermitteln Sie den Bezug zu Variabilität und Angepasstheit.
2. Vergleichen Sie die Umfärbung der Scholle, eines Hermelins und die Tarnfarbe eines Feldhasen unter dem Aspekt von Anpassung und Angepasstheit.
3. Erkundigen Sie sich über die Ursachen des Farbwechsels bei Chamäleons.
4. Wenden Sie die Kosten-Nutzen-Analyse beim Balzverhalten des Pfaus an.

Basiskonzept Steuerung und Regelung

Organismen und Lebensgemeinschaften halten viele Zustandsgrößen weitgehend konstant, auch wenn innere und äußere Faktoren sich kurzfristig erheblich ändern. Durch *Regelung* wird erreicht, dass diese Größen in einem funktionsgerechten Rahmen bleiben. In Anlehnung an die technische Kybernetik wird der dabei angestrebte Wert als Sollwert bezeichnet. Für bestimmte Vorgänge ist es möglich, den angestrebten Sollwert gegebenen Veränderungen anzupassen. Während durch die Regelung ein Zustand aufrechterhalten wird, kann durch Steuerung die Intensität oder Richtung von Vorgängen geändert werden. Typisch für die Regelung ist die negative Rückkopplung. Die meisten Prozesse in der Natur sind weitgehend geregelt.

Pupillenreaktion

Der Pupillenreflex ist ein Beispiel einer Proportionalregelung: Bei verstärktem Lichteinfall verkleinert sich die Pupille, bei vermindertem Lichteinfall vergrößert sie sich jeweils entsprechend der augenblicklichen Regelabweichung.

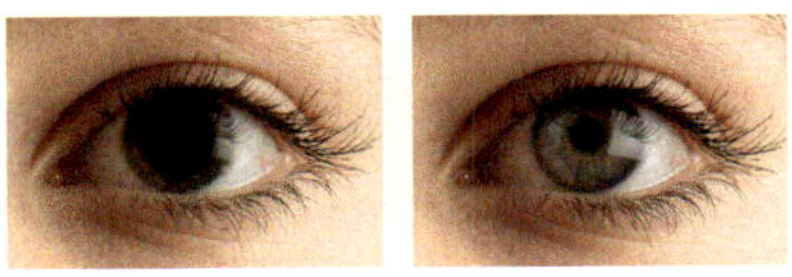

Im Unterschied zur einfachsten Form des Regelkreises enthält dieses System bereits ein Führungsglied. Es ermöglicht eine Verstellung des Sollwerts.

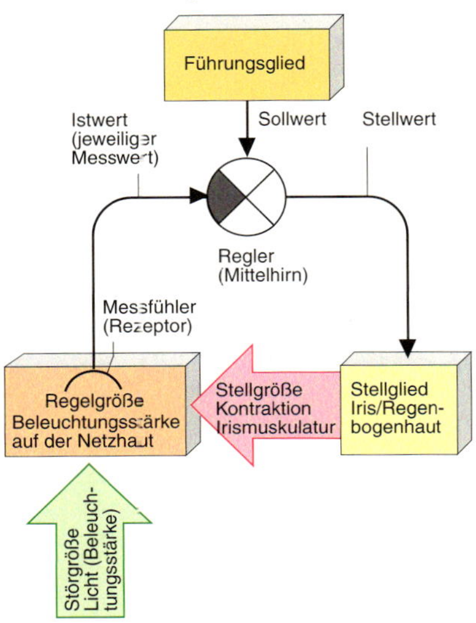

Vereinfachend lässt sich dies mit einer Wasserstandsregelung vergleichen.

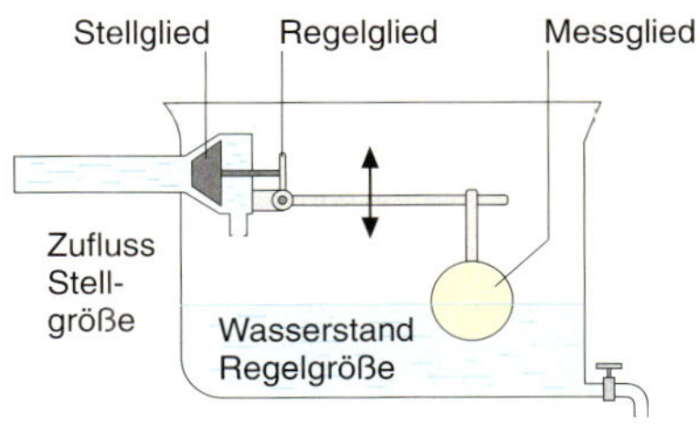

Automatische Wasserstandsregelung

Bernhard Hassenstein wandte in den 70er Jahren die Symbole der Regeltechnik auf Beispiele aus der Verhaltensbiologie an. Für das Instinktverhalten und verschiedene Lernformen entwickelte er sogenannte Funktionsschaltbilder, welche die vermutlich beteiligten Instanzen in Beziehung setzen und die Situation während des Lernens darstellen sollten.

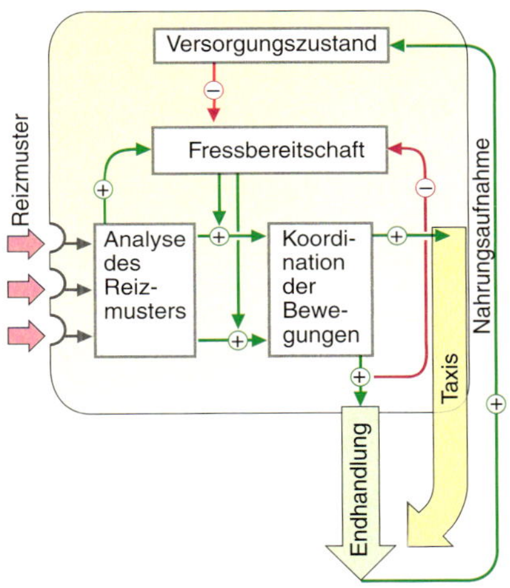

Blutzuckerspiegel

Um den Blutzuckerspiegels konstant zu halten, greifen mehrere Regelkreise des Stoffwechsels ineinander (vernetzte Systeme). Der Zuckergehalt des Blutes wird ständig gemessen und in einem Bereich von 60 bis 120 mg Glucose pro 100 ml Blut eingestellt. Obwohl der Energiebedarf und die mit der Nahrung zugeführte Zuckermenge ständig schwanken. Daran sind vor allem zwei Hormone der Bauchspeicheldrüse (Insulin und Glukagon) beteiligt. Deren Aktivität wird wiederum von weiteren Organen, Nervensignalen und Hormonen beeinflusst. Faktoren wie Stress, Nahrungsaufnahme, Muskeltraining oder Ruhe wirken als Störgrößen.

Populationsgröße

Die Populationsgrößen verschiedener Arten einer Lebensgemeinschaft stehen miteinander in Wechselbeziehungen. Durch Rückkopplungen werden nur vorübergehend stabile Verhältnisse erreicht, die sich aber schnell entsprechend neuer Umweltbedingungen ändern können. Einen festgelegten Sollwert gibt es nicht.

Eine Zunahme der Individuenzahl verstärkt z. B. die innerartliche Konkurrenz um Ressourcen, führt zu einem Überangebot für Räuber oder Parasiten und zu einer erhöhten Gefahr der Ausbreitung von Infektionskrankheiten.

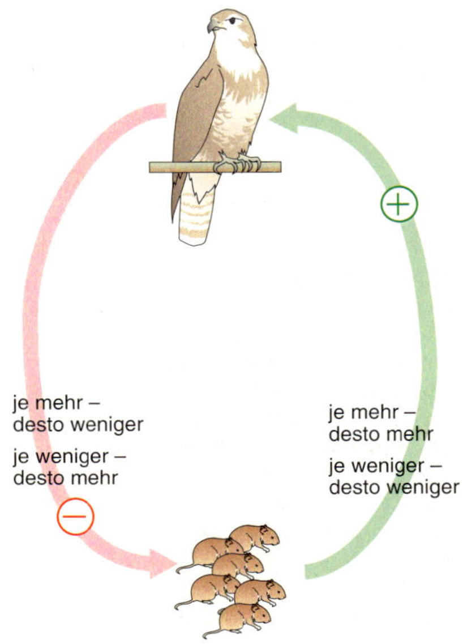

Aufgaben

① Verdeutlichen Sie die Unterschiede zwischen Steuerung und Regelung an einem Elektro-Spielzeugboot mit Fernbedienung.

② Das Prinzip der negativen Rückkopplung beruht darauf, Abweichungen von einem Sollwert durch Gegenwirkungen zu verringern oder vollständig zu kompensieren. Andere Modelle sind mechanische Gleichgewichte, Überlaufsysteme, chemische Pufferung oder „feed-forward-Systeme." Informieren Sie sich darüber und erläutern Sie die Unterschiede.

③ Beschreiben Sie das Funktionsschaltbild zur Nahrungsaufnahme und wenden Sie es auf das Beutefangverhalten der Erdkröte an.

Dieses Grundwissen aus den Klassen 5 – 10 sollten Sie unbedingt in der 11. Klasse beherrschen.

Aerober Stoffwechsel Heterotrophe Ernährung, die Sauerstoff benötigt.

Anaerober Stoffwechsel Heterotrophe Ernährung ohne Beteiligung von Sauerstoff.

Art Alle Lebewesen, die sich miteinander fortpflanzen und dabei fruchtbare Nachkommen hervorbringen, gehören zu einer Art.

Atmung

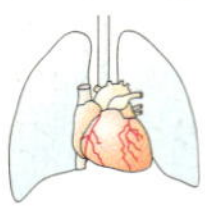

Über die Nase oder den Mund sowie die Luftröhre und die Bronchien, die sich immer mehr verzweigen und in den Lungenbläschen enden, gelangt die Luft in die Lunge. Die Lungenbläschen sind von feinsten Blutgefäßen umsponnen. Dort wird Sauerstoff ins Blut aufgenommen. Im Körper gebildetes Kohlenstoffdioxid wird vom Blut in die Lungenbläschen abgeschieden und ausgeatmet.

Adenosintriphosphat (ATP)

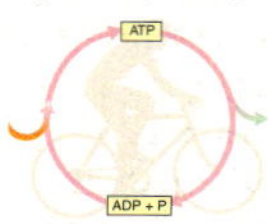

ATP treibt fast alle energieintensiven Vorgänge der Zelle an und wird deswegen auch als universeller Energieüberträger bezeichnet. Die Energie wird freigesetzt, wenn ATP durch Abspaltung einer Phosphatgruppe Adenosindiphosphat (ADP) bildet.

Bau und Funktion des Auges

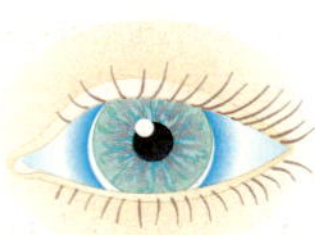

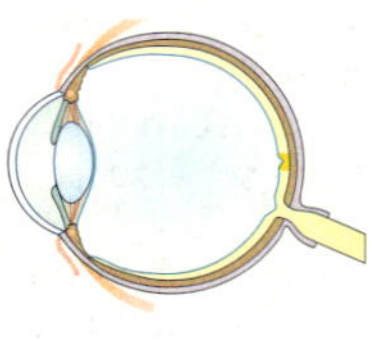

Das Auge ist ein **Sinnesorgan**, das auf den Reiz Licht reagiert. Der Augapfel wird durch eine Hornhaut geschützt. Licht gelangt durch die kreisförmige *Pupille* ins Auge. Die Lichtstrahlen werden durch eine Linse gebündelt. Auf der Netzhaut entsteht ein seitenverkehrtes und auf dem Kopf stehendes Bild. Die **Netzhaut** besteht aus lichtempfindlichen Sinneszellen, den *Stäbchen* und *Zapfen*. Werden diese gereizt senden sie über den *Sehnerv* Signale ins Gehirn. Das **Farbensehen** wird durch drei verschiedene Zapfensorten ermöglicht.

Autotrophe Ernährung Ernährungsweise von grünen Pflanzen und manchen Bakterien, bei der nur mineralische Stoffe, z. B. Wasser, zum Aufbau körpereigener Materie benötigt werden. Man unterscheidet die Formen *Fotosynthese* und *Chemosynthese*.

Befruchtung Unter Befruchtung versteht man die Verschmelzung der Zellkerne von Spermium und Eizelle.

Biotechnologie Lebewesen oder biologische Verfahren werden zur Produktion von Stoffen benutzt. Beispiele sind: Bierherstellung mithilfe von Hefen, Produktion von Humaninsulin oder Penicillin durch transgene Bakterien.

Blütenpflanze

Bau:
Eine Blütenpflanze gliedert sich in *Wurzel* und *Spross*. Der Spross besteht aus dem *Stängel*, der die *Blätter* und *Blüten* trägt.
Wurzeln verankern die Pflanze im Boden. Außerdem nehmen sie mit ihren Wurzelhaaren Wasser mit gelösten Mineralsalzen aus dem Boden auf.
Der **Spross** leitet in seinen *Leitbündeln* Stoffe durch die Pflanze: Wasser und gelöste Mineralsalze von der Wurzel zu den Blättern *(Wasserleitungsbahnen)* und in *Nährstoffleitungsbahnen* von der Pflanze hergestellte Stoffe zu anderen Pflanzenorganen.
Das **Blatt** verdunstet durch die *Spaltöffnungen* Wasser. Über die Spaltöffnungen werden Sauerstoff und Kohlenstoffdioxid abgegeben oder in das Blatt aufgenommen.

Blüte:
Eine einzelne zwittrige Blüte besteht von außen nach innen aus *Kelchblättern*, *Kronblättern*, *Staubblättern* (♂) und dem Stempel (♀). Der obere Teil des Stempels trägt die *Narbe*. Den unteren verdickten Bereich nennt man *Fruchtknoten*. In diesem liegen die *Samenanlagen* mit der *Eizelle*. Die Staubblätter enthalten in den Staubbeuteln den Pollen.

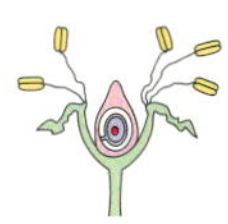

Früchte und Samen:
Nach der Befruchtung entwickelt sich beim Reifen aus dem Fruchtknoten die *Frucht*. Aus der *Samenanlage* mit der darin enthaltenen *Eizelle* wird der Samen gebildet. Im Samen entwickelt sich aus der befruchteten Eizelle der *Keimling* (Embryo).

Blutgefäßsystem

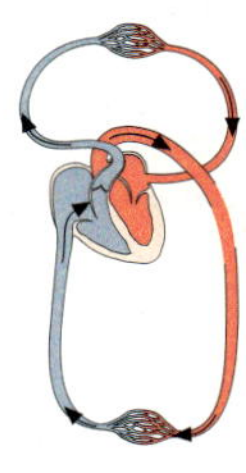

Das aus Vorhöfen und Kammern bestehende Herz treibt den Blutkreislauf an. Von der rechten Herzkammer wird das sauerstoffarme, kohlenstoffdioxidreiche Blut in die Lunge gepresst. Dort erfolgt der Gasaustausch. Das sauerstoffreiche Blut fließt in den linken Vorhof und in die linke Herzkammer und wird dann in den Körper gepumpt. Dort wird der Sauerstoff durch die sehr dünnen Wände der *Kapillaren* in die Zellen abgegeben. Kohlenstoffdioxid wird aufgenommen. Das kohlenstoffdioxidreiche Blut fließt zum rechten Vorhof des Herzens zurück. Vom Herzen weg führende Blutgefäße werden *Arterien*, zum Herzen hin führende *Venen* genannt.

Regelung des Blutzuckerspiegels

Der Blutzuckerspiegel soll innerhalb bestimmter Grenzen geregelt werden. In der *Bauchspeicheldrüse* werden die Hormone *Insulin* und *Glucagon* gebildet, die als *Gegenspieler* wirken. Insulin senkt den Blutzuckerspiegel, Glucagon erhöht ihn.

Diffusion

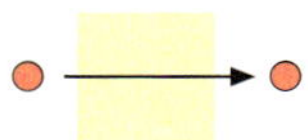

Die Teilchen einer Flüssigkeit oder eines Gases haben durch ihre kinetische Energie das Bestreben, sich gleichmäßig über den gesamten zur Verfügung stehenden Raum zu verteilen.

Drogen und Sucht

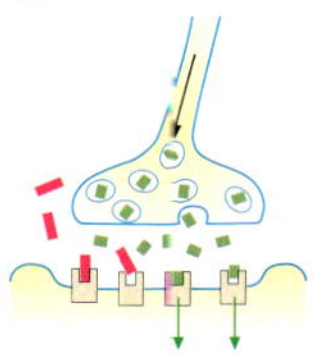

Legale Suchtmittel sind *Nikotin* und *Alkohol*. **Illegale Drogen** sind *Haschisch*, *Heroin*, *Kokain* oder *Ecstasy*. Bei regelmäßigem Konsum kommt es zu einer *psychischen Abhängigkeit* (zwanghaftes Verlangen), die schließlich zur *körperlichen Abhängigkeit* (Körper leidet ohne Drogeneinnahme unter Entzugserscheinungen) führt.

Energiefluss

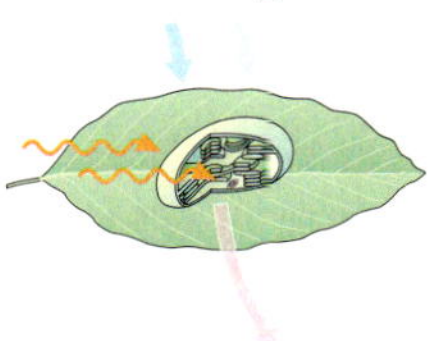

Wird Energie von einer biologischen Einheit zur nächsten weiter gegeben, entsteht ein Energiefluss. In Ökosystemen wird Sonnenenergie durch Fotosynthese von den Pflanzen in Form der Glucose als chemische Energie gespeichert. Pflanzen werden anschließend von den Konsumenten gefressen. Ein Teil der chemischen Energie wird zum Stoffaufbau verwendet, ein anderer als Wärme abgegeben.

Essentielle Nahrungsbestandteile

Dies sind Vitamine, Aminosäuren, Fettsäuren und Mineralstoffe welche der Körper benötigt, jedoch nicht selbst herstellen kann. Sie müssen deshalb mit der Nahrung aufgenommen werden.

Evolution

Allmähliche Entwicklung von ursprünglichen Arten von Lebewesen zu weiter entwickelten.

Evolutionsfaktoren:
Ansatzpunkt der Evolution ist die innerartliche **Variabilität** einer Art. Ein weiterer wichtiger Faktor der Evolution ist die **Selektion** (natürliche Auslese), welche dazu führt, dass sich die besser angepassten Lebewesen häufiger fortpflanzen als die wenig angepassten. Evolution vollzieht sich im Laufe von vielen Generationen.

Geschichte des Lebens:
Die ältesten Lebewesen sind wahrscheinlich *Bakterien* und einfache *Einzeller*. Aus ihnen gingen *vielzellige Pflanzen*, und einfach gebaute Tiere hervor. Alle Wirbeltiere entwickelten sich aus *Fischen*. *Quastenflosser* und *Urlurch* bilden den Übergang zu den *Amphibien*. Aus den Amphibien gingen die *Reptilien* hervor, daraus erste Eier legende *Ursäugetiere* und *Urvögel*. In der Erdneuzeit konnten sich die *Säugetiere* und *Vögel* zu einer großen Formenvielfalt entwickeln. Affenartige Vorfahren waren der Ausgangspunkt des Jetztmenschen, des *Homo sapiens*.

Exkretion

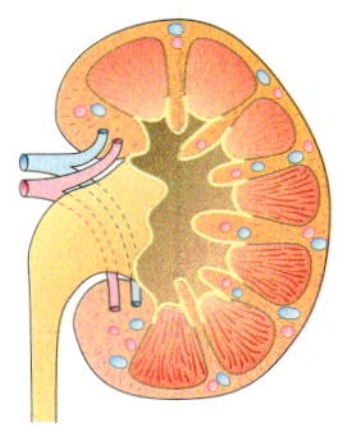

Exkretion ist die Ausscheidung von Stoffwechselprodukten oder von Stoffen, welche für den Körper giftig sind. Der Körper besitzt verschiedene Exkretionsorgane: In den **Nieren** wird der Harn produziert, welcher wasserlösliche – aus dem Blut gefilterte – Substanzen enthält. Feste, für den Körper nicht verwertbare Stoffen werden über den Darm abgegeben; auch die Haut (Schweißdrüsen) und die Lunge arbeiten bei der Exkretion mit.

Gehirn

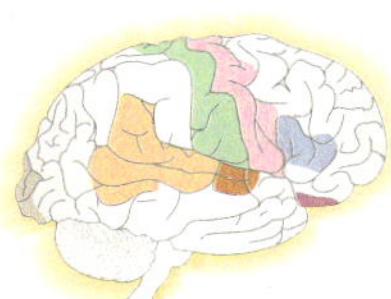

Das empfindliche Gehirn liegt gut geschützt im knöchernen Schädel und wird von Gehirnflüssigkeit umspült. Das **Großhirn** ist das Zentrum des Bewusstseins, Denkens und Handelns. In der *Großhirnrinde* liegen Bezirke, in denen Informationen von den Sinnesorganen *(sensorische Felder)* verarbeitet werden. *Motorische Felder* steuern die Bewegungen. Daneben existieren *Gedanken-* und *Antriebsfelder*.
Das **Kleinhirn** koordiniert Bewegungsabläufe. **Zwischenhirn**, **Mittelhirn** und **Nachhirn** (**= verlängertes Rückenmark**) werden als *Stammhirn* zusammengefasst. Es steuert lebenswichtige, meist unbewusste Körperfunktionen.

Geschlechtsorgane

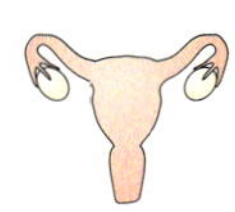

Man unterscheidet die *inneren* und *äußeren Geschlechtsorgane* und die *Keimdrüsen*. Die Keimdrüsen der Frau sowie aller weiblichen Tiere sind die *Eierstöcke*. Der Mann bzw. die männlichen Tiere besitzen dagegen *Hoden*.

Keimzellen:

In den Eierstöcken werden die *Eizellen*, in den Hoden die *Spermien* produziert. Sie stellen die weiblichen bzw. männlichen *Geschlechtszellen* dar.

Gliederfüßer

Der Körper und die Beine sind gegliedert. Sie besitzen ein Außenskelett, meist aus Chitin. Sie umfassen die Klassen der *Insekten*, *Spinnentiere*, *Krebstiere* und *Tausendfüßer*.

Hämoglobin

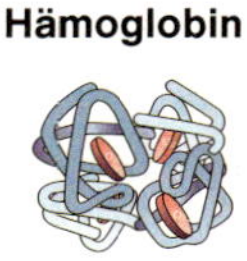

Der rote Blutfarbstoff in den Erythrozyten (rote Blutkörperchen) ist das wichtigste Transport-Molekül für Sauerstoff.

Heterotrophe Ernährung
Ernährungsweise von Lebewesen (Tiere, Pilze, viele Bakterien und einfache Eukaryoten), die auf energiereiche organische Verbindungen, z. B. Zucker, zum Aufbau eigener Stoffe und als Energiequelle angewiesen sind.

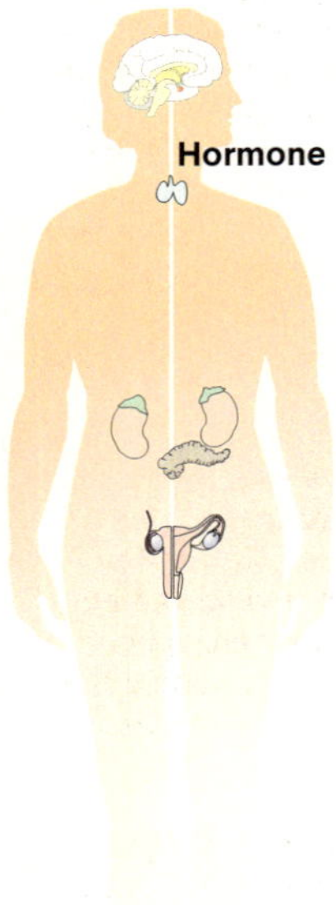

Hormone
Hormone sind *Botenstoffe*, die von Drüsen in den Blutkreislauf abgegeben werden und *Informationen* übermitteln. Auch in Pflanzen spielen Hormone z. B. als Wuchsstoffe eine wichtige Rolle. Hormone wirken nur an **Zielzellen** bestimmter Organe, da sie nur dort nach dem *Schlüssel-Schloss-Prinzip* an Rezeptoren gebunden werden. Die Hormonkonzentrationen werden meist über Regelvorgänge konstant gehalten.
Hormondrüsen:
Wichtigste Hormondrüse des Körpers ist die *Hypophyse*. Sie schüttet *Steuerhormone* aus, die wiederum andere Hormondrüsen z. B. die Schilddrüse zur Hormonproduktion anregen. Weitere wichtige Hormondrüsen sind die *Nebenniere* mit Mark und Rinde sowie die *Geschlechtsorgane* (Hoden und Ovarien)

Immunsystem
Krankheitserreger können durch das **unspezifische Abwehrsystem** unschädlich gemacht werden. Eingedrungene Erreger werden durch *Makrophagen (Riesenfresszellen)* verdaut. Bei der **spezifischen Abwehr** werden *T-Helferzellen* informiert, die ihre Information an *B-Zellen* weitergeben, die *Antikörper* freisetzen. Diese verklumpen mit den Krankheitserregern (Schlüssel-Schloss-Prinzip) und können dann von Makrophagen beseitigt werden. *Gedächtniszellen* erkennen bei wiederholter Infektion den gleichen Erreger und veranlassen eine schnelle Produktion der Antikörper.

Impfungen
Impfungen beruhen auf dem Prinzip, unschädliche Erreger ins Blut zu bringen und so die Bildung von Gedächtniszellen zu veranlassen (*aktive Immunisierung*). Bei der *passiven Immunisierung* werden lediglich Antikörper ins Blut gebracht.

Infektionskrankheiten
Infektionskrankheiten werden durch Erreger z. B. Bakterien und Viren ausgelöst. Die *Inkubationszeit* ist die Zeit von der Infektion bis zum Ausbruch der Krankheit.

Insekten
Insekten besitzen
- ein Strickleiter-Nervensystem mit Ganglien
- ein Röhrenherz am Rücken
- einen offenen Blutkreislauf
- Atmungsorgan aus fein im Körper verzweigten Röhren (Tracheensystem)

Kennzeichen des Lebendigen
Ein Lebewesen besitzt gleichzeitig folgende Kennzeichen: *Bewegung* aus eigener Kraft, *Wachstum, Stoffwechsel, Reizbarkeit, Fortpflanzung* und *Aufbau aus Zellen.*

Konkurrenz
Haben zwei Arten die gleichen Ansprüche an ihre Umwelt, entsteht zwischen ihnen eine Konkurrenz. Diese führt dazu, dass die stärkere Art die schwächere verdrängt (Konkurrenzausschlussprinzip).

Nachhaltige Entwicklung
Die Bedürfnisse der heutigen Generation werden unter Schonung der Umweltressourcen befriedigt. Die Bedürfnisse künftiger Generationen werden dabei berücksichtigt.

Nervensystem
Grundeinheit des Nervensystems sind die **Nervenzellen**. Die Hauptmasse an Nervenzellen ist im **Zentralnervensystem** konzentriert, das aus *Gehirn* und *Rückenmark* besteht. In **Nerven** sind viele Nervenzellen gebündelt. *Sensorische Nerven* leiten Meldungen von den Sinneszellen zum Gehirn, *motorische Nerven* senden Befehle zu den Muskeln. Das **vegetative Nervensystem** steuert die Funktion der inneren Organe. Es besteht aus zwei Gegenspielern (Antagonisten), dem *Sympathicus* der meist anregend wirkt und dem *Parasympathicus*, der der Erholung dient.

Bau und Funktion des Ohrs
Schallwellen sind Luftdruckschwankungen. Das Ohr besteht aus dem *Außenohr*, dem *Mittelohr* und dem *Innenohr*. Das Mittelohr beginnt mit dem *Trommelfell*. Die Schallwellen versetzen das Trommelfell in Schwingungen, die auf die Gehörknöchelchen, *Hammer*, *Amboss* und *Steigbügel* übertragen werden. Im Innenohr liegt die *Hörschnecke*, die Sinneszellen enthält. Bestimmte Sinneszellen werden erregt und leiten über den Hörnerv Signale zum Gehirn weiter.

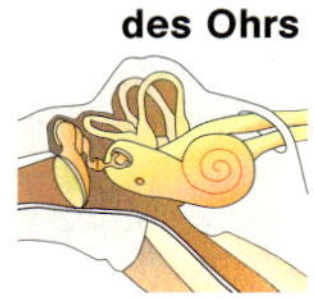

Ökologie
Teilgebiet der Biologie, das die Wechselwirkungen zwischen Organismen und zwischen den Organismen und der unbelebten Umwelt untersucht.

Ökologische Nische
Gesamtheit aller biotischen und abiotischen Umweltfaktoren, die für die Existenz einer Art notwendig sind.

Ökologische Potenz
Die Fähigkeit eines Organismus, eine bestimmte Variationsbreite eines Umweltfaktors zu ertragen. Arten mit einer großen ökologischen Potenz werden *euryök* genannt. Ist die ökologische Potenz einer Art sehr klein, handelt es sich um eine *stenöke* Art.

Ökosystem

Das Ökosystem ist die Einheit aus *Biotop* und *Biozönose*. Das Biotop ist der spezifische Lebensraum der Biozönose. Die Biozönose (Lebensgemeinschaft) ist die Gesamtheit der in einem Biotop lebenden Organismen.

Osmose

Einseitige Diffusion von gelösten Teilchen eines Stoffes und dem Lösungsmittel durch eine semipermeable Membran. Solche Membranen lassen das Lösungsmittel (meist Wasser) passieren, die gelöste Substanz jedoch nicht. Das Lösungsmittel diffundiert durch die Membran in das Kompartiment mit der höheren Konzentration an gelösten Teilchen.

Räuber-Beute-Beziehung

In idealen Populationen kontrollieren sich die Dichte von Räuber und Beute gegenseitig.

Parasitismus

Zwei Arten treten in eine Wechselwirkung, bei der der Parasit den Wirt schädigt. Man unterscheidet: *Endoparasiten*, die im Wirt leben und *Ektoparasiten* die auf dem Wirt leben.

Reiche der Lebewesen

Die Organismen werden in fünf Reiche eingeteilt: Bakterien, einfache Eukaryoten, Pflanzen, Pilze, Tiere.

Rückenmark

Im Rückenmark sind viele afferente und efferente Nervenfasern gebündelt. Die Rückenmarksnerven verlassen den Wirbelkanal jeweils zwischen zwei Wirbeln und ziehen zu den einzelnen Organen. *Reflexe* werden im Rückenmark umgeschaltet und laufen daher rasch ab.

Saprophyten

Saprophyten werden auch als Fäulniserreger bezeichnet. Der Saprophytismus ist eine vor allem bei Pilzen und Bakterien vorkommende heterotrophe Ernährungsweise. Saprophyten nutzen energiereiche organische Verbindungen abgestorbener Organismen.

Sexualität

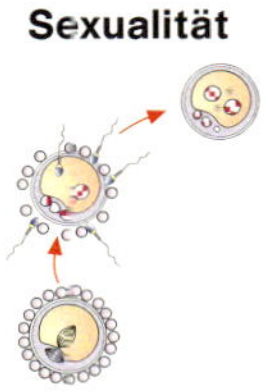

Sexualität bedeutet *Geschlechtlichkeit*. Das Auftreten von zwei Geschlechtern innerhalb einer Art findet man bei den meisten Organismen. Männliche und weibliche Individuen kombinieren bei der Befruchtung ihr jeweiliges Erbmaterial *(Sexuelle Fortpflanzung)*.

Stoffwechsel

Alle Lebewesen nehmen Stoffe aus der Umgebung auf. Diese werden in den Zellen umgewandelt. Sie dienen der Energiegewinnung **(Betriebsstoffwechsel)** sowie dem Aufbau und Erhalt des Körpers **(Baustoffwechsel)**. Umgewandelte Stoffe können wieder an die Umgebung abgegeben werden.

Stress

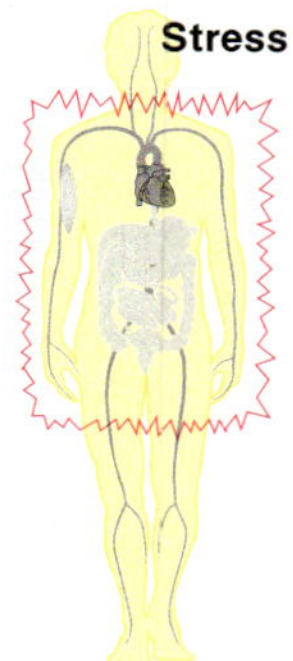

Stress wird auch als Fight-or-Flight-Syndrom bezeichnet und soll den Körper in den Zustand höchster Leistungsbereitschaft versetzen. Bei Stress reagiert der Sympathicus und stimuliert das *Nebennierenmark* zur Ausschüttung von *Adrenalin*. Der Herzschlag wird beschleunigt, Zucker und Fette werden ins Blut freigesetzt. Die Hypophyse schüttet das Steuerhormon *ACTH* aus und bewirkt so eine Anregung der *Nebennierenrinde*, die *Cortisol* ins Blut abgibt. Rote Blutzellen werden frei.

Stoffkreislauf

Innerhalb eines Ökosystems werden Stoffe immer wieder verwertet, sie sind Bestandteil von Stoffkreisläufen. Beispielsweise wird Kohlenstoffdioxid bei der Fotosynthese im Traubenzuckermolekül chemisch gebunden und durch Konsumenten und Destruenten wieder freigesetzt.

Sukzession

Sukzession beschreibt die Abfolge ineinander übergehender Pflanzen- oder Tiergesellschaften. Ein Beispiel ist die Verlandung eines Sees. Die Entwicklung führt im Idealfall zu einer stabilen Endgesellschaft, der Klimaxgesellschaft.

Symbiose

Eine Symbiose ist eine Form des Zusammenlebens zweier Arten, zu gegenseitigem Nutzen. Beispiele sind **Flechten** und **Mykorrhizapilze**.

Umweltfaktoren

abiotische: Darunter versteht man alle Faktoren der nicht belebten Umwelt.
biotische: Das sind alle Faktoren der belebten Umwelt, welche sich aus den gegenseitigen Einflüssen der Lebewesen ergeben.

Verdauung

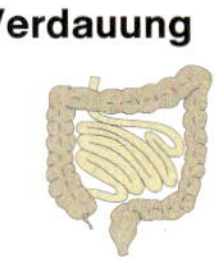

Das Verdauungssystem besteht aus: Mund, Speiseröhre, Magen, Dünndarm, Dickdarm, Enddarm und After. Bei der Verdauung wird die Nahrung durch Enzyme in kleinste Teilchen zerlegt.
Die Aufnahme der Spaltprodukte der Nährstoffe ins Blut bezeichnet man als Resorption.

Viren

Viren bestehen nur aus Erbsubstanz und Eiweiß. Sie haben keinen eigenen Stoffwechsel und sind zur Vermehrung auf eine Wirtszelle angewiesen.

Wirbeltiere

Zu den *Wirbeltieren* zählen alle Tiere, die eine *Wirbelsäule* aus einzelnen *Wirbeln* besitzen. Diese ist ein Teil des *Innenskeletts* aus Knochen oder Knorpel. Die Wirbeltiere werden in 5 Klassen unterteilt: *Fische, Amphibien, Reptilien, Säugetiere* und *Vögel*.

Strukturelle und energetische Grundlagen des Lebens

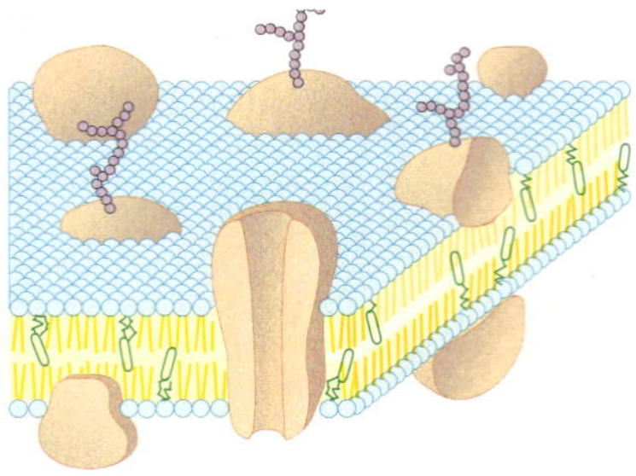

Biomembranen

Biomembranen bestehen in ihren Grundbausteinen aus Phospholipiden, Moleküle, die eine polare und eine unpolare Gruppe besitzen.
In wässriger Umgebung ordnen sich die Moleküle zu einer *Lipiddoppelschicht*, in der die unpolaren Gruppen nach innen, die polaren Gruppen nach außen gerichtet sind.
Proteine lagern der Lipiddoppelschicht auf *(periphere Proteine)* oder durchdringen sie teilweise oder ganz *(integrale Proteine)*. Die integralen Membranproteine ermöglichen einen kontrollierten Stoffaustausch. Da nicht alle Stoffe die Membran passieren können, wird sie als *selektiv permeabel* bezeichnet.

Enzyme

Enzyme beschleunigen Stoffwechselreaktionen, indem sie die Aktivierungsenergien dieser Reaktionen herabsetzen. Sie wirken also als *Biokatalysatoren*.

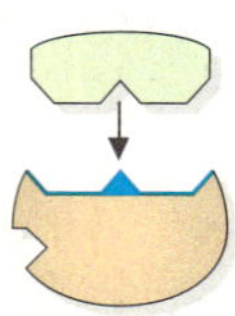

Substratspezifität:
Das Enzymmolekül besitzt ein typisch geformtes aktives Zentrum, in die das Substrat wie ein Schlüssel ins Schloss passt.

Wirkungsspezifität: Das Enzym katalysiert von mehreren möglichen Reaktionen nur eine.

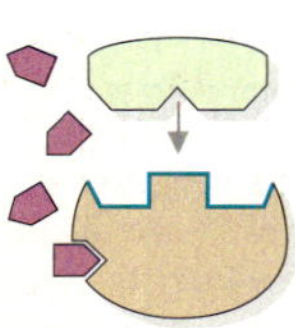

Hemmung der Enzymaktivität

Unspezifische Hemmung:
Temperatur und pH-Wert beeinflussen die Raumstruktur eines Enzyms und damit die Enzymaktivität. Jedes Enzym hat daher ein Temperaturoptimum und einen optimalen pH-Wert.
Spezifische Hemmung:
Kompetitive Inhibitoren sind dem Substrat strukturell ähnlich und binden an dessen Stelle am aktiven Zentrum.
Nichtkompetitive Inhibitoren binden am allosterischen Zentrum, verändern die Raumstruktur des aktiven Zentrums und damit die Aktivität des Enzyms.

Fotosynthese

Äußere Einflüsse auf die Fotosynthese
- *Beleuchtungsstärke:*
  Mit zunehmender Beleuchtungsstärke steigt die Fotosyntheserate bis zu einem Sättigungswert.
- Durch Erhöhung der *Temperatur* lässt sich die Fotosyntheserate nach der *RGT-Regel* bis zu einem Optimum steigern. Bei noch höheren Temperaturen sinkt die Photosyntheseleistung aufgrund der Denaturierung der Enzymmoleküle.
- *Wellenlänge des eingestrahlten Lichtes:*
  Nur Rotes und blaues Licht werden von den Fotosynthesepigmenten absorbiert und für die Fotosynthese genutzt.
- Durch eine Erhöhung des *Kohlenstoffdioxidgehalts* kann die Fotosyntheserate bis zu einem Sättigungswert gesteigert werden.

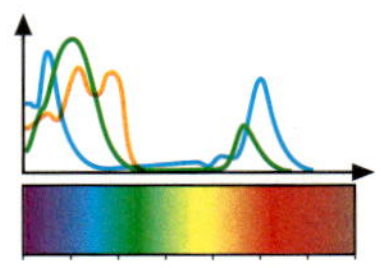

Gesamtreaktion
$12\,H_2O + 6\,CO_2 \rightarrow$
$C_6H_{12}O_6 + 6\,H_2O + 6\,O_2$
Einteilung
Die Fotosynthese lässt sich in zwei Teilreaktionen einteilen: die lichtabhängige und die lichtunabhängige Reaktion.
Lichtabhängige Reaktion
- Die Lichtreaktionen verwandeln Sonnenenergie in die chemische Energie von ATP und $NADPH + H^+$:
- Die lichtabsorbierenden Pigmente der Chloroplasten sind in der Thylakoidmembran angeordnet.

Elektronentransport
Wasser wird in zwei Protonen ($2\,H^+$), 2 Elektronen ($2\,e^-$) und Sauerstoff ($^1/_2\,O_2$) gespalten (Fotolyse des Wassers). Zwei Fotosysteme sind hintereinandergeschaltet.
Durch Licht werden Elektronen vom Grundzustand auf ein höheres Energieniveau gebracht. Die energiereicheren Elektronen werden über zwischengeschaltete Redoxsysteme zum $NADP^+$ transportiert, das mit $2\,H^+$ zu $NADPH + H^+$ reagiert.

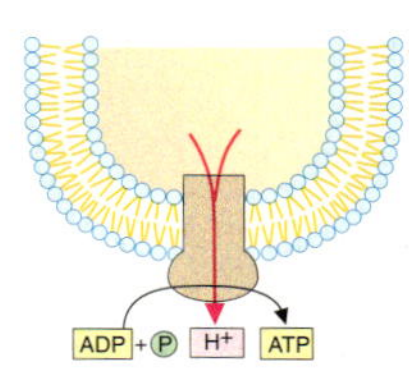

ATP-Gewinnung
Mit dem Elektronentransport werden Protonen vom Stroma in das Innere der Thylakoide gepumpt. Der H^+-Gradient wird mithilfe des Enzyms ATP-Synthetase zur Synthese von ATP genutzt.
Lichtunabhängige Reaktion
Im Stroma des Chloroplasten wird aus CO_2 Glucose synthetisiert. Dazu werden ATP und $NADPH + H^+$ aus der lichtabhängigen Reaktion verbraucht. Das Enzym Rubisco verbindet das Kohlenstoffdioxid mit dem Akzeptor ($C_1 + C_5 \rightarrow C_6$).

Der gebildete C_6-Körper zerfällt in zwei C_3-Moleküle (Phospoglycerinsäure). Diese wird zu Phospoglycerinaldehyd reduziert und wird weiter in Glucose umgewandelt. Auch der Akzeptor wird aus Phosphoglycerinaldehyd im *Calvin-Zyklus* regeneriert.

Dissimilation

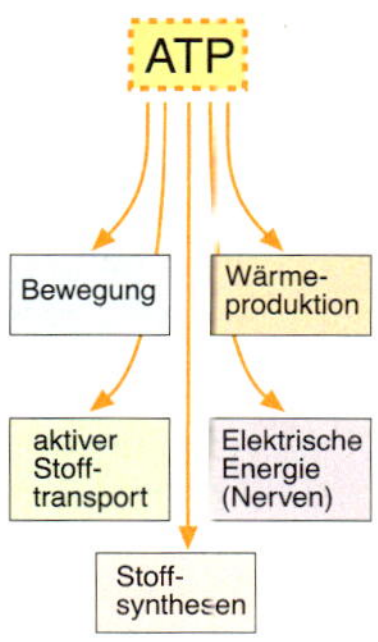

Zellatmung
Glucose ist ein energiereicher Stoff. Die Zellen können die darin chemisch gebundene Energie für den Organismus verfügbar machen, indem sie die Glucose stufenweise zu den energiearmen Stoffen Kohlenstoffdioxid und Wasser verarbeiten. Mithilfe der freigesetzten Energie wird energiereiches ATP aufgebaut. Der erste Abbauprozess, die *Glycolyse,* findet im Zellplasma statt. Aus Glucose entstehen 2 Moleküle Brenztraubensäure. In Gegenwart von Sauerstoff wird die *Brenztraubensäure* in den Mitochondrien weiter zu Kohlenstoffdioxid und Wasser abgebaut.

Gesamtgleichung
$C_6H_{12}O_6 + 6\ H_2O + 6\ O_2 \rightarrow 12\ H_2O + 6\ CO_2$
Freiwerdende, chemisch gebundene Energie: 30 Moleküle ATP/Mol. $C_6H_{12}O_6$

Gärungen
Bei Abwesenheit des Sauerstoffs kann die Brenztraubensäure unter Verbrauch des in der Glycolyse gebildeten NADH $+ H^+$ zu stabilen Endprodukten reduziert werden.

Alkoholische Gärung
$C_6H_{12}O_6 \rightarrow 2\ C_2H_5OH + 2\ CO_2$

Milchsäuregärung
$C_6H_{12}O_6 \rightarrow 2\ C_3H_6O_3$
In beiden Reaktionen freiwerdende, chemisch gebundene Energie: 2 Moleküle ATP/Mol. $C_6H_{12}O_6$

Zellen

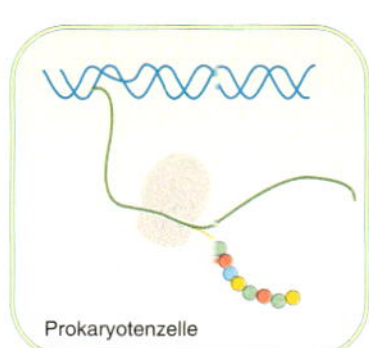

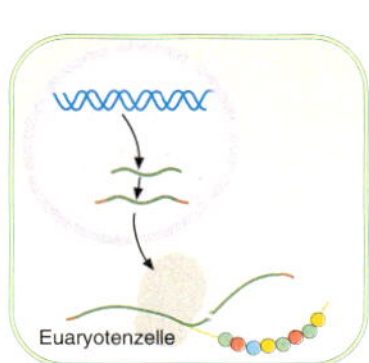

Lebewesen sind aus membranumgrenzten Zellen aufgebaut.

Prokaryoten
Einzellige Lebewesen, deren Hauptmerkmal das Fehlen eines echten, von einer Membran umschlossenen Zellkerns ist.

Eukaryoten
Organismen, deren Zellen durch den Besitz eines echten, von einer Membran umgebenen Zellkerns gekennzeichnet sind.

Unterschied Pflanzenzelle — Tierzelle
Pflanzenzellen sind neben der Zellmembran zusätzlich von einer *Zellwand* umgeben, häufig ist eine *Vakuole* vorhanden. In grünen Pflanzenteilen sind in den Zellen die *Chloroplasten* enthalten. Das *Zellplasma* der *Tierzellen* ist nur von der dünnen *Zellmembran* umhüllt.

Organellen
Untereinheiten der Eukaryotenzelle (Eucyte), die sie in Reaktionsräume untergliedert (kompartimentiert). Jedem *Kompartiment* können bestimmte Funktionen zugeordnet werden.

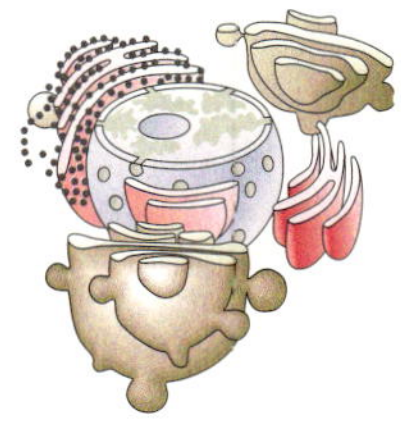

Organellen mit Einfachmembran
— *Endoplasmatisches Retikulum:*
Synthese von Membran- und Reservelipiden.
— *Dictyosomen:*
Die Gesamtheit der Dictyosomen wird auch Golgi-Apparat genannt. Transport von Stoffen.
— *Vakuole:*
Speicher von Salzen, Zucker, Fetten und Eiweiß. In Pflanzenzellen wichtig für osmotischen Druck (Turgordruck) zur Aufrechterhaltung der Zellform.

Organellen mit Doppelmembran

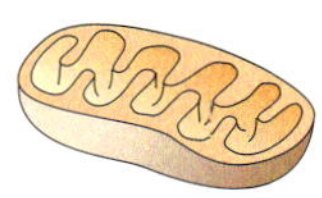

— *Zellkern:*
Das Kernplasma enthält die DNA in den Chromosomen.
— *Mitochondrium:*
Die innere Membran ist eingestülpt. Wichtige Schritte der Zellatmung zur Energiegewinnung sind an die Mitochondrien gebunden.

— *Chloroplast:*
Er ist das Organell der Fotosynthese in Pflanzenzellen. Die innere Membran ist eingestülpt und bildet Thylakoide.

Organellen ohne Membran
— *Ribosom:*
Es ist der Ort der Proteinsynthese.
— *Zellwand:*
besteht bei Pflanzen hauptsächlich aus Zellulose. Sie stabilisiert den Pflanzenkörper.

Genetik und Gentechnik

Bau der DNA

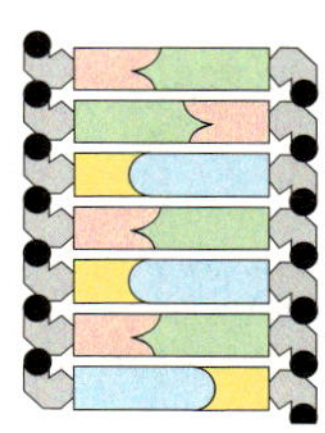

Die DNA (Desoxyribonucleinsäure) besteht aus einem strickleiterähnlichen *Doppelstrang. Phosphorsäure* und der Zucker *Desoxyribose* sind abwechselnd angeordnet und bilden die beiden Holme, die nach innen gerichteten an den Zucker gebundenen *Basen* die *Sprossen. Adenin A* und *Thymin T*, sowie *Guanin G* und *Cytosin C* passen zusammen und bilden ein *komplementäres Basenpaar.* Der Doppelstrang ist zu einer Doppelhelix aufgewunden.

Chromosomenabweichungen

Down-Syndrom (Trisomie 21)
Trisomie 21 entsteht durch Nicht-Trennung (Nondisjunction) der Chromosomen Nr. 21 in der Reduktionsteilung oder in der Äquationsteilung.

Gonosomale Chromosomenabweichungen
Beispiele sind der Karyotyp 47, XXY oder 47, XXX. Dabei kommt es zu einer Nichttrennung bei den Geschlechtschromosomen. Da überzählige X-Chromosomen als inaktiviert gelten, wirken sich solche überzähligen Chromosomen nur gering aus.

DNA-Replikation

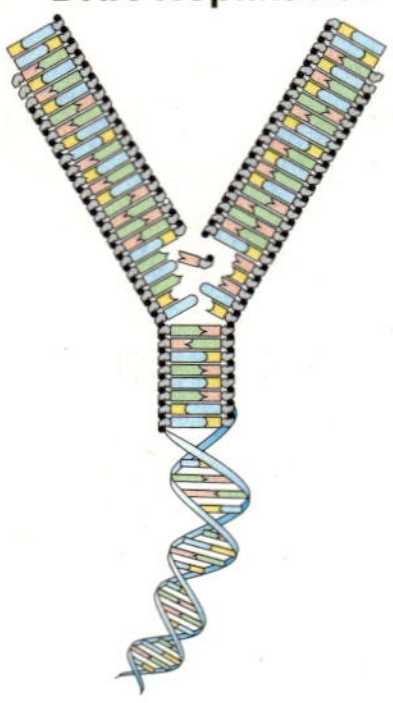

Bei der identischen Verdoppelung der DNA dienen die vorhandenen DNA-Stränge als Vorlagen für neue, komplementäre DNA-Stränge. Die DNA-Replikation verläuft *semikonservativ*, d. h. die ursprüngliche Doppelhelix wird getrennt und jeder Einzelstrang dient nach den Regeln der Basenpaarung als Vorlage (Matrize) für die Synthese eines komplementären Stranges. Bei der *Replikation* sind spezifische Enzyme beteiligt. Die Helicase entschraubt die DNA. Eine *DNA-Polymerase* liest in 3'—5'-Richtung ab und katalysiert die Synthese neuer DNA-Stränge, vom 5'-Ende der DNA zum 3'-Ende. Durch eine Ligase können DNA-Stücke verknüpft werden.

Dominant rezessiv und intermediär

♀♂	AB	Ab	aB	ab
AB	AABB	AABb	AaBB	AaBb
Ab	AABb	AAbb	AaBb	Aabb
aB	AaBB	AaBb	aaBB	aaBb
ab	AaBb	Aabb	aaBb	aabb

Überdeckt bei einem heterozygoten Genotyp die Wirkung eines *Allels* die des anderen, ist es *dominant* und bekommt Großbuchstaben (A), das andere ist *rezessiv* und bekommt einen Kleinbuchstaben (a). Liegt der Phänotyp bei heterozygoten Pflanzen zwischen den elterlichen Merkmalen, ist die Vererbung intermediär. Beide Allele erhalten Kleinbuchstaben.

Erbgänge

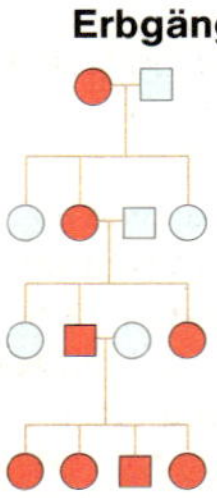

Man verfolgt dabei das statistische Auftreten von Merkmalen in den Nachkommengenerationen.
Autosomal rezessiver Erbgang
AA gesund, Aa gesund, aa krank.
Autosomal dominanter Erbgang
AA krank, Aa krank, aa gesund.
X-chromosomal rezessiver Erbgang
Frau: X_AX_A gesund, ‚X_AX_a gesund aber *Konduktorin*, X_aX_a krank.
Mann: hemizygot: X_AY gesund, X_aY krank.

Genetischer Code

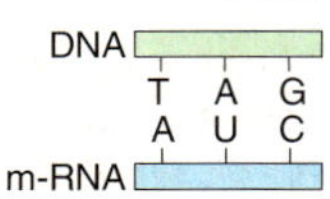

Ein *Basentriplett* codiert für eine Aminosäure. Da mehrere Basentripletts für eine Aminosäure codieren können, spricht man auch von einem degenerierten Code. Daneben gibt es Start und Stopptripletts.

Genotyp und Phänotyp

Bei diploiden Zellen liegen von jedem Gen zwei Allele vor. Das Allel kann im Wildtypzustand vorliegen oder mutiert sein. Enthalten homologe Chromosomen dasselbe Allel, so nennt man diese Kombination *reinerbig* oder *homozygot*, enthalten sie verschiedene Allele, sind sie *mischerbig* oder *heterozygot*. Die Allelkombination ist das *Erbbild* oder der *Genotyp*. Das entsprechende Merkmal bezeichnet man als *Erscheinungsbild* oder *Phänotyp*.

Genetische Beratung

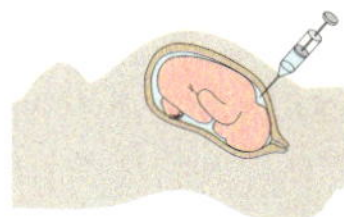

Über eine Stammbaumanalyse kann man die Erkrankungswahrscheinlichkeit berechnen. Bei der *Pränataldiagnostik* gewinnt man Zellen des ungeborenen Kindes für genetische Untersuchungen aus der Placenta, dem Fruchtwasser oder dem Nabelschnurblut.

Genetischer Fingerabdruck

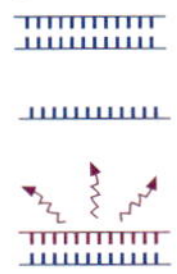

Im menschlichen Genom gibt es Wiederholungen bestimmter Basen *(short tandem repeats, STR)*. Ihre Länge variiert von Mensch zu Mensch. Man untersucht 5—10 festgelegte STR-Regionen. Die Wahrscheinlichkeit, dass diese bei mehreren Menschen übereinstimmen, ist überaus gering.

Genkoppelung

Liegen Gene auf demselben Chromosom werden sie gekoppelt vererbt. Das Gesetz der freien Kombinierbarkeit gilt nicht.

Gentechnik

Verfahren, bei dem DNA aus einem Organismus entnommen und in das Genom eines anderen eingeschleust wird. Durch Restriktionsenzyme kann man einen DNA-Abschnitt ausschneiden und mithilfe der Ligase in einen Vektor, z. B. ein Plasmid einbringen.

Gentechnik bei Pflanzen

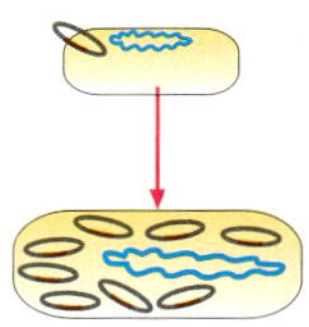

Zum Einschleusen von Genen benutzt man ein verändertes Plasmid des Bakteriums *Agrobacterium tumefaciens*. Dieses integriert in der Natur einen Teil des Plasmids in das Genom von Pflanzenzellen. Fügt man ein Fremdgen in das Plasmid ein, so lassen sich die gewünschten Gene in die Pflanzen-DNA einbauen (transgene Pflanzen).

Gentechnik in der Medizin

Insulin ist ein aus einer A-Kette mit 21 und einer B-Kette mit 30 Aminosäuren aufgebautes Peptid. Umprogrammierte Bakterienzellen produzieren die beiden Peptidketten des Humaninsulins.

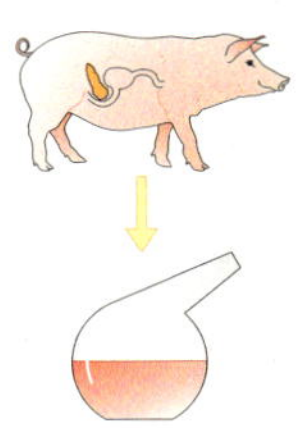

Somatische Gentherapie
Man versucht die Körperzellen eines Patienten mit dem intakten Exemplar des krankheitsauslösenden Genes auszustatten. Beispielsweise werden zur Behandlung der Mukoviszidose DNA-Abschnitte in Vektoren eingeschlossen und von den Patienten inhaliert.

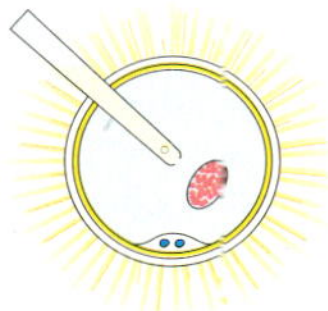

Keimbahntherapie
Man bringt ein intaktes Gen durch Mikroinjektion in die befruchtete Eizelle und pflanzt sie anschließend in die Gebärmutter ein. Das Gen ist später in allen Zellen des ausgewachsenen Individuums enthalten. Die Keimbahntherapie am Menschen ist in Deutschland verboten, nicht jedoch bei Tieren.
Beim *Pharming* dienen transgene Tiere der Herstellung von Medikamenten.

Geschlechtsbestimmung

Beim Menschen wird das Geschlecht genotypisch bestimmt. Der Karyotyp 46, XX ist weiblich, 46, XY männlich.

Karyogramm

Die angefärbten Metaphase-Chromosomen werden nach Größe und Gestalt zum doppelten Chromosomensatz geordnet.

Meiose

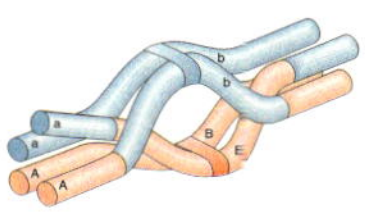

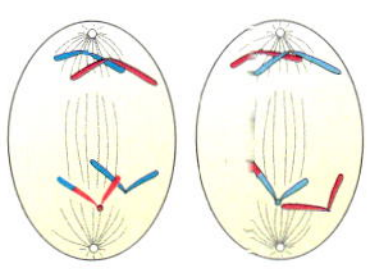

Keimzellen entstehen durch Meiose.
In der **Reduktionsteilung** wird der doppelte Chromosomensatz auf den einfachen Satz reduziert. Da väterliche und mütterliche Chromosomen zufällig auf die Keimzellen verteilt werden, werden die Gene neu kombiniert (Rekombination). Durch *crossing over* (Austausch von Chromatidenstückchen zwischen homologen Chromosomen) wird die Vielfalt der Keimzellen noch größer. Der Reduktionsteilung folgt die **Äquationsteilung**, eine Trennung der Chromatiden.

Mendelsche Regeln

1. Mendelsche Regel *(Uniformitätsregel)*: Kreuzt man zwei Individuen einer Art, die sich in einem Merkmal reinerbig unterscheiden, dann sind die Individuen der F_1-Generation in diesem Merkmal untereinander gleich (uniform).
2. Mendelsche Regel *(Spaltungsregel)*: Kreuzt man die Hybriden der F_1-Generation untereinander, dann treten in der F_2-Generation die Merkmale beider Eltern in einem bestimmten Zahlenverhältnis wieder auf.
3. Mendelsche Regel *(Neukombinationsregel)*: Jedes einzelne Allelenpaar wird nach der 2. Mendelschen Regel vererbt. Die Allele verschiedener Gene sind dabei in den Keimzellen frei miteinander kombinierbar.

Polymerasekettenreaktion

Die Polymerasekettenreaktion (PCR) ist ein Verfahren zur Vervielfältigung von DNA-Abschnitten im Reagenzglas.
— Das zu vermehrende doppelsträngige DNA-Fragment wird in Einzelstränge gespalten.
— Die Primer (dort beginnt die Polymerase mit dem Ablesen) lagern sich an.

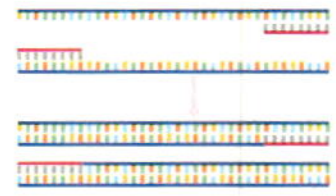

— Die Polymerase synthetisiert den jeweils komplementären Strang.
— Der Prozess wird vielmals wiederholt.

Proteinbiosynthese

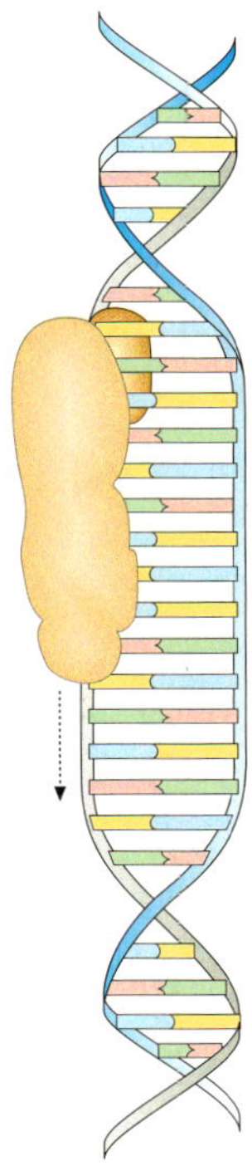

Die Abfolge von Basentripletts auf der DNA wird in eine Abfolge von Aminosäuren übersetzt.
Transkription
Von einem Genabschnitt der DNA wird eine einsträngige Kopie gefertigt, *die messenger-RNA (mRNA)*.
— Die *Transkriptase (RNA-Polymerase)* erkennt eine bestimmte Basensequenz der DNA als Startstelle *(Promotor)*.
— Sie liest in 3'—5'-Richtung vom *codogenen Strang* ab.
— Die RNA-Bausteine ATP, GTP, CTP, UTP werden entsprechend der komplementären Basenpaarung zur *messenger-RNA (mRNA)* verknüpft. An der Zielstelle *(Terminator)*, löst sich die Transkriptase ab.
— Die mRNA verlässt den Zellkern.
Translation
Die Information der mRNA wird an den Ribosomen in eine Proteinprimärstruktur umgeschrieben.
— Die mRNA bindet mit zwei Basentripletts (Codons) im Ribosom.
— Jeweils zwei mit Aminosäure beladene tRNA-Moleküle lagern sich entsprechend ihren Anticodonen an die Bindestellen im Ribosom.
— Zwischen den beiden Aminosäuren wird eine Peptidbindung geknüpft.
— Das Ribosom rutscht um ein Triplett weiter.
— tRNA wird abgespalten.
— Diese Schritte wiederholen sich, bis ein Stoppcodon erreicht wird.
Transfer-RNA (tRNA)
Die tRNA vermittelt zwischen Basentriplett der mRNA (Codon) und Aminosäuren. tRNA-Moleküle mit verschiedenen Anticodontripletts werden im Zellplasma unter ATP-Verbrauch mit einer passenden Aminosäure verknüpft.
Proteinbiosynthese bei Eukaryoten
Die mRNA besteht aus codierenden *Exons* und nicht codierenden *Introns*. Diese werden im Vorgang des Spleißens entfernt.

Regulation der Genaktivität

Substratinduktion und *Endproduktrepression* sind Beispiele wie Gene an- bzw. ausgeschaltet werden können. Bei der **Substratinduktion** ist das Gen durch einen *Repressor* inaktiv. Wird Substrat zugegeben, verändert der Repressor seine Raumgestalt und bindet nicht mehr an die DNA. Die Transkriptase beginnt mit der Synthese von mRNA. Bei der **Endproduktrepression** ist der Repressor zunächst inaktiv, die Transkriptase liest ab, Enzyme werden synthetisiert und setzen Substrat um. Das Endprodukt der Synthesekette aktiviert den Repressor. Die Synthese wird gestoppt.

Vererbung der ABO-Blutgruppen
Am selben Genort kommen mehrere Allele vor. Es handelt sich um *multiple Allelie*. Für die 4 Blutgruppen gibt es 3 Allele: A, B und 0. A und B sind dominant über 0. Beim Genotyp AB wirken sich beide Allele aus, sie sind *kodominant*.

Viren als Vektoren

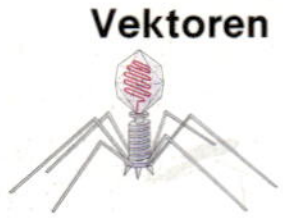

Viren von Bakterien bezeichnet man als Bakteriophagen. Sie lassen sich als Vektoren bei Bakterien verwenden, indem man Fremd-DNA in das Virengenom einfügt.

Zellzyklus und Mitose

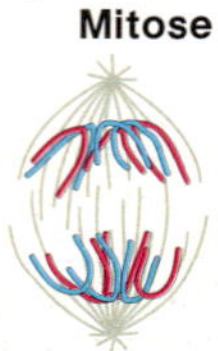

Vor der Zellteilung muss die DNA sämtlicher Chromosomen identisch verdoppelt werden. In den Mitosephasen werden die Chromosomen wieder getrennt und auf die Tochterzellen verteilt, so dass jede Zelle wie zuvor die vollständige und identische Erbinformation erhält.

Neuronale Informationsverarbeitung

Aktionspotenzial

Depolarisation
- Eine elektrische Reizung (Depolarisation) der Membran führt zur schlagartigen Öffnung von spannungsgesteuerten Natriumkanälen.
- Infolge des Konzentrationsgefälles strömen Na^+-Ionen nach innen.
- Das Axoninnere wird kurzfristig positiv.

Repolarisation

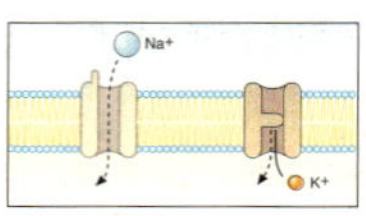

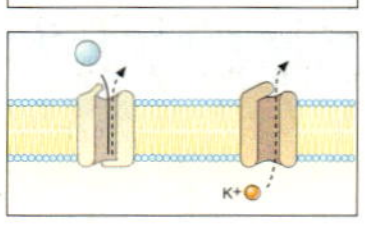

- Die Na^+-Ionenkanäle werden verschlossen.
- Die Umladung der Membran sorgt für ein kurzes Öffnen zusätzlicher K^+-Ionenkanäle.
- K^+-Ionen strömen verstärkt nach außen.

Hyperpolarisation
- Da der K^+-Ionenausstrom länger anhält als der Na^+-Ioneneinstrom, kommt es zu einer Hyperpolarisation.

Alles-oder-Nichts-Regel
Bei einem *unterschwelligen Reiz* kommt es nicht zu einer Entladung an der Membran. Durch einen *überschwelligen Reiz* werden dagegen in kürzester Zeit und in lawinenartigem Anwachsen alle verfügbaren Natriumionenkanäle eines Membranabschnittes geöffnet. Die Amplitudenhöhen der Aktionspotenziale ist stets gleich groß.

Refraktärzeit
Nach einem ausgelösten AP können die Natriumionenkanäle kurze Zeit nicht geöffnet werden.

Erregungsweiterleitung

Kontinuierliche Erregungsleitung
Der Einstrom von Natrium-Ionen in das Axon führt zur Depolarisation benachbarter Membranbereiche. Dort öffnen sich die Natrium-Ionenkanäle, ein Aktionspotenzial wird ausgelöst. Die Membran wird dadurch kontinuierlich depolarisiert.

Saltatorische Erregungsleitung
Nur an einem Ranvierschen Schnürring kann sich ein Aktionspotenzial ausbilden, da nur dort spannungsgesteuerte Natriumionenkanäle vorkommen. Die Umladung der Membran wirkt depolarisierend auf benachbarte Schnürringe. Der nächste Schnürring wird erregt, ein Aktionspotenzial bildet sich aus. Die Erregung „springt“ von Schnürring zu Schnürring.
Vorteile: Die Leitungsgeschwindigkeit wird erhöht. Da die Fasern dünner sind, wird Material gespart. Da weniger Ionen durch die Membran diffundieren, sparen die Ionenpumpen Energie.

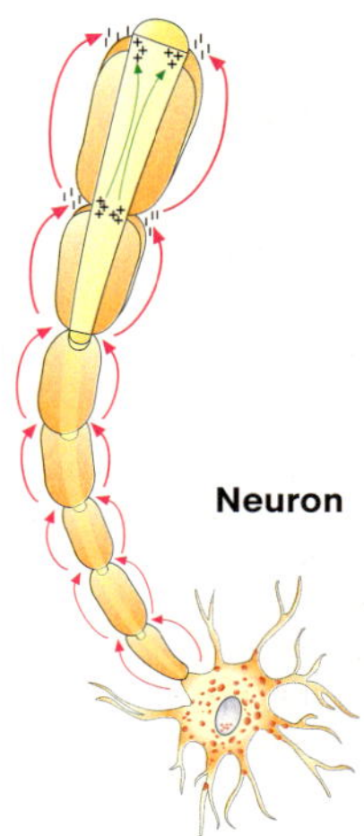

Neuron
Das Neuron (= Nervenzelle) besteht aus einem *Zellkörper (Soma)* und seinen Zellfortsätzen. Bei den Zellfortsätzen werden *Dendrit* und *Axon* unterschieden. Dendriten leiten Erregungen zum Zellkörper hin, Axone leiten Erregungen von ihm weg. Axone verzweigen sich am Ende. Das Axon endet in einem bis mehreren *Endknöpfchen*.

Nervenfaser

Gliazellen
Nervenzellen sind von Hüllzellen umgeben, den Gliazellen. Sie bestehen hauptsächlich aus *Myelin*. Sie stützen die Neuronen und versorgen sie mit Nährstoffen und Sauerstoff. Sie umhüllen die Axone teilweise oder vollständig.

Markhaltige Nervenfasern

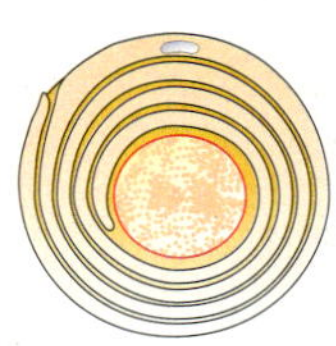

Das Axon mit den umhüllenden Schwann'schen Zellen wird *Nervenfaser* genannt. Bei markhaltigen Nervenfasern wickeln sich die Schwann'schen Zelle während ihres Wachstums mehrmals um das Axon herum und isoliert es so vollständig. Die Schwann'schen Zellen lassen schmale Bereiche frei, die *Ranvierschen Schnürringe*. Schwann'sche Zellen und Schnürringe bewirken eine rasche Reizleitung. Die Gesamtheit dieser Schwann'schen Zellen wird auch als *Myelinscheide* bezeichnet. Dieser Nervenfasertyp kommt nur bei Wirbeltieren vor.

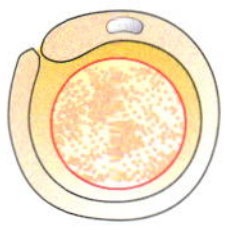

Marklose Nervenfasern
Die Gliazelle umgibt das Axon, isoliert es aber nicht. Es bildet sich keine Myelinscheide. Dieser Typ kommt im vegetativen Nervensystem von Wirbeltieren und bei den meisten Wirbellosen vor.

Ruhepotenzial

Zwischen Innen- und Außenseite des Axons lässt sich eine *Potenzialdifferenz* messen. Das Innere ist gegenüber dem äußeren Bereich negativ geladen. Diese Spannungsdifferenz bezeichnet man als *Ruhepotenzial*. Sie beträgt etwa −80 mV.

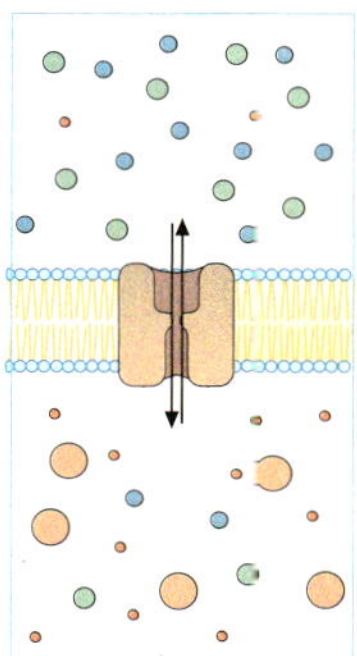

Verteilung der Ionen
Innerhalb des Axons ist die Konzentration positiv geladener Kalium-Ionen (K^+) und negativ geladener organischer Ionen (A^-) hoch, außerhalb die von Natrium-Kationen (Na^+) und Chlorid-Anionen (Cl^-).
Selektive Permeabilität der Axonmembran
Diese ergibt sich durch Proteinkanäle, die in die Membran eingelagert sind.
Die Membran ist dadurch für K^+-Ionen permeabel, für die anderen Ionen jedoch kaum durchlässig.
Diffusionspotenzial
Da die Konzentration an K^+-Ionen innen wesentlich höher ist als außen, resultiert ein K^+-Ionen-Ausstrom.
Natrium-Kalium-Pumpe
Ionenleckströme durch die Axonmembran werden durch einen aktiven, Energie benötigenden Transportmechanismus, die *Natrium-Kalium-Pumpe* ausgeglichen. Die Pumpe ist ein Membranprotein, das Na^+-Ionen aus der Zelle und K^+-Ionen in die Zelle transportiert. Die dazu notwendige Energie liefert ATP.

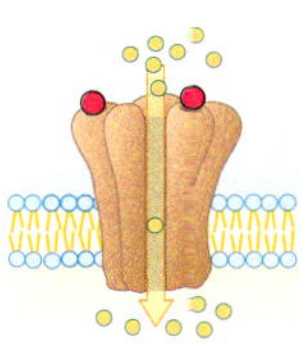

Synapse

Die Synapse ist die Verbindungsstelle zwischen Endknöpfchen einer Nervenzelle und einer anderen Nervenzelle oder einer Muskelzelle.

Erregenden Synapsen
- Das Aktionspotenzial erreicht das Endknöpfchen, Calcium-Kanäle öffnen sich. Der Einstrom bewirkt, dass synaptische Bläschen mit der präsynaptischen Membran verschmelzen und Transmitter (z. B. Acetylcholin) freigesetzt werden.
- Dieser diffundiert durch den synaptischen Spalt und verbindet sich mit *Rezeptormolekülen* in der *postsynaptischen Membran.* Dort bewirkt er ein Öffnen von Na^+-Kanälen.
- Natrium-Ionen strömen ein, es entsteht ein *erregendes postsynaptisches Potenzial (EPSP).*
- Die Ionenkanäle schließen sich.
- Ein Enzym, z. B. *Acetylcholin-Esterase* spaltet den Transmitter.
- die Spaltprodukte diffundieren zurück in das Endknöpfchen.
- der Transmitter wird unter Energieaufwand regeneriert.

Hemmende Synapsen
An hemmenden Synapsen wird an der postsynaptischen Membran statt einer Depolarisation eine *Hyperpolarisation* bewirkt. Man bezeichnet dieses Potenzial auch als *inhibitorisches postsynaptische Potenzial (IPSP).*

Synapsengifte

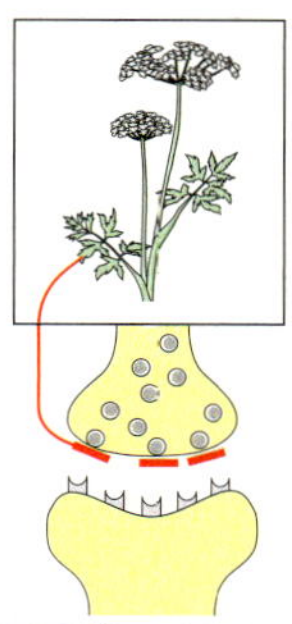

Präsynaptische Wirkung
Botulinumtoxin hemmt die Ausschüttung des Transmitters Acetylcholin in den synaptischen Spalt.
Gift der Schwarzen Witwe: Alle synaptischen Bläschen werden schlagartig entleert.
Blockade Acetylcholinesterase
Kampfgase und Insektizide können die Acetylcholinesterase blockieren.
Blockade Acetylcholinrezeptoren
Curare und Gift des Schierlings: Die Acetylcholinrezeptoren werden besetzt, die Ionenkanäle öffnen sich jedoch nicht.

Verrechnung an Synapsen

Ein Neuron im Zentralnervensystem verarbeitet die an den Synapsen eintreffenden Informationen von Tausenden anderer Nervenzellen.

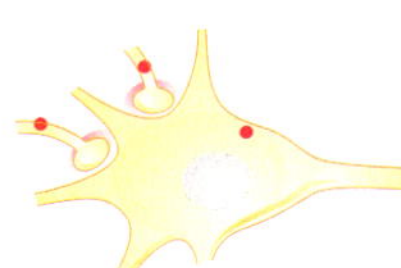

Räumliche Summation
Werden gleichzeitig mehrere räumlich getrennte, erregende Synapsen aktiviert, so lässt sich dies in Form einer größeren Amplitude des EPSP am Zellkörper messen.
Zeitliche Summation
Gelangen über eine präsynaptische Nervenzelle an eine Synapse in einem Zeitraum von einigen Millisekunden nacheinander mehrere Aktionspotenziale, so werden auch diese summiert.

Evolution

Adaptive Radiation

Auffächerung einer Stammart in neue Arten aufgrund der Besiedlung eines neuen Lebensraumes. Daran lässt sich modellhaft die Wirkung der einzelnen Evolutionsfaktoren gut studieren.

Analogie

Ausbildung ähnlicher Merkmale bei verschiedenen Arten aufgrund gleichen Selektionsdruckes (z. B. Kiemenreuse beim Walhai oder Barten beim Finnnwal).

Artbegriffe

Morphologischer Artbegriff
Alle Lebewesen, die in ihren wesentlichen Körpermerkmalen untereinander und mit ihren Nachkommen übereinstimmen, gehören zu einer Art.

Biologischer Artbegriff
Alle Lebewesen, die sich miteinander kreuzen, fruchtbare Nachkommen hervorbringen und von anderen sexuell isoliert sind, bilden eine Art.

Chemische Evolution

Entstehung organischer Verbindungen aus einfachen anorganischen Stoffen unter Einwirkung von Energie.

Einordnung des Homo sapiens im System

Der Mensch gehört zur Ordnung der Primaten. Man unterscheidet bei dieser Ordnung die Halbaffen von den Affen. Die Affen unterteilt man in Alt- und Neuweltaffen. Zu den Altweltaffen gehören neben den Meerkatzenartigen die Menschenaffen, sowie der Mensch. Zu den Halbaffen zählen z. B. die Lemuren.

Erweiterte Evolutionstheorie

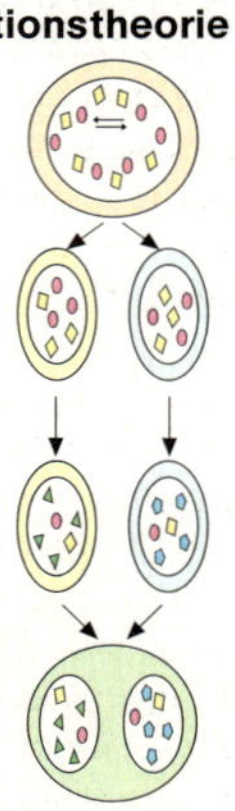

Die genetische Variation entsteht durch *Mutation* und *Rekombination*. Dadurch verändert sich die Allelfrequenz im Genpool einer Population.
Abiotische und *biotische* Selektionsfaktoren wirken auf den Genpool einer Population ein. Zufallsereignisse können beträchtliche Veränderungen im Genpool verursachen *(Gendrift)*.
Rassen- oder Artbildung in Folge von *geographischer* oder *genetischer Isolation* können zur *allopatrischen* oder *sympatrischen* Artbildung führen.
Fächert sich dabei eine Stammart durch Anpassung in neue spezialisierte Arten auf, bezeichnet man diesen Vorgang als *adaptive Radiation*.

Evolutionstheorie nach Cuvier

Cuvier ging von einer Artkonstanz aus und entwickelte die Katastrophentheorie, in der Naturkatastrophen in größeren Zeitabständen iTiere und Pflanzen vernichten. Nach einer Katastrophe entstehen wieder neue Arten.

Evolutionstheorie nach Lamarck

Durch ständigen Gebrauch werden Organe im Verlauf vieler Generationen weiterentwickelt, durch Nichtgebrauch verkümmern sie. Diese erworbenen Eigenschaften werden auf die Nachkommen vererbt.

Evolutionstheorie nach Darwin

Trotz einer Überproduktion ist die Individuenzahl einer Art über einen längeren Zeitraum hinweg stabil.
Die Überproduktion führt zur Konkurrenz von Artgenossen *(„struggle for life“)*.
Innerhalb einer Art gibt es viele Variationen, von denen diejenigen die größte Überlebenschance haben, die an die Umweltbedingungen am besten angepasst sind *(„survival of the fittest“)*.
Diese können durch größeren Fortpflanzungserfolg ihre erbliche Variationen an die nächste Generation weitergeben *(reproduktive Fitness)*.
Dieser Auswahlprozess wird als *natürliche Selektion* bezeichnet.

Evolutionsschübe nach Massenaussterben

Es ist auffällig, dass es nach Massensterben zu einer enormen Entfaltung neuer Tiergruppen kommt. Durch *Adaptive Radiation* werden offene ökologische Nischen wieder besetzt (z. B. Säugetierentwicklung nach Sauriersterben).

Homologie

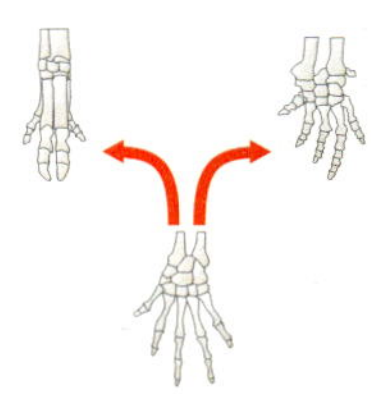

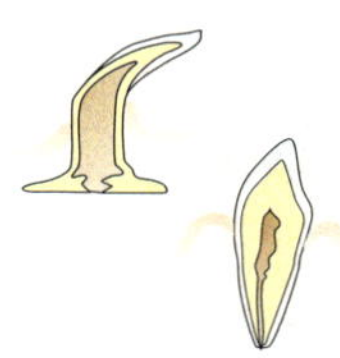

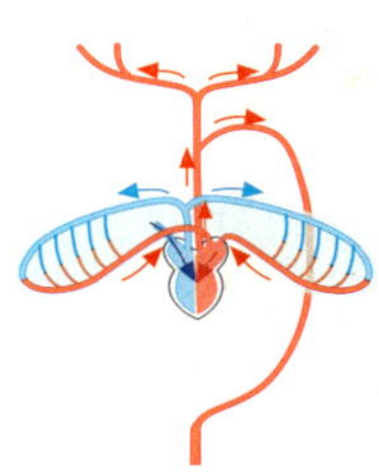

Übereinstimmungen biologischer Strukturen aufgrund gemeinsamer stammesgeschichtlicher Herkunft.
anatomisch
Es gibt drei *Homologiekriterien*:

1. Kriterium der Lage:
   Strukturen sind dann homolog, wenn sie in einem vergleichbaren Gefügesystem die gleiche Lage einnehmen (z. B. fünffingrige Extremität der Landwirbeltiere).
2. Kriterium der spezifischen Qualität:
   Komplex aufgebaute Organe sind unabhängig von ihrer Lage im Organismus homolog, wenn sie in mehreren besonderen Merkmalen (z. B. ihrer chemischen Zusammensetzung oder ihrem spezifischen Aufbau) übereinstimmen (z. B. Haischuppe und Wirbeltierzahn).
3. Kriterium der Stetigkeit:
   Verschieden gestaltete Organe sind homolog, wenn sie sich entsprechend der stammesgeschichtlich angenommenen Entwicklung durch Zwischenformen (z. B. Fossilien oder Embryonalstadien) miteinander verbinden lassen (z. B. Entwicklungsreihe des Blutkreislaufs bei Wirbeltieren).

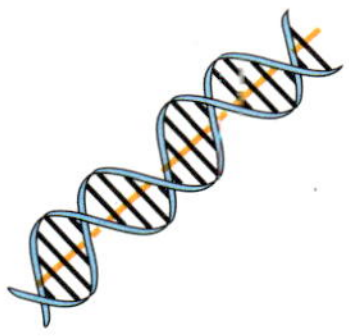

molekularbiologisch
Biochemische bzw. genetische Übereinstimmungen zwischen den Proteinen oder der DNA von verschiedenen Lebewesen, können als Hinweise für eine molekulare Homologie angesehen werden (z. B. Serum-Präzipitintest, Aminosäuresequenzanlalyse und DNA-Sequenzierung).

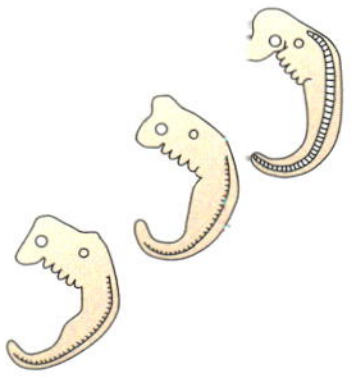

embryonal
Ähnlichkeiten beim Vergleich embryonaler Stadien verschiedener Lebewesen können als Homologie gedeutet werden (z. B. Zahnanlagen bei Bartenwalen).

Koevolution
Evolutionärer Prozess der wechselseitigen Beeinflussung zweier Arten (z. B. Blütenpflanze und Bestäuber).

Konvergenz

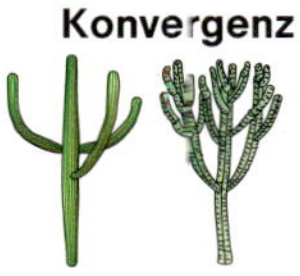

Verschiedene Arten entwickeln sich aufgrund des gleichen Selektionsdruckes in ihrem Aussehen aufeinander zu (z. B. sukkulente Kakteen und Wolfsmilchgewächse).

Schritte zur Vielzelligkeit

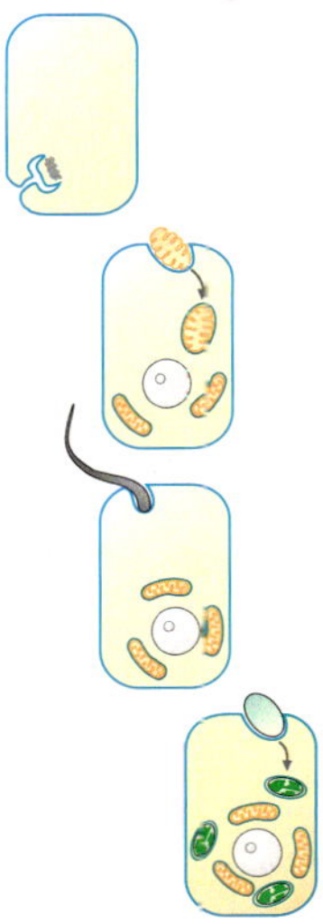

Folgende hypothetische Entwicklung ist denkbar:
Vorläufer lebender Zellen, die *Protobionten*, bildeten kugelförmige Hohlkörper, in denen organische Verbindungen eingelagert waren.
Nur Protobionten mit Nukleinsäuren konnten die Information zu ihrem Bau weitergeben. Die Nukleinsäuren wirkten autokatalytisch *(Hyperzyklus)*.
Die ersten Urzellen (*heterotrophe* Bakterien) ernährten sich anaerob von in der „Ursuppe" vorhandenen organischen Molekülen.
Durch die Entstehung von *autotrophen Zellen* entstand Sauerstoff in der Atmosphäre, der für die Entwicklung von *aeroben Stoffwechselwegen* mit hoher Energieausbeute die Grundlage war. Durch *Endosymbiose* entstanden vor rund zwei Milliarden Jahren die ersten Eukaryoten, aus denen sich vor etwa 700 Millionen Jahren Vielzeller entwickelten.

Züchtung

Genetische Veränderung von haustierpopulation infolge von Selektion durch den Menschen. Nur Tiere mit erwünschten Eigenschaften werden zur Fortpflanzung zugelassen.

Zusammenwirken von Faktoren bei der Hominidenevolution

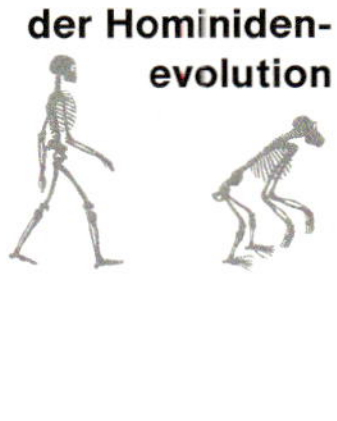

Bedingt durch Umweltveränderungen wurde der aufrechte Gang zum Selektionsvorteil. Dieser ermöglichte durch die freigewordenen Hände den Werkzeuggebrauch. Die Entwicklung des Sozialverhaltens und der Spracherwerb

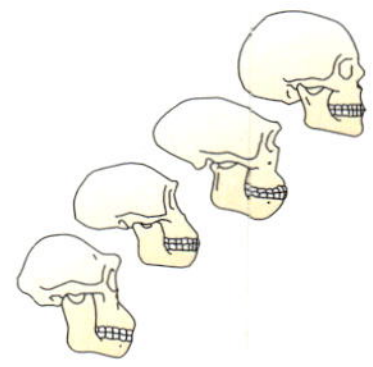

führten zur Selektion in Richtung größeren Gehirnvolumens, was sich wiederum positiv auf motorische und kognitive Fähigkeiten auswirkte. So entstand eine hoch organisierte Sozialstruktur, die menschliche Kultur.

Ökologie — der Mensch als Umweltfaktor

Biodiversität

Darunter versteht man die Vielzahl verschiedener Arten, deren genetische Vielfalt sowie die Mannigfaltigkeit der Lebensräume in einer Region.

Bioindikatoren

Ein Bioindikator (eine Zeigerart) ist eine Tier- oder Pflanzenart, deren Vorkommen in einem Lebensraum bestimmte Standort- und Umweltbedingungen (z. B. pH-Wert oder Gewässergüte) anzeigt.

Fortpflanzungsstrategien
Es gibt zwei Strategien, die sich vereinfacht mit dem Schlagwort „Quantität *(r-Strategen)* gegen Qualität *(K-Strategen)*" beschreiben lassen. Zwischen r- und K-Strategen sind alle Übergänge zu finden.

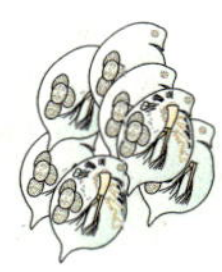

r-Strategen
Organismen mit hoher Wachstums- und Sterberate und kurzer Generationsdauer. Sie können Ressourcen schnell nutzen, ihre Bestandsdichte kann jedoch stark schwanken (z. B. Wasserfloh).

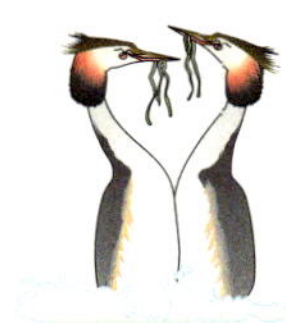

K-Strategen
Lebewesen mit geringer Nachkommenzahl, die viel Energie in ihre eigene Existenz und die ihrer Nachkommen investieren. Dadurch sind sie konkurrenzstark und langlebig. Die Populationsgröße bewegt sich nahe der Umweltkapazität K (z. B. Haubentaucher).

Logistisches Wachstum
Bei einer realen Population hängt die Wachstumsrate von der Versorgung mit Ressourcen ab. Die Population wächst, so lange genügend Ressourcen vorhanden sind. Langfristig schwankt die Populationsdichte um den Wert K, die *Umweltkapazität*. Die Ursachen für diese Schwankungen sind dichteunabhängige (z. B. Klimaveränderungen) und dichteabhängige (z. B. Nahrungsversorgung) Faktoren.

Populationsentwicklung des Menschen

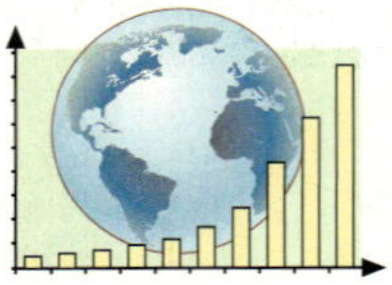

Man spricht von einem superexponentiellen Wachstum, da die Verdopplungszeit abnimmt. Mit dieser raschen Bevölkerungsentwicklung kommt es zur Verknappung der Ressourcen. Die sich daraus ergebenden Konsequenzen stellen für die gesamte Lebewelt unseres Planeten ein akutes und umfassendes Problem der Gegenwart und nahen Zukunft dar.

Tier- und Pflanzentransfer

Unter *Tier-* und *Pflanzentransfer (biologischer Invasion)* wird der gesamte Prozess der Besiedelung eines neuen Gebietes durch gebietsfremde Organismen verstanden.

Wachstumsphasen einer idealisierten Population

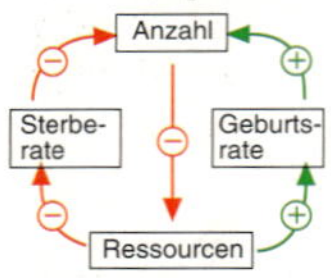

Die Population wächst nach einer *Anlaufphase* in der *Vermehrungsphase* exponentiell an und kommt in der *stationären Phase* zum Stillstand. Wird die Sterberate größer als die Geburtenrate, beginnt die *Absterbephase*.

Ethologie

Aggressionskontrolle

Zu den Formen der Aggressionskontrolle gehören die Abgrenzung von Revieren *(Territorialität)*, die Ausbildung von *Rangordnungen*, *Beschwichtigungsverhalten* und *Migration*.

Ursachen der Aggression

1. Proximate Ursachen
Unmittelbare Ursachen, wie hormonelle Einflüsse, der Versorgungszustand und die Verfügbarkeit von Ressourcen sind kausale Erklärungen für ein aggressives Verhalten.

2. Ultimate Ursachen
Um ultimative Ursachen aggressiven Verhaltens herauszufinden, wird nach dem Fortpflanzungsvorteil gefragt, den eine Verhaltensweise gegenüber einer anderen evolutionsbiologisch erbracht hat.

Aggressionsmodelle

Für die Ursache aggressiven Verhaltens bei Menschen gibt es verschiedene Theorien:

1. Frustrations-Aggressions-Theorie: Aggression als Folge von Frustration.
2. Lerntheorie: Aggressives Verhalten wird erlernt.
3. Triebtheorie: Der Mensch besitzt einen angeborenen Aggressionstrieb.

Altruismus

Verhaltensweise, die einem Individium mehr Kosten als Nutzen in der direkten Fitness einbringt zugunsten eines anderen Individiums.

Attrappenversuche

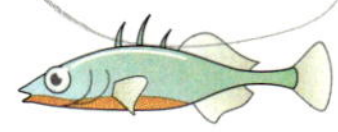

Analyse von Schlüsselreizen mit möglichst naturgetreuen Nachbildungen *(Attrappen)*. Die Attrappe wird so weit vereinfacht, bis die Handlung nicht mehr ausgelöst wird.

Eusozialität

Bezeichnung für das Verhalten der Staatenbildung im Tierreich. Für echte Eusozialität müssen folgende Kriterien erfüllt sein:

1. Kooperative Brutpflege,
2. Gemeinsame Nahrungsbeschaffung und -verteilung,
3. Aufteilung des Verbandes in fruchtbare und unfruchtbare Individuen,
4. Zusammenleben mehrerer Generationen.

Hamilton-Regel

Die Gesamtfitness eines Lebewesens kann gemessen werden als die Anzahl der eigenen Gene, die an die nachfolgende Generation weitergegeben wird. Sie setzt sich zusammen aus:

direkter Fitness:
Anzahl der Gene, die durch eigene Nachkommen weitergegeben wird.

indirekter Fitness:
Anzahl der eigenen Gene, die über Verwandte an die nächste Generation weitergegeben wird.

Hospitalismus

Verhaltens- und Entwicklungsstörung, die bei Kindern infolge einer Erziehung ohne ausreichende soziale Zuwendung einer Bezugsperson (vor allem in Heimen und Krankenhäusern) auftritt.

(K < r x N)

Verwandtenhilfe nützt auch der Weitergabe der eigenen Gene, damit breitet sich das altruistische Verhalten aus. Dabei muss die Steigerung des Fortpflanzungserfolgs der Verwandten (N = Nutzen) multipliziert mit dem Verwandtschaftskoeffizient (r) größer sein als die Kosten (K), die ein Individuum hinsichtlich eigener Nachkommen hat (K < r x N).

Infantizid

Das Töten von Nachkommen der eigenen Art bei Tieren zum eigenen Fitnessgewinn bezeichnet man als Infantizid.

Instinkthandlung

Angeborene Verhaltensweisen, die bei allen Vertretern einer Art formstarr ablaufen. Voraussetzungen sind nach dem *Prinzip der doppelten Quantifizierung* innere Faktoren (Motivation) und äußere Reize (Schlüsselreiz). Der *Angeborene Auslösemechanismus (AAM)* erkennt den Schlüsselreiz und setzt das Verhalten in Gang. Der Ablauf einer Instinkthandlung lässt sich in ungerichtetes *Appetenzverhalten, Taxis* und *Endhandlung* untergliedern.

Intensitätsstufen der Aggression

Ein Konflikt kann in verschiedenen Intensitätsstufen ausgetragen werden. Man unterscheidet:
Imponierverhalten: z. B. Vergrößerung des Körperumrisses.
Drohverhalten z. B. Aufzeigen der Waffen.
Kommentkampf: Turnierkampf nach festen Regeln ohne Tötungsabsicht.
Beschädigungskampf. Verletzungen des Gegners werden in Kauf genommen.

Kaspar-Hauser-Versuche

Um zu überprüfen, ob eine Verhaltensweise angeboren ist, werden die zu untersuchenden Tiere unter Erfahrungsentzug aufgezogen. Zeigen die Tiere dieses Verhalten, so ist es angeboren.

Klassische Konditionierung

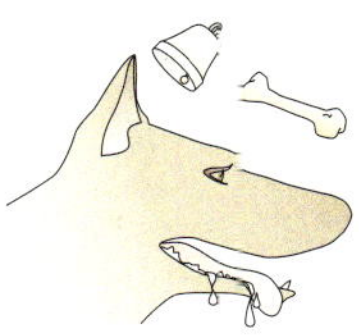

Ein ursprünglich *neutraler Reiz* (z. B. Glocke), der gleichzeitig mit einem *unbedingten Reiz* (z. B. Futter) auftritt *(Kontiguität)*, wird zu einem *bedingten Reiz*. Erfolgt darauf eine gute Erfahrung, so löst der bedingte Reiz einen *bedingten Reflex* oder eine *bedingte Appetenz* aus. Um eine schlechte Erfahrung zu vermeiden, löst der bedingte Reiz eine *bedingte Aversion* aus.

Kommunikation

Unter Kommunikation versteht man die Signalübertragung von einem Sender zu einem Empfänger *(Sender-Empfänger-Modell)*.

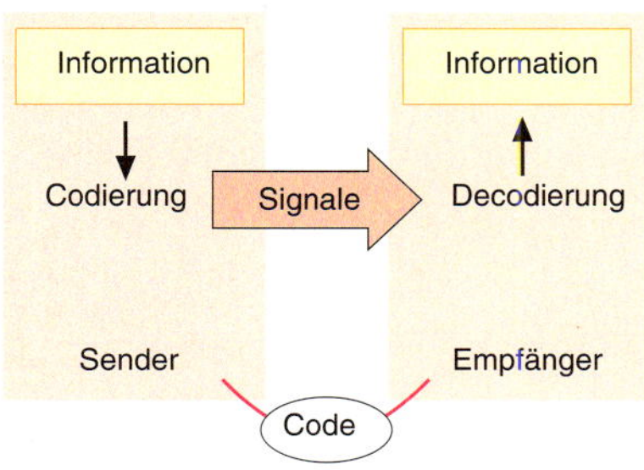

Situations- und biotopabhängig werden verschiedene Sinneskanäle genutzt. Man unterscheidet dabei z. B. akustische, chemische und optische Signalformen.

Kooperation

Individuen schließen sich trotz offensichtlicher Nachteile (z. B. Infektionsrisiko, Konkurrenz um Nahrung und Fortpflanzungschancen) zusammen, da die Vorteile (z. B. Schutz vor Raubfeinden, gemeinschaftlicher Verteidigung und Aufzucht der Jungen, Kooperation bei der Jagd) überwiegen.

Lernen

Lernen ist eine durch Erfahrung bedingte Verhaltensänderung. Man unterscheidet obligatorisches (lebensnotwendiges) von fakultativem (nicht lebensnotwendiges, aber vorteilhaftes) Lernen.

Operante Konditionierung

Bei diesem Lernprozess steht nicht der Reiz, sondern die Reaktion des Lebewesens im Mittelpunkt. Bei einer Belohnung erfolgt als Reaktion eine *bedingte Aktion*, bei einer Bestrafung eine *bedingte Hemmung*.

Optimalitätsmodell

Das Optimalitätsmodell versucht vorherzusagen, bei welchem Verhältnis von *Kosten* und *Nutzen* der Nettogewinn einer Verhaltensweise für das betreffende Individuum maximiert wird.

Paarungssysteme

Die Vielfalt der Paarungssysteme kann in zwei Kategorien eingeteilt werden: Monogamie und Polygamie.

Prägung

Ein in früher Jugend erfolgender, verhältnismäßig schneller Lernprozess, der nur in der sensiblen Phase möglich ist. Das Lernergebnis ist sehr stabil und häufig irreversibel. Bekannte Prägungsformen sind Nachfolgeprägung, sexuelle Prägung und Gesangsprägung.

Schlüsselreize beim Menschen

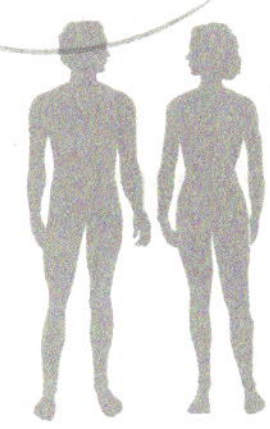

Auslöser in menschlichen Sozialverhalten sind z. B.
das Mann-Frau-Schema:
Beim Mann: breite Schultern, schmale Hüften, muskulöser Körper.
Bei der Frau: schmale Schultern und Taille, breite Hüften, runde Körperformen.
und das Kindchenschema:
große, runde Augen; hohe, gewölbte Stirn; Pausbacken; Stupsnase

Signalfälschung

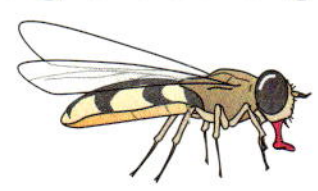

Teilweise werden Signale bewusst zum Täuschen des Empfängers eingesetzt. Zum Beispiel:
Mimikry: Nachahmung wehrhafter oder ungenießbarer Tiere.
Mimese: Imitieren der Umgebung.

Unbedingter Reflex

Ein bestimmter Reiz ruft bei allen Individuen einer Art dieselbe stereotype, nervös ausgelöste unwillkürliche Reaktion hervor (z. B. Kniesehnenreflex).

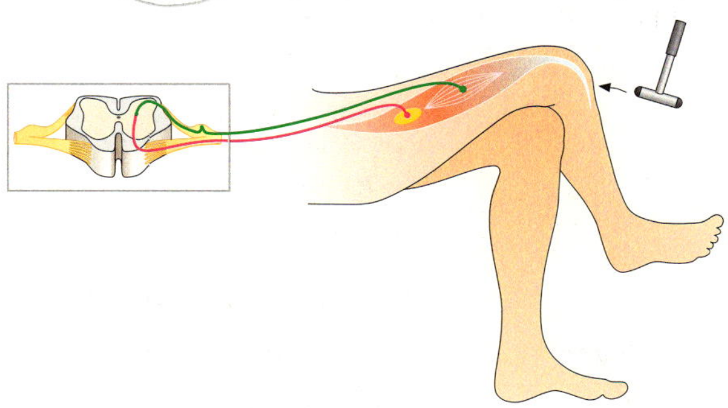

Register

Bildnachweis

3.1 Tilman Wischuf Tier- und Naturfotografie, Brackenheim; **3.2** Reinhard-Tierfoto, Heiligkreuzsteinach; **3.3** Fotosearch, Waukesha; **3.4** Arnold Barmettler CalSky.com (NASA), Albis; **4.2** SUPERBILD (Visual_Written), Taufkirchen/München; **4.3** Okapia (NAS, Tim Davis), Frankfurt; **5** Corbis (Joe McDonald), Düsseldorf; **6.2** Peter Widmann, Photodesign, Tutzing; **6.3** Mauritius Images (imagebroker), Mittenwald; **7.1** BACKUP-images/Roger Höde, Hamburg; **7.3** VISUM Foto GmbH (Andreas Reeg), Hamburg; **8.5** STOCK4B GmbH RM, München; **9.1** Rainer Weisflog Fotografie, Cottbus; **9.2** Argus (Mike Schroeder), Hamburg; **9.3** vario images GmbH & Co.KG (foto-begsteiger), Bonn; **9.5** Voller Ernst (Juergen Henkelmann/Voller Ernst), Berlin; **9.6** Peter Widmann, Photodesign, Tutzing; **10.3** STOCK4B GmbH RM, München; **12.1** Wislaw Smetek, Seevetal; **12.2** Spektrum der Wissenschaft Verlagsgesellschaft mbH, Heidelberg; **12.4** Evangelische Nachrichtenagentur idea e.V, Wetzlar; **12.5** Museum für Naturkunde der Humboldt- Universität, Berlin; **13.2** Okapia (NAS/Michael Tweedie), Frankfurt; **13.3** © 1985 David L. Brill (National Museums of Kenya, Nairobi), Fairburn, USA; **13.6** Ullstein Bild GmbH (Karikaturist: Faustin Betbeder), Berlin; **14.2** Klett-Archiv, Stuttgart; **14.3** Ullstein Bild GmbH (Kuc), Berlin; **14.4** Okapia (NAS), Frankfurt; **14.5** Okapia (NAS/Th. R Taylor), Frankfurt; **14.6** Corbis (Ralph White), Düsseldorf; **15.1** Biosphoto, Avignon; **15.2** Okapia (Harald Lange), Frankfurt; **15.3** Corbis RF (RF), Düsseldorf; **15.4** Getty Images (National Geographic/Robert F Sisson), München; **16.1** Deutsches Museum, München; **16.2** PIXTAL, New York NY; **17.1** AKG, Berlin; **17.2** Interfoto, München; **17.4** Deutsches Museum, München; **17.5** BPK, Berlin; **18.2** Bridgeman Art Library Ltd. (Lauros/Giraudon), Berlin; **18.3** Picture-Alliance (maxppp), Frankfurt; **19.2** Arco Images GmbH (C.M. Bahr), Lünen; **19.3** Arco Images GmbH (C. Hütter), Lünen; **20.1** Getty Images (Photographer's Choice/David Nardini), München; **21.1**; **21.2** Dr. Eckart Pott, Stuttgart; **22.3** Albert Bonniers Förlag AB (Lennart Nilsson), Stockholm; **22.4** Deutsches Museum, München; **23.1** Reinhard-Tierfoto, Heiligkreuzsteinach; **23.2** Okapia (Joe McDonald), Frankfurt; **28.1** Klett-Archiv, Stuttgart; **28.2** Picture-Alliance (Hippocampus Bildarchiv/Frank Teigler), Frankfurt; **28.3** blickwinkel (R. Bala), Witten; **29.3** Corbis (Darama), Düsseldorf; **30.1**; **30.2** Okapia (NAS/Michael Tweedie), Frankfurt; **30.3** Prof. Dr. Ulrich Kattmann, Bad Zwischenahn; **33.1** blickwinkel (Lamm), Witten; **33.2** Okapia (Stouffer), Frankfurt; **33.3** Juniors Bildarchiv, Ruhpolding; **33.4** Manfred Pforr Naturbild-Archiv, Langenpreising; **33.5** Klett-Archiv (Aribert Jung), Stuttgart; **35.1** Fotolia LLC (Daniel Fuhr), New York; **35.2** Paul Rodach, Sachsenheim; **35.3** Okapia (J. L. Klein & M. L. Hubert), Frankfurt; **35.4**; **35.15** Corel Corporation Deutschland, Unterschleissheim; **35.5** iStockphoto (Pattie Steib), Calgary, Alberta; **35.6** shutterstock (Tomislav Stajduhar), New York, NY; **35.7** WILDLIFE Bildagentur GmbH (Diez), Hamburg; **35.8** Okapia (Vedie, Cogis), Frankfurt; **35.9** PantherMedia GmbH (Karl-Heinz Riebensahm), München; **35.10** Fotolia LLC (Scotch), New York; **35.11** Juniors Bildarchiv, Ruhpolding; **35.12** Okapia (Hermeline/Cogis), Frankfurt; **35.13** Tierbildarchiv Angermayer, Holzkirchen; **35.14** Okapia (Bernd Brinkmann), Frankfurt; **35.16** Biosphoto (Cavignaux Bruno), Berlin; **35.17** RK-Press Photo, TELKWA B.C.; **35.18** Reinhard-Tierfoto, Heiligkreuzsteinach; **36.1**; **36.3** TOPICMedia (Lane), Ottobrunn; **36.4**; **36.5** Photoshot (NHPA), Hamburg; **37.1** Corel Corporation Deutschland, Ottawa; **38.1**; **38.2** Tierbildarchiv Angermayer (Rudolf Schmidt), Holzkirchen; **39.2**; **39.3** Reinhard-Tierfoto, Heiligkreuzsteinach; **40.1** Klett-Archiv, Stuttgart; **40.2** Bildagentur Geduldig, Maulbronn; **40.3** all images direct (Günter Fischer), Deisenhofen; **40.4** Okapia (Patrick Da-Costa), Frankfurt; **40.5** Tierbildarchiv Angermayer (Harald Lange), Holzkirchen; **40.7** Mauritius Images, Mittenwald; **40.9** Prof. Dr. Horst Müller, Dortmund; **40.10** Imago (Kbdig), Berlin; **41.1** Reinhard-Tierfoto, Heiligkreuzsteinach; **41.2** blickwinkel (H. Schmidbauer), Witten; **41.4** © www.splashnews.com (Marianne Armshaw), London; **41.5** Fotolia LLC (o2beat), New York; **41.6** iStockphoto (Kevin Snair), Calgary, Alberta; **43.3** Dr. Eckart Pott, Stuttgart; **43.4** blickwinkel (F. Pölking), Witten; **43.5**; **43.6** Okapia (Alan Root), Frankfurt; **45.1** Okapia (F. Gohler), Frankfurt; **46.2** FOCUS (SPL), Hamburg; **47.2** Wygasch, Dr. Joachim, Paderborn; **49.1**; Corbis RF, Düsseldorf; **49.2** Senckenberg Forschungsinstitut und Naturmuseum (Abteilung Messelforschung), Frankfurt/Main; **52.4** Corbis (Carl & Ann Purcell), Düsseldorf; **53.3** Klett-Archiv (Aribert Jung), Stuttgart; **53.4** Okapia (Darlyne A. Murawski/P. Arnold, Inc.), Frankfurt; **53.5** MEV Verlag GmbH, Augsburg; **55.2** WILDLIFE Bildagentur GmbH (J. Giustina), Hamburg; **55.3** Juniors Bildarchiv, Ruhpolding; **56.1** gemeinfrei; **60.1** Picture Press (Jürgen & Christine Sohns), Hamburg; **60.2** Bridgeman Art Library Ltd., Berlin; **60.5** Picture Press (Bill Coster/Ardea), Hamburg; **61.2** FOCUS (John Reader/SPL, Photo Researchers), Hamburg; **61.3** William H. Kimbel Institute of Human Origins, Tempe, AZ 85287-4101; **61.4** FOCUS (John Reader/SPL/Photo Researchers), Hamburg; **62.1** AKG (Bildarchiv Steffens), Berlin; **62.2** Bridgeman Art Library Ltd., Berlin; **62.3**; **62.4** AKG (Erich Lessing), Berlin; **62.6**; **62.7**; **62.8** Bilderberg (Ernsting), Hamburg; **63.4**; **63.5** Bilderberg (Ernsting), Hamburg; **64.1** VISUM Foto GmbH (Photoshot), Hamburg; **64.2** Okapia (Stan Osolinski/OSF), Frankfurt; **64.3** blickwinkel (E. Hummel), Witten; **65.1** Bilderberg (Ernsting), Hamburg; **66.1** Okapia (NAS, Tim Davis), Frankfurt; **66.2** Mauritius Images, Mittenwald; **68.3** JupiterImages photos.com, Tucson, AZ; **70.1** Okapia (NAS/Bill Longcore), Frankfurt; **70.3** blickwinkel (E. Hummel), Witten; **70.7** Museum für Naturkunde der Humboldt-Universität (W. Harre), Berlin; **70.8** Biosphoto (Pons), Berlin; **70.9** allOver (Kirchhof), Plourivo; **71.3** Juniors Bildarchiv, Ruhpolding; **72.1** CCC, www.c5.net (Mandzel), Pfaffenhofen a.d. Ilm; **72.2** TOPIC Media (Telegraph Colour Library), Ottobrunn; **72.3** Getty Images (STR/AFP), München; **72.4**; **72.5** Büro für Forstökologie/Hooge Horst, Gleichen-Benniehausen; **72.7** Tierbildarchiv Angermayer (Hans Reinhard), Holzkirchen; **73.1** Okapia (Kittprempool/UNEP/Still Pictures), Frankfurt; **73.2** CCC, www.c5.net (Mandzel), Pfaffenhofen a.d. Ilm; **73.3** Photoshot (nhpa/George Bernhard), Hamburg; **73.4** blickwinkel (R. Dirscherl), Witten; **73.5** Büro für Forstökologie/Hooge Horst, Gleichen-Benniehausen; **73.6** blickwinkel (A. Hartl), Witten; **74.3** Tierbildarchiv Angermayer (Hans Pfletschinger), Holzkirchen; **76.2** Reinhard-Tierfoto, Heiligkreuzsteinach; **77.2** iStockphoto (Nehring), Calgary, Alberta; **78.2** Okapia (Robert Groß), Frankfurt; **78.3** Naturfotografie Frank Hecker (F. Sauer), Panten-Hammer; **79.1** Corbis (Robert Pickett), Düsseldorf; **79.2** Imago, Berlin; **81.1** FOCUS (David Burnett), Hamburg; **82.3** Okapia (Falck), Frankfurt; **82.4** Helga Lade (D. Rose), Frankfurt; **84.1** SUPERBILD (Visual_Written), Taufkirchen/München; **84.2** WILDLIFE Bildagentur GmbH (D.Harms), Hamburg; **84.3** Action Press GmbH (TRAX), Hamburg; **84.4** Imago, Berlin; **85.1** avatra images (avatra images/pw), Emmering; **85.2** laif (Pascal TORDEUX/Jacana/Eyedea Illustration), Köln; **85.3** mediaskill OHG Bildmaschine (Clarissa Höschel), Berlin; **85.4** WILDLIFE Bildagentur GmbH (W.Fiedler), Hamburg; **85.5** Picture Press (Bob Gibbons/Ardea), Hamburg; **85.6** WILDLIFE Bildagentur GmbH (D. Harms), Hamburg; **86.2** Prof. Dr. Jürgen Baumüller, Stuttgart; **86.3** TOPICMedia (Siegfried Kerscher), Ottobrunn; **87.2** Picture-Alliance (EPA/STEFAN ZAKLIN), Frankfurt; **88.1** Mauritius Images (imagebroker), Mittenwald; **88.2** Okapia (Heinz Nienhaus/SAVE), Frankfurt; **90.1** Okapia (G. Büttner, Naturbild), Frankfurt; **92.1** Okapia (Skip Moody), Frankfurt; **92.2** Okapia (Detlef Lämmel), Frankfurt; **92.4** Okapia (Eduard Schäfer), Frankfurt; **92.5** Okapia (Jeffrey Rich), Frankfurt; **92.6** Okapia (Winfried Wisniewski), Frankfurt; **92.7** Okapia (Dr. Peter Wernicke), Frankfurt; **92.8** Okapia (L. Martinez), Frankfurt; **92.9** PantherMedia GmbH, München; **92.10** Picture-Alliance (Science/

David Nash), Frankfurt; **93.2** vario images GmbH & Co.KG (imagebroker), Bonn; **93.3** Transit Archiv Fotoagentur (Peter Hirth/transit), Leipzig; **93.4** Deutsche UNESCO-Kommission e.V., Bonn; **93.5** f1 online digitale Bildagentur (Berndt Fischer/AGE), Frankfurt; **93.6** Nationalpark Bayerischer Wald, Grafenau; **93.7** Tourismuszentrale Fränkische Schweiz, Ebermannstadt; **93.8** Fotolia LLC (Johanna Mühlbauer), New York; **93.9** all images direct (Bernd Pfeifer), Deisenhofen; **93.10** Pixelio.de (RainerSturm), München; **93.11** Fotolia LLC (Rolf Langohr), New York; **93.12** Bundesamt für Naturschutz, Bonn; **93.13** Bundesminist. f.Umwelt,Naturschutz u. Reaktorsicher (Europäische Kommission, Generaldirektion Umwelt), Bonn; **93.14** Mauritius Images (imagebroker), Mittenwald; **93.15** Natur-park Obere Donau e.V., Beuron; **94.3** f1 online digitale Bildagentur (Johnér Images), Frankfurt; **94.5** CCC, www.c5.net (Haitzinger), Pfaffenhofen a.d. Ilm; **94.6** Fotosearch Stock Photography (Corel), Waukesha, WI; **94.7** Klett-Archiv (Aribert Jung), Stuttgart; **94.8** Picture-Alliance (ZB), Frankfurt; **96.2** Okapia (Dr.Klaus Heblich), Frankfurt; **96.3** iStockphoto (Stephen Strathdee), Calgary, Alberta; **97.1** Fotolia LLC (Instantly), New York; **97.2** Ullstein Bild GmbH (Schellhorn), Berlin; **97.3** iStockphoto (Yahya Idiz), Calgary, Alberta; **97.4** PantherMedia GmbH (Evelin Oelschlägel), München; **98.2** Fotolia LLC (PerlenVorDieAugen), New York; **98.3; 98.4; 98.5** I. Eibl-Eibesfeldt, Liebe und Hass, Piper-Verlag 1970, Zeichnungen nach Aufnahmen aus Filmen des Autors; **98.6** Argum (Thomas Einberger), München; **99.2** AKG, Berlin; **102.1** Mauritius Images, Mittenwald; **103.1** Okapia (Tom Vezo), Frankfurt; **103.2** Lothar Lenz Pferdefotoarchiv, Dohr; **104.2** Quedens, Georg, Norddorf-Amrum; **104.3** Mauritius Images (imagebroker), Mittenwald; **105.1** Okapia (B. Cavignaux), Frankfurt; **105.3** Uli Stein/Catprint Media GmbH, Langenhagen; **107.4** Klett-Film; **108.2; 108.3; 108.4** Hanna-Maria Zippelius, Mechernich; **109.1** ARDEA London Limited (Brian Bevan), London; **110.2** doc-stock GmbH (Medicus/Sammlung Rauch), Stuttgart; **112.1** Prof. Dr. Jürgen Lethmate, Ibbenbüren; **112.2** Photoshot (NHPA/ORION PRESS), Hamburg; **112.3** WILDLIFE Bildagentur GmbH (P. Ryan), Hamburg; **113.5** Okapia (NAS/Tim Davis), Frankfurt; **113.5** Okapia (Daniel Hubacher), Frankfurt; **113.6** Prof. Dr. Jürgen Lethmate, Ibbenbüren; **115.1** Reinhard-Tierfoto, Heiligkreuzsteinach; **116.2** Okapia (Sohns), Frankfurt; **116.4** Photoshot (NHPA), Hamburg; **116.5** Imago, Berlin; **117.1** Corbis (Joe McDonald), Düsseldorf; **117.2** Arco Images GmbH (NPL), Lünen; **118.2** Corbis (Reuters/Atkinson), Düsseldorf; **118.3** FOCUS (Frans Lanting), Hamburg; **119.1** Panther Media GmbH (Jürgen Humbert), München; **119.2** Corbis (Darrell Gulin), Düsseldorf; **120.1** Tierbildarchiv Angermayer (Günter Ziesler), Holzkirchen; **121.1** Okapia (Jany Sauvanet), Frankfurt; **123.2** Imago, Berlin; **124.3** PantherMedia GmbH (Marcus Bosch), München; **124.4** Juniors Bildarchiv, Ruhpolding; **125.1** Okapia (NAS/David M. Schleser), Frankfurt; **126.1** Corbis (Stuart Westmorland), Düsseldorf; **126.2** Okapia (Ludwig Werle), Frankfurt; **126.3** Reinhard-Tierfoto, Heiligkreuzsteinach; **126.6** TOPICMedia (Volkmar Brockhaus), Ottobrunn; **126.7** PantherMedia GmbH (Wolfgang Ise), München; **127.1** Imago, Berlin; **127.2** TOPICMedia (Gerard Lacz), Ottobrunn; **129.1** Corbis (Hans Reinhard), Düsseldorf; **129.2** Corbis (Tom Brakefield), Düsseldorf; **129.3** iStockphoto (Taso Hountas), Calgary, Alberta; **129.4** Masterfile Deutschland GmbH (Wayne Eardley), Düsseldorf; **129.5** Alamy Images RF (imagebroker/Klaus-Peter Wolf), Abingdon, Oxon; **130.1** Arco Images GmbH (NPL), Lünen; **130.2** Imago, Berlin; **130.3** Mauritius Images, Mittenwald; **131.1** Arco Images GmbH (P. Wegner), Lünen; **133.2** WILDLIFE Bildagentur GmbH (D.J. Cox), Hamburg; **133.3** blickwinkel (J. Hauke), Witten; **134.1** Picture Press (M. Danegger); **135.1** Picture-Alliance, Frankfurt; **135.3** iStockphoto (marc fischer), Calgary, Alberta; **135.4** Ullstein Bild GmbH (Thomas Filke), Berlin; **135.5** Corbis (Danny Lehman), Düsseldorf; **135.6** Picture Alliance (dpa/Sammer), Frankfurt; **136.2** PantherMedia GmbH (Frank Waßerführer), München; **137.2** iStockphoto (archives), Calgary, Alberta; **138.1** Picture Press (Stewart Weir), Hamburg; **138.2** SPIEGEL-Verlag Rudolf-Augstein GmbH & Co. KG, Hamburg; **140.1** Mauritius Images (Minden Pictures), Mittenwald; **140.2** Mauritius Images (AGE), Mittenwald; **140.3** Prof. Dr. Oswald Huber, Marly; **141.1** Imago, Berlin; **141.2** Corbis (Steve Bowman), Düsseldorf; **142.1** Arco Images GmbH (NPL), Lünen; **142.2** Picture-Alliance (Andreas Neuthe), Frankfurt; **142.5; 142.6** Arco Images GmbH (De Meester, J./ Arco Digital Images), Lünen; **142.7** Arco Images GmbH (Wothe, K./ Arco Digital Images), Lünen; **143.2** Manfred Pforr Naturbild-Archiv, Langenpreising; **143.3** PantherMedia GmbH (Claus W.), München; **144.2** Mauritius Images (age), Mittenwald; **146.1** TOPICMedia (E. u. D. Hosking), Ottobrunn; **147.1** Tierbildarchiv Angermayer (Rudolf Schmidt), Holzkirchen; **148.4** Gesellschaft für Primatologie e.V. (Andreas Ploß), Göttingen; **149.1** Prof. Volker Sommer, Holzhausen/ Rhw.; **150.4** TOPICMedia (Roger Wilmshurst), Ottobrunn; **152.3** Cinetext GmbH, Frankfurt; **152.4** Ullstein Bild GmbH (Hechtenberg/Caro), Berlin; **152.5** POP-EYE (Gabsch), Berlin; **153.1** Hans-Peter Krull, Kaarst; **153.2** Action Press GmbH (ALL ACTION), Hamburg; **155.1** Getty Images RF, München; **156.1** POP-EYE (Gabsch), Berlin; **156.2** Corbis (Wolfgang Flamisch), Düsseldorf; **156.3** Picture-Alliance (Roland Weihrauch), Frankfurt; **157.1** POP-EYE (Gabsch), Berlin; **157.2** Cinetext GmbH (Sammlung Richter), Frankfurt; **157.3** AKG, Berlin; **158.1** TOPICMedia (Günter Roland), Ottobrunn; **159.2** TOPICMedia (Kelvin Aitken), Ottobrunn; **162.1** Reinhard-Tierfoto, Heiligkreuzsteinach; **162.3** Okapia (Dr. Frieder Sauer), Frankfurt; **162.9** Okapia (David Thompson/OSF), Frankfurt; **163.1** blickwinkel (J. Meul-Van Cauteren), Witten; **163.2; 163.3** Klett-Archiv (Aribert Jung), Stuttgart; **163.8** Mauritius Images, Mittenwald; **165.3** Getty Images (Stone/Laurie Campbell), München; **165.4** Okapia (David Thompson/OSF), Frankfurt; **165.6** Picture-Alliance, Frankfurt; **165.7** Okapia (Manfred Danegger), Frankfurt; **166.3** Corbis (Paul Barton), Düsseldorf; **166.6** Tierbildarchiv Angermayer (Hans Pfletschinger), Holzkirchen; **166.7** FOCUS (Susumu Nishinaga/SPL), Hamburg; **168.1** Interfoto (imagebroker/jspix), München; **168.3** Fotolia LLC (noyiil), New York; **168.7** iStockphoto (Ziutograf), Calgary, Alberta; **168.8** TOPICMedia (Gerhard Kalden), Ottobrunn; **169.6; 169.7** Okapia (Ulla Spiegel), Frankfurt

In einem Einzelfall ist es nicht gelungen, den korrekten Rechteinhaber ausfindig zu machen. Gemäß UrhG 46 wurde dieses im Bundesanzeiger veröffentlicht. Berechtigte Ansprüche werden selbstverständlich im Rahmen der üblichen Regelungen abgegolten. Die Positionsangabe der Bilder erfolgt je Seite von oben nach unten, von links nach rechts.